The Practice and Application of Animal-Assisted Therapy

동물교감치유의
실제와 적용

김원

박영사

인간과 동물의 심오한 교감이 펼쳐지는 동물교감치유의 세계에 오신 것을 진심으로 환영합니다. 저자는 지난 이십여 년간 동물이 인간의 복지에 미치는 긍정적인 영향을 목격하면서 동물교감치유 분야에서의 저자의 경험과 지식을 여러분과 함께 나누게 되어 매우 기쁘고, 모든 분들께 깊은 감사를 드립니다.

지난 시간 동안 저자는 교육과 연구를 통해 동물이 우리의 삶에 미칠 수 있는 엄청난 영향을 직접 경험하였습니다. 우리가 이 놀라운 생명체들과 형성하는 유대감은 말로 표현할 수 없을 정도로 크며, 우리에게 위안과 위로, 헤아릴 수 없는 치유의 원천을 제공함을 알게 되었습니다.

이 책에서 저자는 동물교감치유의 경이로움에 흥미를 느끼는 모든 사람들에게 포괄적이고 접근 가능한 정보를 제공하고자 하였습니다. 여러분이 노련한 전문가이든, 이 분야를 탐구하고자 하는 학생이든, 단순히 동물의 치유력에 대해 호기심을 가진 사람이든, 이 책은 길잡이 역할을 할 것이라고 생각합니다.

저자는 이전에 저술했던 "동물교감치유의 이해"를 통해서 동물교감치유의 핵심 원리, 이론 및 기술을 소개하면서 견고한 기초를 마련하고자 노력하였습니다. 이번 책은 동물교감치유에 대해서 더 깊은 이해를 원하는 사람들 모두에게 도움을 드리고자 동물교감치유의 다양한 치유 환경에 통합하기 위한 통찰력, 사례 연구 및 실용적인 지침을 제공하고자 하였습니다. 실질적으로 도움이 되는 다양한 사례 연구, 실용적인 통찰, 생각을 자극하는 토론을 통해 저자는 여러분들이 치유 동반자로서 동물이 지닌 심오한 잠재력을 탐구하는 여정을 시작할 수 있도록 도울 것입니다. 또한 병원과 학교 그리고 재활 센터에 이르기까지 이 책의 각 장에서는 동물이 정서적, 인지적, 신체적 치유를 촉진할 수 있는 다양한 방법을 발견하게 될 것입니다. 이를 통해 동물교감치유의 효과를 지원하는 연구를 탐색하고 이러한 접근 방식을 다양한 환경에 통합하는 데 대한 실용적인 통찰력을 얻게 되기를 희망합니다.

이 책이 새로운 생각을 촉발하고, 비판적 사고를 함양하고, 동물교감치유에 대한 열정에 불을 붙이는 귀중한 자원이 되기를 진심으로 바랍니다. 또한 여러분들이 이 분야의 현실을 받아들이고, 추가 연구를 추구하도록 영감을 주고, 이러한 원칙을 개인 및 직업 생활에 활용하도록 동기를 부여할 수 있기를 바랍니다.

이 책이 나오기까지 도움을 주신 학생, 동료, 동물교감치유 관계자분들과 출판에 도움을 주신 분들께도 깊은 감사를 드립니다. 그들의 변함없는 지지와 열정으로 이 책이 결실을 맺게 되었습니다.

동물교감치유의 영역에서 실제와 적용에 대한 탐구를 함께 시작하고, 우리의 공동 노력이 동물이 가진 '치유의 힘'에 대한 더 큰 이해와 감사로 이어지기를 바랍니다.

2023. 8.
김 원

차례

3장   동물교감치유의 유형

4장   신체적 장애와 동물교감치유

5장 　정신적 장애와 동물교감치유

8장   청소년과 동물교감치유

1장

동물교감치유 개념과
접근방법

동물교감치유 개념과 접근방법

 1. 동물교감치유 개념

동물교감치유(Animal-assisted Therapy)는 일종의 생태치료(Ecotherapy)로서 치유와 성장의 관계에 자연(The Natural World)을 포함시키는 접근법이다(Chalquist, 2009). 우리나라 농촌진흥청은 2018년부터 일반인들이 쉽게 이해하고 느낄 수 있도록 "동물교감치유"로 용어를 공식화하여 사용하고 있다(농촌진흥청 국립축산과학원, 2019). 외국의 경우 이러한 용어의 표준화된 징의를 도모하고 전파하기 위해 미국의 가장 큰 동물교감치유 기관 중 하나인 펫 파트너스(Pet Partners)도 동물교감활동(AAA: Animal-assisted Activity)과 동물교감치유(AAT: Animal-assisted Therapy)에 대한 포괄적이고 표준화된 정의를 마련하여 사용하고 있다(Etheridge, 2019).

 그림 1-1 동물교감치유

① 동물교감치유

동물교감치유는 특정한 기준을 만족하는 동물이 치료과정의 통합된 부분으로 참여하는 목표지향적 개입이다. 자신이 수행할 수 있는 영역에서 특별한 자격이 있는 전문가에 의해 수행되고 전달된다. 인간의 신체적·사회적·정서적·인지적 기능을 향상시키기 위해서 구성되며, 개인 또는 집단으로 다양한 장면에서 제공될 수 있다. 이러한 과정은 문서화되고 평가된다.

② 동물교감활동

동물교감활동은 삶의 질을 향상시키기 위해 동기유발적·교육적·오락적·치료적 이점에 대한 기회를 제공하며, 특별한 조건을 만족하는 동물을 활용하여 특별히 훈련된 전문가나 보조전문가, 봉사자에 의해 다양한 환경에서 전달된다. 공통된 프로토콜이 없는 일반적인 범주의 개입이며, 개인이나 집단 장면에서 각 개인에게 한 마리 이상의 동물이 참여할 수 있다. 즉, 동물교감활동은 인간-동물 팀이 동기 부여, 교육 및 오락 목적으로 수행하는 계획적이고 목표 지향적인 비공식적 상호 작용 및 활동이다. 인간-동물 팀은 비공식적인 활동에 참여하기 위해 적어도 입문 훈련, 준비 및 평가를 받아야 한다. 동물교감활동을 제공하는 인간-동물 팀은 또한 문서화된 특정 목표에 대해 의료, 교육자 및 인간 서비스 제공자와 공식적이고 직접적으로 협력할 수 있다. 이 경우 전문직 전문가가 진행하는 동물교감치유나 동물교감교육에 참여한다. 동물교감활동의 예로는 외상, 위기 및 재난 생존자에 대한 안녕과 지원에 초점을 맞춘 동물 지원 위기 대응, 요양원 상주민과 '만나고 인사하는' 활동을 위한 동물 동반 활동 등이 있다. 동물교감활동을 전달하는 사람은 관련된 동물들의 행동, 욕구, 건강 그리고 스트레스 지표에 대해 충분한 지식을 가지고 있어야 한다.

2. 동물교감치유 접근방법

치유과정은 일반적으로 대상자의 특성을 파악하고 사정을 실시한 후, 우선 개입이 필요한 치유 목표를 설정하여 개별화 및 집단에 적합한 치유 프로그램을 개발하고 진행한다. 그후 효과성에 대해서 평가하는 과정을 거치게 된다. 동일한 문제나 장애를 가지고 있다고 하더라도 개별적 특성·성별·연령 등이 모두 다르기 때문에 공통된 표준 프로그램을 개발하고 설계하는 것은 매우 어려운 일이며, 동물교감치유 프로그램을 어떻게 설계하고, 누가 진행하냐에 따라 그 결과는 매우 다를 수 있다. 즉, 동물교감치유 프로그램은 치유사의 지식·능력·경험 등에 의해서 크게 좌우될 수 있다. 동물교감치유 프로그램은 대상자의 치유 목적에 따라 기본적 이론이 중심이 되고 그 기본적 이론에 촉진 매체를 사용하여 진행된다. 예술 치유는 미술, 음악 등을 촉진 매체로 사용하며, 자연 치유는 식물, 동물을 촉진 매체로 사용한다. 그러나 촉진 매체에 지나치게 얽매일 필요는 없다. 가장 중요한 것은 대상의 치유적 효과이며, 그 치유적 효과를 위해서는 다양한 매체의 통합적 사용에 제한이 있어서는 안 된다. 동일한 목적을 위해서도 다양한 방법을 활용할 수 있다. 동물교감치유에서 촉진 매체를 사용하는 방법에 따라 크게 2가지 접근 형태로 나눌 수 있다. 기본적으로 치유 보조 동물을 활용하는 형태와 기존의 치유 방법에 동물교감치유를 통합하는 형태이다.

❶ 치유 보조 동물을 활용하는 형태

치유 보조 동물을 활용하는 형태는 치유 보조 동물 자체를 주체로 활용하여 그 목적을 달성하는 방법이다.

(1) 개 훈련 프로그램

여러 프로그램에서 동물교감치유 프로그램으로 개 훈련을 사용할 때의 효능을 조사했다. 그 결과, 다양한 개 훈련 프로그램은 이러한 유형의 개입이 자기 효능감 및 자기 개념, 사회적 기술 및 대인 관계, 감정 및 행동 조절을 포함하여 사회적 인지 이론과 관련된 여러 요인을 개선할 수 있음을 보여주었다. Project Second Chance 프로그램은 입양을 위해 보호소 개를 재훈련시키는 '체납자' 또는 "수감자"를 대상으로 한 개 훈련 중심의 동물교감치유 프로그램이다. 이 프로그램에 참여한 교정 시설의 남성 청소년 표본에서 공감을 포함한 사회적 기술이 질적으로 향상되었다(Harbolt, & Ward, 2001). 3주간의 프로그램은 복종 훈련, 사회화, 털 손질, 개 산책, 그리고 그들을 돌보는 것을 포함한 다양한 활동들이 포함되었다. 3주가 지난 후, 재훈련된 개들은 입양을 위해 보호소로 돌아갔다. 이때 우리는 프로그램에 참여한 교정 시설의 남성 청소년들로 하여금 보호소 개를 입양할 의지가 있는 잠재적 대상자에게 편지를 쓰도록 요청했다. 이 편지는 이 프로그램의 성공을 측정하는 기준이 되었다. 또 다른 프로그램은 청소년 및 동물 파일럿 프로젝트(YAPP, Youth & Animal Pilot Project)로 알려진 토론토 청소년 범죄자 프로그램(Toronto Young Offender Program)으로 13주간의 개 훈련 프로그램이다. 수감된 청소년들은 장애인이 입양할 수 있도록 보호소 개를 재훈련하였다. 이 연구의 결과는 많은 것을 보여주는데 감정 및 행동 규제 증가, 공격적 행동 감소, 문제 해결 기술, 사회적 기술, 타인과의 관계, 자존감 및 자기 효능감 향상, 공감 능력 개발이 있다(RHMSS, 2003). 청소년 보호 센터에서 진행되는 또 다른 프로젝트는 보조견과 함께 어린 범죄자들을 팀으로 구성하는 프로젝트 푸치(Project POOCH, Positive Opportunities, Obvious Change with Hounds)이다. 이 프로그램은 반려견을 입양할 수 있도록 준비시키는 복종 훈련을 포함한다. 참여한 범죄자의 자가 보고에서 행동, 사회적 상호 작용, 리더십 및 공감, 양육, 사회적 기술, 자신감 및 성취감이 개선되었다(Strimple, 2003). 수년 동안 젊은 범죄자들과 함께 치료적으로 일해 온 연구자에 의하면 동물교감치유가 이 집단에 유용하다는 것을 발견했다(Chandler, 2005). 개 훈련 기술을 배운 후 이 젊은이들은 의사소통 기술, 좌절감 및 자기 효능감의 향상을 보여주고 동료 리더십 기술을 개발했다.

개 훈련 프로그램은 행동 문제는 가지고 있지만 교도소와는 관련되지 않은 젊은이들에게 효과가 있음을 보여준다. 한 연구를 보면 정서적·행동적 문제가 있는 두 명의 소년(11세 및 12세)이 매주 45분에서 60분의 동물교감치유를 받았다(Kogan, et al., 1999). 참여자 A는 11주의 중재를 받았고 참여자 B는 14주를 받았다. 개를 빗질하고 중요한 내용에 대해 토론하는 초기 시간을 포함하고 긍정적 강화 원칙을 사용하여 개 훈련을 한 다음 수업에서 발표를 하였다. 종합적인 결과에는 긍정적인 언어 표현의 증가와 부정적인 언어 표현의 감소, 눈맞춤의 증가, 목소리 톤의 적절한 사용이 포함되어 사회적 기술의 향상, 과잉 행동 감소, 동료와의 관계 개선, 향상된 문제 해결 능력, 무력감 감소,

그림 1-2 맥라렌 청소년 교정 시설

자기와 환경에 대한 통제력이 향상되었다. 중요한 것은 이러한 기술이 동물교감치유에서 참가자의 더 넓은 학교 경험으로 일반화되는 것으로 관찰되었다. 또 다른 연구에서는 심각한 행동 문제가 있는 두 명의 13세 학생을 대상으로 동물교감치유의 이점을 조사했다(Siegel, Murdock & Colley, 1997). 학생들은 매일 45분 동안 개 훈련사와 개별적으로 활동하면서 장애인이 입양할 수 있도록 보호소 개를 재훈련했다. 한 학생은 18일 동안 활동했고 다른 학생은 시간 제약으로 인해 6일만 활동했다. 동물교감치유를 받은 학생들은 공격적(언어적 및 신체적) 및 비순응적 행동의 감소를 보였고 이러한 변화는 모든 환경에서 일반화되는 것으로 관찰되었다. 통제 학생의 목표 행동은 지속적으로 높게 유지되었다. 동물교감치유, 특히 개 훈련이 행동 문제가 있는 학생의 공격적이고 비순응적인 행동을 줄일 수 있다는 것이다. 연구자는 사회적·인지적 관점에 맞는 역할 이론에서 이러한 개입을 구성했다. 학생들이 개 훈련사의 역할을 맡게 함으로써 새로운 긍정적 자아상을 개발하고 이러한 행동을 자아개념에 동화시켜 관련 긍정적 행동을 초래한다고 설명했다. 대안 고등학교에 다니는 12~17세 학생 31명을 대상으로 개인 및 집단 동물교감치유를 실시했다(Granger, & Granger, 2004). 이 학생들은 이전에 주류 교육 환경에서 퇴학당했다. 이 유사 실험 연구에서 학생들은 개별 동물교감치유, 소 집단 동물교감치유 또는 통제 집단의 세 가지 조건 중 하나에 할당되었다. 회기는 개 훈련, 보살핌 및 양육과 관련된 사회적 기술, 자제력에 중점을 두었다. 실험 집단은 10주 동안 일주일에 두 번, 1시간 동안 진행되었다. 동물교감치유 집단과 통제 집단 사이의 유일한 양적 차이는 동물교감치유 집단의 사회적 기술이 더 많이 향상되었다는 것이다. 공격성, 대인 관계, 결석은 차이가 없었다. 동물교감치유 집단의 질적 결과에는 신뢰와 의사소통 능력이 향상되었다. 교직원은 프로그램이 유익하다고 인식했고, 학생들은 프로그램을 즐겼으며, 인간과 동물 및 인간과 인간관계의 중요성에 대해 배웠다고 보고했다.

② 기존의 치유 방법에 동물교감치유를 통합하는 형태

(1) 동물교감치유 환경으로 수정

기존의 치료 방식을 동물교감치유의 치료 환경에 적합하도록 새롭게 재구성하는 것이다. 예를 들면 신경 장애가 있는 2~5세 아동의 기능적 이동성을 개선하고자 할 때 기존의 소아 물리치료 환경을 말교감치유 환경에서 실시한 연구가 그에 해당된다(Kraft, et al., 2019). 기존 절차를 수정하여 주요 구성요소와 목표 범주를 모든 치료 과정에 통합하면서 각 참가자의 개별 능력과 치료 요구를 충족하는 유연성을 수용하도록 설계되었다(McGibbon, et al., 1998). 자세한 내용은 6장 2절 "유아 장애와 동물교감치유"를 참고하기 바란다.

(2) 기존 치료 방법에 보조

작업 치료를 포함한 표준 치료 회기에 동물을 통합한 것이다(Andreasen, et al., 2017; Vakrinou, & Tzonichaki, 2020). 이러한 동물 보조 작업 치료를 발달 장애 아동에게 적용하면 언어 사용(Sams, et al., 2006), 작업 참여(Llambias, et al., 2016) 및 사회적 동기가 향상된다. 또 다른 활용 방법은 통합적 놀이치료인데 그중 통합적 노인 놀이치료(IEPT : Integrated Elderly Play Therapy)는 쉽게 접근할 수 있으며, 친숙한 장난감의 치유 능력을 결합하여 우울증과 같은 부정적인 행동을 통제하고 인지 기능을 증가시키는 데 도움을 준다. 따라서 동물교감치유와 통합적 노인 놀이치료를 단일 집단 통합 개입 프로그램으로 결합하면 그 효과는 더욱 긍정적일 것으로 예상된다(Kil, et al., 2019). 자세한 내용은 10장 5절 "독거노인과 동물교감치유"를 참고하기 바란다.

3. 동물교감치유 고려사항

1 적합한 동물의 복지(Jalongo, & Guth, 2022)

동물의 복지는 동물교감치유의 동반자로서 적합한 동물의 선택, 역할에 대한 준비, 그리고 그들의 안녕에 대한 사려 깊은 관심이다(Ng, 2021; Peralta, & Fine, 2021). 다시 말하면, 다양한 종 간의 복지가 상호 연관되어 있다는 개념인 "하나의 건강(One Health)"은 모든 동물교감치유의 지침이 되어야 한다(Hediger, et al., 2019). 그것은 또한 치유 동반자로 가장 자주 선택되는 동물들인 개와 말의 훈련에서 더 높은 기준을 요구한다.

2 정신 건강 전문가의 전문성

동물을 치료 동맹에 포함시키려는 정신 건강 전문가들의 철저한 준비이다. 2022년 인간과 동물의 유대관계를 중심으로 하는 미국심리학회 제13 섹션 17부는 동물교감개입전문가협회(Association of Animal-Assisted Intervention Professionals, AAAIP)라는 새로운 조직을 출범시켰다(Association of Animal-Assisted Intervention Specialists, 2022). 이 그룹이 성공적으로 완료되면 동물교감치유 전문가 인증(Animal-Assisted Intervention Specialist Certification, C-AAIS)을 제공하는 온라인 평가 프로세스를 제공하게 된다. 정신 건강, 교육, 신체 건강 및 기타를 포함한 다양한 분야의 전문가들은 자격 증명에 이 인증을 추가할 수 있다. 실제로, 일부에서는 동물교감치유에 대한 전문적인 기술과 실무 경험을 직접적인 관찰하는 것을 포함하도록 지식 평가를 넘어서는 전문화된 인증 프로세스를 요구하고 있다(Hartwig, 2020).

3 문화적 차이

문화적 차이는 인간-동물 상호 작용에 대한 연구의 구현, 결과, 평가 및 해석에 중요한 영향을 미칠 수 있다. 개인의 차이와 문화는 사람들이 동물에 어떻게 반응하는지에 강한 영향을 미친다. 문화가 다른 사람들은 동물을 대하는 방식이 다를 뿐만 아니라 동물에 대한 태도도 개인마다 다르다(Serpell, 2004). 예를 들어, 동물을 두려워하거나 부정적인 경험을 한 아동은 동물 기반 치료에 반응할 가능성이 낮다(Friedmann, 2000; Melson, & Fine, 2010).

4 비용과 위험

동물을 치료의 보조 수단으로 포함할 때 음식, 쉼터, 수의 서비스 및 직원 급여에 대한 비용을 충당해야 한다는 점을 고려해야 하며(Mallon, et al., 2010), 동물과 상호 작용하는 사람에게 물림과 긁힘을 통해 부상을 입힐 뿐만 아니라, 알레르기나 공포 반응을 일으킬 수 있는 위험을 가지고 있다(Plaut, Zimmerman, & Goldstein, 1996; Morrison, 2001).

5 감각 민감성

자폐 아동을 대상으로 동물교감치유를 계획할 때 개별 감각 장애 및 각성 수준을 고려해야 한다(Leekam, et al., 2007; Rogers & Vismara, 2008; Berry, et al., 2013). 대상자 중 일부는 감각 자극에 대해 과도한 각성을 경험할 수 있기 때문이다(Leekam, et al., 2007; Wiggins, et al., 2009). 일부 아동들은 감각 과민성으로 동물의 냄새나 소리(예: 짖는 소리)를 견디기 어려울 수 있다(Grandin, Fine, & Bowers, 2010). 마찬가지로 ADHD 아동도 감각과민증과 비슷한 어려움을 겪는 것으로 나타났다. 예를 들어, 냄새 강도(Romanos, et al., 2008) 또는 청각적 볼륨(Lucker, Geffner, & Koch, 1996)에 더 민감할 수 있다.

6 치유 보조 동물 유형

동물교감치유에 사용되는 동물의 유형도 결과에 영향을 미치고 사람들이 상호 작용으로부터 이익을 얻는지의 여부를 결정한다(Castelli, Hart, & Zasloff, 2001; Hart, 2010). 즉, 동물마다 개인에게 미치는 영향이 다르며, 동물의 유형에 따라 생리적 반응이 다른 경우가 많다(Serpell, 1991; Friedmann, & Thomas, 1995). 예를 들어, 개를 소유하는 것이 고양이를 소유하는 것보다 주인의 생리적, 심리적 변수에 더 유익한 영향을 미친다(Friedmann, & Thomas, 1995). 일반적으로 개는 독특한 훈련 및 사회성 기술을 가지고 있기 때문에 동물교감치유에 가장 많이 사용되는 동물이다(Dimitrijevic, 2009). 그러나 고양이나 새와 같은 다른 동물들은 개나 말보다 일반적으로 비용이 적게 들고 관리를 덜 요구하기 때문에 일부 경우에 더 적합할 수 있다(Fritz, et al., 1996; Castelli, et al., 2001; Hart, 2010). 말은 말을 타는 사람에게 제공할 수 있는 특별한 상호 작용의 질 때문에, 동물교감치유에서 인기가 있다. 특히 말을 타는 것은 동물로부터 지속적으로 자극을 받아 인간의 신경근육체계에 영향을 미치며, 이는 이완·신체 지각·평형·조정에 긍정적인 영향을 미치는 것으로 나타났다(Dimitrijevic, 2009). 따라서 특정 유형의 동물을 선택하는 것은 환자의 상황과 그 동물이 담당해야 할 역할에 대한 기대에 따라 달라질 수 있다(Hart, 2010).

치유 보조 동물에 따라 치료에 다양한 결과가 나타난다(Elmacı, & Cevizci, 2015). 예를 들어, 개를 키우는 사람은 고양이를 키우는 사람에 비해 자존감이 더 높고(Schulz, König, & Hajek, 2020), 고양이를 키우는 사람은 개를 키우는 사람보다 우울 증상이 덜하다(Branson, et al., 2017). 따라서 치유 보조 동물의 선택은 주로 내담자가 가진 문제의 유형과 내담자의 요구 사항에 따라 결정된다. 치료의 목표가 신체 활동량을 늘리는 것이라면 치유 보조견이 유용할 수 있지만, 치료의 목표가 스트레스 감소라면 수조에서 헤엄치는 물고기가 평온함을 유도하는 데 적합할 수 있다.

 ## 4. 동물교감치유 발전을 위한 사항
(Narvekar, & Narvekar, 2022)

장애는 그들의 심각성, 인지 능력 및 기능적 능력 측면에서 다양하며, 이는 모두 중재 과정과 결과에 영향을 미칠 수 있다. 따라서 질환의 진단평가는 자격을 갖춘 보건 전문가에 의해 수행되고 치료계획은 잠재적인 피해를 줄이고 치료의 편익을 극대화하기 위해 참여자들의 모든 강점과 약점을 고려하여 보건 의료진과 논의되는 것이 중요하다. 개입 방법의 선택은 참가자의 목표와 필요를 통해 안내되어야 한다. 예를 들어, 특정 학습 장애와 같은 장애에서 목표가 학습을 개선하는 것이라면 동물교감교육은 정교한 훈련과 경험이 필요하기 때문에 의료 전문가보다 동물교감치유사가 더 적합할 수 있다. 치료 목표가 불안을 줄이거나 자존감을 높이는 것이라면 동물교감치유가 도움이 될 것이다. 이것은 다양한 동물교감중재의 구분에 도움이 된다.

치료 전문가들 사이의 합의가 부족함을 나타내는 연구 결과에 따라 치료가 시행되는 방식에 많은 차이가 있기 때문에 동물교감치유를 시행하는 표준의 개발이 필요하다(Santaniello, et al., 2021). 개 상호 작용, 회기 수, 회기 기간 및 동물교감치유 평가 측면에서 균일한 표준은 연구를 교차 비교할 수 있는 범위를 제공할 것이다. 결국 이 새로운 치료 접근법의 효과에 대한 정보에 입각한 결론을 도출할 수 있다. 다양한 영역의 건강 전문가들이 고객을 위해 동물교감치유를 점점 더 많이 활용하고 있다. 심리학, 작업 치료 또는 언어 치료와 같은 건강 과학에서 인간과 동물의 상호 작용을 통합하려면 작업할 이론적 틀이 필요하다. 연구자나 치료자가 참여자를 돕기 위해 자신의 치료 활동을 지도한 틀이나 이론적 방향을 명확하게 언급하는 것이 필수적이다. 이것은 치료를 위해 선택된 활동이 목적에 따라 안내되었고 비공식적이거나 구조화되지 않은 인간-동물 상호 작용과 다르다는 확신을 보장할 것이다.

특별한 도움이 필요한 사람들은 민감한 대상 집단이고 중재 프로그램에 치유 보조견을 포함시키는 것은 위험을 증가시키기 때문에 기관 또는 조직의 윤리적 승인은 물론 참가자의 동의(경미한 경우 부모 또는 보호자)가 반드시 필요하다. 또한 이에 대한 내용은 연구 논문이나 출판된 자료에도 나와 있어야 한다. 연령, 성별, 진단, 지능, 증상의 심각도, 신체장애, 인지 능력 등의 측면에서 적절한 참가자 설명이 언급되어야 한다. 참가자가 집에서 애완동물을 키우고 있는지 또는 치료 회기 밖에서 어떤 종류의 동물과 상호 작용을 하는지에 대한 정보도 결과를 해석하는 데 중요하다. 여성 인구는 연구에서 과소 대표되고 있다. 그러나 치료 결과를 일반화하기 위해서는 남녀의 균형이 강조되어야 한다. 또한 동물에 대한 애착 측면에서 성별 차이에 대한 보고가 있으며 이는 여성 성별을 선호하는 치료 결과에 영향을 미칠 수 있다(Miura, Bradshaw, & Tanida, 2000). 따라서 성별이 현재 인구에서 동물교감치유 결과에 어떤 역할을 하는지 조사하는 것이 필수적이다. 동물교감치유의 지속 가능성 측면에서 치유 보조 동물의 상실 또는 종료 과정은 참가자에게 어려움을 주는 또 다른 문제가 된다. 회기 종료 단계의 문제는 내담자가 종료를 위해 미리 준비하고 치유 보조 동물과 작별할 수 있는 충분한 기회를 제공함으로써 효과적으로 처리되어야 한다(Chandler, 2017). 또한 중재 후 참가자를 추적하는 것도 치료의 지속 효과를 분석하는 데 필수적이다. 연구 방법론과 데이터의 투명성과 공개는 의료 전문가와 기타 이해관계자가 결과를 통해 보고된 근거에 대한 신뢰를 개발하는 데 중요한 연구 재현성과 반복 가능성을 허용하도록 보장되어야 한다. 또한 결과를 평가하기 위해 보다 객관적인 측정 방법을 도입하는 것이 필수적이다. 관찰과 인터뷰를 활용한 질적 연구에서 관찰자 훈련, 여러 평가자 고용, 구조화된 체크리스트 사용 또는 회기 비디오 녹화가 큰 도움이 될 것이다. 분석을 위해 가능한 많은 자료를 확보하고 이러한 집단에서 동물교감치유의 잠재적 이점을 측정하기 위해 혼합 방법 연구 설계(Mixed-method Research Designs)를 탐색하도록 권장한다.

　　동물교감치유에서는 동물교감치유사뿐만 아니라 치유 보조 동물의 등록, 훈련 및 경험에 대한 지식이 중요하며 보고될 필요가 있다. 치료 회기에서 개, 참가자 및 촉진자 간의 참여에 대한 구체적인 내용도 중요한 구성요소이다. 또한, 자발적, 부가적 또는 경험적 치료에 사용되는 상호 작용의 유형을 전달하는 것은 더 많은 사람들이 특정 모집단의 각 상호 작용 유형의 효과를 평가하는 데 도움이 될 뿐만 아니라 전 세계 치료의 구현에 지속되는 유사성과 차이점을 학습하는 데 도움이 된다(Jones, Rice, & Cotton, 2019). 이는 또한 실패한 사례나 결론이 불확실한 연구 결과를 발표하게 하여 과학계가 실패로부터 배우고 동물교감치유 분야에서 결함이나 비효과적인 실천 방법을 중단할 수 있도록 할 것이다. 아시아 및 남미와 같은 세계 특정 지역의 자료 부족을 고려할 때 동물교감치유의 효과를 확립하려면 보다 정교한 연구가 필수적이다. 문화는 동물교감치유의 성공에 중요한 역할을 한다(Lopez-Cepero, 2020). 다양한 문화 집단이 다양한 환경에서 그 효과를 확립하지 않는 한 개입의 일반화 가능성은 크게 손상될 수 있다. 연구의 한계를 보고하는 것은 프로세스를 이해하고 연구자가 개입을 진행하는 이러한 한계를 극복하도록 안내하는 데 중요하다. 이러한 제한은 더 작은 표본 크기(일반적인 관행임)에만 제한되어서는 안 되며 연구 결과에 상당한 영향을 미쳤을 연구자의 관찰도 명시해야 한다. 자금 제공자 또는 지원 기관의 역할 또한 연구를 발전시키는 데 중요하다. 자금 지원을 보고하고 훈련된 치유 보조 동물 또는 수의학 서비스를 제공하는 측면에서 연구에 도움을 준 사람들을 인정하는 것은 윤리적 관행을 따라야 한다. 이러한 점은 이 새로운 분야에서 연구를 설계하는 데 지원을 원하는 새로운 연구자들에게 도움이 될 것이다. 무엇보다 중요한 것은 가능한 효과에 대한 개입 과정의 모든 단계를 분석하는 것이며, 이것은 동물교감치유를 발전시키는 데 중요하게 고려되어야 한다.

2장

동물교감치유 활동 가이드라인

치유 보조 동물의 위험 요소

개, 고양이, 새들이 동물교감치유 프로그램에 참여하는 가장 인기 있는 치유 보조 동물임에도 불구하고, 간혹 물고기나 애완용 쥐와 같은 다른 동물들이 선택된다. 기분 전환과 동물 사이의 관계에 대한 초기 연구 중 일부는 물고기를 사용하였다(Katcher, et al., 1983). 그러나 이러한 종들은 렙토스피라증(Leptospirosis), 황달출혈성 렙토스피라증(Weil's Disease)이나 티저병(Tyzzer's Disease)과 같은 질병을 전염시킬 수 있다(Angulo, et al., 1994). 다만, 미코박테륨 마리눔(Mycobacterium Marinum)은 물고기에서 사람으로 전염될 수 있는 세균성 감염이지만 감염이 보고된 경우는 극히 드물다(Angulo, et al., 1994). 그러나 물고기의 경우 제한된 환경에서 살기 때문에 감염이 퍼지는 것을 막을 수 있다. 수족관을 청소할 때 전이가 발생하므로 장갑을 끼고 위생적으로 주의하면 위험이 거의 없어진다. 거북이와 파충류는 살모넬라균(Salmonella)을 인간에게 퍼뜨릴 위협이 있지만 엄격한 위생 관리와 파충류를 위해 특별히 가공된 세심한 식단을 제공하는 것은 감염의 위험을 극적으로 감소시킨다(Angulo, et al., 1994). 전 세계적으로 매년 약 40,000명의 사례가 애완동물에 의한 전염이나 애완동물에 의해 전염된 음식을 먹음으로써 발생하는데(Stehr-Green, & Schantz, 1987), 애완동물로 인한 살모넬라증에 의한 사망률은 0.1%이다. 설치류 또한 인간 살모넬라증을 포함한 전염병의 전염원으로 포함될 수 있으나 발병률은 매우 드물고, 알레르기나 물림에서 문제가 발생할 가능성이 더 높다(Chomel, 1992). 캐나다의 대규모 상업 목장에서 기니피그로부터 전염된 살모넬라균이 사람에게 전염된 것을 발견했다(Fish, et al., 1968). 또한 설치류는 감염된 에어로졸, 직접적인 동물 접촉 또는 동물 물림에 의해 림프구성 맥락수막염(脈絡髓膜炎, Lymphocytic Choriomeningitis)을 전염시키나(Chomel, 1992), 1970년대 이후 발생 신고는 없다.

1. 개

다양한 동물 종이 동물교감치유에서 사용되지만, 특히 개가 가장 널리 사용된다 (Menna, et al., 2019; Shen, et al., 2018; Kamioka, et al., 2014). 동물교감치유에서 환자들은 쓰다듬기, 신체 접촉, 빗질, 놀이, 개와 함께 하는 산책과 같은 특정한 관계 활동을 통해 개와 상호 작용한다. 동물의 모습·형태보다는 동물과의 신체 접촉이 동물교감치유 효과에 크게 기여한다(Shen, et al., 2018). 반면에 동물교감치유 활동을 하는 동안 환자(종종 매우 어리거나 나이가 많거나 면역이 저하된 환자)는 개의 점막과 털과 물리적 접촉을 할 수 있으며, 개가 옮기는 세균, 곰팡이, 기생충에 노출될 수 있다(Maurelli, et al., 2019; Boyle, et al., 2019; Gerardi, et al., 2018). 따라서 동물교감치유를 하는 동안 신체 접촉이 필요한 동시에 인수공통전염병 전염 위험 사이에 충돌이 존재한다.

과학 문헌에서 보고된 바와 같이 다양한 박테리아 종은 개에 의해 옮겨질 수 있고, 인간에게 전염될 수 있다(Ghasemzadeh, & Namazi, 2015; Lefebvre, & Weese, 2009; Lefebvre, et al., 2006; Karkaba, et al., 2019; Karkaba, et al., 2017). ESKAPE 세균(즉, 장내구균 Enterococcus Faecium, 황색포도상구균 Staphylococcus Aureus, 폐렴간균 Klebsiella Pneumoniae, 아시네토박터 바우마니균 Acinetobacter Baumannii, 녹농균 Pseudomonas Aeruginosa, 엔테로박터 균종 Enterobacter Species)은 주로 병원 내 감염과 관련된 흔한 감염 병원체 집단이다(Rice, 2008; Santaniello, et al., 2020).

ESKAPE라는 약자는 2008년 라이스(Rice)가 처음 사용했으며, 항균 내성으로 항생제에 의한 사멸을 피하고, 기존 치료법을 통한 박멸에 저항하는 미생물의 능력을 반영하기 위해 만들어졌다(Rice, 2008). ESKAPE 그룹의 박테리아는 의료 시설에서 상당한 질병률과 사망률을 유발하고, 자원의 활용도를 증가시킨다(Friedman, Temkin, & Carmeli, 2016; Founou, Founou, & Essack, 2017). 또한, 세계보건기구(WHO)는 새로운 항생제가 긴급히 필요한 12개의 미생물 목록에 대부분의 ESKAPE 박테리아를 포함했다(Tacconelli, et al., 2018).

장내 구균은 인간과 동물의 정상적인 위장 세균총(생물과 공생 혹은 편리공생을 하는 세균 무리)의 공생 미생물이다. 장내 구균은 가축과 반려동물과의 직접적인 접촉을 통해 사람에게 전염될 수 있다(Bang, et al., 2017). 최근 일부 연구의 결과는 개로부터 암피실린과

밴코마이신 내성 장내구균(ampicillin- and Vancomycin-resistant E. Faecium)의 인수공통전염 가능성을 강조하고 있다(Bang, et al., 2017; Van den Bunt, et al., 2018; Espinosa-Gongora, et al., 2015; Iseppi, et al., 2015). 황색포도상구균은 동물과 인간의 피부 미생물 군집의 일부이며, 인간에게 치명적인 병원 내 감염의 주요 원인 중 하나이다(Loncaric, et al., 2019). 경증에서 중증의 피부 및 연조직 감염, 심내막염, 골수염 및 치명적인 폐렴과 같은 다양한 감염을 일으킬 수 있다(Guo, et al., 2020). 항생제에 대한 민감도에 따라 황색포도상구균은 메티실린 감수성 황색포도상구균(MSSA, Methicillin-sensitive Staphylococcus Aureus)과 메티실린 내성 황색포도상구균(MRSA, Methicillin-resistant Staphylococcus Aureus)으로 나눌 수 있다. 메티실린 내성 황색포도상구균은 병원과 지역사회로부터 인간에게 감염시키는 가장 중요한 박테리아 중 하나이다(Ghasemzadeh, & Namazi, 2015). 폐렴간균은 사람과 개에 호흡기 및 요로감염을 일으키는 인자 중 하나로 간주되는 장내 세균과(Enterobacteriaceae)의 그람 음성 구성원이다(Reyes, Aguilar, & Caicedo, 2019; Liu, et al., 2017; Michael, et al., 2017; Marques, et al., 2018; ECDC, 2018). 폐렴 균주는 항생제에 대한 내성을 가질 수 있는 상당한 능력을 가지고 있기 때문에 공중 보건에 문제가 된다(Effah, et al., 2020).

건강한 인간과 밀접한 접촉을 하는 개 사이의 분변 군집화 및 폐렴간균 클론 계통의 공유에 대해 보고되었으며, 개가 이 세균의 저장소로서의 역할을 수행한다고 보고되었다(Michael, et al., 2017). 아시네토박터 바우마니균은 인간의 병원 내 감염과 관련된, 임상적으로 가장 중요한 병원체이다(Clark, Zhanel, & Lynch, 2016). 사람의 경우 아시네토박터 바우마니균 감염은 주로 호흡기로 침범하지만 뇌수막염과 요로감염으로도 발생할 수 있다(Doi, Murray, & Peleg, 2015; Peleg, Seifert, & Paterson, 2008; Chen, et al., 2015). 동물은 아시네토박터 바우마니균의 잠재적 저장소이며, 사람과 직접 접촉하거나 가까운 반려동물에게서 전염 위험이 증가할 수 있다(Van der Kolk, et al., 2019). 녹농균은 인간과 동물 모두에게서 만성적이고 재발성 감염을 일으키는 기회주의적 병원체로 인식되고 있다(Hall, & Holmes, & Baines, 2013). 사람의 경우 면역 결핍 환자에게 병원 및 의료 관련 감염을 유발한다(Raman, et al., 2018; Lin, et al., 2012). 병원에서 퇴원한 후 가정에서 VIM-2를 생성하는 녹농균이 동물원에서 인간으로 전염됨(또는 인간에서 개로 전염)을 보여주었다(Fernandes, et al., 2018). 엔테로박터 균종, 특히 엔트로박터 알로젠(EA, Enterobacter Aerogene) 및 엔테로박터 클로아카(EC, Enterobacter Cloacae)는 병원 내 병소와 관련이 있으며, 기회주의적 병원체로 간주된다(Davin-Regli, & Pages, 2015). 엔테로박터 균종은 뇌종양, 폐렴,

뇌수막염, 패혈증, 요로(특히 요도관 관련) 감염 및 장 감염 등 다양한 유형의 감염을 유발할 수 있다(Sidjabat, et al., 2007). 전염은 숙주 생물과 점막 표면의 직접적 또는 간접적 접촉을 통해 발생한다(Smith, & Hunter, 2008).

인수공통전염병의 위험성은 ESKAPE 그룹의 모든 박테리아와 관련이 있으며, 따라서 감시 수준에서는 의무적인 미생물 통제와 동물의 위생 및 행동 관리에 대한 강력한 규칙을 포함해야 한다. 이러한 점에서 특히 개와 관련하여 동물교감치유에 관련된 동물들의 지속적인 건강 관리가 우선되어야 한다. 사실 인간과 반려동물 사이의 밀접한 접촉은 인수공통전염병의 위험을 결정하고, 내성 박테리아의 종간 전염 기회를 만든다(Pomba, et al., 2017). 그러한 세균의 전염을 막고 인간, 동물 및 환경을 위한 최적의 건강을 얻기 위해 수의사, 의사, 공중 보건 운영자 및 역학 학자들의 협력을 포함하는 원 헬스(One Health) 접근법이 점점 더 필요하다. 동물교감치유는 원 헬스 접근법의 구체적인 예를 나타내며, 서로 다른 건강 전문가를 포함하기 때문에 학제 간 접근법이 필요하다. 원 헬스 운영자들은 각자의 기술에 따라 사람들의 건강, 관련된 동물의 건강과 복지를 통제 및 보호를 하기 위해 인수공통전염법의 예방과 통제를 위한 팀을 이루어 일한다.

동물교감치유 활동 시 유의사항

02

1. 인수공통전염병

동물교감치유의 예상되는 이점 외에도 동물과 인간의 긴밀한 접촉은 항상 알레르기, 감염 및 동물 관련 사고와 같은 위험을 수반한다(Bert, et al., 2016). 아동, 정신과 환자, 노인 환자에 대한 36건의 연구를 포함한 체계적인 문헌 검토를 통해서, 동물교감치유의 유익성이 위험성을 훨씬 크게 능가한다는 것을 보여준다. 또한 간단한 위생 절차의 구현이 감염의 위험을 최소화하기에 충분하다. 병원이나 장기요양시설에 방문하는 치유 보조 동물에게 감염성 물질의 출현율을 조사하기 위하여 치유 보조 동물 방문 프로그램을 진행한 온타리오 지역에 위치한 모든 병원을 대상으로 광범위한 조사를 실시하였다(Lefebvre, et al., 2006a; 2006b). 특히, 방문 프로그램에 참여한 100마리 이상의 개를 대상으로 귀, 코, 입, 식도, 항문을 면봉을 사용하여 채취한 후 분석하였으며, 가장 흔한 고립 유기체인 클로스트리디움 디피실(Clostridium Difficile: 사람에게서 거짓막 결장염의 원인균)을 확인하였다. 클로스트리디움 디피실은 인간 질병을 유발하는 독성 미생물과 구별할 수 없다. 배설물 표본에서 살모넬라균(Salmonella)과 대장균(에셔리치아 콜리 Escherichia Coli, 일부 항생제 내성 형태)도 발견되었다. 게다가 일부 표본들은 기생충학과 균학 분석에서 양성이었다. 이러한 미생물은 개에 의해 무증상적으로 운반되었지만, 면역이 손상된 환자에게는 특히 위험할 수 있다.

코클란 연구팀은 장기요양시설에서 있는 상주 동물(개 1마리와 고양이 11마리) 사이의 메티실린저항성 황색포도구균(MRSA, Methicillin-resistant Staphyllococcus Aureus)의 군체 형성에 초점을 맞추었다(Coughlan, et al., 2010). 상주 동물이 있는 것을 특징으로 하는 100

개 이상의 병상을 갖춘 대형 장기요양시설의 상주 동물들에 대해서 8주 동안 면봉으로 비강의 균을 채취했다. 두 마리의 고양이가 메티실린저항성 황색포도구균의 양성 반응을 보였으며, 이후 추후 검사에서도 양성임을 확인하였다. 그 동안에 메티실린저항성 황색포도구균에 의한 인간 감염이 시설에서 발생하였다. 르페브르 연구진은 입원환자를 위한 개 방문 프로그램의 존재와 특성을 평가하기 위해 온타리오 병원에서 단면 조사를 실시했다(Lefebvre, et al., 2006a; 2006b). 또한 동물교감치유의 건강 절차에 관해 개의 보호자들을 상담했다. 조사에 참여한 거의 모든 병원(90%)이 그들의 시설에 있는 개에 대한 접근에 동의하였다. 선정된 병원 중 2개 병원은 심각한 급성 호흡기 증후군의 시작으로 인해 2003년 동물교감치유 프로그램을 중단했었다. 선별 규정은 매우 가변적이며, 18명의 개 보호자(20%)는 어떠한 감염 통제도 따르지 않는다고 하였다. 게다가 상담한 보호자의 70% 이상이 개가 환자의 침대에 올라가 환자를 핥을 수 있도록 허락했다. 마지막으로 개 보호자들은 잠재적인 인수공통전염병 위험을 인지하지 못하고 있었다.

다음의 두 연구는 병원과 같은 건강 관리 환경에서 감염, 알레르기 및 물림을 고려하여 동물 사용의 잠재적 위험을 고려했다(Brodie, Biley, & Shewring, 2002; Khan, & Farrag, 2000). 칸 연구팀은 의료 환경 특히 병원에서의 동물교감치유 운영에 대해서 조사하였다. 두 번째 검토는 유럽과 북미의 의료 환경에 초점을 맞췄다. 인수공통전염병은 특히 아동, 노인, 면역억제 환자에게 위험할 수 있다. 동물교감치유에서 주로 사용되는 모든 동물들은 감염의 근원으로 작용할 수 있다. 인수공통전염병은 위험할 뿐만 아니라 메티실린저항성 황색포도구균처럼 다른 흔한 감염도 될 수 있다. 그러나 위생 규약의 적용은 효과적으로 위험을 최소화할 수 있다(Brodie, Biley, & Shewring, 2002). 더욱이 동물에 대한 반복적인 건강 검진과 환자의 신중한 선택은 상처가 있거나 면역억제 상황에 놓인 환자의 경우 특별한 예방조치를 사용함으로써 위험을 통제하는 데 도움이 될 수 있다(Khan, & Farrag, 2000). 또 다른 위험은 알레르기다. 환자와 동물의 합리적인 선택은 이 위험을 효과적으로 줄일 수 있다. 마지막으로 동물 관련 사고는 적절한 지침에 따라 실질적으로 예방할 수 있다(Brodie, Biley, & Shewring, 2002). 따라서 다양한 연구를 검토한 결과 동물교감치유 혜택이 위험을 능가한다는 결론을 내렸다. 특히 칸 연구팀은 출처를 알 수 없거나 메티실린저항성 황색포도구균에 감염된 비장 절제술, 개 알레르기, 결핵균에 대한 양성을 보인 환자를 제외시키는 것과 같이 환자를 신중하게 선택하도록 권고했다(Khan, & Farrag, 2000).

동물교감치유에 관한 지침에 대해 합의된 주요 요점은 **모든 동물 접촉 후에는 손 위생에 주의하여야 하며, 동물 체액과 가능한 접촉을 피해야 한다**(Sehulster, & Chinn, 2003; Sehr, et al., 2013; Brodie, & Biley, 2002; DiSalvo, et al., 2006; Jofré, 2005)는 점이다.

 그림 2-1 손 위생

동물교감치유에 적용되는 모든 동물은 파충류와 영장류처럼 가장 위험한 종을 피하면서 신중하게 선택되어야 한다(Sehulster, & Chinn, 2003). 게다가 동물들은 엄격한 수의학적인 건강 검진, 백신 프로그램을 따라야 하고, 이러한 활동을 위해 특별히 훈련받아야 한다. 알레르기 위험을 최소화하기 위해 각 회기 전에 동물을 목욕 및 손질해야 한다. 각 회기가 끝나면 정기적인 청소를 실시하여야 한다. 마지막으로 심각한 면역억제, 알려진 알레르기 또는 동물공포증을 가진 환자를 포함시키는 것은 유익성과 위험을 평가하여 신중하게 판단하여야 한다(Sehulster, et al., 2003; Sehr, et al., 2013; Brodie, & Biley, 2002; DiSalvo, et al., 2006; Jofré, 2005). 특히, Sehulster 연구팀은 보건 시설의 환경 감염 통제에 대한 미국의 질병 대책 센터의 지침을 보고했는데, 여기에는 의료 환경에서 동물교감치유와 상주 동물 프로그램의 안전성에 관한 내용이 포함되어 있다(Sehulster, et al., 2003). 반대로 그들의 지침에서 Sehr 연구팀은 병원에서의 사설 애완동물 방문 프로그램만 고려했다(Sehr, et al., 2013). 이 경우 면역 손상 환자, 신생아, 그리고 마취 후 회복실(PACU : Post-Anesthesia Care Unit)의 환자를 제외하였다. 또한 지침 시행에 관한 간호사의 전반적인 긍정적인 평가를 등록하였다(Sehr, et al., 2013). Jofré 연구팀은 의료 환경에서 동물 사용에 관한 합의를 이루기 위해 지침을 검토하였다. 연구자들은 정기적인 수의학적 검사와 엄격한 위생 규약의 중요성을 강조할 뿐만 아니라 감염 위험을 최소화하기 위해 어린 강아지 사용을 피하라고 권고했다(Jofré, 2005). 유사한 지침이 병원 시행 규약으로 채택된다(Silveira, Santos, & Linhares, 2011; Kobayashi, et al., 2009). 특히, 이 프로그램에서는 최근 비장절제술이나 심한 면역억제를 통해 수술한 모든 환자를 제외시켰다(Silveira, Santos, & Linhares, 2011). Silveira 연구진은 브라질 대학 병원에서 동물교감치유 프로그램의 시행 규약을 보고했다. 이 규약에는 개, 고양이, 물고기, 토끼, 파충류 및 기타 설치류를 포함하여 광범위한 잠재적 이용 동물을 포함했다(Silveira, Santos, & Linhares, 2011). 마찬가지로 Kobayashi 연구진은 대학병원에서 동물교감치유 시행에 관한 간호원의 경험을 보고했다. 특히 연구진들은 미국질병통제예방센터의 지침을 특정 설정에 맞게 수정했다(Kobayashi, et al., 2009). 특정 인수공통전염병의 확산 가능성 외에도 대부분의 반려동물은 이미 병원과 같은 건강관리 환경에 존재하는 메티실린저항성 황색포도구균(MRSA, Methicillin-Resistant Staphyllococcus Aureus)과 같은 감염의 확산에 기여할 위험이 있다. 스콧 연구진은 영국에서 고양이와 관련된 발병에 대한 보고에서 높은 수준의 오염으로 메티실린저항성 황색포도구균이 발생했고, 보호 고양이들은 감염의 보유 숙주 역할을 했다고 보고하였다(Scott, et al., 1988). 고양이가 그람양성균(Gram-Positive Bacteria)에 의해 심하게 감염되었음에도 불구하고, 발병을 촉진시킨 것은 간호사들에 의한 표준 이하의 위생과 손 씻기 관행에 의한 것이었다(Haggar, 1992). 개선된 위생은 치유 보조 동물과 관련된 질병의 전염을 줄이기 위한 주요 조치이다. 기존 문헌들은 애완동물로부터 전이될 수 있는 바이러스, 박테리아, 기생충에서 진균까지 광범위한 질병을 암시한다. 그러나 이러한 감염의 위험은 크지 않으며, 아주 간단한 조치를 준수하는 것만으로도 감염의 위험을 줄일 수 있다.

2. 알레르기

동물에 대한 알레르기는 인간과 동물의 상호 작용에서 발생하는 위험 중 하나이다 (Barba, 1995). 그러나 알레르기 전문가에 의하면 사람의 6%만이 동물의 비듬에 의한 알레르기 반응을 보인다고 하였다(Elliot, et al., 1985). 동물 알레르기의 증상으로는 야행성 기침, 천식, 비염, 결막염이 있으며(Criep, 1982), 동물의 비듬, 타액, 털, 소변 및 기타 분비물이 알레르기 항원이 될 수 있다(Schantz, 1990). 동물을 세심하게 선택하면 알레르기의 위험을 줄일 수 있다. 고양이는 알레르기를 유발하는 계층의 최상위에 있고, 그 뒤를 기니피그와 말이 뒤따르지만(Schantz, 1990), 개와 애완조류도 알레르기를 일으킬 수 있다(Marks, 1984). 그러나 환자로부터 정확한 이력을 얻고, 올바른 치유 보조 동물을 선택하고, 세심하고 규칙적인 관리를 하면 치유 보조 동물에게서 유발되는 알레르기 발생률을 줄일 수 있다(Elliot, et al., 1985).

3. 동물 물림

동물에게 물린 상처는 심각성, 빈도, 비용 면에서 가장 골치 아픈 동물 관련 건강 위험이다(Schantz, 1990). 영국에서는 연간 250,000건 이상의 개에게 물린 사고가 등록되고 있는 반면(Vines, 1993), 고양이에게 물린 사고는 전체 물린 사고의 5~15%를 차지한다(Weber, et al., 1984). 모든 사례가 보고되지 않기 때문에 개 물림 발생에 대한 확실한 수치를 얻을 수는 없고(Baxter, 1984, Bewley, 1985), 정확한 수치는 현재 추정치를 초과할 것으로 예상된다. 동물교감치유 프로그램에서 발생하는 사건과 특별히 관련된 수치는 없다. 그럼에도 불구하고 가장 골치 아픈 품종을 강조하는 것, 좋은 기질의 중요성, 그리고 훈련의 필요성과 같은 정보는 수집될 필요가 있고, 동물교감치유 프로그램에서 부상의 위험을 줄이기 위한 지침이 포함되어야 한다(Baxter, 1984). 병원과 같이 잘 관리되는 환경에서는 치유 보조 동물의 세심한 선택과 간호사와 환자에 대한 교육으로 동물 물림의 위험을 최소화할 수 있으므로 동물교감치유의 시행을 막을 필요는 없다.

동물교감치유 찬반에 대한 주요 쟁점은 동물 물림, 알레르기 또는 인수공통전염병에 의한 환자의 안전에 대한 두려움을 통해 발생한다. 문헌들에서는 잠재적인 위험과 실제 위험을 평가하였고, 위험 요소가 아주 적다고 결론지었다. 위해를 겪을 가능성은 존재하지만 동물과 환자의 신중한 선택, 철저한 계획과 책임의 배분, 동물의 엄격한 건강관리, 관련된 모든 사람들의 정보에 입각한 시행 등 간단한 조치를 취함으로써 위험을 최소화할 수 있다. 병원, 호스피스, 주거용 및 개인 주택은 모두 상주 또는 비상주 반려동물 도입을 통한 이점을 경험할 수 있는 장소의 예들이다. 그러나 이 장소들은 모두 통제된 환경이며, 이것이 가장 중요한 특징이다.

동물교감치유와 관련된 3가지 중요 문제인 인수공통전염병, 알레르기, 물림은 잘 관리되는 의료 환경에서 통제될 수 있는 잠재력을 가지고 있기 때문에(Barba, 1995), 환자와 직원의 위험을 최소한으로 줄일 수 있다(Schantz, 1990). 포괄적인 수의학적 관리와 향상된 교육을 통합한 간단한 지침을 따른다면, 대부분의 영역에서 동물과 문제없이 상호 작용을 즐길 수 있다. 마지막으로 동물교감치유 프로그램에 관련된 동물들을 잘 돌볼 필요가 있고, 신중한 수의학적 지원과 건강 검진, 좋은 식이요법 그리고 적절한 휴식이 제공되어야 한다.

4. 동물교감치유 활동 시 기본 지침

여러 문헌에 기초한 기본 지침의 예를 소개(Brodie, Biley, & Shewring, 2002)하면 다음과 같다.

① 환자와 치유 보조 동물의 주의 깊은 선택

적절한 환자를 신중하게 선택해야 한다. 동물교감치유에 포함시킬 것인지를 병동에서 치유 보조 동물과 상호 작용하기에 앞서 환자의 상황을 신중하게 평가하여야 한다. 예측할 수 없는 행동을 하거나 동물에게 해를 입히고 환자에게 부상을 입힐 수 있는 겁먹은 반응을 유발할 수 있는 사람들을 사전에 확인해야 한다(Barba, 1995). 또한 신체적 상태가 변화된 환자들은 동물과의 접촉에 적합하지 않을 수 있는데, 예를 들어 면역학적 저항성이 저하된 환자, 상처, 민감한 피부, 호흡기 질환, 알려진 알레르기, 동물 공포증 또는 복잡한 의료 장비가 부착된 환자 등이다(Barba, 1995).

가장 적합한 동물의 선택도 중요하므로 신중하게 해야 한다. 두 가지 기본적인 요건은 **완벽한 기질과 최적의 건강**이다(Barba, 1995). 모든 치유 보조 동물들은 개입 전에 예방접종 및 기생충 검사를 포함한 수의학적 검사를 받았다는 건강 증명서를 반드시 받아야 한다(Hundley, 1991). 치유 보조 동물이 병동에 적합한지 신중하게 고려해야 한다. 예를 들면, 작은 우리에 있는 치유 보조 동물은 노인 병동에는 바람직하지 않으며, 휠체어를 사용하는 환자의 경우에는 만질 수 있는 큰 개나 가벼워서 무릎에 올릴 수 있는 개가 더 적합하다(Hundley, 1991). 새들은 병원 병동이나 요양원처럼 번잡한 환경에서 부적절하며, 새의 건강을 위해서는 피해야 한다.

② 수의학적 관리

선택된 동물이 자격을 갖춘 전문가에 의해 검진을 받은 후에는 감독이 유지되어야 하며, 4개월 단위의 건강 점검, 정기적인 구충 및 벼룩 제거를 하여야 한다. 연속성을 보장하기 위해 특정 직원이 동물을 돌볼 수 있도록 지정되어야 한다. 지정된 직원은 동물이 필요로 하는 올바른 사료와 운동에 대한 지식을 가지고 있어야 하며, 동물이 병이 나면 어떻게 해야 하는지를 알고 있어야 한다. 일부 인수공통전염병에는 백신이 있거나 동물이 감염될 위험을 최소화하고 확산될 가능성을 줄이는 예방 치료법이 있다(Schantz, 1990). 규칙적인 구충과 벼룩의 체내 침입 확인은 치유 보조 동물의 질병을 예방하는 데 중요하다(Hibell, 1987). 그러나 치유 보조 동물이 질병에 걸리면 질병의 임상 과정 초기에 도움을 구하는 것이 가장 중요하다(Angulo, et al., 1994). 여기에 포함되어야 하는 것은 설사의 샘플을 채취하고(Angulo, et al., 1994), 병동에서 동물을 이전시키는 것이다(Hibell, 1987). 만약 질병으로 인해 동물이 사망할 경우 정확한 원인을 밝히기 위해 사후 검진을 진행할 필요가 있다(Hibell, 1987).

3 동물교감치유에 참여하는 환자, 치유사와 직원에 대한 교육

- 모든 사람에게 항상 세심한 손 씻기, 특히 식사나 흡연 전의 손씻기는 잠재적인 위험을 줄이는 데 중요하다(Angulo, et al., 1994; Montague, 1978).
- 배설물, 소변과 같은 체액, 타액, 토사물과의 접촉을 피한다. 부득이한 경우 장갑을 착용한다(Montague, 1978).
- 치유 보조 동물이 사람의 얼굴과 접촉하는 것을 피하도록 하고 상처를 핥지 않도록 한다.
- 톡소플라즈마증(Toxoplasmosis)의 확산 위험을 줄이기 위해서 고양이 배설물 상자를 매일 여러 번 점검하고, 먼지를 흡입하지 않도록 쓰레기 봉지를 조심스럽게 묶는다. 뜨거운 물로 배설물 상자를 소독하고 세워 둔다(Montague, 1978).
- 치유 보조 동물이 새장에 갇힌 새라면, 새는 깃털과 배설물이 쌓이지 않도록 시설에서 떨어진 장소에서 자주 새장을 청소하고 새들이 다시 생활할 수 있도록 해주어야 한다.
- 어항을 청소할 때에는 항상 고무장갑을 착용한다.
- 활동하지 않을 때에는 치유 보조 동물을 깨끗하게 유지하고, 과도한 털 빠짐을 방지하기 위해 손질해주어야 한다(Barba, 1995).
- 환자의 식사 시간에 치유 보조 동물에게 먹이를 주지 말고 별도의 도구를 사용하도록 한다.
- 치유 보조 동물이 먹고 마시는 것에 주의하고, 양질의 사료를 사용하고, 쓰레기를 뒤지지 못하게 하고, 사냥하거나, 쓰레기 그릇이나 변기에 접근을 막도록 노력한다. 음식이 잘 조리되어야 하고, 모든 일상 물품은 저온 살균되어야 하며, 새들에게는 창고에 장기간 보관된 씨앗을 먹이지 않도록 한다(Angulo, et al., 1994).
- 치유 보조 동물은 잘 관리해야 한다.
- 병동에 있을 때에는 치유 보조 동물 활동을 어느 정도 통제한다. 음식 조리실 또는 식당, 의료 준비실, 세척용품, 속옷 보관소 및 방호 간호실 등과 같은 구역의 출입을 제한한다(Barba, 1995).
- 치유 보조 동물을 놀라게 할 수 있는 소리와 같은 외부 자극은 조절해야 하며, 이는 부상을 유발할 수 있다. 물린 자국이나 긁힌 상처가 발생하는 경우 즉시 철저

히 씻은 후, 동물의 과도한 놀이를 조장할 수 있는 활동을 피하는 방법을 개인에게 알려준다(Angulo, et al., 1994).

- 방문 프로그램에 참여하는 치유 보조 동물들은 항상 훈련된 전문가와 함께 있어야 한다.
- 병원 정책과 절차는 물리거나 질병이 발견되었을 때 올바른 조치를 하기 위해 마련되어야 한다.
- 사고나 상해 보장의 제공을 위해 책임보험의 제공을 고려해야 한다.

동물교감치유 활동 지침

미국의 수의학자 캘빈 슈바베(Calvin Schwabe)는 1984년 자신의 저서 "인간의 건강과 수의학(Veterinary Medicine and Human Health)"에서 **원 헬스**(One Health)를 선언하면서 학문 간의 통합적인 발전을 역설하였다. 원 헬스는 인간, 동물 및 그 환경의 불가분의 연관성을 인정하며, 사람과 동물, 환경 등 생태계의 건강이 모두 연계되어 있다는 인식 아래 모두에게 최적의 건강을 제공하기 위한 다차원적 협력 전략을 의미한다. 예를 들어, 예방접종 캠페인의 이전 연구는 원 헬스 접근법이 인간과 동물 모두의 건강에 분명한 이점을 제공한다는 것을 보여준다(Mindekem, et al., 2017; Roth, et al., 2003; Zinsstag, et al., 2009). 원 헬스 관점에서 윤리적으로 정당한 동물교감치유는 동물뿐만 아니라 인간에게도 건강과 복지에 부가가치를 창출해야 하며, 양쪽 모두의 고통을 피해야 한다. 이후 동물복지, 인간의 안녕, 환경과의 상호관계를 인정하는 '원 복지(One Welfare)'로 학제 간 접근방식이 확대되었다(Pinillos, et al., 2016). 이러한 두 접근방식의 학제 간 협업적 특성은 여러 분야의 전문가와 이해관계자가 사람, 동물 및 환경의 최적 건강을 달성하기 위해 지역, 국가 및 전지구적으로 협력할 수 있는 고유한 기회를 제공한다. 원 헬스와 원 복지는 동물교감치유와 관련이 있는데, 인간의 건강, 복지 그리고 기능의 향상이라는 목표와 유사하기 때문이다. 동물이나 다른 개인의 복지를 손상시키는 프로그램을 통해 환자의 복지를 향상시킨다는 목표를 가지고 동물교감치유를 시작하는 것은 비윤리적일 것이다. 효과적인 동물교감치유를 설계할 때, 시설관계자와 치유사는 관련된 모든 환자, 직원, 치유사, 방문객 및 동물의 건강과 복지를 지속적으로 모니터링하고 보호할 수 있는 적절한 조항과 절차가 마련되어 있는지 확인해야 한다. 원 헬스와 원 복지의 통합 접근은 이 목표를 가능하게 할 것이다.

1. 동물교감치유의 인간과 동물의 안녕을 위한 지침
(IAHAIO, 2018)

1992년에 설립된 세계 인간·동물 상호관계 연구협회인 IAHAIO(International Association of Human-Animal Interaction Organizations)는 현재 90개 이상의 회원 조직을 보유하고 있으며, 인간과 동물의 상호 작용에 대해서 다양한 활동을 하고 있다. IAHAIO 동물 지원 중재의 백서인 '동물 지원 개입에 대한 정의 및 관련된 동물의 건강을 위한 지침'이 2014년에 최초 출판된 후 2018년에 수정되었다. 원 헬스, 원 복지 종합 접근방식은 초기 계획 단계부터 그리고 각 프로그램 전반에 걸쳐 채택되어야 하며, 인간과 치유 보조 동물 모두의 건강을 보호하기 위한 적절한 보호 절차가 마련되도록 해야 한다.

1️⃣ 인간 복지

대상자에 대한 안전 대책이 마련되어야 한다. 전문가들은 동물교감치유에 관련된 환자들의 위험을 줄여야 한다. 그들은 대상자가 종 또는 견종 특정 알레르기를 가지지 않도록 해야 하고, 일부 모집단의 높은 위험과 그 위험에 따른 배제 기준(예: 면역억제 환자 감염, 동물을 통해 대상에서 대상자로 전파될 수 있는 질병)을 인지해야 한다. 예를 들어, 면역억제 환자들과 함께 일하는 일부 상황에서 공중 보건 전문가들은 동물들이 특별한 감염을 가지고 있는지 확인을 위해 동물들에 대한 선별 검사를 요구할 수 있다. 치유사는 관련된 대상자들의 요구를 이해할 필요가 있다. 치유사는 동물교감치유를 하는 동안 인간을 대상으로 다양한 상황에서의 훈련이 선행되어야 한다. 대상자는 동물교감치유에 포함된 특정 동물에 대해 서로 다른 견해를 가질 수 있다. 종교적, 문화적 또는 기타 치유 대상자의 신념이 권고된 동물교감치유에 위배될 경우, 전문가들은 부적격하다면 대상자 또는 그 가족과 대안을 논의하는 것이 바람직하다.

② 동물 복지

동물교감치유는 신체적으로나 정서적으로 건강하며, 이러한 종류의 활동을 즐기는 치유 보조 동물들의 도움을 받아야만 한다. 치유사는 개입에 참여하는 개별 치유 보조 동물에 익숙해야 한다. 전문가들은 그들이 함께 일하고 있는 치유 보조 동물들의 복지에 대해 책임을 진다. 모든 동물교감치유에서 전문가들은 모든 참가자들의 안전과 복지를 고려할 필요가 있다. 전문가들은 참여 치유 보조 동물이 단순한 도구가 아니라 살아있는 존재라는 것을 이해해야 한다. 다음은 동물교감치유에 관련된 동물에 대한 모범 사례에 대한 설명이다.

- 길들여진 동물만이 동물교감치유에 참여할 수 있다. 길들여진 동물(예: 개, 고양이, 말, 농장 동물, 기니피그, 쥐, 물고기, 새)은 인간과 사회적 상호 작용을 위해 적응된 동물이다. 하지만 많은 종의 물고기들이 기관에서 애완동물로 길러지고 있지만, 사회적 상호 작용에 적응하는 것은 거의 없다는 것을 알아두어야 한다. 새와 물고기는 야생에서 포획해서는 안 되며, 사육되어서도 안된다. 길들여진 동물은 인간과 잘 어울리고 긍정적인 강화와 같은 인간적인 기술로 훈련되어야 한다. 길들여진 동물(개, 고양이, 등)은 특정 기준을 충족하기 위해 국가 및 국제기구에 등록해야 한다.

- 야생적이고 이국적인 종(예: 돌고래, 코끼리, 꼬리감는 원숭이(Capuchin Monkey), 프레리독(Prairie Dog), 절지동물, 파충류), 심지어 길들인 종들도 상호 작용에 참여할 수 없다. 그 이유는 다양하며, 인수공통전염병으로부터 대상자의 높은 위험성, 동물복지 문제를 포함하고 있다. 그러나 국가 및 국제 동물 복지 기준을 충족하는 자연 세계 및 야생 생물 보호구역에서 야생 동물에 대한 관찰과 사색은 동물에게 어떤 스트레스나 서식지에 피해를 주지 않는 방법으로 행해진다면 야생 동물과의 직접적인 접촉과는 반대로 관련될 수 있다.

- 보호자에 의해 "좋은 애완동물"로 여겨질 많은 동물들을 포함한 모든 동물들이 동물교감치유의 좋은 후보자는 아니다. 동물교감치유에 참여하기 위해 고려된 동물들은 수의사나 동물 행동학자 같은 동물 행동 전문가에 의해 행동과 기질에

대해 세심하게 평가되어야 한다. 올바른 성향과 훈련을 갖춘 동물만을 동물교감치유에 선발해야 한다. 동물들이 계속해서 올바른 품성을 보이는지 확인하기 위해 정기적인 평가가 이루어져야 한다. 수의사는 또한 동물교감치유를 위해 고려된 동물을 치유 대상자와 연관되기 전에 검사해야 한다.

- 동물의 건강 상태를 평가하고, 모든 적절한 예방의학 절차를 준수하고 있는지, 그리고 환경과 대상자 집단이 그들의 요구에 부합하는지 확인하기 위해서 상주 동물에 대해서도 검사해야 한다.

- 동물과 함께 일하는 치유사와 전문가들은 불편함과 스트레스의 징후를 감지할 수 있는 것을 포함하여 동물들의 복지 욕구에 대한 훈련과 지식을 교육 받아야 한다. 전문가들은 일반적인 동물 행동과 적절한 인간과 동물의 상호 작용과 특정 종(예: 말, 돼지, 햄스터, 게르빌루스쥐 등)의 상호 작용에 대한 강의를 수강하여야 한다.

- 전문가들은 동물에 대한 일반적이고 존중되어야 하는 특정 영역에 대해 이해해야 한다. 동물교감치유에 참여하는 동물들은 결코 그들의 안전과 편안함이 위험에 처할 수 있는 방법으로 관여되어서는 안 된다. 그러한 부적절한 동물교감치유의 예로는 대상자(아동 청소년과 어른)가 동물 위로 뛰거나 구부리기, 사람의 옷이나 복장으로 동물을 치장하기, 불편한 액세서리로 동물을 치장하기(반다나(Bandana), 날씨와 관련된 재킷, 동물을 위해 특별히 제작된 상품), 또는 동물에게 신체적으로 어려운 일 또는 스트레스를 주는 일을 수행하도록 요청하기(예: 기어가거나, 부자연스러운 자세로 기대거나 구부리기, 무거운 용구 당기기), 또는 그러한 움직임과 자세를 필요로 하는 요령과 운동을 하도록 요구하기 등이 포함된다. 대상자는 항상 그리고 모든 환경(예: 학교, 치료 현장, 요양원)에서 동물을 놀리거나(예: 꼬리 또는 귀를 잡아당기기, 동물을 올라타거나 아래로 기어가기) 부적절하게 동물을 다루어서 자신과 동물을 위험에 빠뜨리지 않도록 감독해야 한다.

- 동물교감치유 기간 동안 동물의 복지를 책임지는 전문가는 동물이 건강하고, 잘 쉬며, 편안하고, 회기 중이거나 끝난 이후에 보살핌을 받고 있는지 확인해야 한

다(예: 신선한 물 제공, 안전하고 적합한 작업 공간). 동물들은 과로하거나 압도되어서는 안 되며, 회기는 30~45분으로 제한되어야 한다.

- 적절한 수의사가 제공되어야 한다. 동물교감치유에 참여하는 모든 동물은 선발 과정 중 그리고 정기적으로 수의사의 검진을 받아야 한다. 이러한 검사의 빈도는 수의사가 각 동물의 필요성과 동물이 관여하는 활동의 유형에 따라 결정해야 한다. 동물을 돌보는 것은 그 종에 적합해야 한다. 여기에는 종별 특정한 음식과 주거지, 적절한 온도, 조명, 환경 풍부화 및 기타 관련 특성이 포함되며, 동물이 가능한 한 자연적인 행동을 유지할 수 있도록 보장해야 한다.

- 인수공통전염병을 예방하기 위한 적절한 조치가 취해져야 한다. 전문가들은 동물들이 적절한 예방접종과 기생충 예방과 관련하여 적어도 1년에 한 번 이상 공인 수의사에 의해 정기적인 건강 검진을 받도록 해야 한다. 동물교감치유와 관련된 동물들은 날고기나 다른 생물학적 단백질(예: 살균되지 않은 우유)을 먹이면 안 된다(모유 수유중인 젖먹이 동물은 제외)(Murthy, et al., 2005).

- 학교, 정신과 병동, 교도소 및 상주 프로그램과 같은 기관에서 방문 동물이나 상주 동물과 협력하는 전문가 및 관리자는 지역(예: 학교, 지역, 지자체)의 법과 정책을 숙지할 필요가 있다. 자체 프로그램과 기관 내에서 전문가들은 동물교감치유에서 도움을 주는 동물에게 제공되는 돌봄을 확신하기 위해 정책과 절차를 지지해야 한다. 윤리위원회의 구성을 권고하며, 위원회는 동물복지에 정통한 전문가(예: 수의사)를 포함해야 한다.

③ 감염 제어

감염은 의료 시설에서 주요 관심사이며, 동물에 의한 감염의 위험때문에 때때로 양로원 및 기타 의료 환경에서 동물교감치유가 제한되기도 한다. 감염은 중요한 고려사항이지만, 일반적으로는 문제가 되지 않는다(Ernst, 2012). 실제로 의료 환경에서 동물 활용을 다루는 질병통제예방센터의 지침은 의료 환경에서 사람과 동물의 상호 작용의 결과로 인한 전염성 질병 발병 자료가 제한적이라고 명시하고 있다(Centers for Disease Control and Prevention, 2003). 그럼에도 불구하고 의료 시설에서 감염 위험을 줄이기 위해 취할 수 있는 여러 가지 단계는 다음과 같다.

- 감염 확산을 줄이는 데 중요한 손씻기 방법을 수립하고 시행한다. 동물이나 동물의 배설물을 만지거나 취급한 후에는 손을 씻어야 한다.
- 동물의 벌어진 상처, 생식기, 귀 감염 또는 기타 질병의 징후(예: 설사, 구토)를 식별하고 감시하는 정책을 포함한다. 잠재적인 동물성 미생물의 일상적인 선별은 권장되지 않지만, 모든 치유 보조 동물의 건강을 감시하는 것이 중요하다(Writing Panel of Working Group, et al., 2008).
- 모든 치유 보조 동물은 수의사에게 정기 검진을 받도록 한다. 동물교감치유 수혜 기관의 관리자는 검사, 예방접종 기록 및 심장사상충 예방에 대한 내용을 확인해야 한다.
- 치유 보조 동물은 잘 손질되어 있어야 하므로 정기적으로 목욕을 하고, 발톱을 다듬어야 하며, 벼룩, 진드기, 기타 기생충이 없어야 한다.
- 방문하기 전에 치유 보조 동물을 운동시키고 용변을 볼 수 있도록 해야 한다. 사고가 발생한 경우 방문 시설의 방침에 따라 신속히 정리하여야 한다.
- 기질이 가장 좋은 동물을 선택한다. 예측할 수 없는 행동을 하는 동물들과 긁거나 물기 쉬운 동물들은 병원균을 전염시킬 수 있는 가능성 때문에 제외되어야 한다.
- 동물의 식단을 고려한다. 날고기만을 먹도록 하는 식단을 사용하는 것은 알려진 위험 요소이다. 200마리의 건강한 개들을 포함한 1년간의 연구에서 생고기 식단을 하는 개들이 살모넬라균 양성반응을 보일 가능성이 훨씬 더 높다는 것을 보여주었다. 비록 이러한 점이 인간에게 제기될 수 있는 안전 위험으로 결정이 내려지지는 않았지만, 일부 기관들이 그러한 식단을 하는 개를 사용하는 것을 완전히 거부하며, 많은 기관들은 현재 손상된 면역 체계를 가진 사람들이 있는 상황에서 그러한 개들을 사용하는 것에 대해 조심스러워하고 있다.
- 감염관리 및 역학 전문가 협회에 의해 만들어진 동물 지원 인증 프로그램의 요구와 같은 권고안은 일반적인 감염관리 전략의 일관성을 유지하는 데 도움이 될 것이다.

- 프로그램을 설정에 맞게 조정한다. 예를 들어, 동물교감치유를 제공하는 대부분의 말기 환자 수용시설 프로그램은 치유 보조 동물의 방문을 감독하고 면역 결핍 환자와의 상호 작용을 위한 감염 통제 전략과 절차에 대한 지침을 제공한다(Connor, & Miller, 2000). 이러한 방문은 면역 능력이 있는 환자들에게 제공되는 것과 같은 종류의 상호 작용을 제공할 수 있지만, 그들은 편안함과 보호를 위해 수정될 수 있다. 예를 들어 방문 중에 환자를 베개로 받치고 동물이 환자 옆에 안전하게 앉을 수 있도록 작은 개와 보호 시트를 사용하는 것이다. 또는 환자나 거주자가 동물과의 직접 접촉을 원하지 않는 경우 출입구로부터의 "분리 방문(Distance Visit)"을 고려할 수 있다.

 ## 2. 동물교감치유 공동 활동 지침

동물교감치유 프로그램 구현을 계획하는 의료 시설에 대한 여러 건강 및 안전 지침이 개발되었지만(Hardin, Brown, & Wright, 2016; Freeman, et al., 2016; Lefebvre, et al., 2008a; Murthy, et al.,, 2015; The Society for Healthcare Epidemiology of America, 2015; American Veterinary Medical Association., n.d.), 치유 보조 동물 산업은 그 자체가 대체로 자율적이며, 국가적으로 공인된 인증 기관이나 그들의 활동을 관리하는 일반적으로 받아들여지는 표준이나 정책은 부재한 상태이다(Delta Society, 1996; Hines, & Fredrickson, 1998; Linder, et al., 2017). 이러한 많은 단체들은 동물교감치유팀을 선별, 평가, 지도하는 그들만의 정책과 절차를 가지고 있다. 내담자에 대한 건강 및 안전 위험에는 동물성 질병, 물림 및 긁힘, 동물 관련 알레르기 및 사고, 동물 공포증이 포함되며(Linder, et al., 2017), 동물에 대한 위험에는 주로 익숙하지 않은 인간과의 과도하거나 부적절한 상호 작용으로 인한 과로와 사회적 스트레스의 가능성이 포함된다(Serpell, et al., 2010).

① 개 요구 사항 및 선별(Serpell, et al., 2020)

현재 시설에 대한 대부분의 지침은 병원 환경에서 마주칠 수 있는 환경을 시뮬레이션하기 위해 고안된 평가 방법을 사용하여 개가 적절한 행동과 기질을 공식적으로 평가하도록 요구한다. 또한 개들은 적어도 2~3년마다 재평가를 받아야 하며, 최소 생후 1년이 되어야 하며, 방문에 참여하기 전에 최소 6개월 동안 현재의 보호자와 함께 살아야 한다.

기존 지침 중 어느 것도 치유 보조견에 대한 미국애견협회의 CGC(Canine Good Citizen) 인증을 요구하거나 옹호하지 않으며, 특정 품종의 개의 참여를 구체적으로 반대하지 않지만, 대부분 "생리중"일 때 암컷 개를 제외하도록 권고하고 있다(Freeman, et al., 2016; The Society for Healthcare Epidemiology of America, 2015; American Veterinary Medical Association, n.d.). 대부분은 치유 보조견에게 중성화 수술을 요구하지 않았고, CGC 인증을 받을 필요도 없었고, 특정 품종의 참여를 금지하지도 않았다. 그러나 상당수의 단체들은 치유 보조견에 대한 주기적인 행동 재평가를 요구하거나 기존 지침에서 광범위하게 권장하고 있음에도 불구하고 최소 6개월 이상 현재 집에서 살았던 개로 등록을 제한하지 않았다.

원래 르페브르 연구진은 행동 재평가의 필요성에 공감대를 형성했지만 권고안을 뒷받침할 경험적 또는 역학적 증거가 없다는 점에서 이는 "해결되지 않은 문제"라는 점도 인정했다(Lefebvre, et al., 2008a). 이러한 불확실성에 비추어 개가 재평가를 통과하지 못하는 빈도가 이 요건을 정당화하기에 충분한지 확인하기 위해 현재 재평가를 실시하고 있는 기관의 기록을 검토하는 것이 건설적일 것이다. 마찬가지로 보호자와 6개월 동안 함께 살았거나 함께 살지 않은 개와 관련된 이상 사고에 대한 비교 평가는 이러한 제한(6개월 동안 반드시 살아야 한다거나 행동 재평가를 받아야 된다)이나 또한 이러한 제한을 반드시 지켜야 하는지에 대한 여부를 결정하는 데 도움이 될 수 있다.

② 개 건강 및 안전

기존 시설 지침에 따르면 조사 대상인 거의 모든 기관이 방문 시 치유 보조견의 목줄을 항상 묶어두도록 하고, 건강 이상 징후(무기력, 설사, 구토 등)가 있을 때는 방문을 피하도록 요구했다. 또한 대부분(88%)은 방문 전 수의사의 허가 서류와 정기적인 수의학적 재평가를 요구했다. 마찬가지로 모든 조직의 83%는 치유사당 한 마리 이상의 개를 포함하는 방문을 허용하지 않았다.

대다수 단체는 개에게 광견병 예방접종을 요구했지만 개 홍역(Canine Distemper), 아데노바이러스(Adenovirus), 파보바이러스(Parvovirus), 렙토스피라증(Leptospirosis), 보르데텔라(Bordetella), 인플루엔자(Influenza) 및 기타 불특정 병원체에 대한 예방접종의 필요성에 대해서는 동의하지 않았다. 광견병 예방접종은 법적으로 의무화되어 있으며(Brown, et al., 2016), 추가 예방접종은 주로 개 사이의 질병 확산을 방지하기 위해 시행되고 있다. 렙토스피라증(Leptospirosis)과 보르데텔라(Bordetella)는 동물에서 사람으로 전염될 수 있는 인수공통전염병이다. 따라서 이러한 질병이 해당 지역의 풍토병인 경우에 필요에 따라 치유 보조견에게 예방접종을 권장하는 것이 현명할 수 있다(Ford, et al., 2017).

대부분의 발표된 지침들이 면역억제제 및 항생제를 복용하는 동물들이 잠재적으로 동물교감치유 참여에서 제외되어야 한다는 것에 동의한다(Murthy, et al., 2015). 개에게 날고기를 먹이는 것은 여러 가지 이유로 논란이 되고 있는데, 그 중 하나는 감염성 병원균이 인간에게 전염될 수 있다는 것이다(Lefebvre, et al., 2008b; Freeman, et al., 2013; Davies, Lawes, & Wales, 2019; O'Halloran, et al., 2019). 모든 시설 지침은 생고기 식단과 간식을 먹이는 동물은 동물교감치유 참가에서 제외되어야 한다고 명시하고 있지만, 일부 기관만이 이를 제한하는 것으로 보고하였다(Linder, et al., 2017). 이러한 발견은 매우 염려스럽다. 생고기 식단의 최대 48%가 살모넬라(Salmonella spp.), 20%가 클로스트리디움(Clostridium)과 리스테리아(Listeria spp.)에 오염되었다는 연구결과가 있고, 시판되는 생고기 식단으로 결핵이 전염된다는 보고도 있기 때문이다. 이 모든 것은 이러한 식단을 섭취하는 치유 보조 동물로부터 감염성 병원체가 인간에게 전염될 수 있는 잠재적 위험을 강조한다. 특히 면역 저하 환자의 경우 인수공통전염병 전파의 확고한 위험을 고려할 때 많은 조직이 이 권장 사항을 준수하지 않는 이유는 불분명하다. 뒷받침하는 증거가 부족함에도 불구하고, 개를 위한 날고기 식단의 지지자들은 분명히 그들의 건강상의 이점에 대해 확신하고 있다(Morelli, et al., 2019). 개를 위한 건조 간식(그렇지 않으면 날것)의 인기와 이러한 제한을 시행하기 어려운 것 또한 한 요인이 될 수 있다. 어떤 단체들은 이 문제를 인식하지 못하는 반면에 다른 단체들은 우려를 무시하는 것처럼 보인다. 마찬가지로 날고기 식단이나 건조 간식이 허용되는지를 방문 치유 동물 단체나 개별 치유사에게 문의하는 의료 시설이나 노인 보호 시설은 거의 없다. 이러한 제한을 부과하거나 부과하지 않는 단체와 관련된 개들 사이의 인수공통 병원체 유병률에 대한 추가 연구는 도움이 될 것이다.

많은 기관에서 방문 전 개의 발톱을 안전한 길이로 깎아야 한다는 권고 사항을 준수했지만, 방문 전 24시간 이내에 개를 목욕시킬 필요성에 대해서는 동의하지 않았다. 이 점에 대해서도 기존 지침들 간에 약간의 이견이 있다. 모든 지침이 동물의 털과 피부 상태에 주의를 기울이는 것의 중요성을 강조하는 반면에 방문 전 24시간 이내에 개를 목욕시키는 것을 옹호하는 지침은 단 하나뿐이고(Freeman, et al., 2016), 치유 보조견의 과도한 목욕의 위험성에 대해 특별히 경고하는 지침도 있다(American Veterinary Medical Association, n.d.). 나머지 지침은 방문하기 전에 개를 빗질할 것을 권장하지만, 개가 악취가 나거나 눈에 띄게 더러워진 경우에만 개들을 목욕시킬 것을 지지한다(Lefebvre, et al., 2008a; Murthy, et al., 2015).

또한 의료 시설을 방문하는 치유 보조견들 사이에서 메티실린 내성 황색포도상구균(Methicillin-resistant Staphylococcus Aureus)과 클로스트리디움 디피실(Clostridioides Difficile) 감염의 증거는 그러한 방문 직후와 방문 사이에 위생 조치가 방문 전만큼 중요할 수 있음을 시사한다(Enoch, et al., 2005; Lefebvre, et al., 2009). 이 주제에 대한 추가 연구가 유용할 것이지만 이러한 결과는 치유 보조견이 방문하기 전에 시설에서 어떠한 질문을 해야 할지에 대해 교육해야 하는 것의 중요성을 강조한다(Freeman, et al., 2016).

③ 개의 복지

대다수의 조직들은 자원 봉사자들에게 개의 복지(96%)와 바디 랭귀지(88%)에 대한 정보와 교육을 제공하는 것으로 보고되었다. 분명한 이유로 개와 다른 치유 보조 동물들은 동물교감치유 참여를 위한 "지식적인 동의"를 제공할 수는 없지만, 그들은 치유 회기 전, 도중, 그리고 회기 후의 행동을 통해 동의와 반대의 의사를 보낼 수 있다. 치유사에게 이러한 스트레스 및 고통의 행동 지표를 인식하고 행동하는 방법에 대한 실질적인 지식을 제공하는 것이 이러한 동물들의 복지를 보호하기 위한 최소한의 요구 사항으로 보인다.

문헌과 지침의 권고에도 불구하고, 많은 기관들은 방문 기간에 대해 공식적인 제한을 두지 않고 대신 치유사에게 결정을 맡기고 있다(Ng, 2019; Serpell, et al., 2010; Iannuzzi, & Rowan, 2015; International Association of Human-Animal Interaction Organizations, 2018). 더욱이 제한을 두는 기관들 중 많은 기관들은 일반적으로 1시간 이하를 권장하는 대부분의 지침보다 더 긴 방문(1.5~2시간)을 허용하는 경향이 있었다. 불행하게도 치유 보조견 방문을 위한 안전한 시간 제한에 관한 믿을 만한 과학적 증거는 드물며, 아마도 관련된 스트레스는 방문의 질, 정서적 강도, 방문 빈도, 보호자의 훈련과 경험, 그리고 나이, 기질, 그리고 아마도 개별 치유 보조견의 품종에 따라 달라질 것이다(Ng, 2019; Glenk, et al., 2013; Hatch, 2007; King, Watters, & Mungre, 2011; Ng, et al., 2014). 그러나 대부분의 전문가들은 이러한 방문이 일부 개에게 스트레스를 줄 수 있다는 데 동의하며, 이는 동물교감치유 관련 단체들이 긴 방문보다는 짧은 방문을 해야 한다는 것을 시사한다(Serpell, 2010; Butler, 2004; Haubenhofer, & Kirchengast, 2006; Mongillo, et al., 2015). 치유 보조견이 다양한 길이, 빈도, 강도의 방문에 어떻게 행동하고 생리적으로 반응하는지에 대한 추가 연구는 미래에 이 문제에 대한 경험적 지침을 제공하는 데 도움이 될 것이다. 많은 기관들이 치유 보조견과 함께 사용할 수 있는 허용 또는 허용되지 않는 훈련 방법에 대한 공식적인 서면 정책을 가지고 있었지만, 일부 기관에서는 아직도 강압적인 훈련 보조 도구(예: 초크 목걸이 Choke Collars, 스파이크 목걸이 Prong Collars, 전자 목걸이 e-Collars 등)나 치유사에 의한 긍정적 처벌의 사용을 명시적으로 금지하지 않았다. 어떠한 공식적인 금지 사항이 없다고 해서 반드시 치유사들이 실제로 혐오적인 훈련 방법을 사용하고 있다는 것을 의미하지는 않지만, 개 친화적 기관들 중 많은 비율이 표면적으로 치유사의 인도적인 돌봄과 훈련을 요구하지 않고 있는 것은 우려스럽다. 이는 혐오적이거나 처벌에 기반한 훈련으로 개의 복지와 학습 능력뿐만 아니라 보호자와 개의 유대감을 해칠 수 있다(Deldalle, & Gaunet, 2014; Hiby, Ronney, & Bradshaw, 2004; Reisner, 2016; Rooney, & Cowan, 2011).

🏵 4 치유사의 건강과 안전

대다수의 조직들은 치유사가 전염병(예: 발열, 기침, 설사 등) 증상을 보일 때는 방문을 자제하도록 했다. 치유사 건강과 안전의 다른 권장 측면에 대한 준수 여부가 더 다양했다. 일부 기관에서는 다른 가족 구성원이 질병 증상을 보일 때 치유사의 방문을 자제하고, 치유사가 의료시설을 방문하기 전에 적절한 예방접종을 하도록 요구하고 있다. 소

수의 단체에서는 치유사가 동물교감치유에 참여하기 전에 의사로부터 건강 검진을 받도록 요구하고 있다. 또한 치유사가 만 18세 이상인지, 범죄경력조회를 받아야 하는지, 아동학대이력확인(미성년자 방문시)을 받아야 하는지에 대해서도 대체로 공감대가 부족했다. 이러한 분야는 추가 논의와 정밀 조사가 필요하다.

5 치유사 훈련 및 교육

대부분의 단체들은 치유사가 의료 시설에 방문하기 전에 어떤 형태로든 훈련에 참여하도록 요구했고, 훨씬 더 높은 비율로 치유사가 독립적으로 방문이 허용되기 전에 적어도 한 번은 감독을 받아야 한다고 요구했다. 대부분의 단체는 이상 사건을 보고하고 환자의 비밀을 유지하는 방법에 대한 교육이나 정보를 제공하지만, 기본적인 위생, 동물 배설물 처리, 인수공통전염병 전파에 대한 지침은 거의 제공하지 않았다.

6 윤리 규정

동물교감치유 영역의 세계적 권위자인 인게보루구 효크(Ingeborg Höök)가 저술한 스웨덴 보조견 학교(Caredog School) 입문서에 따르면 동물교감치유에 참여하는 동물에 대한 윤리 규정의 가장 기본적인 요건으로, 치유 보조 동물이 아프거나 항생제와 같은 약을 먹을 때, 신체적으로 무리가 될 수 있는 수의과 진료를 받았을 때, 극심한 스트레스를 받았거나, 그로 인해 평상시와는 다르게 행동할 때, 수술 후 봉합한 후에, 설사를 하거나 구토한 후에, 동물원성 감염증에 걸렸을 때, 새끼를 낳기 전 30일부터 새끼를 낳은 후 75일 사이에는 치유에 동원되지 못한다는 기본적인 규정을 제시하고 있다(Hook, 2010, p. 72).

7 치유 보조 동물과 치유사가 항상 함께 있어야 하는 이유

이탈리아의 파르마 대학교 연구팀은 시각장애인 안내견을 대상으로 연구를 수행했다(Fallani, Prato Previde, & Valsecchi, 2007). 이 연구는 라브라도 리트리버와 골든 리트리버 57마리를 대상으로 이루어졌다. 개를 낯선 환경으로 데려가서는 각각 다른 상황을

3분씩 경험하게 하는 실험이었다. 처음에 개를 낯선 사람과 3분 동안 함께 있게 한 후에 보호자를 들여보내 셋이 함께 있게 했다. 그런 다음 3분 후에 다시 보호자를 내보냈다. 이렇게 다양한 단계를 거치는 동안 연구자들은 개의 심장 기능변화를 기록했다. 그 결과 낯선 사람과 있는 동안에는 개의 심박동수가 증가하다가 보호자와 있을 때는 감소하는 것으로 나타났다. 또한 골든 리트리버가 라브라도 리트리버보다 더 불안해한다는 사실도 밝혀졌다. 이는 동물교감치유 시 치유 보조 동물이 치유사와 함께 있어야 편안해 한다는 것을 의미한다.

치유 보조 동물의 은퇴

04

동물교감치유가 증가함에 따라 치유 보조 동물로 지정된 동물의 수가 계속 증가하고 있다. 치유 보조 동물들은 일생 동안 다양한 능력으로 활동에 참여하지만, 더 이상 이러한 활동에 참여할 수 없는 시점이 오게 될 것이다. 은퇴의 개념, 또는 동물을 치유 보조활동에서 철수시키는 것은 모든 치유 보조 동물이 필연적으로 직면하게 될 중요한 삶의 단계이다. 은퇴는 일반적으로 평생 일한 후에 얻을 수 있는 정당한 보상으로 간주 되지만 동물의 경력이 종료되면 활동하고 있는 동물, 치유사 및 내담자에게 잠재적인 영향을 미치게 된다. 은퇴의 정확한 시기와 방법에 대한 질문은 일반적으로 치유사의 재량에 따라 결정된다. 치유사, 내담자 및 치유 보조 동물에 대한 치유 보조 동물 은퇴의 의미를 설명하고 치유 보조 동물의 은퇴할 시기를 결정하는 데 있어서 도움이 될 수 있는 내용이 있다(Ng, & Fine, 2019a; 2019b). 활동을 하는 동안 치유 보조 동물의 복지가 다루어지기 시작했지만(Glenk, 2017; Fejsakova, et al., 2009), 활동 기간이 끝난 이후의 복지에 대한 연구는 거의 없었다. 치유 보조 동물이 활동에서 은퇴해야 한다는 생각은 최소한의 관심을 받는 주제이다. 물론 동물교감치유 연구는 활발하게 활동하는 동물이 인간에게 미치는 영향에 초점을 맞추고 있으며, 은퇴한 치유 보조 동물은 더 이상 치유 과정의 일부가 아니다. 따라서 은퇴한 치유 보조 동물은 더 이상 의도적으로 인간에게 도움이 되지 않기 때문에 연구하려는 동기가 거의 없다. 그럼에도 불구하고 은퇴한 치유 보조 동물은 인간을 위해 봉사를 했으며, 그 활동에 대해 존중되어야 한다. 최근에야 보조 동물의 은퇴라는 주제가 다루어 지고 있다(Ng, & Fine, 2019b).

단일 치유사의 지도하에 여러 내담자와 함께 활동하도록 훈련된 치유 보조 동물과는 달리 보조 동물(예: 시각장애인 안내견)은 장애가 있는 대상자의 개별 이익을 위해 특정 활동을 수행하도록 개별적으로 훈련된 개 또는 소형 말이다. 보조 동물의 은퇴는 치유 보조 동물과 별개의 의미와 고려 사항을 수반한다. 보조 동물의 생활은 강도 높은 훈련, 높은 기술 기대치, 긴 활동 기간 및 모든 공공 접근 환경의 스트레스 요인에 노출됨으로써 전통적으로 치유 보조 동물보다 더 힘들다. 치유 보조 동물은 개인의 기능 능력에 영향을 미치지 않는 다양한 훈련과 기술, 길거나 격렬하지 않은 활동 회기, 허용된 경우에만 환경의 스트레스 요인에 노출된다. 또한 보조 동물의 은퇴는 대상자의 삶에서 기능하는 능력에 영향을 미치기 때문에 단일 대상자에게 극적인 영향을 미칠 수 있는 반면에, 치유 보조 동물의 은퇴는 치유사뿐만 아니라 치유 보조 동물이 방문하는 내담자에게도 다양한 영향을 미칠 수 있다.

동물 복지의 관점에서 은퇴는 모든 치유 보조 동물의 삶에서 중요하고 필요한 단계이다. 동물교감치유 분야는 활동 중 복지가 손상될 경우 치유 보조 동물이 직무를 면제받을 수 있다는 개념을 수용해야 한다. 치유 보조 동물이 되기로 한 결정은 동물의 선택이 아니라 치유사의 결정이기 때문에 특히 그렇다. 어떤 동물이 치유 보조 동물이 되고 싶은지, 은퇴하고 싶은지 여부를 말할 권리나 능력이 없다. 동물은 선택의 자유가 없고 활동이 고통스러울 수 있기 때문에 복지는 항상 높은 수준으로 유지되어야 한다. 은퇴할 권리는 본질적으로 동물 복지와 관련하여 긍정적인 개념이지만 부정적인 의미도 고려해야 한다. 활동을 중단하는 것은 계속 활동하기를 원하는 동물, 치유사 또는 내담자에게 정서적으로 고통스러울 수 있다. 인간과 상호 작용을 하는 치유 보조 동물은 신체적 건강 상태의 변화로 은퇴를 하게 될 때 좌절할 수 있다. 또 다른 윤리적 문제는 치유 보조 동물이 은퇴해야 하지만 치유사가 은퇴할 준비가 되어 있지 않고 내담자가 동물이 은퇴하는 것을 원하지 않을 때 나타난다. 은퇴하기 가장 좋은 시간과 아름답게 은퇴하는 방법을 이해하면 활동 이후의 부정적 결과를 최소화할 수 있다.

 1. 치유 보조 동물의 특성

모든 치유 보조 동물은 특별한 훈련이나 기술이 필요하지 않은 사랑으로 길들여진 동물로 정의되는 애완동물로서 삶을 시작한다(Serpell, 1989). 애완동물로서 동물은 의무가 없다. 이 자유는 치유사가 애완동물을 치유 보조 동물로 지정하기로 결정하게 되면 변하게 된다. 동물을 치유 보조 동물로 등록하기로 한 결정은 일반적으로 동물의 차분한 기질과 사회적 성격이 치유 보조 동물로써 적합할 경우 자원봉사로 활동하거나 활동하고 싶은 치유사의 개인적인 욕구를 기반으로 한다. 치유사는 동물교감치유 단체에서 치유 보조 동물로 등록하기 위한 요건을 충족해야 한다. 동물교감치유 단체에 따라 이러한 요구 사항에는 치유사 훈련 및 평가, 치유 보조 동물 훈련, 수의사 평가 및 행동 평가가 포함될 수 있다(Serpell, 1989). 일반적으로 치유사는 자신의 동물을 다루는 역할을 하지만 주 치유사가 아닌 다른 사람이 동물을 팀으로 다루도록 훈련되고 등록될 수 있다.

치유 보조 동물의 자격을 갖추려면 동물이 활동하는 동안 특정 방식으로 행동해야 한다. 기본 복종 기술을 습득한 치유 보조 동물은 신뢰할 수 있고, 예측 가능하며, 제어할 수 있을 것으로 예상된다. 동물교감치유에서 활동하는 치유 보조 동물은 동물교감 활동과 비교할 때 더 높은 수준의 복종을 수행해야 할 것으로 예상할 수 있다. 그 이유는 치유사가 직업의 일부로 동물과 함께 일하는 보건 및 인간 서비스 전문가이기 때문이다. 치유 보조 동물은 본질적으로 온화하고 온순해야 하며, 친숙하지 않은 인간과 직접 상호 작용하려는 강한 욕구를 가진 친화성을 가지고 있어야 한다(Crowley-Robinson, & Blackshaw, 1998). 이것은 치유 보조견이 인간의 눈을 길게 응시함으로써 입증될 수 있다(Cavalli, et al., 2017).

치유 보조 동물에 대한 행동 평가 선별은 동물의 과도한 스트레스 지표를 모니터링하고 동물 또는 내담자의 안전이나 복지에 대한 우려가 없다는 결론을 내려야 한다(Mongillo, et al., 2015). 성숙한 개는 더 차분하고 스트레스에 대한 행동 지표가 적기 때문에 어린(2세 미만) 개보다 더 자주 치유 보조 동물로 선택된다(King, Watters, & Mungre, 2011). 일부 내담자는 중간 크기의 짧은 털의 개가 선호되는 치유 보조견이라고 언급했지만(Crowley-Robinson, & Blackshaw, 1998), 모든 유형의 개는 치유 보조 동물이 될 가능성이 있다.

동물교감치유 단체마다 기준에 큰 차이가 있고 동물교감치유 연구에 사용되는 동물의 자질과 훈련에 대한 설명이 부족하기 때문에(Ng, et al., 2019) 이상적인 치유 보조 동물에 대한 증거 기반 지침을 확인하는 것은 어렵다. 궁극적으로 적절한 치유 보조 동물이 되기 위해서는 동물의 신체적 특성보다 동물의 기질이 더 중요하다(MacNamara, Moga, & Pachel, 2019). 치유 보조 동물이 항상 지정된 역할을 유지하지는 않는다는 것을 기억하는 것이 중요하다. 치유 보조 동물이 활동을 하지 않을 때는 반려동물로 간주되어 근로의무가 없다. 동물이 치유 보조 동물로 일하는 시간 대비 반려동물로 사는 시간은 일반적으로 치유사의 재량에 달려 있다.

2. 치유 보조 동물의 스트레스

긍정적인 인간-동물 상호 작용은 인간과 동물 모두에게 유익해야 한다(AVMA, 1998). 대부분의 상황에서 사람들은 동물이 상호 작용을 즐기는 것으로 인식한다. 이것은 사람과의 상호 작용 후에 개에게서 친화성 생체 표지자가 증가한다는 증거가 있기 때문에 사실일 수 있다(Odendaal, & Meintjes, 2003). 전반적으로 적절한 동물을 선택하고, 치유사를 교육하며, 활동을 강요하지 않는 경우 치유 활동이 상당한 스트레스를 준다는 증거는 거의 없다(Glenk, 2017; McCullough, et al., 2018; Ng, et al., 2019). 그러나 일부 치유 보조 동물은 이러한 상호 작용의 이점을 반드시 얻을 수는 없지만 강제된 상호 작용을 순종적으로 용인할 수 있다. 명백한 스트레스 징후를 나타내지 않고 스트레스를 견디는 동물은 실제로 부정적인 영향을 받을 수 있다. 동물의 스트레스에 영향을 줄 수 있는 몇 가지 요인에는 방문한 사람의 유형, 방문 시설의 환경, 상호 작용의 질과 양, 치유사 자신이 포함될 수 있다(Ng, et al., 2019). 이러한 요소가 동물의 복지를 염두에 두고 균형을 이룰 때 긍정적인 상호 작용이 발생할 수 있다. 상호 작용을 즐기는 동물의 경우에도 지속 시간, 빈도 또는 강도에 관계없이 동물이 지치고 상호 작용이 더 이상 유익하지 않고 동물에게 괴로움을 주는 임계값이 있을 수 있다.

동물은 나이가 들어감에 따라 변화에 대한 회복력이 떨어지고 스트레스가 많은 사건에서 회복하는 데 더 어려움을 겪게 된다. 연구에 따르면, 나이 든 개는 낯선 사람과의 상호 작용에 덜 관심을 보이고, 어린 개보다 사회적 고통에 대처할 수 있는 능력이 떨어지는 것으로 나타났다(Mongillo, et al., 2013). 한 연구에서 노령견은 더 수동적으로 행동하고 치유사와 분리되는 동안 모르는 사람에 대한 관심이 적으며, 스트레스 반응이 현저히 증가했다. 이것은 노령견이 사회적 상황을 관리하는 데 능숙하지 않을 수 있음을 나타낸다. 특히 나이가 많을수록 개의 사교성이 감소하기 때문이다(Roth, & Jensen, 2015).

흥미롭게도 노령견은 인간과 직접 상호 작용하는 데 많은 시간을 소비하는 것에서 단순히 인간과 더 많은 시간을 함께 보내는 것으로 전환한다(Landsberg, Nichol, & Araujo, 2012). 그러므로 노령 치유 보조견이 단순히 주변에 있는 정도의 활동을 하는 수준으로 치유사와 수동적 관계를 맺게 된다. 치유 보조 동물이 활동을 하는 동안 마주치는 사회적 도전으로부터의 은퇴는 개들의 복지에 도움이 될 수 있다. 활동의 잠재적인 부정적 영향 때문에 치유 보조 동물은 수명이 다할 때까지 적극적으로 활동을 해서는 안 된다. 일반적으로 노령견은 활동 의무를 성공적으로 수행할 수 있는 능력을 방해하는 조건을 발달시킨다. 그러나 개가 죽을 때까지 일한다는 보고가 일부 있다. 한 연구에 따르면 아동 병원에서 일하는 치유 보조견은 연구가 종료되기 전에 "집에서 치유사의 보살핌으로 평화롭게 사망했다"고 보고했다. 아동 병원에서 수행된 또 다른 연구에서는 "한 노령 동물 보조견 한 마리가…다음 교대 근무 전에 사망했다"고 보고했다(King, Watters, & Mungre, 2011). 사망 원인에 대한 자세한 내용은 알려지지 않았지만, 왜 이 개들이 미리 은퇴하지 않고 죽을 때까지 활동을 했는지 의문이 든다.

죽음의 원인이 갑작스럽고 예측하지 못한 사고가 아닌 한 개들에게 질병의 징후가 관찰된다면 즉시 활동에서 배제되어야 한다. 치유 활동이 사망 원인에 크게 기여했을 가능성은 낮지만 동물의 활동 조건은 개에게 고통을 주고 결국에는 생명을 앗아간 질병에서 회복하는 능력을 손상시켰을 수 있다. 이것은 의도적으로 부상을 입히려고 하는 중증 장애 아동과 자주 일하는 한 마리의 개가 견디는 스트레스를 설명하는 또 다른 연구에서 확인되었다(Heimlich, 2001). 추가된 스트레스는 이 개의 만성적으로 상승한 코티솔 수치 및 관련 질병 상태와 관련이 있을 수 있다(Heimlich, 2001).

유사한 또 다른 연구는 집중적인 치유 활동이 치유 보조견의 행동 문제를 초래하여 결국 활동에서 은퇴로 이어졌다는 점을 시사한다(Hunt, & Chizkov, 2014). 다음은 이러한 결과를 공개하기 위한 연구의 예이지만 이러한 부작용은 우리가 알고 있는 것보다 더 자주 발생할 수 있다. 사망 전 확정된 퇴직 기간 없이 활동하는 치유 보조견의 정확한 수는 알려져 있지 않다. 이러한 상황은 드물게 발생하지만 적절한 은퇴 기간이 부여되지 않은 치유 보조 동물의 사망은 여전히 심각한 문제로 간주되어야 한다. 치유 활동의 잠재적인 스트레스 요인으로 인해 동물 복지에 부정적인 영향을 미치지 않도록 이러한 활동에서 은퇴하는 것이 중요하다. 따라서 개의 복지와 건강 상태에 부정적인 영향을 미치기 훨씬 전에 활동 환경에서 개를 은퇴시키는 것을 고려하는 것이 중요하다.

은퇴의 과정은 인간과 마찬가지로 동물에게도 중요한 생활 방식의 변화가 될 수 있다. 불행히도, 치유사는 피곤하거나 관심이 없거나 관련된 치유 활동에 심리적으로나 육체적으로 완전히 적합하지 않은 상태에서 치유 보조 동물을 계속 활동하게 할 수 있다. 이러한 상황이 목격될 때 유감스럽게도 일부 사람들은 문제에 대해 치유사에게 조언은 하지만, 치유사가 동물의 방문 일정을 변경하거나 은퇴를 고려하도록 권장할 도덕적 책임을 지지 않는다.

 ## 3. 치유 보조 동물 은퇴의 정의

은퇴, 즉 직위·경력 또는 직장 생활에서 물러나는 것은 노동 의무에서 벗어나고 싶은 욕망과 능력에서 비롯된 인간의 개념이다. 이 주제는 인간이 그 어느 때보다 더 건강하고 장수할 수 있도록 하는 의학 기술 발전으로 인해 오늘날 세계에서 가장 중요하다(Barbosa, Monteiro, & Murta, 2016). 물론 수명이 길수록 은퇴 기간이 길어진다(Barbosa, Monteiro, & Murta, 2016). 사람과 치유 보조 동물 사이의 은퇴를 비교할 때 유사점과 차이점이 있다. 논리적으로 노동 의무로부터의 자유는 사람들이 자주 축하하는 긍정적인 보상으로 인식된다. 근로자에서 퇴직자로의 전환은 개인이 취미, 자원봉사, 여행, 휴식 등의 여가 시간을 즐길 수 있게 해준다(Cox, et al., 2001). 이 퇴직자들은 시간을 어떻게 보낼지 선택할 자유가 있다. 은퇴한 치유 보조 동물에게 더 많은 여가 시간은 더 많은 휴식을 포함할 수 있다. 그러나 휴식의 양은 치유사가 정하기 때문에 동물에게 인간과 같은 자유가 주어지지는 않는다. 반면에 은퇴는 사람이 예상하고 계획하는 삶의 단계이다. 치유 보조 동물은 은퇴를 개념화하거나 예상하는 인지 능력이 없다. 동물은 법적으로 소유물로 간주되기 때문에 모든 활동은 치유사의 의지에 달려있다(Francione, 2004).

사람들은 건강 문제로 인해 일을 할 수 없거나 특정 연령에 도달하면 은퇴할 수 있다. 근로자가 노년에 건강을 유지한다면 인지기능 저하로 인해 직장 생산성이 저하될 수 있는 연령인 65세에 퇴직하는 것이 바람직하다(Lazear, 1979). 이와 유사하게 활동적이고 일에 몰두할 것으로 예상되는 동물도 노화와 관련된 인지기능 저하로 인해 임무를 잘 수행되지 못할 수 있다. 그러나 많은 치유 보조 동물은 단순히 함께하는 것만으로도 내담자에게 여전히 긍정적인 이점을 제공한다. 고용주는 실적이 저조한 직원을 퇴직시키기 위해 재정적으로 동기를 부여받을 수 있지만 동물교감치유 단체는 치유 보조 동물을 퇴직시킬 유사한 동기부여를 가지고 있지 않다. 사실, 치유 보조 동물의 은퇴는 단체에 손실을 의미한다. 사람과 치유 보조 동물의 은퇴 사이의 결정적인 차이점은 은퇴에 들어갈 수 있는 능력이며, 이는 궁극적으로 개인의 재정적 자립에 달려 있다(Lusardi, & Mitchell, 2011). 인간은 개인에게 적합한 생활 방식을 유지할 수 있을 만큼 충분한 돈을 저축하면 은퇴를 선택할 수 있다. 연금 혜택은 개인이 재정적으로 은퇴할 수 있는지 여부를 결정할 수도 있다. 재정적 독립이 이루어지지 않으면 퇴직 연령이 지난 후에도 일을 해야 할 수 있다. 치유 보조 동물은 급여를 받는 직원이 아니므로 퇴직 사유가 되지 않는다. 오히려 치유 보조 동물을 은퇴시키는 주된 이유는 동물이 일하기를 원하지 않거나 일할 수 없을 때 강제로 일하지 않도록 하여 좋은 복지를 보장하기 위함이다. 생계를 위해 일해야 하는 사람과 달리 동물이 일해야 할 이유가 없다.

치유 보조 동물의 은퇴에는 두 가지 방법이 있다. 그것은 **완전 은퇴**와 **준 은퇴**이다. 완전 은퇴는 동물이 동물교감치유에서 완전하고 최종적으로 철수하는 것이다. 준 은퇴는 동물이 활동에서 완전히 철회되기 전에 동물교감치유의 빈도 또는 기간을 줄이는 것이다. 여기에는 회기당 더 적은 수의 내담자, 다른 유형의 내담자 또는 활동량이 부담되지 않는 환경으로 활동하도록 전환하는 것이 포함될 수 있다. 완전 은퇴 또는 준 은퇴에 대한 결정, 준 은퇴가 실행되는 방식, 준 은퇴에서 완전 은퇴로의 전환 기간은 동물교감치유에 대한 동물의 반응과 함께 은퇴 사유에 따라 다르다. 은퇴하면 은퇴한 치유 보조 동물은 다시 반려동물로 돌아가게 된다.

 ## 4. 은퇴의 의미

은퇴는 자신이 인생에서 경험할 수 있는 가장 위대한 이정표 중 하나이다. 그것은 경력의 끝을 나타내면서도 자유의 시작을 나타내기 때문에 시원섭섭할 수 있다. 동물교감치유의 친밀한 성격 때문에 치유 보조 동물과 치유사, 치유 보조 동물과 내담자 사이에 독특한 관계와 유대가 형성된다. 이 삼원체의 각 구성원은 치유 보조 동물의 은퇴로 인해 상당한 영향을 받는다. 영구적인 활동 중단은 치유 보조 동물, 치유사 및 내담자에게 긍정적인 결과와 부정적인 결과 모두를 가져온다. 동물 자체에 대한 은퇴의 영향은 치유 보조 동물의 은퇴를 결정하는 핵심이다. 앞서 언급했듯이 은퇴를 고려하는 이점과 주된 이유는 동물이 일하기를 원하지 않을 때 강제로 일을 시키지 않음으로써 복지를 보장하기 위함이다. 노동으로부터의 자유는 장기간의 빈번한 개입, 부정적인 상호 작용, 전염병에 대한 노출과 같은 동물교감치유와 관련된 스트레스 요인으로부터 동물을 보호한다(Murthy, et al., 2015). 스트레스 징후가 있고 인간 상호 작용에 대한 혐오감을 보이는 동물에게 은퇴가 유익하다는 것은 분명하다. 그러나 이러한 징후를 명확하게 나타내지 않지만 치유 보조 동물로서의 역할을 즐기지 않는 동물에게는 특히 중요하다. 순종적인 성격과 치유사를 기쁘게 하려는 열망 때문에 치유 보조 동물은 상호 작용을 즐기지 않는다는 명백한 행동 징후를 보이지 않을 수 있다. 대신에 그들은 활동이 고통스럽고 동물의 복지 상태에 부정적인 영향을 미친다는 것을 인식하지 못하는 치유사와 동물교감치유를 한다. 은퇴를 통해 동물을 배제하면 이 순종적인 치유 보조 동물이 자신의 의지에 반해 활동하도록 강요받지 않는다. 동물이 질병으로 인해 은퇴한 경우 은퇴를 통해 인간 상호 작용과 치유 활동의 스트레스를 받지 않고 회복할 수 있다. 게다가, 골관절염과 같이 나이가 들면서 증가하는 일반적인 신체 질환은 치유 활동이 계속됨에 따라 간과되거나 개가 늙어가는 것에 기인할 수 있다(Brown, et al., 2007). 일부 유형의 동물교감치유와 관련된 활동은 골관절염 및 기타 만성 질환을 악화시킬 수 있으므로 은퇴를 통해 이러한 추가 스트레스 요인에서 벗어날 수 있다. 또한 은퇴는 노화된 동물의 건강과 복지에 필수적인 적절한 휴식 시간을 허용한다(Bellows, et al., 2015). 은퇴의 황금기는 이상적으로는 조용한 휴식을 취하는 데 사용해야 한다. 그러나 은퇴가 치유 보조 동물에게 항상 편안하거나 유익한 것은 아니다. 좌식 생활 방식에 의존하면 삶의 목적과 동물교감치유와 같은 활동이 필요한 동물에게 지루함이나 좌절감을 줄 수 있다. 또한 신체적, 정신적 자극은 개의 노화를 지연시킨다(Wallis, et al., 2017; Milgram, et al., 2006; Chapagain, et al., 2018). 특히, 사회적 상호 작용은 건강한 노화의 중요한 구성요소이다(Adams, Morgan, & Watson, 2018).

동물교감치유, 특히 놀이와 관련된 신체적, 정신적 자극은 동물에게 유익할 수 있다(Tomlinson, 2019). 특히 치유 활동이 다른 자극적이고 매력적인 활동으로 대체되지 않는 경우 은퇴 및 이에 따른 자극의 중단은 노화 과정을 가속화할 수 있다. 인간과의 상호 작용을 원하는 동물은 신체적 한계를 넘어 활동하기를 원할 수 있다. 은퇴할 때 함께 보내는 시간이 줄어들어 치유사와 동물 사이의 유대감에 문제가 생길 수 있다. 일반적으로 동물을 동물교감치유에 데려갈 때 치유사가 동물을 두고 간다면 동물은 그 이유를 이해하지 못하고 남겨진 것에 대해 좌절할 수 있다(Power, 2012). 또한 이러한 유기 행위는 동물, 특히 치유사와 상당한 시간을 보낸 고애착 치유 보조 동물에게 분리 불안과 그에 따른 부작용을 유발할 수 있다(Sargisson, 2014; Schwartz, 2003). 동물은 일반적으로 일상적인 일, 특히 치유 회기가 자주 정기적으로 수행되는 일과에 익숙해져 있는데(Schwartz, 2003), 은퇴하면서 겪는 갑작스럽고 급격한 일상의 변화에 동물이 적응하기 어려울 수 있어 완전 은퇴보다는 준 은퇴를 선택하는 이유가 될 수 있다.

치유 보조 동물의 은퇴는 확실히 생활 방식을 바꾸지만 치유사에게 더 큰 영향을 미칠 수 있다. 치유 보조 동물의 은퇴가 치유사에게 미치는 영향은 치유사의 동물 복지에 대한 인식과 동물교감치유 참여에 대한 개인적 동기에 달려 있다. 치유사는 복지를 지키려는 강한 열망이 있고, 동물에게 가장 최선의 것을 고려할 경우 은퇴를 긍정적인 경험으로 볼 것이다. 은퇴 후 치유사는 동물이 한계를 넘어 계속 활동하거나 스트레스 요인에 노출되는 것에 대해 걱정할 필요가 없다. 또한 치유 보조 동물을 은퇴시키는 것은 동물이 죽을 때까지 활동할 경우 치유사가 잠재적 죄책감에 시달리지 않도록 할 수 있다. 치유사는 동물이 죽기 전에 적절한 휴식을 제공하지 않은 것에 대해 책임을 느낄 수 있다. 동물을 은퇴시킨다는 것은 또한 치유사에게 동물교감치유 책임이 없다는 것을 의미하며, 이는 더 이상 참여하기를 원하지 않거나 활동에 과중한 부담을 느끼는 치유사에게 안도감을 준다. 일부 치유사는 자원봉사를 중단할 준비가 되어 있을 수 있으며, 동물의 은퇴는 자연스러운 종말을 위한 반가운 기회로 인식될 수 있다. 동물이 은퇴한다고 해서 동물이 여전히 치유사의 동반자라는 사실을 부정하는 것은 아니며, 여전히 함께 다른 즐거운 활동에 참여할 수 있다. 그러나 치유 보조 동물의 은퇴는 대부분의 치유사에게 받아들이기 어려운 과정이다. 이것은 주로 자원봉사를 계속하려는 동기 때문인데, 사람들은 다양한 활동, 특히 봉사 활동을 하기 위해 여가 시간을 매우 좋아한다(Stebbins, 1982). 많은 등록된 치유사가 은퇴했기 때문에 이 여가 시간을 가진다. 특히 중년 및 노년층에서 이타적 욕구 충족 및 자기 만족감을 포함하여 자원봉사에서 파생되는 많은 건강, 심리적, 사회적 이점이 있다(Morrow-Howell, 2003). 각 개인은 즐거움과 만족에 부합하는 자원봉사에 대한 개인적인 동기를 가질 것이다(Houle, et al., 2005).

치유사는 종종 공동체에 환원되거나 다른 사람을 돕거나 취미를 갖기를 원한다(Hartwig, & Binfet, 2019). 혼자 하는 봉사도 유익하다는 점을 감안할 때, 반려동물과 함께 하는 봉사는 그 혜택을 더 높일 수 있다. 동물에 대한 열정을 자원봉사 의무와 연결할 수 있는 개인은 자원봉사 활동이 다른 자원봉사 활동보다 개인에게 더 보람 있고 훨씬 더 의미 있다는 것을 알게 될 것이다.

은퇴는 자원봉사 혜택과 여가를 채우기 위한 활동의 상실뿐만 아니라 정체성과 목적의 상실을 의미한다. 치유사는 동물과 함께 팀으로서의 정체성을 유지하는데, 은퇴를 하게 되면 더 이상 팀이 아니다. 또한 치유사는 일반적으로 동물에 대한 애착이 높은데, 은퇴는 함께 보내는 시간을 줄여서 치유사가 감당하기 어려울 수 있다. 치유사 팀은 그들이 상호 작용하는 사람들의 삶을 개선하기 위한 목적에 도움을 주는 것을 자랑스럽게 생각한다. 많은 자원봉사자는 내담자가 자신에게 의존하고 있다고 느낄 수 있다. 은퇴는 치유사가 이전에 참여했던 내담자를 더 이상 돕지 않는다는 죄책감의 부담을 가져올 수 있다. 치유 보조 동물 단체는 활동적인 자원 봉사 팀의 수를 유지하고 늘리기 위해 노력하므로 은퇴가 비생산적이다. 자원봉사자 참여의 주요 속성 중 하나는 자신의 기여에 대해 여전히 필요하고 인정받고자 하는 욕구를 충족시키는 것이다(Davis, Hall, & Meyer, 2003). 치유 보조 동물 단체가 달성한 활동에 대해 보상과 표창을 제공하기 때문에 치유사는 활동을 계속해야 할 수 있다. 치유사는 최소 자원봉사 시간에 도달하는 것을 목표로 할 수 있으며, 이는 은퇴를 받아들이는 데 방해가 될 수 있다. 자원봉사자 단체는 단체의 요구 사항을 충족하고, 활동에 대한 보상과 표창을 받을 수 있도록 치유사의 의무를 충족하게 할 수 있다. 치유 보조 동물이 자원봉사자와 함께 동물교감치유에 참여하는 것이 더 일반적이지만 전문가와 함께 동물교감치유에도 참여한다. 이 전문가들은 치유 계획에서 치유 보조 동물을 사용하여 생계를 유지한다. 동물을 다루는 일의 상실과 관련된 재정적·직업적 영향으로 인해 전문가는 동물이 은퇴하는 것을 꺼릴 수 있다. 마지막으로, 사랑하는 동물의 임박한 죽음을 예고하기 때문에 치유사는 은퇴를 고려하기 어려울 수 있다. 이러한 고려 사항은 치유사가 치유 보조 동물의 은퇴를 받아들이거나 깨닫지 못하게 만든다. 그러나 동물 복지에 대한 인식을 가지고 있는 치유사는 적절한 시기에 은퇴를 주장할 것이다. 이러한 고려 사항에도 불구하고 치유사가 동물의 복지보다 자신의 감정을 우선시하고 그에 합당한 은퇴를 거부하는 것은 위험하고 비윤리적이다.

치유 보조 동물이 은퇴할 때 치유 보조 동물의 은퇴가 도움을 받는 내담자에게 미치는 영향을 인식하는 것이 중요하다. 많은 내담자들은 그들이 정기적으로 만나게 되는 치유 보조 동물과 상당한 유대감과 애착을 발달시키며, 그곳에서 풍부한 관계와 강한 유대감을 발달시킨다(Zilcha-Mano, Mikulincer, & Shaver, 2011; Brodie, & Biley, 1999). 그들은 특정 동물에게 개인적으로 애착을 갖게 되며, 앞으로의 방문을 기대하게 된다(Banks, Willoughby, & Banks, 2008). 따라서 내담자가 은퇴를 받아들이기 어려울 수 있다. 특히 개입의 혜택을 받을 때 그렇다. 치유 보조 동물을 새로운 치유 보조 동물로 교체하더라도 이전 동물의 익숙한 성격과 태도로 인해 내담자가 충족되지 않은 기대치를 가질 수 있다. 은퇴한 치유 보조 동물이 교체되지 않으면 동물의 은퇴는 내담자가 관계를 발전시킨 특정 치유사의 철수를 의미할 수도 있다. 팀의 완전한 손실은 확실히 내담자의 안녕에 영향을 미치고 해로울 수 있다. 동물교감치유의 중단은 인간-동물 상호 작용의 잠재적인 미래 이익을 포기할 뿐만 아니라 치유를 통해 이루어진 변화에 영향을 미치거나 역전시킬 수 있는 포기와 상실감을 남길 수 있다(Cohen, 2015). 동물과의 관계가 강할수록 은퇴는 더 어려워질 수 있다(Barnard-Nguyen, et al., 2016). 그러나 은퇴를 전략적으로 접근한다면 내담자에게 좋은 반응을 얻을 수 있다. 내담자는 동물을 돌보고 동물에게 가장 좋은 것이 무엇인지 원할 것이다. 은퇴가 복지의 맥락에서 논의될 때 내담자는 어렵게 인식되는 예상 결과를 더 많이 수용할 수 있다.

또한 은퇴해야 하는 노령 동물과 함께 동물교감치유에 참여하는 것은 내담자에게 어려울 수 있다. 치유 보조 동물이 약하고 병든 것처럼 보일 수 있으며, 일반적으로 건강하고 튼튼한 동물이 얻을 수 있는 상호 유익한 효과를 무효화시킨다. 내담자는 동물이 나아지는지 보기를 기다리면서 두려움·불안·고통을 느낄 수 있다(Cohen, 2015). 적절한 은퇴는 이러한 일이 일어나지 않도록 해준다. 또한 적절한 은퇴는 동물의 급사 가능성을 최소화한다. 내담자에게 치유 보조 동물이 죽었다는 사실을 알리는 것은 비극적이고 불안하다. 특히 내담자는 죽기 전에 동물과 작별할 준비가 되어 있지 않기 때문에, 은퇴는 내담자의 평화로운 작별과 종결을 용이하게 한다(Cohen, 2015; Packman, et al., 2014).

5. 치유 보조 동물의 은퇴 시기

현재까지 치유 보조 동물의 은퇴를 위한 이상적인 시간을 나타내는 증거 기반 연구는 없다. 치유 보조 동물이 은퇴해야 할 시기를 결정하는 것은 불분명하고, 다양한 요인을 고려해야 하며, 개인에 따라서도 다르다. 동물이 치유 보조 동물이 되겠다고 스스로 결정한 것이 아니듯이, 동물이 은퇴하고 싶을 때에도 스스로 결정할 수 없다. 이 결정은 동물에 대해 잘 알고 있는 수의사 또는 행동학자, 활동 조건 및 특정 유형의 치유 활동에 대한 잠재적인 스트레스 요인과 함께 치유사의 신중한 평가에 기초해서 결정해야 한다.

치유 보조견은 나이, 신체 건강, 행동에 따라 은퇴에 대한 고려가 권고될 수 있다. 동물, 치유사 및 내담자는 각각 다른 방식으로 이 중대한 변화의 영향을 받지만, 동물을 은퇴시키기로 결정할 때 동물의 복지가 최우선이 되어야 한다. 사람들이 일반적으로 62~65세에 은퇴하는 것과 유사한 목표 연령에 치유 보조 동물을 은퇴시키는 것을 고려하는 것이 합리적이다. 그러나 동물의 종분만 아니라 개 품종의 다양성으로 인해 보편적이고 구체적인 연령 제한을 설정하는 것은 어려운 일이다. 보조견이 특정 품종의 고령 단계(대형 품종으로 활동이 많은 개의 경우 일반적으로 10~12세)에 도달하면 은퇴를 고려하는 것이 좋다(Caron-Lormier, 2016). 이것은 강아지 시절부터 활동했고 잠재적으로 매일 활동을 한 보조견이 건강할 때 충분히 은퇴를 즐길 수 있도록 보장한다. 보조견은 일반적으로 그 역할을 위해 특별히 길러졌기 때문에 매우 어린 나이에 노동력에 투입되는 반면, 대부분의 치유 보조견은 성숙한 개가 더 침착하고 치유 활동에 순응하기 때문에 나이가 들어서 활동에 투입된다.

늦게 활동을 시작하면 보조견에 비해 근무 기간이 짧아져 치유 보조견의 은퇴에 있어 나이가 중요한 요인이 되지 않는다. 나이는 숫자에 불과하고 은퇴를 결정하는 적절한 방법이 아니지만 이는 치유사가 동물의 건강 상태를 점검하는 데 더 주의를 기울여야 하는 시점을 나타낸다. 치유 보조 동물이 기대 수명의 마지막 25%(Bartges, et al., 2012)로 정의되는 노령 생활 단계에 도달하면 전체 혈구 수, 혈청 화학, 소변 검사 및 갑상선 수치와 같은 포괄적인 평가 및 진단을 통해서 무증상 질병을 선별하고 필요한 예방 치료를 시행하기 위해 6개월 간격으로 점검해야 한다.

암과 같은 많은 건강 상태는 영향을 받는 장기 시스템이 실질적으로 손상될 때까지 무증상으로 진행된다. 노화된 동물을 정기적으로 평가하여 이러한 질병을 조기에 발견하면 조기 치료와 더 나은 예후를 얻을 수 있다. 물론 무증상 질환으로 진단되면 신체에 가해지는 추가 스트레스를 최소화하기 위해 치유 활동을 일시적으로 중단하거나 영구적으로 은퇴해야 할 수 있다. 건강과 행동의 중대한 변화는 나이에 관계없이 일시적으로 또는 영구적으로 치유 활동에서 배제되어야 하는 적절한 시기를 알려준다. 동물이 급성 질병에 걸리면 정상 건강으로 돌아올 때까지 활동을 연기해야 한다. 급성 질환이 만성적으로(1개월 이상) 지속되고 통제되지 않거나 진단되지 않는 경우 영구 은퇴를 고려해야 한다. 치유 활동의 자극과 활동으로 악화될 수 있는 특정 상태는 은퇴를 요구한다. 골관절염과 같은 근골격계 장애와 관련된 통증은 움직임이나 체중 부하 증가가 요구되는 동물교감치유 회기에서 증가할 수 있다. 동물교감치유의 활동이 증가하면 호흡 곤란 및 심폐 질환과 관련된 지속적인 기침이 악화될 수 있다. 동물교감치유의 자극으로 발작 및 기타 예측할 수 없는 신경학적 상태가 증가할 수 있다. 동물이 활동 중에 스트레스를 받으면 스트레스 대장염이 악화될 수도 있다. 또한 구토, 설사, 배뇨 증가, 요실금, 변실금 등의 질병이 있는 동물은 치유 보조 동물로써 적합하지 않다. 이러한 질병은 모두 동물을 괴롭히는 것과 더불어 관련된 사람들에게 위험을 제공한다. 또한 내담자들은 고통스러운 동물, 걷거나 숨 쉬는 데 어려움을 겪는 동물, 또는 발작을 일으키는 동물을 보고 괴로워할 가능성이 높다. 임상 질병의 첫 징후가 나타나면 동물을 활동에서 배제하여 이러한 시나리오를 피하기 위해 노력해야 한다. 모든 질병이나 상태가 치유 보조 동물의 은퇴를 반드시 정당화하는 것은 아니다. 치유 보조 동물이 진단을 받을 수 있는 다양한 만성 질환이 있어도 상태가 임상적으로 잘 관리되고 증상이나 통증이 없고, 활동에 문제가 없다면 은퇴할 필요가 없다. 물론 동물이 치료를 받았음에도 불구하고 새로 진단을 받거나 임상 증상을 보이는 경우 방문을 중단해야 한다.

치유 보조견이 은퇴하는 동안 건강을 유지하는 것이 좋지만 질병이 전혀 없는 상태에서 동물을 은퇴시키는 것은 의무 사항이 아니다. 특히 치유활동을 즐기는 것으로 보이는 동물에게는 더욱 그렇다. 치유 활동으로 질병이 악화되지 않으면 동물의 복지에 지장을 주지 않는 선에서 계속 활동할 수 있다. 예를 들어, 당뇨병이나 갑상선 기능 저하증과 같이 노령견에서 자주 진단되는 내분비 질환은 약물로 잘 조절될 수 있다. 상태가 동물의 활동 능력을 손상시키지 않고, 스트레스와 치유 활동의 자극으로 악화되지 않으면 동물은 계속 활동할 수 있다. 그러나 동물이 화학 요법이나 항생제와 같이 인간에게 위험을 줄 수 있는 치료를 받고 있는 경우 치료가 완료되고 수의사로부터 활동에 복귀할 수 있다는 허가를 받을 때까지 동물을 치유 활동에서 배제해야 한다. 활동을 계속하고 빈도, 기간 또는 강도의 감소와 같은 수정을 가하는 결정은 수의사와 함께 사례별로 이루어져야 한다.

행동 평가는 동물이 은퇴해야 하는 시기를 결정하는 또 다른 중요한 요소이다. 동물은 동물교감치유에 참여하고 싶지 않다는 미묘한 징후를 보일 수 있다. 여기에는 안절부절 증가, 주둥이 핥기, 발 들기, 하품, 몸 흔들기, 코 돌리기, 빙글빙글 돌기, 운동 활동 증가, 자세 낮추기가 포함될 수 있다(Beerda, et al., 1997). 종종 반다나 착용, 하네스, 손질 또는 특정 언어 신호와 같이 치유 방문을 예측하는 특정 신호가 있다. 동물은 치유 회기를 예상하고 이러한 유발 요인을 인식하면 흥분을 나타낼 수 있다. 동물이 이러한 예상 신호로 후퇴하거나 숨거나 스트레스 관련 행동을 보인다면 은퇴를 고려해야 한다. 방문하는 동안 동물이 시설이나 방에 들어가는 것을 거부하고, 사람과의 상호 작용을 피하고, 내담자를 보거나 참여하지 않으며, 명령을 무시하는 등 동물이 활동하기를 원하지 않는다는 행동을 보일 수 있다. 훈련되고 등록된 치유 보조견의 유순하고 순종적인 특성을 감안할 때 스트레스를 받은 치유 보조견은 다른 개에 비해 극적으로 또는 공격적으로 반응할 가능성이 적다. 그들은 치유사에 의해 강요되기 때문에 활동을 계속 견딜 수 있지만 미묘한 스트레스 관련 행동을 통해 인간 상호 작용을 반드시 즐기는 것은 아니라는 점을 보여준다. 더 심각한 상황에서 동물이 반복적으로 받는 혐오적 상호 작용을 피하기 위해 노력하지만 벗어날 수 없어서 상황을 변화시키기 위해 무기력한 것처럼 항복할 때 학습된 무력감(Learned Helplessness)이 목격될 수 있다(Seligman, & Maier, 1979).

치유사가 강제로 인간과 상호 작용하기 때문에 저항 또는 항복의 징후를 보이는 동물은 치유 보조 동물로 적합하지 않다. 이 학습된 무력감은 복지에 해로우며, 해결되지 않으면 궁극적으로 좋지 않은 사건을 초래할 수 있다(Seligman, & Maier, 1979). 방문 후 은퇴할 준비가 된 개는 적절하게 회복되지 않고, 회기 후 장기간 무기력하고 지쳐 보일 수 있다. 이러한 이상행동이 한 번 발생하고 이후 회기 후에 다시 발생하지 않으면 개가 휴식을 취했거나 특정 상황에 반응했을 수 있다. 그러나 후속 방문에서 이러한 징후가 관찰되면 수의사와 상담하는 것이 좋다. 이러한 행동 변화는 신체적 질병이나 동물을 괴롭히는 일의 결과일 수 있다.

동물이 건강하다고 판단되면 행동 상담 및 재평가를 권장한다. 다른 치료 시설, 사람, 상황에서도 동일한 부작용이 발생하면 은퇴를 고려해야 한다. 동물의 지지자로서 치유사의 역할이 가장 중요하다. 치유사는 동물의 필요와 태도나 행동의 변화를 가장 잘 알고 있다. 스트레스는 특히 행동이 미묘하거나 점진적으로 변하는 경우 감지하기 어려울 수 있다. 따라서 치유사는 스트레스의 행동 지표, 특히 입술 핥기, 하품, 헐떡거림, 발 들기, 몸 떨림, 낮은 자세와 같이 개에게 확립된 행동 지표를 인식할 수 있는 교육과 훈련을 받아야 한다(Beerda, et al., 1997). 스트레스 행동은 개마다 매우 다양하기 때문에 치유사는 개별 동물의 정상적인 행동을 자세히 이해하고 변화나 부작용이 발생할 때 적절한 절차를 구현해야 한다. 동물행동학자 또는 수의사의 지도 하에 동물을 평가하고 활동을 수정하거나 활동을 중단하는 적절한 계획을 구현하여 동물의 복지를 보장할 수 있다.

6. 치유 보조 동물의 삶의 질 척도
(Ng, & Fine, 2019a; 2019b)

치유 보조 동물의 복지는 지각 있고 객관적인 치유사로부터 시작된다. 치유사는 자원봉사를 계속하려는 개인적인 동기가 있을 때, 스트레스 신호를 보지 못할 수 있다. 개인적인 편견이 의심되고, 복지 평가에 있어 치유사의 객관성이 어려울 때 정량적인 조사가 필요할 수 있다. 치유 보조견 삶의 질에 대한 설문조사는 임상 질환이나 통증이 없는 노령화 동물의 은퇴를 고려할 때 치유사를 지원하는 도구가 될 수 있다. 반려동물 치유사가 동물을 안락사 시킬 시기를 결정하는 데 도움을 주기 위해 많은 삶의 질 조사 및 척도가 개발되었지만, 치유 보조 동물의 은퇴를 결정하기 위한 척도는 확립되지 않았다. 보조견 삶의 질에 대해 척도는 치유사가 동물의 현재 복지 상태를 나타낼 수 있는 10가지 요소를 객관적으로 평가할 것을 요구한다. 치유 보조 동물의 삶의 질 척도에서 현재 치유 보조 동물을 가장 정확하게 설명한 것에 체크 표시를 하도록 되어 있으며, 건강한 동물은 임상적 질병이나 통증이 없어야 한다. 설문 조사는 동물이 기준 점수를 제공할 수 있는 최적의 활동 능력에 있을 때 수행해야 하며, 은퇴가 문제될 때 다시 수행해야 한다. 최대 총점은 100점이다. 기준 점수에서 25% 이상 감소하면 활동 중단 및 은퇴를 고려해야 한다.

이 도구는 삶의 질의 미묘한 감소를 감지하기 위한 것이기 때문에 단독으로 사용해서는 안 되며, 오히려 수의사, 동물행동학자 또는 기타 동물 전문가와 대화를 시작하는 데 사용해야 한다.

 표 2-1 **치유 보조 동물의 삶의 질 척도**

문항	매우 아니다	아니다	보통	그렇다	매우 그렇다
1. 사교성: 동물은 활동에 참여하고 관심을 받으며, 사람들과 관계를 유지한다.					
2. 일에 대한 열정: 동물은 여행을 하거나, 활동복 또는 장비를 착용하거나, 활동을 할 것이라는 신호를 관찰하기 좋아하는 것처럼 보인다.					
3. 장난기: 동물은 자발적으로 놀이에 참여한다.					
4. 에너지 수준: 동물은 자신이 참여하는 활동에 적절한 수준의 에너지를 보여준다.					
5. 휴식: 동물은 쉽게 잠에 들고, 깨어 있을 때 기민하고, 휴식을 취한다.					
6. 유동성: 동물은 쉽게 걷고, 달리고, 뛰고, 일어나고, 눕는다.					
7. 식욕: 동물은 규칙적이고, 일관된 식욕을 가지고 있다.					
8. 예측 가능한 배설: 동물이 사고나 요실금 없이 예상할 때 소변을 보고 배변한다.					
9. 복종: 동물은 명령에 즉각적이고 일관되게 반응한다.					

10. 스트레스 신호의 최소 표시: 동물이 활동 또
는 휴식 중에 스트레스의 징후(예: 과도한 입
술 핥기, 하품, 서성거리기, 웅크리기, 빙글빙
글 돌기, 고래 눈, 발 들기)를 나타내지 않음

총 검사 수

곱하기	0	2.5	5	7.5	10
총계	+	+	+	+	=

7. 치유 보조 동물의 은퇴 방법

　　직장 생활에서 은퇴로의 전환은 당사자에게 미칠 잠재적인 결과를 최소화하기 위
해 신중하게 실행되어야 한다. 성공적인 은퇴를 위해서는 기존 사회적 유대에 대한 새
로운 조정과 만족스러운 은퇴 생활 방식이 필요하다(Van Solinge, & Henkens, 2008). 은퇴
는 치유 보소 동물이 일하는 단체에서 권상되어야 한다. 그러나 은퇴 시기와 방법, 은
퇴 중 예상되는 사항에 대한 공식 정책은 대부분의 단체에서 전통적으로 다루지 않는
다. 따라서 치유사는 은퇴와 관련된 문제를 해결할 준비가 되어 있지 않는 경우가 많
다. 이러한 문제를 극복하기 위해 단체는 동물의 경력 초기에 이 문제에 대해 치유사
를 교육하고, 동물이 이 단계에 도달하면 상담해야 한다. 지침은 동물, 치유사 및 내담
자를 위한 복지와 안녕이라는 고려 사항의 균형을 유지하면서 은퇴로 전환하는 방법
을 알려주어야 한다.

　　치유 보조 동물의 은퇴로의 전환은 단순히 동물이 독점적으로 애완동물 또는 반려
동물의 역할을 맡는 것을 의미한다. 언뜻보기에 전환은 다소 단순하고 긍정적으로 보인
다. 그러나 일상의 급격한 변화는 동물에게 스트레스를 유발할 수 있다. 동물을 적절하
게 은퇴시키는 방법은 개입의 정도에 따라 달라진다. 건강한 동물을 위해 갑자기 일을
그만두는 것은 무시할 수 있는 변화일 수 있다. 그러나 오랜 시간 동안 자주 일하는 동물
의 경우 갑작스러운 배제는 동물의 삶에서 일상적이고 예상되는 활동을 깨는 극적인 변

화가 될 수 있다. 빈도나 기간을 줄이면 참여하는 사람들은 활동 중단의 영향을 덜 받을 수 있다. 아픈 동물이나 덜 자주(일주일에 한 번 미만) 방문하는 동물에 대한 치유 활동의 완전한 중단은 무기한 연기될 수 있으며, 다른 요구가 충족되는 한 큰 영향은 없을 것이다.

동물은 활동 의무를 완전히 중단하기 전에 활동량을 단계적으로 감소시키는 준 은퇴에 들어가 은퇴로 전환할 수 있다. 동물교감치유의 회기 간 간격을 25% 늘리거나, 2주마다 회기 기간을 25% 줄이면 점차적으로 동물이 활동에서 물러나는 데 적응할 수 있다. 강도는 많은 사람들이 동물을 직접 만지는 것이 특징인 보다 활동적인 회기에서, 사람과 함께 앉아 있는 것과 같은 수동적인 역할로 바뀔 수 있다. 인간의 상호 작용을 진정으로 즐기는 개에게는 가능한 한 사회적 참여와 사람들과의 자극을 위한 기회를 제공해야 한다. 이러한 기회는 다른 사람들을 집으로 데려오거나 발려견 전용 공원과 같은 사회적 상황에 참여하도록 동물을 데려감으로써 제공될 수 있다.

은퇴한 치유 보조 동물은 타고난 사교성이 있기 때문에 은퇴하는 동안 격리되어서는 안 된다. 또한 동물의 신체 능력에 맞는 놀이와 운동과 같은 규칙적이고 빈번한 활동으로 동물을 계속 자극해야 한다. 동물교감치유를 대체하는 활동과 사회적 상호 작용에는 인간과 동물의 유대를 강화하는 치유사와 동물 사이의 양질의 시간이 필요하다. 치유사가 동물을 집에 혼자 남겨둘 때 동물에게 대화형 장난감과 환경 조성을 제공하여 시간을 보낼 수 있도록 해야 한다. 이것은 일반적으로 일을 하기 위하여 치유사가 동물을 집에 남겨두고 갈 때 특히 중요하다.

은퇴로 전환하는 동안 개가 괴로워하고 더 이상 일할 수 없음을 나타내는 행동 변화를 면밀히 관찰해야 한다. 짖기, 안절부절, 파괴와 같은 행동 변화는 불안과 좌절을 나타낼 수 있다. 분리 불안의 징후는 특히 치유사가 동물을 두고 떠날 때 더 심해질 수 있다. 사회적 참여와 정신적 자극을 위한 기회는 치료 맥락 밖에서 제공되어야 한다. 동물이 이러한 변화된 활동에 대해 여전히 부정적인 행동 징후를 보이는 경우, 능력은 감소되었지만 준 은퇴 상태로 계속 활용될 수 있다. 행동 문제가 진정되고 동물이 계속 일하는 것에 만족하는 것처럼 보인다면 완전한 은퇴는 동물 복지에 해로울 수 있다. 활동 복귀에 대한 결정은 치유 동물 단체 및 수의사 또는 동물행동 전문가와 함께 이루어져야 한다.

① 치유사 관점

치유사의 결정이 반영되지 않고 동물이 일을 그만두어야 한다는 이유로 은퇴가 결정되면 치유사가 은퇴를 받아들이기 어려울 수 있다. 치유 보조 동물을 등록한 단체는 이 기간 동안 치유사를 적극적으로 지원해야 한다. 치유사는 은퇴가 올바른 결정이며, 동물을 위한 최선의 선택이기 때문에 단체와 내담자로부터 존중받고 있음을 확신해야 한다. 은퇴가 결정되면 치유팀을 인정하고 마지막 방문에서 은퇴를 축하해야 한다. 이것은 퇴직자를 기념하고 기리는 공식 모임이나 의식일 수 있다(Savishinsky, 2002). 이것은 특정 시설에서 광범위하게 자원봉사를 했거나 시설의 정규 내담자 또는 직원과 깊은 관계를 발전시켰거나 헌신적이었던 치유 팀에게는 특히 중요하다. 이는 긍정적인 마무리를 위한 공식적인 기회이자 팀이 그 노력에 대해 가치와 인정을 받을 수 있는 공식적인 기회로 작용한다. 이러한 치유팀에 대한 공식적인 감사는 또한 동물이 은퇴한 후에도 치유사가 유사하거나 다른 역량으로 자원봉사를 계속할 의향을 더 커지도록 한다.

은퇴로의 전환은 동물교감치유에서 의미 있는 목적을 찾고, 이 자격으로만 자원봉사하기를 원하는 치유사에게 가장 어려울 수 있다. 이러한 자원봉사 치유사에게 가장 논리적인 전환은 새로운 개를 훈련하고 등록하는 것이다. 그러나 치유사는 활동이 동일할 것이라고 기대해서는 안 된다. 치유사는 새로운 동물이 이전 동물만큼 잘 수행하지 않는 것을 보고 실망할 수 있다. 또는 치유사는 다른 치유사가 보유한 다른 훈련된 치유 보조 동물을 관리하여 동물교감치유 회기를 계속 수행할 수 있다. 이 새로운 치유팀은 이전 팀과 다른 활동 관계를 갖게 된다. 따라서 기술, 안전성 및 효율성을 보장하기 위해 팀을 함께 평가해야 한다.

같은 동물이 다른 치유사에 의해 사용되는 경우 개를 혹사시키기 않도록 일정을 고려해야 한다. 자원봉사의 동기가 동물교감치유의 단체를 지원하는 것이라면 치유사는 다른 자격으로 단체와 함께 자원봉사를 계속할 수 있다. 기금 모금, 사무, 특별 행사 지원과 같은 역할은 종종 비영리 단체에서 수행할 수 있다. 자원봉사의 동기가 동물과 함께하는 것이라면 다른 동물단체들은 지역동물보호소 등에서 자원봉사자를 모집하므로 이를 활용할 수 있다. 또한 자원봉사의 동기가 자원봉사자가 방문한 사람들을 위한 자원봉사라면 해당 시설에서 직접 자원봉사를 하고 같은 내담자들과 교류할 수 있는 기회를 고려할 수 있다. 일부 자원봉사자는 은퇴에 문제가 없을 수 있다. 자원봉사의 동기가 동물과 좋은 시간을 보내는 것이라면 정식적인 은퇴를 한 팀은 유대감을 형성하고 덜 힘든 활동에 참여하는 데 좋은 시간을 보낼 수 있다. 치유보조 동물을 은퇴 후에 애완동물로만 명칭을 규정하는 데 저항하는 치유사의 경우 이러한 동물을 은퇴 치유 보조 동물로 명칭을 변경할 수 있다. 사회가 이 동물들이 한 일에 대해 존중하는 것이 중요하다.

2 내담자 관점

은퇴로의 전환은 동물과 치유사 모두에게 어려울 수 있지만 정기적인 방문에 익숙해지고 동물에 대한 애착이 커진 내담자도 동물의 부재에 적응하는 데 어려움을 겪을 수 있다. 치유사는 동물이 더 이상 방문하지 않을 것임을 내담자에게 직접 알려야 한다. 개인이 치유사로부터 직접 소식을 듣는 것이 중요하다. 소식을 직접 전달하면 은퇴 이유에 대해 대화하고 질문할 수 있다. 동물 복지 측면에서 이유를 설명하고, 동물에게 가장 좋은 것을 원하는 대부분의 내담자는 이 결과를 수용한다. 또한 은퇴에 대한 논의는 공감·한계·건강·상실·회복력에 대한 대화를 자극한다. 이러한 교훈은 특히 이타심과 자기 성찰이 목표인 내담자에게 유용할 수 있다. 적절한 시기와 관련하여 내담자에게 마지막 방문 전에 은퇴에 대해서도 알려야 한다. 이것은 내담자에게 이러한 소식에 대해 곰곰이 생각해보고 마지막 방문에서 공식적인 작별을 준비할 수 있는 기회를 제공한다. 내담자에게 동물에게 감사의 편지를 쓰도록 요청하여 은퇴를 준비하고 대처하도록 격려할 수 있다. 마지막 방문은 은퇴를 축하하고 치유 보조 동물이 한 일에 감사하는 기회가 되어야 한다. 내담자들에게는 치유 보조 동물 사진이나 치유 보조팀의 작별인사 카드 등의 기념품을 증정할 수 있다. 이러한 과정을 통해 보다 평화로운 마무리와 행복한 이별을 용이하게 한다. 치유 보조팀을 새로운 치유 보조팀으로 대체할 계획도 마련되어 있어야 한다. 내담자가 새로운 치유 보조 동물이 이전 치유 보조 동물과 같은 방식으로 행동하거나 참여할 것으로 기대하지 않도록 조언하는 것이 중요하다. 또는 새 치유 보조팀을 교체할 수 없는 경우 이전에 동물교감치유에 할당된 시간을 다른 활동으로 대체할 수 있다. 모든 치유 보조 동물과의 접촉이 갑자기 중단되는 것을 피하기 위해 영화나 동물원, 농장 또는 보호소 방문과 같은 동물과 관련된 활동이 필요할 수 있다. 치유사와 치유 보조 동물이 모두 은퇴하고 내담자가 애착이 높은 경우 치유사가 가끔 방문하는 것은 환영할 만한 놀라움이 될 수 있다. 치유사는 치유 보조 동물의 은퇴

생활에 대한 이야기나 사진을 전달할 수 있다. 마하트마 간디(Mahatma Gandhi)는 "한 국가의 위대함과 도덕적 진보는 동물을 대하는 방식으로 판단할 수 있다."라고 말했다. 동물교감치유 분야가 계속 발전함에 따라 처음부터 끝까지 동물의 복지와 안녕을 보장하는 것은 우리의 도덕적·윤리적 책임이다.

3장

동물교감치유의 유형

학교에서 보조견

 1. 보조견 선발 및 훈련

1 보조견 선발

개들은 특별한 훈련을 받아야 하고 건강, 성격, 작업 능력에 따라 선발해야 한다. 후보 개 중 적어도 절반은 선발되지 않거나 보조견 자격을 얻지 못할 수 있다(Duffy and Serpell, 2012; Sinn et al., 2010). 보조견의 행동 문제는 보조견으로 선발되지 못하는 주된 원인이다. 이러한 높은 탈락율의 주된 이유는 향후 작업에 문제가 있거나 적합하지 않은 행동을 가진 개를 피하는 것이다(Career and Locurto, 2011; Gazzano et al., 2008). 성격은 각 개체마다 다르며, 시간과 상황에 따라 동일한 개체에서 보이는 안정된 행동 경향으로 정의할 수 있다(De Palma et al., 2005; Gosling, 2001; Miklorsi et al., 2014; Riemer et al., 2016; Stamps and Groothuis, 2010).

일부 개의 성격 특성과 다른 유형의 사역 프로그램에서 제외되는 것이 유의미하게 관련되는지에 대한 수많은 연구가 있다. 시각장애인 안내견(예: 시각장애인 또는 시각 손상이 있는 사람을 위한 개)의 자격은 개의 개체 특성 특히 산만성, 활동성, 공격성, 두려움, 민감성 및 온순함에 기초하여 예측할 수 있다.(Arata et al., 2010; Batt et al., 2008; Duffy, & Serpell, 2012; Goddard, & Beilharz, 1982, 1983; Serpell, & Hsu, 2001; Tomkins et al., 2011). 군견과 경찰견에서는 다른 개체 특성 즉, 활달함, 집중력, 대담함, 그리고 훈련성이 그러한 예측 변수이다(Foyer et al., 2014; Sinn et al., 2010; Svartberg, 2002). 강아지 때 행동적 차원을 통해서 추후 성견이 되었을 때의 개체 특성을 예측할 수 있다는 것이다(Asher et al., 2013). 이는 개 선정을 최적화할 수 있는 방법을 제공할 수 있다.

　　시각장애인 안내견의 일부 성격적 특성(활동성, 두려움, 공격성, 인간에 대한 민감성, 산만성)이 6~8주령의 강아지에게서 잠재적 예측자라는 것을 확인하였다(Asher et al., 2013; Batt et al., 2008; Duffy and Serpell, 2012; Kobayashi et al., 2013). 여러 가지 성격 특성 중에서 두려움은 발달 전반에 걸쳐 가장 일관성이 있고 안내견 훈련 프로그램에서 탈락되는 것에 대한 신뢰할 수 있는 예측 변수 중 하나이다(Fratkin, 2017; Goddard, & Beilharz, 1982, 1984, 1986).　3가지 평가를 통해서 개에게 두려움 및 반응 성격 차원이 존재함을 확인하였다(Dollion, et al, 2019). 즉, 생후 6~12개월 사이의 두려움/반응 차원의 수치와 1세 때 행동 평가를 실시한 결과와 일치한다. 또한 두려움/반응 차원은 훈련 프로그램 및 개가 인증될 프로그램의 하위 유형에서 개의 탈락을 유의하게 예측한다. 마지막으로 그 결과는 특정 프로그램에서 자격을 얻기 위한 개의 두려움/반응과 가능성은 성별과 품종에 따라 다르다는 것을 보여주었다.

그림 3-1 시각장애인 안내견 훈련

2 보조견 훈련

보조견은 표준으로 간주되는 인증 기관에 의해 훈련되거나 인증기관이 지원하는 보호자 훈련 또는 비인증기관 보조견 훈련 프로그램에 의해 훈련될 수 있다(Tedeschi, et al, 2015; Walther, et al., 2017). 보조견은 장애인이 스스로 할 수 없는 일을 하도록 훈련받아야 한다. 보조견이 장애인을 위해 훈련받는 일부 작업에는 다음이 포함된다.

- 물품 검색
- 문 열기
- 전등 켜기/끄기
- 엘리베이터 버튼 누르기
- 약물 경고
- 건강 상태 경고(당뇨병, 발작, 야간 공포)
- 고르지 않은 표면에서의 균형
- 깊은 압력을 가해 경직(신경근육 상태)을 풀어주기

훈련은 여러 측면에서 진행된다. 보조견이 장애인과 팀으로 구성될 준비가 되었을 때 개인은 강의와 시험을 통해 학습 성과를 달성해야 하며, 보조견과 함께 팀으로서 명령과 동물 복지에 대한 성과 결과를 보여 주어야 한다. 보조견은 반드시 중성화되어야 하며, 방어적이지 않도록 훈련되어야 한다.

다음의 인증기관 표준은 이 분야의 틀을 제공한다. 장애인은 이론 교육을 포함한 최소 2주(80시간)의 훈련이 필요하고, 개와 함께 공공장소에서 실습을 해야 한다. 장애인에게 보조견을 배치한 후 최소 1년 이내에 보조견에 대한 후속 조치가 필요하며, 최소 몇 년 동안은 가급적 후속 조치를 취해야 한다. 보조견 단체는 장애인-보조견 팀에 대한 책임을 가지고 있는데, 이는 시간이 지남에 따라 장애의 변화나 진전에 따라 장애인이 필요로 할 수 있는 지원에 필수적이다. 팀(보조견과 장애인)은 모든 사람의 안전을 보장하기 위한 공공적 접근을 위해 필기시험(인간)과 수행 시험(인간과 개)을 성공적으로 통과해야 한다.

2. 학교에서 보조견

❶ 학교에서 보조견을 위한 지침

장애가 있는 학생을 지원하기 위해 보조견을 많이 사용함에 따라 교사는 보조견이 교실에 어떻게 통합될 수 있는지에 대해 잘 알고 있어야 한다(Davidson, Cumming, & Strnadova, 2019). 보조견의 사용이 증가하고 다양한 장애를 가진 사람들을 지원하는 역할이 다양해짐에 따라 교사는 보조견에 대해 잘 알고 있어야 하며, 교실에서 장애가 있는 학생들의 복지를 어떻게 지원할 수 있는지 알아야 한다.

❷ 학생 교육과 준비

보조견이 교실에 들어오기 전에 학생들에게 보조견, 보조견이 하는 일, 보조견의 법적 권리, 그리고 적절한 행동 방법에 대해 교육을 하여야 한다. 학급 학생들이 잘 알고 있고 적절하게 준비되도록 하는 것은 긍정적인 교실 환경을 조성하여 학생과 보조견이 교실 내에서 함께 생활하는 것을 장려하는 데 도움이 될 수 있다. 학생들이 보조견의 역할에 대해 배우는 것은 필수적이다. 콘텐츠에는 다양한 종류의 보조견에 대한 정보, 보조견이 누구를 도울 수 있는지, 보조견이 수행할 수 있는 업무, 그리고 보조견의 법적 공공 접근 권리에 대한 정보가 포함될 수 있다. 학생들이 학교 구내식당, 화장실, 교실, 체육관, 도서관, 통학버스 그리고 다른 형태의 대중 교통을 포함한 학교 구내 대부분의 구역에서 보조견이 허용된다는 것을 인지하도록 하여야 한다. 학생들이 보조견과 보조견의 권리에 대해 다른 학생, 부모 또는 직원을 가르침으로써 그들의 급우 및 보조견을 옹호하도록 장려해야 한다. 휠체어 등 장애인을 돕는 다양한 형태의 지원에 대해 보조견에 비유하여 논의하는 것도 도움이 될 수 있다(U.S. Department of Justice, 2015). 또한 교사들은 수업에서 장애인과 그들의 권리, 차별, 그리고 그것들이 왜 중요한지에 초점을 맞춘 토론을 할 수 있다. 이것은 학생들의 공감과 동정심을 길러주고, 교실 내에서 수용과 관용을 길러주는 기회를 제공할 수도 있다.

③ 보조견 공공예절

학생들은 보조견 주변에서 적절하게 행동하는 법을 배워야 한다(Tedeschi et al., 2015). 개들은 학생들에게 특히 흥미로울 수 있기 때문에, 학생들이 조용하고 침착해야 한다는 것을 인식하는 것이 중요하다. 보조견 예절에 관한 기본 규칙은 학생과 추가 보호자를 제외한 모든 사람은 보조견이 근무하는 중에는 무시해야 한다는 것이다. 이것은 보조견이 자신의 임무에 집중하는 것을 돕는다. 학생들에게 개를 만지거나 쓰다듬거나, 큰 소리를 내거나, 휘파람을 불거나, 장난감이나 음식을 제공하거나, 박수를 치거나, 어린아이 같은 말투를 하는 등 보조견의 주의를 산만하게 할 수 있는 부적절한 행동의 예를 제시해야 한다(USA Service Dog Registration, 2017). 마지막으로, 학생들이 근무 중에 보조견을 무시하도록 요구받았지만, 여전히 동료와 정중하게 상호 작용을 할 수 있다는 점을 분명히 해야 한다. 보조견을 제공한 단체에서 학교에 와서 교육을 실시하는 것이 가능할 수도 있다. 만약 그렇게 할 수 있다면 보조견이나 보조견의 보호자를 데려와 학생들의 참여를 도울 수 있는지 물어보아야 한다. 또한 공식적으로 교실에 투입되기 전에 보조견과 사전에 만나는 것도 효과적일 수 있다. 이러한 사전 만남은 교실에 개를 도입하는 것의 신기함을 일부 감소시킬 것이고, 학생들이 보조견 주변에서 적절한 행동을 관찰하고 연습할 기회를 제공할 것이다. 만약 이것이 가능하지 않다면 보조견 사진을 교실 주위에 붙여놓은 것도 좋은 대안이 될 수 있다.

④ 인도적인 교육

학생들에게 인도적인 교육의 측면, 특히 동물보호와 인권과 같은 학생을 지원하는 것과 관련된 주제를 보조견으로 가르치는 것은 유익하다(Komorosky & O'Neal, 2015). 인도적인 교육은 개인의 공감능력을 기를 수 있도록 도와줌으로써 모든 생명체에 대한 연민과 존중을 키우는 것이다(Samuels, Meers & Normando, 2016). 또한 동물 관련 활동, 이야기, 질문, 토론을 통해서 비판적 사고와 공감 능력을 기르는 것을 목표로 한다(Komorosky & O'Neal, 2015). 인도적인 교육은 개가 학생들에게 다른 수준에서 반향을 일으킬 수 있기 때문에 학생들의 사회정서 능력을 개발하는 독특한 접근법을 제공할 수 있다(Komorosky & O'Neal, 2015). 이는 일반적으로 사회 기능의 결손을 보이고, 연령에 맞는 친사회적 행동이 결여되어 있으며, 또래와의 관계에 어려움을 겪는 정서행동장애를 가진 학생들에게 특히 유용할 수 있다(Pereira & Lavoie, 2018). 공감은 친사회적 행동의 핵심 요소로써 인도주의 교육의 본질이다. 따라서 인도적인 교육을 가르치는 것은 학생들의 친사회적 행동을 촉진하고, 보조견을 교실에 포함시키는 것을 지원할 수도 있다.

❺ 학부모에게 알림

교실에 보조견을 도입하기 이전에 이러한 내용을 학부모들에게 알리는 것이 중요하다. 학부모에게 가정통신문을 보내 상황을 알리고 보조견에 대한 배경 정보를 제공한다. 가정통신문 하단에 학생 중 개와 관련된 알레르기가 있는지 또는 두려움이 있는지를 체크하여 회신할 수 있게 해야 한다. 보조견들은 알레르기나 두려움 때문에 학교 접근이 거부될 수 없다. 보조견(예: 개 알레르기가 있는 학생들을 학교 내의 다른 위치로 이동시키는 것)의 사용을 허용하도록 합리적인 수정을 해야 한다. 교사들이 보조견의 역할, 법적 권리, 그리고 그들이 학교 내에서 접근하도록 허가된 영역과 같은 보조견에 대한 정보를 포함하는 간단하고 복사 가능한 문서를 만드는 것이 유용할 수 있다. 이 문서는 학부모들에게 보내지고 교실과 학교 주변에 부착될 수 있으며, 학교 공동체에 보조견에 대한 정보를 제공함으로써 그에 대한 혼란을 방지할 수 있다.

❻ 보조견 관리

보조견이 운동, 배변, 휴식을 취할 수 있도록 하루 동안 적절한 휴식 시간을 상세하게 계획해야 한다(Friesen, 2010). 정보에는 휴식 시간과 시기, 보조견이 걷고 화장실갈 수 있는 적절한 장소, 보조견을 휴식 시간에 데려갈 책임이 있는 사람이 포함되어야 한다. 또 보조견이 쉴 수 있는 조용한 장소를 지정해야 한다. 이것은 교실에 있을 수도 있지만, 가급적 학생들로부터 멀리 떨어져 있어야 한다. 보조견은 물, 필요한 경우 음식 또는 간식에 접근할 수 있어야 하며, 침구 또는 눕기에 편안한 장소를 제공해야 한다(Friesen, 2010). 이러한 내용은 보조견과 함께하는 학생의 부모, 그리고 교장으로부터 승인을 받은 후에 기록해야 한다. 학교는 필요할 경우 학생이 보조견을 관리할 수 있도록 지원해야 한다(U.S. Department of Justice, 2015). 이것은 학생이 화장실에 가거나 책가

방 정리와 같은 특정한 일을 해야 할 때 보조견을 잠시 감독하는 학급 교사도 포함될 수 있다. 이러한 추가 책임은 학생의 개별 요구 사항과 팀 회의에서 이루어지는 결정에 따라 달라진다. 마지막으로 물과 음식 그릇, 간식, 침구 등을 제공하는 것은 가족의 책임이다. 그들은 또한 훈련을 통해 동물의 행동과 건강과 위생을 유지할 책임이 있다.

일단 보조견 관리 결정이 내려지면, 이 정보를 포함한 간단한 차트나 출력물을 만들도록 해야한다. 문서에는 수의사와 부모의 긴급 연락 번호와 개가 갑자기 아프면 응급조치에 대한 정보도 포함시켜야 한다. 이 문서는 교실에 보이도록 부착되어야 하며, 교장과 학교 사무실에 제공되어야 한다.

7 동물 복지

보조견 역할의 헌신적인 성격과 강도를 고려하면 그들의 복지가 보호되는 것이 필수적이다. 위에서 상세히 설명했듯이 보조견의 기본적인 요구는 충족될 필요가 있다. 교사들은 또한 이러한 새로운 환경에서 보조견의 복지가 훼손될 수 있는 뿐만 아니라 보조 역할에서의 성과도 훼손될 수 있는 것이라는 것을 알아야 한다(Tedeschi et al., 2015). 교사들이 보조견으로부터 고통의 징후(예: 흔들기, 귀가 뒤로 가는 것, 다리 사이 꼬리)를 발견하거나 동물 학대를 의심하는 경우, 즉시 교장 및 관련 동물복지단체에 신고하는 것이 필수적이다(Friesen, 2010). 또한 학급 학생들이 보조견 주위에 있을 수 있는지 적합성도 평가되어야 한다. 일부 학생들은 동물 학대 또는 정서행동장애의 이력을 가지고 있어서 보조견(Jalongo, Astorino & Bomboy, 2004) 근처에 있는 것이 적절하지 않을 수 있다. 따라서 보조견이 도착하기 전에 이러한 학생들을 위한 준비가 필요하다. 보조견은 인간이 활용할 "보조 도구"가 되기 전에 자신의 욕구를 가진 지각 있는 동물이다(Tedeschi et al., 2015). 모든 동물은 존중과 연민을 가지고 치료해야 하며, 스트레스와 고통을 최소화해야 한다(The American Veterinary Medical Association, 2019). 보조견의 역할과 의무가 보조견의 삶에 미치는 중요한 영향은 보조견의 복지를 우선시하고 보호하도록 하기 위한 설득력을 제공한다.

⑧ 교실 고려사항

교사들은 보조견을 가진 학생을 지원하기 위해 어떻게 하면 교실을 가장 잘 준비할 수 있는지 고려해야 한다. 교실의 설계 및 배치는 접근할 수 있는 명확한 경로가 되어야 한다. 이것은 학생들이 걸을 수 있도록 상당한 간격을 두고 직사각형 그룹 형태로 책상을 배치함으로써 달성될 수 있다. 책상 줄이나 균등하게 분산된 책상은 넘어지는 위험, 덜 직접적인 경로 및 좁은 보행 경로를 만들 수 있다. 책꽂이 같은 대형 가구들은 교실 맨 끝의 벽에 기대고, 교실의 어수선함은 줄여야 한다. 가방과 같은 부피가 큰 물품은 추가적으로 넘어질 수 있는 위험을 방지하기 위해 교실 바깥이나 사물함에 놓아두어야 한다. 마지막으로 장애 학생과 보조견은 출입문에 쉽게 접근할 수 있는 위치에 앉아야 한다. 교실 한구석에 자리를 배정하면 음식, 물, 침구 등에 쉽게 접근할 수 있다 (Friesen, 2010). 이것은 또한 보행량이 적은 안전한 지역에 더 많은 공간을 제공함으로써 학급 학생들이 보조견을 밟거나 넘어질 위험을 줄인다. 계획을 세우는 것은 반 학생들이 보조견에 의해 산만해질 가능성을 줄일 수 있다. 보조견들은 광범위한 훈련을 받기 때문에 달리 지시되지 않는 한 보호자의 곁에서 차분하고 조용하게 지내면서 일반적으로 높은 행동 기준을 보여준다(ADA, 1990). 또한 보조견을 공식 시작일 이전에 소개하고 보조견을 교실 가장자리에 조심스럽게 배치함으로써 주의를 분산시킬 수 있다. 동물들, 특히 개들이 아동들에게 미치는 긍정적인 영향은 특히 그들의 치유적 가치와 아동들을 침착해지도록 하는 측면은 개가 있을 때 아동들이 다소 산만해지는 것보다 더 클수 있다(Jalongo et al., 2004).

안전을 보장하고 효율적인 임상 운영을 지속하는 동시에 보조 동물을 가진 학생을 위한 질 높은 교육 환경을 계획하는 데 도움이 되는 돌봄에 대한 지침이 제공되고 있다 (Silbert-Flagg, et al., 2020). 많은 가정에서 반려동물을 기르고 있기 때문에 보조 동물에 대해서도 수용적이다. 그러나 보조 동물을 활용하는 이유가 쉽게 드러나지 않을 수 있기 때문에, 보조 동물이 반려동물이라고 착각하는 사람들이 많다(Schoenfeld-Tacher, Hellyer, Chung & Kogan, 2017). 미국 알레르기·천식·면역학회(American Academy of Allergy, Asthma, and Immunology)에 따르면 개나 고양이 알레르기는 인구의 15%에서 발생한다(American Academy of Allergy, Asthma, and Immunology, 2010). 보조 동물은 법적 권리에 따라 알레르기나 두려움 때문에 이용이 제한될 수 없다. 만약 학생 또는 교직원이 알레르기가 있고 학생의 보조 동물과 상호 작용해야 한다면 증상을 줄이기 위해 개인 보호 장비를 제공할 수 있다.

  교원들은 보조견과 함께 있는 학생에게 방문 24시간 전에 보조견을 손질하고, 지나친 관심을 피하기 위해 활동하는 동안 보조견의 몸에 보조견임을 알리는 표식으로 조끼를 착용시켜야 한다는 것을 알려야 한다. 교실 및 실험실에 고효율 미립자 공기 (HEPA: High-efficiency particulate air) 필터를 사용하여 공기 중 비듬을 줄일 수 있다(Fore-man, Glenn, Meade & Wirth, 2017). 교실의 특정 영역을 지정함으로써 동물에게 안전한 영역을 제공하고, 실험은 동물이 교실을 떠난 후에 청소를 할 수 있도록 마지막 일정으로 잡을 수 있다.

동물교감교육

1. 동물교감교육(AAE, Animal-assisted Education)

동물교감교육은 일반적으로 발달 중인 아동과 특수 교육이 필요한 아동(예: 자폐 스펙트럼 장애 아동)의 정서적, 대인 관계 및 인지 기술 개발을 촉진하는 데 널리 사용된다(Brelsford, et al., 2017). 아동에 대한 동물교감교육의 긍정적인 결과에는 학교 출석 및 학습에 대한 더 나은 태도, 스트레스 감소, 긍정적 감정의 발달, 공감, 더 나은 과제 수행, 개선된 교실 응집력, 친사회적 행동 및 공격성 감소가 포함된다(Brelsford, et al., 2017; Gee, Fine, & McCardle, 2017). 학생들은 지시를 더 잘 준수하고(Gee, et al., 2009), 관련 없는 선택이 감소하며(Gee, Church, & Altobelli, 2010), 더 적은 지시를 요구했다(Gee, Crist, & Carr, 2010).

❶ 감정이해(Emotional Comprehension; EC)

감정이해는 감정의 본질, 원인, 조절에 대한 아동의 이해와 자신과 타인에 대한 감정을 식별, 예측 및 설명하는 아동의 능력으로 정의될 수 있다(Harris, 2008). 발달 모델에 따르면 감정이해는 3~11세 사이에 발생하며, 개인차가 어느 정도 존재함에도 불구하고 전형적인 발달 프로파일을 가진 아동은 감정이해의 세 가지 주요 단계를 따라 진행한다(Pons, Harris, & de Rosnay, 2004). 첫째, 외부 수준에서 3~5세 아동은 얼굴 표정(예: 슬픔, 행복, 두려움, 분노)을 인식하고 상황적 요인이 감정에 미치는 영향과 감정에서 욕망의 역할을 이해한다. 둘째, 정신적 수준에서 6~7세 아동은 감정에 대한 믿음의 역할, 감정에 대한 기억의 영향, 외적으로 표현된 감정과 개인적으로 느끼는 감정의 구별을 이해한다. 셋째, 반성적 수준에서 8~11세 아동은 도덕적 고려가 감정에 어떻게 영향을 미칠 수 있는지를 이해하고, 감정이 인지 제어 전략에 의해 조절될 수 있음을 인식하고, 동시적인 혼합 감정을 인지한다. 한 수준에서 다른 수준으로 전환될 때마다 정서적 경험에 대한 내부 상태의 영향을 이해하는 아동의 능력이 향상된다.

감정이해는 교육적 성공에 긍정적인 영향을 미치며 또래와의 상호 작용의 질을 결정할 수 있기 때문에 아동에게 매우 중요하다. 대조적으로 정서적 조절 장애는 종종 공격적인 태도와 관련되어 학교 중퇴 위험에 영향을 미친다(Grazzani, et al., 2013). 이러한 이유로 많은 학자들은 교육 맥락에서 부정적인 건강 및 교육 결과(예: 감정조절 장애, 학교 중퇴)에 대한 결정적인 보호 요인이 될 수 있기 때문에 아동의 정서적 능력 및 인식 개발을 촉진할 필요성을 강조했다(Domitrovich, et al., 2017; Dusenbury, et al., 2015; Ornaghi, et al., 2014). 2학년에 다니는 평균 연령 6.55세의 아동 114명(남자 56명, 여자 48명)을 대상으로 감정이해에 대한 동물교감교육의 효과를 조사했다(Scandurra, et al., 2021). 이 개입은 아동들의 감정이해 역량을 향상시키기 위한 목적으로 개발되었다. 이를 위해 폰스의 이론적 틀에 기초하여 네 가지 주요 감정(즉, 기쁨, 두려움, 슬픔, 분노)이 선택되었다. 실제로 저자들은 더 복잡한 감정(예: 수치심)은 어린 아동들이 인지하기 어려울 수 있으므로 평가하지 말라고 조언했다. 구체적으로 개입은 개의 존재와 상황 자극 읽기를 통해서 아이들이 개의 감정적 경험을 쉽게 인식하도록 구성되었는데, 후자는 개의 행동과 주인공인 개가 하는 이야기 둘 다이다. 각 모임은 세 부분으로 구성되었다.

🐾 **가** 아동들은 처음에 약 10분 동안 개와 자유롭게 놀 수 있다.
🐾 **나** 그런 다음 심리학자는 수의사와 개가 참석한 가운데 회기의 주제를 소개했다.
🐾 **다** 그리고 마지막으로 심리학자는 수의사와 개가 있는 곳에서 아동들과 집단 토론을 진행했다.

회기의 주제는 다음과 같다.

회기	주제	목적	내용
1	어떤 개가 되고 싶나요?	종간 팀 소개	• 인간과 다른 동물 종 사이의 차이를 지적하면서 개 사진과 비디오 영상을 아동들에게 보여준다. • 형태와 의사 소통의 차이점을 설명하면서 아동들은 개와 공감하도록 요청 받는다. • 선생님들의 도움으로 개의 귀와 꼬리도 만든다.
2	즐거움을 움직이는 대로	즐거움	• 아동과 개 모두의 참여를 유도하기 위해 두 가지 게임으로 구성된 놀이 활동이다. • 모든 아동 집단은 "Chinese Whispers" 게임에 참여했으며, 마지막 게임자가 전체 집단에 메시지를 발표할 때까지 각 아동은 줄을 따라 다음 아동의 귀에 메시지를 속삭인다. • 그동안 아동들은 개가 관여하더라도 공을 떨어뜨리지 않고 다음 아동에게 공을 전달해야 한다. • 이 게임은 개와 한 아동의 관계보다는 개와 집단 사이에 장난스러운 관계를 만들기 위한 것이다.
3	무서워!	두려움	• 신비한 환경(예: 삼림 지대)을 시뮬레이션하기 위해 최대한 어둡게 설정한다. • 아동들은 눈을 감고 사물이나 동물을 해석하게 하여 개를 보지 않는 상태에서 다른 감각으로 인지할 수 있도록 한다. • 개가 주인공(늑대로서)인 동화는 동물 치유사가 개를 아동들 사이에서 산책시키며 아동들의 신발, 팔 또는 등에 놓은 음식을 통해 직접적인 접촉이 있을 때까지 이야기한다.
4	슬픔의 실루엣	슬픔	• 게임: "타인의 주사위" • 주사위에는 6개의 서로 다른 이미지가 그려져 있으며(3개는 아동, 3개는 강아지 레오), 각각은 서로 다른 슬픔의 뉘앙스를 나타낸다. • 아동들은 주사위를 집단의 중앙에 던지고 첫 번째 회기에서 만든 꼬리나 귀를 사용하여 아동과 강아지의 감정 표현을 흉내 내도록 한다.
5	미스터 화	분노	• 개와 관련된 사진 및 비디오 영상을 사용한다(예: 레오가 강아지였을 때 부모와 상호 작용하는 짧은 비디오). • 이 자료는 강아지를 가두고 교육하면서 보이는 분노의 행동을 보여준다. • 이렇게 해서 아동들이 개의 진정 신호를 관찰할 수 있고, 이러한 감정을 의식적으로 인식하고 표현하는 것의 중요성을 강조할 수 있다.
6	와.. 이제 어떻게 될까?	종료	• 교실이 아닌 학교의 또 다른 넓은 장소에서 진행한다. • 치유사 4명이 추가로 반려견을 데려와 아동들이 자유롭게 교류할 수 있도록 하고 감정표현을 통해 반려견의 소통과 행동을 보여준다. • 회기 말미에는 체험 전반에 대해 아동들과 함께 집단 성찰이 진행된다.

② 독서

반려동물은 여러 면에서 학생들에게 유익할 수 있다. 지난 수십 년 동안 동물교 감치유의 한 형태인 동물교감교육(AAE)이 인간적 가치(Nicoll, Trifone, & Samuels, 2008; Sprinkle, 2008)와 읽기 기술 및 태도를 향상시키는 긍정적인 효과를 보여주었다(Kirnan, Siminerio, & Wong, 2015; Le Roux, Swartz, & Swart, 2014). 동물교감교육 프로그램 중 개를 이 용한 소리내어 읽기 프로그램은 지난 20년 동안 학교에서 가장 널리 퍼진 프로그램이 다(Fung, 2017; Hall, Gee, & Mills, 2016). 개 보조 읽기 프로그램은 실제로 훈련된 치유 보조 견을 학교에 데려가 학생들이 치유 보조견에게 소리 내어 책을 읽어주는 방문 프로그 램이다. 1999년 솔트레이크시티에서 최초의 개 보조 독서 프로그램 중 하나인 독서교 육보조견(R.E.A.D, Reading Eeducation Assistance Dogs)이 시작되었다.

 그림 3-2 **독서교육보조견(R.E.A.D)**

출처 : https://therapyanimals.org/read/

현재 R.E.A.D는 미국뿐만 아니라 독일, 이탈리아, 네덜란드, 노르웨이 및 스웨덴과 같은 많은 국가에서 실시되고 있다. R.E.A.D는 영국의 Bark and Read Foundation, 미국의 Caring Canines, 영국의 Dogs Helping Kids, 영국의 Read2Dogs, 미국의

SitStayRead, 미국의 Reading with Rover, 미국의 All Ears Read, 호주의 Class-room Canines와 같이 많은 영어권 국가에서도 널리 사용되었다.

개 보조 독서 프로그램의 보급에 대한 네 가지의 중요한 이유가 있다. 첫째, 학교 독서 프로그램은 일반적으로 문맹으로 인한 경제적, 사회적 비용이 높기 때문에 정부에서 강력하게 지원한다. 세계문해재단(World Literacy Foundation)의 최종 보고서에 따르면 문맹이 세계 경제에 미치는 비용은 1조 2천억 달러로 추산된다(Cree, Kay, & Steward, 2012). 문맹으로 인한 사회적 비용은 엄청나다. 문맹은 열악한 건강, 범죄 및 복지 의존과 명확한 관련이 있다(Cree, Kay, & Steward, 2012). 문해력은 고용에 접근하고(Bynner, & Parsons, 2006; Layard, McIntosh, & Vignoles, 2002), 성취도가 낮은 세대 간 주기를 깨는 데 중요한 역할을 한다(Clark, & Douglas, 2011). 문맹자는 또한 더 나은 영양 지식과 예방적 건강 조치를 습득할 수 있을 뿐만 아니라 더 나은 위생 관행을 보여줄 수 있다(Cree, Kay, & Steward, 2012). 강력한 문해력을 가진 사람들은 국가에 귀중한 인적 자본이다. 따라서 정부가 학교 독서 프로그램을 지원하고 자금을 지원하는 것이 대체로 논쟁의 여지가 없다. 둘째, 독서 프로그램이 특히 혁신적인 것들은 학부모와 학교에 의해 환영받을 가능성이 매우 높다. 좋은 읽기 능력은 언어와 수학 학습을 가능하게 할 뿐만 아니라 교육적 성취도 가능하게 할 수 있다(Hall, Gee, & Mills, 2016; Clark, & Douglas, 2011; Žakelj, et al., 2019). 읽기 능력을 향상시키는 것은 더 높은 수준의 문해력을 달성하고, 고등 교육 학위를 이수하도록 장려하고, 다음 세대가 빈곤과 불이익의 악순환에 갇히지 않도록 하는 중요한 첫 번째 단계이다(Cree, Kay, & Steward, 2012). 독서력 강화의 중요성은 알고 있지만, 독서 동기부여와 즐거움을 높이는 것은 쉬운 일이 아니다. 자녀의 교육적 성공을 위해서는 가족의 사회경제적 지위보다 독서의 즐거움이 더 중요한 것으로 나타났다(OECD, 2002). 부모와 교사 모두 아동이 읽기에 참여하여 아동의 읽기 능력을 향상시킬 수 있는 읽기 프로그램을 찾고 있다. 지금까지 개에게 소리내어 읽어주기 프로그램에 대한 관심은 수많은 언론의 주목을 받았다. 강아지에게 동화책을 읽어주는 아동들의 사진은 대개 인상적이고 설득력이 있다. 개에게 책을 읽어주는 것은 읽기 동기와 자신감을 높이고 아동의 읽기 불안을 줄이는 효과적인 개입이다(Pillow-Price, Yonts, & Stinson, 2014; Shaw, 2013; Truett, & Becnel, 2011). 일부 학부모들과 학교 관리자들이 여전히 개들과 함께 학습 활동들을 시행하는데 크게 주저하고 있지만 R.E.A.D와 SitStayRead와 같은 개들의 도움을 받는 독서 프로그램들은 학부모와 교사에 의해 더 많은 인정을 받고 있다. 셋째, 개 보조 독서 프로그램은 전문적인 교육을 거의 받지 않은 자원 봉사자가 프로그램에 참여할 수 있으므로 지역 사회 독서 팀에서 관리할 수 있다. 예를 들어 R.E.A.D 팀 교육 매뉴얼에는 R.E.A.D팀이 모두 자원 봉사자이므로 프로그램의 운영 비용이 최소라고 언급되어 있다(R.E.A.D., 2014). 프로그램이 제한된 전문인력을 요구한다는 점을 감안할 때, 이는 광범위로 시행될 수 있는 독특하고 비용 효율적인 개입이다.

마지막으로 개 보조 독서 프로그램은 일반적으로 학생들에게 환영받는다. 학교에서 잘 훈련된 개에게 소리 내어 읽어주는 것은 혁신적이고 재미있는 경험이다. 독서 과정에서 훈련된 개는 아동의 읽기 수행에 대해 논평하거나 간섭하지 않는 비판단적인 청중이다. 아동들이 소리내어 읽을 수 있는 안전하고 따뜻한 환경을 조성하는 데 도움을 줄 수 있는 편안한 동반자이다(Fung, 2017). 차분하고 비판단적이며, 잘 훈련된 개에게 책을 읽어주는 것은 아동이 독서 과정에서 스트레스를 덜 받을 수 있고(Pillow-Price, Yonts, & Stinson, 2014; Shaw, 2013; Truett, & Becnel, 2011), 훨씬 더 즐겁게 연습할 수 있다. 정부, 학교, 학부모, 독서 팀 및 학생을 포함한 모든 이해 관계자의 지원은 많은 국가의 학교에서 개 보조 독서 프로그램의 보급을 위한 충분한 조건을 제공한다. 현재 많은 연구를 통해서 개 보조 독서 개입의 효과를 보여주고 있다.

체계적인 문헌 검토에서 개 보조 독서 프로그램에 대한 48건의 연구에서 아동이 개에게 책을 읽어주는 것이 긍정적인 영향을 미치는 것으로 나타났다(Hall, Gee, & Mills,. 2016). 개에게 소리내어 책을 읽어주는 것의 효과는 실제 읽기 능력의 향상과 행동 과정의 변화라는 두 가지 차원에서 평가되었다. 빈곤한 3학년 학생들을 위한 10주 개 보조 독서 프로그램의 결과(Le Roux, Swartz, & Swart, 2014) 성인 집단, 인형 집단, 통제 집단에 비해 개 집단이 읽기 정확도와 독해력 모두 더 우수하였다. 또한 인형 집단에 비해 개 집단에서 독서율이 유의미하게 더 좋은 것으로 나타났다(Le Roux, Swartz, & Swart, 2014).

독해력은 학교와 사회에서 성공하기 위한 열쇠이다. 이전의 연구들은 실제로 개가 생리학적, 심리적, 정서적, 사회적 영향에 기초하여 학습을 촉진할 수 있다는 것을 입증했다(Beetz, et al., 2012). 친절하고 차분한 개 또는 동물과의 상호 작용은 스트레스를 완화하여 혈압, 심박수(HR), 심박수 변동성(HRV) 및 스트레스 호르몬 코르티솔 수치(긍정적 각성도 증가함)에 긍정적인 영향을 미칠 수 있다. 또한 에피네프린과 노르에피네프린과 같은 신경전달물질은 옥시토신 시스템의 활성화에 의해 매개되는 "실리아 효과"를 통해 잠재적으로 전달된다(Beetz, et al., 2012; Julius, et al., 2013). 예를 들어 산수 과제 중 여성

피실험자는 친구들이 있는 곳보다 반려동물이 있는 곳에서 네 가지 생리적 측정치 중 세 가지에서 더 낮은 증가율을 보였고(Lynch, 1985), 아동들이 휴식을 취하거나 큰 소리로 책을 읽는 동안 반려동물이 있는 곳에서는 혈압이 낮아졌다(Friedmann, 1983). 또한 동물의 존재는 동기 부여와 관련된 특정 각성을 뒷받침할 수 있다. 친근한 개 또는 동물과의 상호 작용은 생리적 및 주관적 스트레스를 감소시킬 뿐만 아니라 기분을 개선하고 심지어 우울증을 감소시킨다(Beetz, et al., 2012; Souter, & Miller, 2007). 개는 집단에서 사회적 동질성을 촉진할 수 있고(Kotrschal, & Orthbauer, 2003), 언어 및 비언어적 의사소통을 촉진하여 대인 관계를 촉진할 수 있다. 이러한 효과는 교육 및 학습 맥락에서도 관련이 있다. 예를 들어 생리적 스트레스와 심리적 스트레스는 충동 조절, 자기 성찰, 자기 동기 부여, 작업 기억 최적화를 위한 메타인지 전략과 같은 실행 기능에 부정적인 영향을 주어 수행을 어렵게 한다(Heyer, & Beetz, 2014). 개가 있을 때 초등학생은 다른 활동을 수행하는 동안 더 빠르고 집중적이며 자율적이고 정확했다(Gee, Harris, & Johnson, 2007; Gee, et al., 2012a; Gee, et al., 2012b). 개가 있을 때 기억력 과제에서 유의미한 학습 효과를 보였고, 개가 없을 때는 주의력 테스트에서 전두엽 활동이 감소했다(Hediger, & Turner, 2014). 일주일에 30분씩 6주 동안 소리 내어 책을 읽도록 한 3학년 홈스쿨링 학생 26명을 대상으로 절반은 혼자, 절반은 개와 있을 때에 동물 보조 독서 개입이 독서 수행에 미치는 영향을 조사하였다(Smith, 2010). 개와 함께 있는 아동들은 독서율이 현저히 향상되었지만 통제 집단은 그렇지 않았다. 그러나 전체 독서 지수(유연성과 이해력의 조합)는 개 집단과 통제 집단 사이에 유의미한 차이가 없었다. 실제 개 집단과 인형 개 집단에 각각 8명의 아동을 나누어 독서 능력을 비교한 결과, 실제 개 집단에 참석한 아동들이 읽기 검사의 세 가지 하위 검사 중 두 가지(문장과 텍스트 이해는 하지만 단어 이해는 아님)에서 더 높은 점수를 얻었다(Heyer, & Beetz, 2014). 개입 말기와 8주간의 여름휴가 이후 이들의 전반적인 독서 능력은 통제 집단보다 월등히 높았다. 또한 연구자들은 학교 관련 동기, 자신감, 학교와 수업의 사회적 분위기에 대한 개의 긍정적인 사회 정서적 영향을 발견했다. 12명의 2학년 학생들을 대상으로 네 가지 읽기 관련 변수를 확인하기 위해 치유 보조견이 있을 때 읽기와 인간 지지자와 있을 때를 비교했다(Wohlfarth, et al., 2014). 개가 있을 때 아동들의 읽기 능력은 인간 지지자에 비해 네 가지 변수 중 세 가지 항목(정확한 단어 인식, 정확한 구두점 인식, 올바른 줄 바꿈)에서 향상되었다. 연구자들은 세 가지 변수 모두 집중의 지표로 볼 수 있다고 말한다.

지식정보 사회로 나아가는 데 있어 아동기의 올바른 독서 습관은 가장 기본적이면서 중요한 덕목이 되었다. 독서 부진 현상을 그대로 방치할 경우 읽기 부진이나 읽기장애, 학습 부진의 누적과 함께 점점 더 독서를 멀리하는 악순환으로 발전하기 때문이다. 독서 부진은 정서적인 측면에서 건강하고 긍정적인 자아 형성을 방해하여 자아존중감이 낮은 결과를 초래하게 된다. 자아존중감이 낮아진 아동은 자신감의 부족과 무력감을 느끼게 되어 정상적인 인지발달 및 정서발달을 저해하는 요인이 될 수 있다. 나아가 읽기 능력 부족으로 인한 심리적 위축감이 결과적으로 사회 부적응을 가져와 성인이 되어서까지 사회생활에 큰 영향을 미칠 수 있다(김수연, 강정아 2012).

독서 보조견(Reading Education Assistance Dogs: READ) 프로그램은 아동의 읽기 능력 향상뿐만 아니라, 불안, 분노, 및 우울을 감소시키며, 치료 참여율도 향상시키는 것으로 나타났다(Intermountain Therapy Animals, 2005). '독서 보조견' 프로그램의 핵심은 동물이 이완을 증가시키고 긴장을 완화하도록 도울 수 있기 때문에 독서를 어려워하는 아동들이 독서를 경험하는데 가장 이상적인 동료가 될 수 있다는 것이다. 인간 동료들과 다르게 동물들은 주의 깊은 청취자이며, 판단하거나 비판하지 않기 때문에 아동들은 무엇을 읽을 때 느꼈던 공포에서 벗어나 편안해질 수 있다. 독서 보조견은 일을 해내는데 필요한 적절한 기술과 자질을 가지고 있어야 한다. 첫째, 차분하고 조용하게 통제하기 힘든 아동과의 갑작스런 상황을 동요 없이 견딜 줄 알아야 한다. 둘째, 확실한 복종기술과 능력이 있어야 하며 '발을 가만히 두거나', '주의를 기울이는 것'과 같은 동작을 습득할 수 있어야 한다. 셋째, 학교 종소리, 깜짝 놀라게 하는 것과 같은 갑작스런 큰소리나 혼란스런 환경을 견딜 줄 알아야 한다. 넷째, 세게 당기는 것과 같은 아이들의 원기 왕성한 행동을 견뎌야 한다. 다섯째, 장난감이 보이거나, 크레용, 종이, 책, 쓰레기통의 음식 찌꺼기가 있는 것에 신경 쓰지 않고, 여섯째, 다른 동물들에게 주의를 기울이지 않아야 한다. 이런 자질들을 갖추었다고 하더라도 독서 보조견이 프로그램 상황이나 사람과의 상호 작용을 좋아하지 않는다면 참여시키지 말아야 하며, 동물을 도구나 기계가 아닌 동반자, 협조자로 생각하고 프로그램을 진행해야 한다(Intermountain Therapy Animals, 2005).

초등학교 3학년 학생을 대상으로 개에게 책을 읽어주는 동안 더 높은 수준의 이완을 보였고 읽기 회기 후에 읽기 유창성이 증가하였다(Fung, 2019). 이러한 결과는 개 보조 독서 프로그램이 수행 능력이 낮은 아동의 읽기 능력을 향상시킬 수 있다는 것을 의미한다. 개의 존재가 아동들의 동기 부여와 독서 수행에 단기적으로 작은 긍정적인 영향을 미쳤다. 그러나 읽기 수행에 실질적인 영향을 미치기 위해서는 반려견과의 반복적인 회기가 중요하다고 볼 수 있다(Schretzmayer, Kotrschal, & Beetz, 2017). 아동에게 있어서 발표는 다양한 심리적 문제 및 학습의 성취와 관련된다. 즉 아동의 발표능력은 개인적 자존감과 학습에 대한 자신감에 지대한 영향을 준다. 발표에 대한 불안은 학습의 만족감, 즐거움, 자신감, 성취감 등을 저하시키며 활발한 토의나 생동감 있는 수업을 방해한다(양갑렬, 1990). 토플리츠 연구진은 인간과 동물간의 상호 작용 및 가정에서의 반려동물 기르기가 아동의 사회성 발달과 독서증진에 효과가 있다고 하였다(Toeplitz, Matczak, & Piotrowska, 1995). 또한 사회에서 변하고 있는 동물의 긍정적인 역할에 대해 주목하여야 한다면서 반려동물을 활용하는 것이 효과적이며 그를 통해 아동의 자존감을 회복하였다는 실행연구 사례도 있다(Arambasic, & Kerestes, 1998).

국내에서도 독서 보조견을 활용하여 초등학생의 자아존중감 및 독서증진에 실제로 어떤 효과가 있는지 살펴 본 연구가 있다(허순영, 홍현진, 2013). 연구 결과 독서 보조견을 통한 책읽기 프로그램은 독서부진 아동의 자아존중감 향상에 효과를 미치는 것으로 나타났다. 또한 독서부진 아동의 독서 태도 및 습관의 변화로 독서증진에도 효과가 있었다. 이 연구에서 독서 보조견과 함께 한 아동들은 소리 내어 읽는 것에 대해 비웃거나 판단하지 않는 독서 보조견 '키스'를 통해 정서적인 안정감과 만족감을 느끼게 되면서 '키스'와의 스킨십에도 적극적으로 하였다. 주 1회 90분씩 총 12회기를 진행하였는데, 매 차시마다 교사들과 독서 보조견이 함께 프로그램에 참여하였다. 프로그램 활동은 먼저 독서 보조견인 '키스'와의 상호 작용, 그 다음은 교사와 참여 아동들 간의 상호 작용, 마지막으로 참여 아동들끼리의 상호 작용 활동에 목표를 두면서 책읽기로 연결시켰다. 독서 보조견은 골든 리트리버 종의 일곱 살 '키스'라는 이름의 개다. 골든 리트리버는 대형견으로 성품이 온순하고 지시에 잘 순종하는 등 독서 보조견으로서의 특성을 많이 가진 종으로 알려져 있다. 키스는 독서 보조견으로 활동하도록 하기 위해 사전에 몇 가지 훈련을 받았다. 즉 아동이 말을 걸어오면 아동이 원하는 행동을 취할 수 있도록 하였다. 아동이 '키스야' 라고 이름을 부르면 그 아동의 앞에서 대기하고 있다가 '누워줘', '앉아서 들어줘' 라는 지시대로 앉아서 아동에게 주목하고, 때때로 마치 말을 알아듣는 듯이 귀를 씰룩거린다든지 고개를 끄덕이는 등의 행동을 보여줄 수 있도록 하였다. 그리고 아동이 책을 읽을 동안 책 내용과 그림을 쳐다보도록 하는 등의 행동으로 정말 책을 이해하는 것처럼 보여지도록 하였다. 이러한 훈련은 해외 자료를 바탕으로 '

키스'를 보살피고 있는 보호자가 시행하였고, 이 연구기간 동안 '키스'를 동반한 책 읽어주기 프로그램의 책임교사 역할을 맡았다(표 3-1 참조). 독서증진 프로그램으로 "키스야, 나랑 같이 책 읽자!"라는 제목으로 진행되었다.

 표 3-1 독서 증진 동물교감교육

회기	주제	내용
1	만나서 반가워! – 프로그램 안내, 설명 – 사전검사지 실시	• 오리엔테이션, 사전검사(자아존중감 검사, 독서태도 및 습관 검사, 미술심리검사) • 약속! – 결석 안 하기, 대출증 만들기
2	키스와의 소통 Ⅰ	• 자기소개와 질문하기 • 키스 가계도 소개, 참여 아동의 자기소개하기 • 키스에게 인사하는 법 • 키스 관찰하기, 눈으로, 만져보고 느낌 말하기 • 키스에게 책 읽어주기(선생님) • 키스에게 읽어주고 싶은 책에 대한 이야기 나누기 • 수업 마무리와 인사 • 책 소개와 과학도서 코너 안내, 책 대출 유도
3	키스와의 소통 Ⅱ	• 명상 • 함께 지켜야 하는 규칙 정하기 • 키스와 소통하기 • 키스 털 빗질하기, 수건으로 닦아주기(얼굴, 발) • 키스 먹이주기, 물 먹이기 • 키스 훈련시키기(앉아, 기다려, 손, 줄잡고 키스와 걷기 등) • 책 읽어주기(선생님, 하고 싶은 아이 순으로) • 책 수레에서 책 고르기, 책 대출
4	키스와의 소통 Ⅲ – 책 읽어주기에 도전	• 지난 주 이야기 나누기 • "강아지의 기도" 시 읽어주기 • 키스와 소통하기 – 키스 양치질 시키기 • 책 읽어주기(선생님, 원하는 아이들 순으로) • 책 소개하기, 책 대출 유도

5	선생님, 친구들과의 소통 Ⅰ – 키스와 함께 책 읽기	• 친구 기다리기, 서로 인사하기 • 키스 어린 시절 앨범 보며 이야기 나누기 • "강아지의 기도" 시 읽어주기 • 키스의 일상에 대해 상상해 보기 • 책 고르고, 키스에게 책 읽어주기(원하는 아동) • 마무리(친구들의 좋은 점 이야기하며 사탕 나누어 주기)
6	선생님, 친구들과의 소통 Ⅱ – 키스와 함께 책 읽기	• 지난 이야기 나누기 • 키스 친구들의 이야기 • 키스와 책 읽기 (T–도서관에 간 사자, U–수호의 하얀 말) • 사탕 나누어 주기(친구들의 좋은 점 이야기 하며)
7	선생님, 친구들과의 소통 Ⅲ	• 지난 이야기 나누기 • 책 돌아가며 읽기 – "바바야가"(러시아 옛이야기) • 게임 – 키스와 숨바꼭질 놀이 • 북 토크와 책 대출하기
8	선생님, 친구들과의 소통 Ⅳ	• 지난 이야기 나누기 • 마니또 정하기(제비뽑기) • 키스와 책 읽기(원하는 아동 2~3명) • 마니또 찾기 • 북 토크와 책 대출하기
9	책에 대한 관심 Ⅰ	• 지난 이야기 나누기 • 마니또 정하기 • 동화책 돌려가며 읽기(채인선 작 "내 짝꿍 최영대") • 왕따, 따돌림에 대한 이야기 나누기 • 키스와 게임 – '무궁화 꽃이 피었습니다' 숨바꼭질 • 마니또 찾기, 북 토크와 책 대출하기
10	책에 대한 관심 Ⅱ	• 대출해 간 책 이야기 • "내 짝꿍 최영대" 뒷이야기 나누기 • 책 읽어주기 "학교에 간 사자" 중 단편동화 "무지무지 잘 드는 가위" 와 "구부러지는 새끼 손가락" • 책 찾기 게임 – 열 고개 • 마니또 찾기 • 북 토크와 책 대출하기
11	책에 대한 관심 Ⅲ	• 도서관 이용법 – 도서 검색과 도서정리규칙 • 필리파 피어스 작 "학교에 간 사자" 중 2편 • 키스와 숨바꼭질 • 대출해 간 책 이야기 • 북 토크와 책 대출하기 • 마니또 찾기 릴레이

12	안녕! 사후 검사와 마무리 잔치	• 사후 검사(2종) • 자아존중감과 독서실태, HTP, KFD의 나무그림검사 • 마무리잔치 – 롤링 페이퍼 작성하기 • 책 선물(선생님들이 주는 글)

또 다른 연구로 초등학교 3~6학년 34명(남자 19명, 여자 15명)을 대상으로 주 2회 90분씩 4주 동안 총 8회기로 진행되었다. 매 회기마다 연구자와 동물교감치유전문가 3명, 활동진행요원 2명, 독서 보조견 3마리가 같이 참여하여 진행하였다. 매회기 90분 중에서 처음 50분 정도는 독서 보조견을 매개로 소집단 놀이활동을 하고, 그 다음 40분 정도는 실습활동을 하였는데, 15명의 집단원이 번갈아 가며 독서 보조견 앞에서 발표연습을 하였다. 독서 보조견으로는 우리나라의 전통견인 삽사리를 사용하였다. 삽사리를 쓴 이유는 소형견보다 중형견을 아동들이 더 쉽게 의인화하고 동료로 느낄 수 있으리라고 판단하였기 때문이다. 또한 독서 보조견의 크기뿐만 아니라 자질이 중요한데, 삽사리는 다른 견종에 비해 성품이 온순하고 지시에 잘 순종하는 등 독서 보조견으로서의 특성을 많이 가진 견종으로 알려져 있다. 연구 결과 독서 보조견 프로그램은 발표 불안을 감소시키고, 발표력을 향상시키는 것으로 나타났다. 더욱이 그 효과의 정도가 발표행동 향상을 위한 인지 행동 프로그램과 대등할 뿐만 아니라 한편으로는 더욱 우수한 것으로 나타났다. 즉 독서 보조견 프로그램의 발표 불안 감소 효과는 프로그램 종료 1개월 후에 측정된 추후검사에서도 유지되었고, 발표력 향상 효과는 프로그램 시작 2주 후에 측정된 중간시점의 평가에서 급격히 향상된 것으로 나타났는데, 이러한 효과의 지속성과 즉각성은 인지 행동 프로그램에서는 나타나지 않았던 현상이다. 또한 독서 보조견 프로그램은 참여율에 있어서 인지 행동 프로그램에 비하여 매우 우수한 결과를 보였다.

표 3-2 독서 보조견을 활용한 독서지도 프로그램

회기	주제	내용
1	* 프로그램 소개 * 자기소개 * 독서 보조견 소개 * 발표불안 이해하기 * 개별면접	• 프로그램의 목적, 내용, 규칙 소개 • 연구자, 보조연구자 소개 및 동기부여 • 참여자 자기소개 • 독서 보조견과의 인사 • 발표불안의 의미 • 발표를 못하는 이유 설명 • 참여자에 대한 개별면접을 실시하여 참여자의 특성을 파악, 참여 동기를 강화하고 집단진행과정에 대해 가질 수 있는 궁금증들을 질문 받음 • 자기평가, 피드백 및 소감발표
2	* 독서 보조견과 친해지기, 관계 형성 * 독서행동의 요소 설명 및 훈련	• 독서 보조견이 출연한 TV녹화 내용 관람 • 조를 이루어 독서 보조견과 인사, 독서 보조견 만지기, 먹이주기 • 개와 관련된 경험 나누기 • 발표행동의 3요소 설명, 실습하기 • 자기평가, 피드백 및 소감발표
3	* 독서 보조견과 친해지기 * 독서 보조견과의 관계에서 주도 적이고 능동적인 역할을 경험하고 자신감 가지기 * 독서행동의 요소에 초점을 두고 평가하기	• 게임 • 독서 보조견의 개인기 보기 • 시범 후 간단한 명령어로 독서 보조견을 훈련시키고 소감 나누기, 가장 자신 있는 명령어로 직접훈련 시키기 • 개를 가장 잘 다루는 집단원 뽑기 및 개를 다루는 자기만의 방법 소개(발표) • 자기평가, 피드백 및 소감발표
4	* 독서 보조견과의 활동 * 독서 보조견에게 발표하기	• 독서 보조견 장식하기 • 독서 보조견과의 기념 촬영 • 독서 보조견에게 편지 써서 발표하기 • 자기평가, 피드백 및 소감발표
5	* 독서 보조견과의 활동 * 독서 보조견에게 발표하기	• 독서 보조견과 한 조로 달리기 • 눈 가리고 독서 보조견 알아맞히기 • 활동 경험과 느낌 발표하기 • 자기평가, 피드백 및 소감발표
6	* 독서 보조견과의 활동 * 독서 보조견에게 발표하기	• 자신이 좋아하는 독서 보조견 그리기 • 자신이 그리고 관찰한 독서 보조견의 특성을 발표하기 • 자기평가, 피드백 및 소감발표

| 7 | * 구성원들과의 활동
* 시범적 발표 관찰하기
* 일상적인 주제(독서 보조와 관련이 없는)를 가지고 발표하기 | • 친교 활동
• 바람직한 발표행동 보고 배우기
• 집단원들 앞에서 발표하기
• 자기평가, 피드백 및 소감발표 |
| 8 | * 총정리
* 활동 소감 | • 독서 보조견 프로그램을 하면서 자신이 달라진 점, 느낀 점에 대해 이야기하기
• 집단원들의 기대, 다짐 |

개에게 책을 읽어주는 교육적 효과에 관한 문헌을 체계적으로 검토했다(Hall, Gee, & Mills, 2016). 48건의 연구를 검토한 결과 읽기 연습에 대한 보다 엄격한 조사가 필요함을 인식했지만, 읽기 연습 환경을 개선할 수 있는 아동 행동 과정의 개선을 입증하여 더 나은 성과로 이어질 수 있음을 발견했다. 그림 3-3은 개에게 책을 읽어주는 것이 읽기 능력에 어떻게 영향을 미칠 수 있는지 보여주는 예이다.

그림 3-3 개에게 책을 읽어주는 것이 읽기 수행에 미치는 영향(예시)

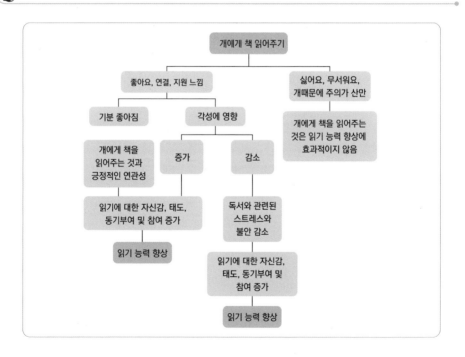

동물교감상담

동물교감상담(Animal-assisted Therapy in Counseling)은 치유 보조 동물의 개입을 통해 상담의 효과를 강화시키는 것을 목적으로 한다. 연구를 통해 치유 보조 동물이 상담 과정에 참여하여 공감적 분위기를 조성하고, 내담자의 회복을 촉진시키는 역할을 할 수 있다는 것이 증명되고 있다(Chandler, 2005). 나아가서 구체적 상담이론에 적합한 동물교감치유 기법을 적용하려는 연구가 이어지고 있으며(Brown, 2004; Chandler, et al., 2010), 심리치료(Psychotherapy) 영역에서도 동물교감치유를 적용하고(Animal-Assisted Psychotherapy; AAP), 치료 장면에서 나타나는 동물교감치유의 효과를 심리치료 이론으로 해석하려는 움직임 역시 본격화되고 있다(Parish-Plass, 2013; Zilcha-Mano, Miculincer, & Shaver, 2011).

동물교감상담에 관한 연구는 그 작동 원리를 심리치료이론으로 설명해내려는 시도를 넘어 기존의 다양한 심리치료 이론에 적합한 동물교감상담 기법을 추출해 내고, 이론에 적합한 각 기법의 적용 의도를 정리해 내는 수준으로까지 구체화되고 있다(Chandler, et al., 2010). 치유 보조 동물은 내담자에게 따뜻한 접촉과 애정을 줄 수 있고(Chandler, 2005; Parish-Plass, 2008), 외상을 경험했거나 불안 수준이 높은 내담자들에게 심리적·신체적 긴장이나 불안을 완화시키며(Lefkowitz, et al., 2005), 치유 보조 동물이 하는 행동을 통해 내담자가 자신의 행동을 객관적으로 바라볼 수 있도록 한다(Chassman, & Kinney, 2011). 또한 치유 보조 동물은 상담에 임하는 내담자의 동기를 강화시키며(Lange, et al., 2006), 상담 회기 동안 안전감을 증가시키고(Fine, 2006), 라포 형성을 촉진시킨다(Fine, 2006). 동물교감상담에서 활용되는 기본 기법을 소개하면 다음과 같다(신정인, 강영걸, 2016).

동물교감상담의 기본 기법

1. 상담자가 치유 보조 동물과 내담자의 관계에 대해 코멘트한다.
2. 내담자가 치유 보조 동물을 만지거나 쓰다듬어 주면서 치유 보조 동물과 상호 작용하도록 격려해 준다.
3. 회기 중에 치유 보조 동물과 내담자가 놀 수 있도록 한다.
4. 내담자의 고통이나 걱정하고 있는 점을 치유 보조 동물에게 말해보도록 격려한다.
5. 내담자와 상담자는 전통적인 치료 환경 밖에서(동물을 데리고 산책을 하는 등) 치유 보조 동물과 상호 작용할 수 있다.
6. 상담자가 치유 보조 동물과 상호 작용한다(동물에게 묘기를 부리도록 하는 등).
7. 내담자가 치유 보조 동물에게 묘기를 부리도록 상담자가 격려한다.
8. 상담자는 내담자가 치유 보조 동물과 함께 특정 활동을 수행하도록 격려한다.
9. 상담자는 내담자-동물 상호 작용에 관해 즉각적으로 코멘트 하거나 그것을 반영해준다.
10. 상담자와 내담자가 치유 보조 동물의 계보, 혈통 등에 관해 대화한다.
11. 상담자가 치유 보조 동물과 관련된 다른 동물 역사에 관해 내담자와 대화한다.
12. 치유 보조 동물과 관련된 동물 이야기를 상담자와 내담자가 나눈다.
13. 상담자가 치유 보조 동물을 포함시킨 어떤 이야기를 내담자가 구성해보도록 격려한다.
14. "만일 이 개가 당신의 친구라면, 당신에 관해 다른 사람이 모르는 어떤 내용을 알고 있을까요?" 혹은 "(치유 보조 동물) ○○에게 당신의 기분이 어떻지 말해보세요. 저는 그냥 듣고 있겠습니다." 등과 같이 상담자는 내담자-치유 보조 동물의 관계를 활용한다.
15. 치유 보조 동물이 구체적 역할을 하는 곳에서 내담자가 어떤 경험을 재현할 수 있도록 상담자가 격려한다.
16. 지시적 개입 없이 상담실에 치유 보조 동물을 그냥 있게 한다.
17. 상담자는 내담자가 치유 보조 동물과 함께 할 수 있는 구체적인 혹은 구조화된 활동을 만들어낸다.
18. 상담자는 치유 보조 동물을 활용해 내담자에게 자발적으로 상담과정에 참여하도록 함으로써 치료적 논의를 촉진시킨다.

동물교감치유와 상담의 접목에 관한 조사 연구(Bruneau, & Johnson, 2011; Parish-Plass, 2008)에 따르면, 치유 보조 동물의 존재 자체가 불안 수준을 낮추고, 치료에 참여하려는 동기를 촉진시키며(Fine, 2000; Lange, et al., 2006), 치유 보조 동물의 따뜻하고 장난기 어린 존재가 상담 과정에 안락함을 제공한다(Chandler, et al., 2010). 따뜻한 접촉을 느끼게 해주는 치유 보조 동물은 내담자의 심리적 불안 수준을 경감시킬 수 있는데, 이는 학대의 충격을 경험했거나 치료와 치료자, 치료 상황에 대해 극심한 불안을 느끼는 내담자에게 특히 도움이 된다(Lefkowitz, et al., 2005). 치유 보조 동물은 상담과정의 정서적 분위기를 조절하는데도 도움을 주므로 상담 행위에 대한 내담자의 자발성과 집중력을 강화시킬 수 있다(Chassman, & Kinney, 2011; Fine, 2006).

1. 동물교감상담의 적용적 함의

동물교감치유의 상담 적용적 함의를 갖는 영역을 정리하면 다음과 같다(신정인, 강영걸, 2016).

 그림 3-4 동물교감상담의 적용적 함의

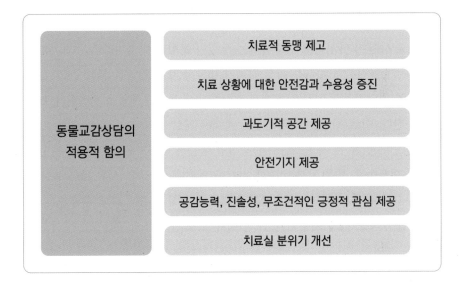

① 치료적 동맹 제고

치료적 동맹(Therapeutic Alliance)은 치료의 예후를 전망해 볼 수 있는 기본 요건이 된다. 내담자와 치유 보조 동물의 관계는 라포를 촉진시켜 치료적 동맹을 공고히 하며, 환경을 안전하게 느낄 수 있도록 해줌으로써 신뢰를 촉진시킨다(Chandler, et al., 2010). 동물들은 안전하고 따뜻한 치료적 환경을 촉진시킴으로써 자연스럽게 내담자와 연결된다(Nimer, & Lundahl, 2007). 동물들은 판단하지 않는 친구(Non-judgemental Confidantes)가 되어주고, 무조건적인 긍정적 관심의 원천으로서의 잠재적 가치를 지니고 있다는 것이다. 이는 애착에 문제가 있거나 학대적 양육의 경험 때문에 어른과 치료자, 치료 행위 자체를 믿지 못하는 아동 내담자들을 대상으로 한 상담에 효과적일 수 있다. 치유 보조 동물을 향한 치료자의 진술하고 긍정적인 방식의 상호 작용을 관찰하면서 아동은 치료 자를 긍정적인 관점에서 바라보고, 치료자를 덜 무서워하게 된다는 것이다(Parish-Plass, 2008). 치료자나 상담과정 자체에 대한 신뢰가 부족한 내담자와의 상호 작용에서 치유 보조 동물은 치료적 동맹을 촉진시키는 데 중요한 역할을 할 수 있다.

② 치료 상황에 대한 안전감과 수용성 증진

치유 보조 동물의 존재는 상황에 대한 긍정적 인식을 촉진시키고, 이 긍정적인 인 식에는 치료 상황이 다정하고 안전하다는 느낌이 포함되어 있다(Lockwood, 1983). 치료 자가 동물에게 안전감을 준다는 사실 자체가 내담자 자신도 안전하다는 자기암시가 된 다. 안전감은 내담자들이 치료 장면에서 개방하기 어려운 문제들을 편안하게 꺼내 놓을 수 있도록 한다. 이로써 치유 보조 동물의 존재는 치료 상황이 정상적이라는 느낌을 주 고, 치료 장면에서 좀 더 자연스럽고 즉각적인 행동과 의사소통이 일어날 수 있도록 돕 는다. 특히 아동들은 동물 앞에서 쉽게 정서를 드러낼 수 있다. 치유 보조 동물은 편견 이 없고 실수와 결점, 외적인 모습, 사회적 혹은 경제적 지위에 관해 비판하지 않고, 그 것에 관심을 두지도 않기 때문이다. 또한 치유 보조 동물이 긍정적으로 보이거나 혹은 부정적으로 보이는 특징을 나타낸다 하더라도 치료자가 치유 보조 동물을 적극적으로 수용하고 돌보는 것을 내담자들이 목격하게 되면 동물과의 동일시를 통해 내담자들 역 시 치료자로부터 똑같이 수용될 것이라는 느낌을 갖게 된다.

③ 과도기적 공간(Transitional Space) 제공

치유 보조 동물의 존재는 정서적으로 안전한 거리에서 상호 작용을 유도하고, 감각 을 자극하며, 연상·기억·정서를 일깨울 수 있다. "지금 여기"에서 나누는 동물과의 상 호 작용은 역할놀이·투사·전이·과거의 경험을 재현을 할 수 있는 기회를 제공하고, 결 과적으로 분노·성적 문제·질병·화·두려움·불안·슬픔 등의 정서적 내용을 의식의 표 면으로 끌어올려 그것에 관해 작업할 수 있도록 해준다. 과도기적 공간에서는 내담자의 내적 환상(Inner Phantasy)과 외적 현실이 만나 변형되는 공간으로서, 치유 보조 동물의 존재는 이러한 과도기적 현상(Transitional Phenomena)을 창출해낼 수 있다(Winnicott. 1971). 과도기적 공간은 환상(Illusion)으로서의 내적 현실(Inner Reality)과 실제 삶이 만나 객관적인 현실에 대한 내담자의 주관적 인식을 밝혀내어 탐색할 수 있도록 하는 중간 차원의 공간(Intermediate Space)으로서 기능하게 된다. 치유 보조 동물의 존재는 특히 놀이를 유도할 수 있는 현실적인 자극제가 될 수 있으며, 상징화할 수 있는 능력이 결핍된 불안정 애착을 겪는 아동들에게 효과적인 것으로 드러났다(Thompson, 1999; Parish-Plass, 2008).

4 안전기지 제공

동물과의 상호 작용은 아동들의 자긍심(Self-esteem)을 고양시키는 데 도움을 주고, 동물과의 지속적인 관계는 애착 인물이 충족시켜 줄 수 있는 인간적 욕구를 충족시킨다(Zilcha-Mano, & Mikulincer, 2007). 즉 치유 보조 동물이 애착 인물(Attachment Figure), 기댈 수 있는 은신처 그리고 안전기지(Secure Base)로서의 역할을 할 수 있다는 것이다. 동물과 인간의 유대를 설명할 수 있는 이론적 틀인 애착이론(Attachment Theory)에 따르면, 애착이 안정적인 경우 공감 능력과 정서 조절 능력이 향상되어 사회적 친화력과 정서적 안정감을 가지게 되는데(정명선, 이경준, 2014), 반려동물은 무생물 대상 혹은 추상적이거나 상징적 대상보다도 더 자연스럽게 애착의 대상이 될 수 있다(Karen, 1994). 치료 장면의 치유 보조 동물은 내담자로 하여금 사망했거나 상실했거나 혹은 자신을 떠나가 버린 반려동물이나 사람을 생각나게 한다. 이런 투사(Projection)와 전이(Transference)를 촉진시키는 역할 때문에 내담자는 탐구하지 않고 묻어 둘 수도 있었던 분리(Separation)와 상실(Loss), 혹은 친밀한 누군가와의 사별에 관한 문제들을 다룰 수 있게 된다. 반려동물을 소유한 사람에게 반려동물은 지지(Support)와 안락함의 원천이 되며, 심리적으로 고통받을 때 위로를 준다(Allen, Balscovich, & Mendes, 2002; Geisler, 2004). 또한 세상을 안심하고 탐험할 수 있도록 하는 안전기지로서의 기능도 할 수 있다(McNicholas, & Collis, 2000).

5 공감능력, 진솔성, 무조건적인 긍정적 관심 공급

로저스에 따르면 내담자의 변화를 일으키기 위해 상담자는 진실해야 하고, 공감적이어야 하며, 내담자에게 무조건적인 긍정적 관심을 보여주어야 한다(Rogers, 1957; 1980). 그런데 이런 치료자-내담자 관계의 분위기를 동물교감치유의 치유 보조 동물들을 통해서도 느낄 수 있다(Jenkins, et al., 2014; Parish-Plass, 2008). 공감할 수 있는 능력은 건강한 상호 작용의 초석이라 할 수 있다. 공감(Empathy)은 내담자가 느끼는 것을 상담자가 느낄 수 있는 능력이며, 상담자의 무조건적인 긍정적 관심(Unconditional Positive Regard)은 내담자가 수용되고 존중받는다고 느낄 수 있도록 만든다. 진솔성(Congruence)은 내담자에게 진실하고 정직한 태도로 임하는 치료자의 태도이다. 아동들의 공감능력 측정의 신뢰도에 관한 연구(Poresky, 1990)에서 타인을 향한 아동들의 공감은 동물에 대한 공감과 관련되어 있음이 밝혀졌고, 아동들이 동물과 나누는 관계의 질은 동물을 향한 인간적 태도와 정적인 관련이 있었다(Ascione, & Weber, 1996). 치료 장면에서 발생하는 동물에 대한 돌봄은 회기 중에 치료자로부터 정서적 욕구가 탐색되고 충족되기를 바라는 내담자들의 욕구를 반영한다. 동물을 돌보는 행위 자체가 타인을 향한 공감 능력 개발을 촉진시키며, 내담자는 치료자가 동물들에게 보여주는 공감과 수용을 현장에서 목격하게 됨으로써 이를 모델링하게 된다.

6 치료실 분위기 개선

치료실에 개가 있음으로써 아동의 긴장감을 풀어주고, 분위기를 따뜻하게 하고, 신뢰감을 줄 수 있게 만들어주어 치료를 효과적으로 도와줄 수 있다(김양순, 2005; Soares, 1985; Peacock, 1986). 아동이 편안해 하기 때문에 치료자와 친밀감 형성이 잘 이루어지고 이로 인해 치료적인 요구를 더 잘 이룰 수 있다. 개가 아동의 애정에 대한 욕구를 충족시켜 줌으로써 치료자가 책임을 덜 느끼게 되어 더 높은 수준의 치료를 할 수 있게 된다. 동물이 치료과정에서 아동들에게 환경을 더 잘 극복할 수 있는 힘을 가질 수 있도록 도움을 준다. 이것은 아동의 자아감을 형성하고 자존감을 높여 주는 데 아주 중요한 부분이다. 아동은 치료실에서 동물처럼 기어도 보고, 동물 같은 소리도 내면서 치료자와 의사소통을 한다. 동물의 행동이 곧 자신을 대변해 주는 것이다. 동물이 아동의 무의식적 자기를 나타내는 것일지 모른다. 때로는 치료실 안에서 동물의 존재가 치료자와 아동의 사이를 멀어지게 하는 것이 아닌지 우려할 수도 있으나 오히려 치료자와 아동의 사이를 가깝게 만들어 준다. 동물교감치유는 동물을 치유 과정에 통합한다. 이 치유 보조 동물은 상담사와 협력하여 내담자의 회복을 촉진하기 위한 동정적이고 자극적인 상담을 제공한다(Chandler, 2005). 메타 분석 연구에 따르면 관계 요인(예: 내담자의 존중, 협력, 수용 및 상담자의 검증)이 성공적인 치료 결과의 30%를 차지하기 때문에(Asay, & Lambert, 1999; Lambert & Ogles, 2004) 동물교감상담이 일반적으로 상담 관계를 촉진시키기 위해 어떻게 활용될 수 있는지를 아는 것이 중요하다.

2. 동물교감치유 기술과 치유적 함의

다양한 동물교감치유 기술과 치유적 함의는 다음과 같다(Chandler, 2005).

 그림 3-5 **동물교감치유 기술과 치유적 함의**

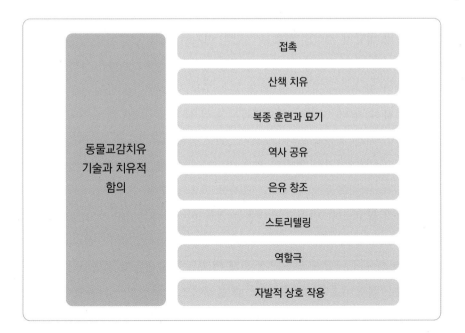

접촉

1 접촉

🐾 그림 3-6 **접촉**

　　일반적으로 가장 많이 활용되는 기본적인 관계기술로는 접촉을 들 수 있다. 정신 건강 전문가와 내담자 사이의 접촉은 논란의 여지가 있고 애매한 결과를 가져온다. 접촉에 관여한 내담자들이 종종 더 깊은 탐험을 경험하고 그들의 치유 경험을 더 좋게 평가하는 경향이 있다(Pattison, 1973). 치유 보조 동물은 내담자의 신체 접촉이나 접촉 요구를 충족시킬 수 있다. 모래나 무생물과는 달리 살아있는 동물들은 접촉의 치료적 이점을 강화하는 애정 행동을 한다(Chandler, 2005). 동물교감치유를 실천하는 치유사들은 동물과 인간 사이의 이러한 형태의 접촉 이점에 대한 예를 제공한다. 예를 들어, 브렌다 듀(Brenda Dew)는 공동 치유사라고 묘사한 치유 보조견 모세(Moses)가 종종 내담자들을 압도하지 않고 그를 만지고 쓰다듬는 것을 허락했다고 설명하고 있다(Dew, 2000). 비슷한 방식으로 학교 상담사인 로리 버튼은 치유 보조견 블레이즈(Blaze)가 어린 소년과의 개별 회기에서 어떻게 부드러운 신체 접촉을 제공했는지 설명하면서 그 소년이 치유 회기에서 블레이즈와 대화를 나눌 때 블레이즈를 껴안고 쓰다듬었다고 설명했다(Burton, 1995).

2 **산책 치유**

그림 3-7 **산책 치유**

전통적인 정신 건강 환경에 대한 대안을 제공하는 또 다른 동물 보조 기술은 산책 치유(Walking Therapy)이다(Fine, 2006). 치유 활동을 하는 동안 새와 개들은 산책할 때 내담자들과 동행한다. 산책하는 동안 종종 동물들의 자발적인 행동에 대해 치유적 대화를 용이하게 한다. 또한 내담자들 중 일부는 야외 및 자연과 연계하는 것이 치유적 대화를 증진시킨다. 치유적 산책(Therapeutic Walking) 또는 산책 치유(Walking Therapy)에는 지시적인 설정이 필요하지 않다. 대신에 산책 치유는 비방향적이고 자연적인 동물교감 치유를 제공한다.

3 복종 훈련과 묘기

동물(가장 일반적으로는 개)에게 복종을 가르치는 것은 훈련사의 인내와 결단력을 필요로 한다. 훈련사 자신의 경험을 일부 내담자들과 공유하며 이러한 훈련을 치유적 개입의 일부로 통합할 수 있다. 파인은 동물의 변화 과정이 어떻게 그들 자신의 치유 목표와 유사한 목적을 갖는지를 설명했다(Fine, 2005). 동물에게 묘기나 명령을 가르치는 것은 동물을 포함하는 많은 치유 프로그램에서 증가하는 추세이다. 예를 들어 세컨드 찬스(Second Chance)는 위험에 처한 범죄자들을 보호소 개와 짝을 지어 개들에게 기본적인 복종과 사회화에 대해 훈련시키는 프로그램이다. 그러한 프로그램들은 동물들과 청소년들에게 공감, 책임감, 친절을 실천할 수 있는 기회를 제공한다. 복종 훈련의 개념은 치유 프로그램과 개별 치유 회기 모두에 통합된다. 비록 치유 보조 동물이 어떤 묘기를 수행하지 못하면 때때로 내담자가 좌절감을 경험할지라도 마침내 이러한 일을 완수하는 것은 자아 성취와 자부심을 강화시킬 수 있다.

4 역사 공유(History Sharing)

가계도(Genogram)와 같이 내담자의 가족력에 대한 정보를 수집하려고 할 때 동물을 통합할 수 있다(Chandler, 2005). 가계도는 가족 관계 시스템의 도식으로, 세대를 걸쳐 반복되는 가족 패턴을 추적하는 데 사용된다(Corsini, & Wedding, 2000). 가계도는 치유적 개입의 일부로서 다양한 이유와 다양한 방식으로 사용될 수 있다. 치유 보조 동물이 한국애견협회나 한국애견연맹과 같은 어떤 종류의 등록부를 가진 혈통을 가지고 있을 때, 동물의 가족 조상을 공유하는 것은 내담자 자신의 가계도를 소개하는 재미있는 방법이다. 이러한 기술들은 내담자들이 그들 자신의 가족력이나 사회적 지원을 공유하도록 이끌 수 있다.

5 은유 창조

심리 상담사들은 치유 과정 동안 의사소통을 할 때 종종 은유를 사용한다. 파인은 치유 과정에 은유적으로 치유 보조 새를 포함시킨 것을 주목했다(Fine, 2006). 챈들러는 치유에서 동물과 관련된 은유를 사용하는 것은 비록 이미지와 은유가 잠시 동물에게 초점을 옮기더라도, 내담자들이 그들 자신의 인생 경험에서 끌어낸 자신의 관점을 통해 동물의 경험이나 이야기를 처리하는 경향이 있다는 생각에 기초한다고 제안했다(Chandler, 2005).

6 스토리텔링(Story Telling)

심리 상담사들은 동물을 그들의 업무에 포함시킨 경험으로 특정한 개입을 한다. 라이레르트는 성적으로 학대받는 아동들과 함께 동물교감치유에서 스토리텔링을 사용하였다(Reichert, 1998). 라이레르트는 스토리텔링이 아동들과 함께 활용하는 치유 과정의 필수적인 부분이며, 동물들 또한 이 과정에서 역할을 한다고 하였다. 또한 동물들이 치유의 중요한 부분을 담당할 수 있지만 동물교감치유는 성적으로 학대받는 아동들을 치유하는 데 있어서 단독으로 사용하는 것이 아니라 다른 종류의 치유와 함께 사용되어야 한다고 하였다. 그러한 접근법 중 하나는 동물을 통한 간접 대화를 통합하여 아동들로부터 정보를 수집하는 것을 돕는다. 예를 들어, "버스터는 당신이 몇 살인지 알고 싶어 한다."와 같은 질문을 할 수 있다. 특히 공개의 목적과 관련하여 동물 관계의 추가적인 활용으로 아동들이 그들의 성적 학대 이야기를 동물에게 밝히도록 격려할 수도 있고, 아동들은 개의 귀에 그들의 이야기를 속삭이도록 선택할 수도 있다. 그 뒤에 그 이야기와 관련된 후속 질문들을 할 수 있다. 많은 이야기들이 아동들의 구체적인 경험에 맞게 만들어질 수 있다. 동물을 이야기에 포함시킴으로써 아동들에게 동물과 동일시하고 그들의 감정을 동물에게 투영할 수 있는 기회를 주어서 공개와 감정 표현을 용이하게 할 수 있다.

⑦ 역할극(Role Playing)

심리 상담사의 방향과 접근 방식에 따라 역할극은 그 목적과 구조가 다를 수 있다. 치유 보조 동물들은 아동들이 그들의 상상력 있는 역할극을 연기하는 시나리오에 참여할 수 있다. 동물과의 놀이 역할이 아동의 개인적인 어려움을 통찰할 수 있게 해줄 수 있다(Nebbe, 1991). 레빈슨은 "행동 리허설(Behavioral Rehearsal)"의 기술을 하나의 가능한 동물교감치유라고 했다(Mallon, 1999). 그는 동물과 함께 아동과 정신 건강 전문가가 외상 상황을 시연할 수 있다고 제안했다. 역할극은 좀 더 직접적 개입인 경향이 있으므로 정신 건강 전문가의 더 많은 지도를 필요로 한다.

⑧ 자발적 상호 작용(Spontaneous Interaction)

치유 환경에서 인간과 동물의 상호 작용의 생리적 영향과 사회적 이익의 증거는 치유 환경에 동물을 두는 것이 내담자의 추가 탐구와 인식을 위한 새로운 기회를 창출할 수 있는 비의도적 방법으로 치유 과정을 촉진할 수 있다는 것을 암시한다. 동물들은 치유사의 지시를 받지 않고도 자발적으로 행동을 나타낼 수 있다. 이와 같이 동물들은 유익한 치유적 교류를 초래할 수 있는 억제되지 않은 상호 작용을 제공할 수 있다. 자발적인 상호 작용은 치유적인 순간을 제공할 수 있지만 그러한 순간의 발생은 치유사에 의해 지시되거나 시작되지 않는다. 동물교감치유 기법은 치유 또는 치유 과정 또는 환경의 일부로써 의도적으로 동물을 포함하거나 통합하는 모든 개입을 의미한다(Kruger, & Serpell, 2005).

3. 동물교감치유 기법과 치유 의도

동물교감치유와 관련된 문헌을 검토하여 18가지 동물교감상담 기법과 10가지 치유 의도를 확인하였다(O'Callaghan, 2008). 연구자의 50% 이상이 7가지 동물 보조 기술을 통합하였으며, 가장 일반적인 치유 목적을 위한 동물교감치유 기법은 치유 관계를 형성하는 것이다.

① 동물교감치유 기법

① 치유사는 치유 보조 동물과 내담자의 관계에 대해 반영하거나 해석한다.
② 치유사는 치유 보조 동물을 만지거나 쓰다듬어 줌으로써 치유 보조 동물과 상호 작용하도록 내담자에게 장려한다.
③ 치유사는 내담자가 치유 보조 동물과 회기 중에 놀도록 장려한다.
④ 치유사는 치유 보조 동물에게 내담자의 고통이나 우려에 대해 말하도록 장려한다.
⑤ 치유사와 내담자는 전통적인 치유 환경 밖에서 치유 보조 동물과의 활동(예: 치유 보조 동물을 산책시키는 것)에 관여한다.
⑥ 치유사는 치유 보조견에게 묘기를 부리는 것과 같은 치유 보조 동물과 상호 작용한다.
⑦ 치유사는 내담자에게 치유 보조 동물과 함께 묘기를 부리도록 장려한다.
⑧ 치유사는 내담자에게 치유 보조 동물과 함께 명령을 수행하도록 장려한다.
⑨ 치유사는 자발적인 내담자-치유 보조 동물 상호 작용에 대해 해석하거나 반영한다.
⑩ 치유 보조 동물의 가족력(교배, 종 등)에 대한 정보를 내담자와 공유한다.
⑪ 치유 보조 동물과 관련된 역사를 내담자와 공유한다.
⑫ 동물 이야기와 동물을 주제로 한 은유는 치유사에 의해 내담자와 공유한다.
⑬ 치유사는 내담자가 치유 보조 동물과 관련된 이야기를 만들도록 장려한다.
⑭ 치유사는 다음과 같은 내담자-치유 보조 동물 관계를 활용한다: "만약 이 개가

여러분의 가장 친한 친구였다면 아무도 알지 못할 당신에 대해 무엇을 알았을 까요?" 또는 "이 개에게 당신의 기분을 말해주면 나는 그냥 듣겠다."

⑮ 치유사는 내담자가 치유 보조 동물이 특정한 역할을 하는 경험을 재현하도록 장려한다.

⑯ 치유 보조 동물은 어떠한 직접적인 참여 없이 존재한다.

⑰ 치유사는 치유 보조 동물과 함께 구체적이고 체계적인 활동을 만든다.

⑱ 치유 보조 동물은 치유적 논의를 용이하게 하는 자발적인 순간에 내담자와 함께 한다.

정신 건강 전문가들은 다른 사람들보다 더 자주 동물교감치유 기법을 통합한다. 위에서 설명한 18가지 치유 기법 중 일반적으로 더 많이 활용되는 치유 기법은 다음과 같다.

① 치유사는 치유 보조 동물과 내담자의 관계에 대해 반영하거나 언급한다.

② 치유사는 치유 보조 동물을 만지거나 쓰다듬어 줌으로써 치유 보조 동물과 상호 작용하도록 내담자에게 장려한다.

③ 치유 보조의 가족력(교배, 종 등)에 대한 정보를 내담자와 공유한다.

④ 치유 보조 동물과 관련된 역사를 내담자와 공유한다.

⑤ 동물 이야기와 동물을 주제로 한 은유는 치유사에 의해 내담자와 공유된다.

⑥ 치유 보조 동물은 어떠한 직접적인 개입 없이 존재한다.

⑦ 치유 보조 동물은 치유적 논의를 용이하게 하는 자발적인 순간에 내담자와 함께 한다.

❷ 동물교감치유 의도

정신 건강 전문가는 특정 치유 의도를 위해 동물교감치유를 통합한다. 10가지의 치유 의도가 확인되었다.

ⓐ 치유 관계에서 친밀감 형성

ⓑ 통찰력 증진

ⓒ 내담자의 사회적 기술 향상

ⓓ 관계 능력 향상

ⓔ 자신감 강화

ⓕ 특정 행동 모델링

ⓖ 감정 공유 격려

ⓗ 행동 보상

ⓘ 치유 환경 내에서 신뢰도 강화

ⓙ 치유 환경에서 안전감 촉진

③ 동물교감치유 기법과 의도

- 치유사는 치유 보조 동물과 내담자의 관계에 대해 반영하거나 해석한다. 기법 1
의 경우 "치유사는 치유 보조 동물과 내담자의 관계에 대해 반영하거나 해석"이
여러 가지 다른 치유 목적을 제공한다. 가장 일반적인 의도는 "치유적 관계에서
친밀감 형성"이다. 두 번째로 가장 흔한 의도는 "관계 능력 향상"이다.

동물교감치유 기법	치유적 목적
① 치유사는 치유 보조 동물과 내담자의 관계에 대해 반영하거나 해석한다.	ⓐ 치유 관계에서 친밀감 형성 ⓓ 관계 능력 향상

- 치유사는 치유 보조 동물을 만지거나 쓰다듬어 줌으로써 치유 보조 동물과 상호
작용하도록 내담자에게 장려한다.

동물교감치유 기법	치유적 목적
② 치유사는 치유 보조 동물을 만지거나 쓰다듬어 줌으로써 치유 보조 동물과 상호 작용하도록 내담자에게 장려한다.	ⓐ 치유 관계에서 친밀감 형성 ⓒ 내담자의 사회적 기술 향상 ⓘ 치유 환경 내에서 신뢰도 강화

- 치유사는 내담자가 치료 동물과 회기 중에 놀도록 장려한다.

동물교감치유 기법	치유적 목적
③ 치유사는 내담자가 치유 보조 동물과 회기 중에 놀도록 장려한다.	ⓒ 내담자의 사회적 기술 향상 ⓓ 관계 능력 향상

- 치유사는 치유 보조 동물에게 내담자의 고통이나 우려에 대해 말하도록 장려한다.

동물교감상담 기법	치유적 목적
④ 치유사는 치유 보조 동물에게 내담자의 고통이나 우려에 대해 말하도록 장려한다.	① 치유 환경 내에서 신뢰도 강화 ⓖ 감정 공유 격려

- 치유사와 내담자는 전통적인 치유 환경 밖에서 치유 보조 동물과의 활동(예: 치유 보조 동물을 산책시키는 것)에 관여한다.

동물교감상담 기법	치유적 목적
⑤ 치유사와 내담자는 전통적인 치유 환경 밖에서 치유 보조 동물과의 활동(예: 치유 보조 동물을 산책시키는 것)에 관여한다.	ⓐ 치유 관계에서 친밀감 형성 ⓔ 자신감 강화 ⓗ 행동 보상

- 치유사는 치유 보조 동물에게 묘기를 부리는 것과 같은 치유 보조 동물과 상호작용한다.

동물교감상담 기법	치유적 목적
⑥ 치유사는 치유 보조 동물에게 묘기를 부리는 것과 같은 치유 보조 동물과 상호 작용한다.	ⓐ 치유 관계에서 친밀감 형성 ① 치유 환경 내에서 신뢰도 강화

- 치유사는 내담자에게 치유 보조 동물과 함께 묘기를 부리도록 장려한다.

동물교감상담 기법	치유적 목적
⑦ 치유사는 내담자에게 치유 보조 동물과 함께 묘기를 부리도록 장려한다.	ⓔ 자신감 강화 ⓓ 관계 능력 향상

- 치유사는 내담자에게 치유 보조 동물과 함께 명령을 수행하도록 장려한다.

동물교감상담 기법	치유적 목적
⑧ 치유사는 내담자에게 치유 보조 동물과함께 명령을 수행하도록 장려한다.	ⓔ 자신감 강화 ⓒ 내담자의 사회적 기술 향상

- 치유사는 자발적인 내담자-치유 보조 동물 상호 작용에 대해 해석이나 반영한다.

동물교감상담 기법	치유적 목적
⑨ 치유사는 자발적인 내담자-치유 보조 동물 상호 작용에 대해 해석이나 반영한다.	ⓑ 통찰력 증진 ⓒ 내담자의 사회적 기술 향상

- 치유 보조 동물의 가족력(교배, 종 등)에 대한 정보를 내담자와 공유한다.

동물교감상담 기법	치유적 목적
⑩ 치유 보조 동물의 가족력(교배, 종 등)에 대한 정보를 내담자와 공유한다.	ⓐ 치유 관계에서 친밀감 형성 ⓘ 치유 환경 내에서 신뢰도 강화

- 치유 보조 동물과 관련된 역사를 내담자와 공유한다.

동물교감상담 기법	치유적 목적
⑪ 치유 보조 동물과 관련된 역사를 내담자와 공유한다.	ⓐ 치유 관계에서 친밀감 형성 ⓘ 치유 환경 내에서 신뢰도 강화

- 동물 이야기와 동물을 주제로 한 은유는 치유사에 의해 내담자와 공유한다.

동물교감상담 기법	치유적 목적
⑫ 동물 이야기와 동물을 주제로 한 은유는 치유사에 의해 내담자와 공유한다.	ⓑ 통찰력 증진 ⓐ 치유 관계에서 친밀감 형성

- 치유사는 내담자가 치유 보조 동물과 관련된 이야기를 만들도록 장려한다.

동물교감상담 기법	치유적 목적
⑬ 치유사는 내담자가 치유 보조 동물과 관련된 이야기를 만들도록 장려한다.	⑨ 감정 공유 격려 ⓑ 통찰력 증진 ⓒ 내담자의 사회적 기술 향상

- 치유사는 다음과 같은 내담자-치유 보조 동물 관계를 활용한다: "만약 이 개가 여러분의 가장 친한 친구였다면, 아무도 알지 못할 당신에 대해 무엇을 알았을까요?" 또는 "이 개에게 당신의 기분을 말해주면 나는 그냥 듣겠다."

동물교감상담 기법	치유적 목적
⑭ 치유사는 다음과 같은 내담자-치유 보조 동물 관계를 활용한다: "만약 이 개가 여러분의 가장 친한 친구였다면, 아무도 알지 못할 당신에 대해 무엇을 알았을까요?" 또는 "이 개에게 당신의 기분을 말해주면 나는 그냥 듣겠다."	⑨ 감정 공유 격려 ⓑ 통찰력 증진

- 치유사는 내담자가 치유 보조 동물이 특정한 역할을 하는 경험을 재현하도록 장려한다.

동물교감상담 기법	치유적 목적
⑮ 치유사는 내담자가 치유 보조 동물이 특정한 역할을 하는 경험을 재현하도록 장려한다.	ⓑ 통찰력 증진 ⑨ 감정 공유 격려

- 치유 보조 동물은 어떠한 직접적인 참여 없이 존재한다.

동물교감상담 기법	치유적 목적
⑯ 치유 보조 동물은 어떠한 직접적인 참여없이 존재한다.	ⓘ 치유 환경에서 안전하다는 느낌 촉진 ⓙ 치유 환경 내에서 신뢰도 강화

- 치유사는 치유 보조 동물과 함께 구체적이고 체계적인 활동을 만든다.

동물교감상담 기법	치유적 목적
⑰ 치유사는 치유 보조 동물과 함께 구체적이고 체계적인 활동을 만든다.	ⓒ 내담자의 사회적 기술 향상 ⓔ 자신감 강화 ⓕ 특정 행동 모델링

치유적 동맹을 촉진하기 위한 내담자-치유 보조 동물 관계의 힘은 내담자들이 인간 상담사와의 관계를 형성할 수 없거나 형성하기를 꺼릴 때 특히 두드러진다(Chandler, et al., 2010). 예를 들어 한 상담사가 조용히 앉아 있는 16세 남성을 상담했다. 상담사는 코커 스패니얼과 함께 상담을 진행하였다. 이 젊은이는 회기에 참석하도록 동기를 부여받았고, 회기에서 활동적이었으며, 회기 밖에서 치유 보조 동물과의 상호 작용에 대해 자주 이야기했다. 그는 상담의 처음과 마지막 10분 동안 개와 놀 때 매우 사교적이었다. 이 할당된 놀이 시간 사이에 개는 내담자의 무릎 위에 머리를 얹고, 내담자는 상담사와 그의 고통스러운 인생 경험에 대해 대화하는 동안 개의 머리를 부드럽게 쓰다듬곤 했다. 개와 함께 한 상담사는 내담자가 치유의 진전을 촉진하기 위해 필요한 관계를 확립하기로 선택한 유일한 상담자였다. 이 경우 개는 내담자와 상담사 사이의 치유 관계를 구축하는 다리 역할을 했다.

③ 동물교감치유와 상담 기법

상담사의 이론적 모델 및 개입 기법이 성공적인 치유 결과의 15%를 차지하기 때문에(Asay, & Lambert, 1999; Lambert, & Ogles, 2004), 심리 상담사가 이론의 주요 전제들과 일치하는 방법을 이해한다면 동물교감치유의 적용이 더 효과적일 수 있다.

(1) 동물교감치유와 인간 중심 상담(Person-Centered Counseling)

인간 중심 상담은 상담사가 내담자의 의사소통, 언어적, 비언어적 의사소통을 반영하고 명확하게 함으로써 통찰력을 향상시키고 내담자를 더 나은 자기 수용으로 전환하는 비지시적 접근법이다(Tudor, & Worrall, 2006). 인간 중심 상담자들은 회기를 관리하거나 지시하지 않으며, 내담자에 대한 책임도 지지 않는다. 오히려 그들은 내담자에게 적합하고, 진실하고, 성실하며, 배려하고, 수용하고, 따뜻하며, 공감함으로써 안전하고 개방적으로 느낄 수 있도록 돕는다. '무조건적인 긍정적인 관점'이라고 불리는 이 상담 경험을 통해 내담자들은 점점 더 자신을 신뢰하고 더 자아 실현적인 사람이 되는 방향으로 나아간다. 내담자는 과거로부터 자유롭고, 현재 상황에서 왜곡을 덜며, 인간 중심의 상담을 통해 발전하면서 더 큰 자기 수용을 경험한다. 인간 중심 상담에서 상담사-내담자 관계와 치유적 분위기는 치유를 위한 주요 매개체로 간주된다. 따라서 이를 촉진하는 동물교감치유의 의도나 기법은 치유 과정에 중요한 자산이 될 것이다. 동물교감치유의 치유 의도 중 공감대 형성(ⓐ), 신뢰 강화(ⓑ), 안전감 촉진(ⓒ)이 적절할 것이다. 따뜻하고, 사랑스럽고, 자연을 받아들이는 친근하고 사교적인 치유 보조 동물은 무조건적인 긍정적 배려와 안전한 치유 환경에 대한 내담자의 경험에 기여하여 내담자 통찰력(ⓓ)을 촉진한다. 감정의 반영에 대한 인간 중심의 강조는 감정 공유를 장려하기 위한 동물교감치유의 치유적 의도와 관련되며 내담자의 자기 수용 또는 자신감(ⓔ)을 촉진한다. 내담자의 의사소통을 반영하고 명확히 하는 것은 치유 보조 동물(ⓕ)과 내담자의 관계를 반영하고 자발적인 내담자-치유 보조 동물 상호 작용(ⓖ)을 반영하기 위한 동물교감치유 기법과 관련된다. 인간 중심 상담의 비지시적 특성은 어떠한 직접적인 개입 없이 치유 보조 동물이 존재하는 것(⑯)과 내담자와 치유 보조 동물 사이의 자발적 상호 작용에 대한 치유적 논의(⑱)와 같은 동물교감치유 기법과도 양립할 수 있다.

사례

인간 중심의 접근 방식을 사용하여 내담자와의 교감을 향상시키기 위한 동물교감치유의 힘은 소년원에 수용되어 있던 여성 청소년과의 비지시적 중재로 입증된다. 시설로 끌려오는 것에 화가 나고 두려운 이 청소년은 취조 인터뷰를 시도하던 보호관찰관들에게 팔짱을 끼고 얼굴을 찌푸린 채 앉아서 협조하기를 거부했다. 상담사와 치유 보조견인 러스티가 인터뷰를 하고 있는 방 문을 지날 때 보호관찰관은 청소년의 표정에 갑작스러운 변화를 알아차렸다. 개가 지나가는 것을 본 후 청소년의 얼굴과 눈이 부드러워졌다. 보호관찰관은 상담사에게 러스티와 여성 청소년이 함께 몇 분 동안 시간을 보내줄 것을 요청하였고 보호관찰관은 그 후 물러났다. 러스티가 꼬리를 흔들며 들어왔을 때, 여성 청소년의 얼굴은 미소로 바뀌었다. 러스티에게 초대된 여성 청소년은 의자에서 내려와 손과 무릎으로 개에게 기어갔다. 러스티는 무릎으로 기어 부드럽게 포옹하며 여성 청소년 껴안았다. 상담사는 그 두 사람 옆에 무릎을 꿇었지만 그들의 친밀감을 쌓기 위해 침묵을 지켰다. 러스티가 여성 청소년에게 몸을 기댔을 때 눈물이 그녀의 얼굴에서 흘러내렸다. 그녀의 눈물이 그의 털에 닿자 러스티는 코를 더 가까이 대고 그녀의 목과 어깨 사이에 코를 파묻었다. 러스티의 포옹을 느끼면서 여성 청소년은 심하게 흐느끼기 시작했다. 상담사는 그 과정을 방해하지 않도록 조심했고, 그들 옆에서 조용히 지켜보았다. 잠시 후 상담사는 여성 청소년의 고통과 러스티가 그녀를 얼마나 위로하고 있는지를 부드럽게 이야기했다. 여성 청소년은 상담사의 개입에 고개를 끄덕이며 대답했다. 상담사는 여성 청소년의 울음소리가 느려질 때까지 참을성 있게 기다렸다. 소매에 눈물을 닦은 후 여성 청소년은 러스티의 머리에 키스를 했다. 그녀는 러스티에게 '고마워'라고 말한 다음 상담사에게 말했다. 여성 청소년이 일어나자 보호관찰관들과 이야기할 준비가 되어 있음을 확인했고, 상담사와 러스티는 떠났다. 보호관찰관들은 나중에 이 여성 청소년이 동물교감치유 개입 이후 완전히 다른 태도를 보였다고 보고했다. 여성 청소년은 더 이상 두려움이나 분노를 나타내지 않았고 매우 정중하고 협조적이었다.

(2) 동물교감치유와 인지 행동 상담(Cognitive-Behavioral Counseling)

인지 행동 상담의 주된 초점은 부적응적인 감정과 행동에 기여하는 비합리적인 내담자의 신념을 확인하고 변화시키는 것이다(McMullin, 1986). 이 방법들은 비이성적인 생각을 식별하고 변화하는 것, 의사소통 스타일의 변화, 모델링과 역할극, 그리고 인지적 숙제의 완료를 포함한다. 인지 행동 상담사는 주로 내담자들의 자기 패배적인 신념, 생각, 행동에 변화를 유도하고 믿고, 느끼고, 행동하는 새로운 방식을 통합하기 위한 교사이자 실천 파트너로 여겨진다. 인지 행동 상담사는 공감대 형성(ⓐ) 및 신뢰 강화(ⓕ)와 같은 동물교감치유 의도를 사용할 수 있다. 마찬가지로 감정을 공유하는 것(ⓖ)은 합리적이고 비이성적인 생각의 결과를 식별하는 데 도움이 될 수 있으며, 이러한 형태에 대한 통찰력을 개발하는 것(ⓑ)은 구체적인 내담자 변화를 촉진할 수 있다. 사회 및 관계 기술 개발(ⓒ, ⓓ)은 인지 행동 상담의 전통적인 목표이며, 인지 행동 상담사는 동물교감치유를 사용하여 내담자의 역할극과 이러한 기법 연습을 도울 수 있다. 마지막으로 인지 행동 상담사는 치유 보조 동물과 특정 행동(ⓕ)을 모델링할 수 있으며, 치유 보조 동물과 성공적으로 상호 작용하는 것은 내담자의 자신감(ⓔ)을 향상시키는 데 도움이 될 수 있다.

동물교감치유는 내담자가 비합리적인 신념과 자기 패배적인 행동을 식별하고 변화할 수 있도록 돕기 위한 다양한 실용적인 접근 방식을 제공한다. 예를 들어, 인지 행동 상담사는 믿음 확인 과정(⑭)을 돕기 위해 내담자-치유 보조 동물 관계를 사용할 수 있다. 예를 들면, "만약 이 개가 여러분의 가장 친한 친구였다면, 아무도 알고 있지 않은 당신에 대해 무엇을 알았을까요?"와 같은 것이다. 인간과 역할극에 어려움을 겪는 내담자들은 먼저 치유 보조 동물과의 대화를 연습하도록 안내받을 수 있다(⑮). 비록 치유 보조 동물이 내담자의 말을 완전히 이해하지는 못할지라도 그것은 비언어적 표현에 민감하고 비언어적 표현(예: 접근/회피, 이완/긴장, 눈 맞춤/혐오, 침묵/말하기, 친근함/무시함, 명령 준수/저항)을 통해 내담자에게 피드백을 제공할 수 있다. 또한 인지 행동 상담사는 동물과 상호 작용하고 행동을 모델링(⑥)하거나 내담자에게 동물과 새롭고 더 많은 기능적인 행동(⑦, ⑧)을 연습하도록 요청할 수 있다. 마찬가지로, 치유 보조 동물은 보다 구체적이거나 구조화된 활동(⑰)에 관여할 수 있다. 동물과 함께 새로운 긍정적인 행동을 먼저 실천하는 것은 변화를 위한 내담자의 시도를 비난하거나 무시하기 쉬운 인간들에게 시험하는 것보다 훨씬 더 재미있고 덜 위협적일 수 있다. 유머의 사용은 인지 행동 상담의 중요한 부분이고, 언급된 모든 작업은 회기 동안 놀이의 장려(③)를 통해 도움을 받을 수 있다. 긍정적인 내담자-치유 보조 동물 상호 작용에 대한 인지 행동 상담사의 피드백은 친사회적 행동에 대한 내담자의 적응을 강화시킬 수 있다.

사례

동물교감치유 기법과 의도를 남성 청소년 집단과의 인지 행동 상담과 일치하는 방식으로 사용했다. 한 내담자는 러스티가 엄청난 속도와 열정으로 공을 회수했을 때 상담 집단의 동료들이 돌아가면서 공을 던지는 것을 지켜보고 있었다. 그의 차례가 왔을 때, 내담자는 공을 이용해 러스티를 가까이 끌어당기고, 그의 목걸이를 움켜쥐고, 러스티의 코에서 몇 인치 앞뒤로 공을 움직이면서 그를 놀렸다. 러스티는 그의 체중을 뒤로 옮기고 움켜쥐고 있는 목걸이를 뒤로 당기면서 짜증나는 신호를 보냈다. 인지 행동 상담사가 개입하여 내담자에게 개를 풀어주고 공을 던지도록 지시해야 했다. 보통 러스티는 공을 회수하여 내담자의 손에 떨어뜨렸지만, 러스티는 내담자의 손이 닿지 않는 곳에 공을 땅에 떨어뜨렸다. 내담자가 공을 집으려고 앞으로 나섰을 때, 러스티는 손이 닿지 않는 곳에 머물기 위해 뒤로 물러섰다. 내담자는 러스티의 행동에 대해 상담사에게 불평했고, 상담사는 내담자가 러스티의 회피를 촉발시키기 위해 무엇을 했는지를 탐구하는 기회로 활용했다. 결국 내담자는 자신이 러스티를 무례하게 대했기 때문에 러스티가 더 이상 내담자를 신뢰하지 않았다는 것을 인정할 수 있었다. 그 내담자는 자신이 가장 부족하다고 느낄 때 다른 사람들을 놀리고 괴롭힘으로써 자신이 힘을 느끼려고 노력했다는 것을 발견할 수 있었다. 내담자는 러스티뿐만 아니라 다른 구성원들과도 교제하는 새로운 방법을 약속했다. 몇 주 동안, 내담자는 점차적으로 사회적 행동을 수정하는 것으로 보였다. 내담자가 변하면서 러스티는 그를 신뢰하기 시작했고 내담자가 그를 껴안고 쓰다듬도록 허락했다.

(3) 동물교감치유와 행동 상담(Behavioral Counseling)

행동 상담은 내담자의 사회적, 직업적 및 기타 중요한 활동을 제한하는 행동을 변화시켜 삶의 질을 향상시키는 목표 중심의 접근방식이다(Marks, 1986). 행동 상담은 목표에 대한 내담자의 변화에 대한 지속적인 평가와 측정을 포함한다. 행동 상담사의 역할은 지침을 제공하고, 새로운 행동을 모델링하고, 행동 리허설을 위한 기회를 계획하고, 내담자 성과에 대한 피드백을 제공함으로써 내담자에게 새로운 기술을 가르치는 것이다(Wilson, Gottfredson, & Najakal, 2001). 이 역할 내에서 행동 상담사들은 회기 중에 배운 것을 일반화하고 옮기는 것을 돕기 위해 과제와 자기 모니터링을 부여한다. 내담자의 사회성ⓒ 및 관계성ⓓ 기술을 향상시키는 것과 관련된 동물교감치유 의도는 행동 상담의 목표와 일치한다. 많은 내담자들은 치유 보조 동물을 쓰다듬거나, 놀거나, 동물과 함께 하는 것이 재미있고 보람을 느끼며, 내담자에 대한 행동 보상ⓗ으로 치유 보조 동물과의 상호 작용을 하는 것은 목표 행동을 증가시키기 위한 긍정적인 강화와 일치한다. 마찬가지로 치유 보조 동물과 상호 작용할 수 있는 기회의 제거(처벌)는 대상 행동을 줄이는 데 도움이 될 수 있다. 예를 들어 한 상담사는 친사회적 행동과 성취는 가점이 부여되었지만 잘못된 행동과 임무를 완수하지 못하면 점수가 감점되는 소년원에서 일했다. 충분한 점수를 획득하고 유지한 청소년들만이 가장 인기 있는 동물교감활동 중 하나인 외부 목장에서 말교감치유에 참여할 수 있었다. 내담자의 변화 의지와 동기는 행동 상담에서 필수적이다. 행동 상담사는 내담자들이 치유 보조 동물을 쓰다듬거나②, 놀거나③, 재주를 부리도록 하거나 명령을 수행함⑦, ⑧으로써 치유 보조 동물과 상호 작용하도록 격려하여 내담자들에게 재미있는 방법으로 상담에 참여할 수 있는 기회를 제공할 수 있다. 즐거움을 제공하는 것 외에도 이러한 상호 작용은 치유 보조견과 함께 한 짧은 방문이 스트레스 호르몬의 낮은 수치와 즐거움과 치유와 관련된 호르몬의 높은 수준과 연관되어 내담자들이 고통을 관리하는데 도움을 줄 수 있다(Odendaal, 2000). 또한 행동 상담사는 동물의 적절한 접촉을 보여주고, 동물과 긍정적인 언어 및 비언어적 의사소통을 사용하며, 동물이 재주를 부리게 함⑥으로써 사회적 행동ⓕ을 모델링 할 수 있다. 또한 행동 상담자와 의뢰인은 동물을 산책시키고, 회기에서 배운 것을 상담실 밖의 상황에 일반화하거나 전달하는 등 전통적인 치유환경⑤ 밖에서 동물과 함께 할 수 있다. 마지막으로 행동 상담자는 치유 보조 동물과 함께 내담자가 새로운 행동을 경험하거나 실천할 수 있는 구체적이고 구조적인 활동⑰을 만들 수 있다. 새롭게 학습된 행동에 대한 내담자의 성과에 대한 행동 상담자의 피드백은 내담자의 성장과 발전에 필수적이며, 내담자-치유 보조 동물의 상호 작용①, ⑨에 대한 의견을 통해 촉진할 수 있다.

행동 상담사는 치유 보조견의 행동이 어떻게 내담자에게 강력한 행동모델로 작용하는지 자주 관찰했다. 치유 보조견 돌리(Dolly)는 코커스패니얼로 사회화되었고, 말교감상담을 제공하는 목장에서 말 주변에서 일하도록 훈련을 받았다. 말을 타본 경험이 없는 많은 청소년들은 동산 밖에 머물며 다른 사람들이 말과 함께하는 활동을 지켜보면서 두려움을 드러냈다. 11Kg의 돌리를 본 사람들은 종종 "돌리가 할 수 있다면, 나도 할 수 있어!"라고 말할 것이다. 청소년들은 오두막으로 들어가 돌리 옆에 서서 말을 쓰다듬었다. 말 주위에서 돌리의 행동은 소년원에 있던 청소년들에게 깊은 인상을 주어 "대담한 돌리"로 불리게 되었다. 모델 행동의 또 다른 예로 러스티는 자신으로부터 불과 몇 센티미터 떨어진 곳에 있는 음식이나 강아지 장난감을 되찾기 전에 기다리도록 훈련을 받았다. 이 훈련은 청소년들에게 자기 수양과 충동 조절 능력에 큰 인상을 준다. 청소년들은 또한 "먹어! 또는 가져!" 명령을 인내심 있게 기다리는 러스티의 능력에 감명을 받았다. 러스티는 명령을 듣고 공중에 던져진 간식을 먹는다. 이 시범 이후 몇 주 동안 집단 구성원들은 러스티가 어떻게 그들 자신의 자제력을 드러냈는지에 대해 상담 시간 동안 그리고 상담 시간 사이에 성찰한다.

(4) 동물교감치유와 아들러 상담(Adlerian Counseling)

인간 본성에 대한 아들러의 견해는 인간은 주로 사회적 연관성에 의해 동기 부여된다는 것이다. 즉, 열등감은 개인이 가족과 공동체 내에서 중요성(우등성)을 위해 노력하도록 동기를 부여한다(Dreikurs, 1950). 각 개인은 사회적 소속감과 성취감을 얻기 위한 독특한 삶의 계획을 수립하고, 이러한 목표를 달성하기 위해 행동을 의도적으로 설정한다. 사회적 중요성과 우월성을 위해 노력하는 것은 삶의 사건에 대한 개인의 인식에 따라 기능적 또는 역기능적 측면에서 나타날 수 있다. 건강한 노력은 사람을 더 큰 사회적 연결로 이끌며, 건강하지 않은 노력은 사람을 사회적 연결에서 멀어지게 한다. 사회 시스템 내에서 인식된 좌절이나 실패는 낙담으로 이어질 수 있으며, 이는 사회적 관심에서 벗어나려는 움직임을 복잡하게 만들 수 있다. 아들러 상담사는 내담자들이 일, 사랑, 그리고 우정이라는 삶의 과제에서 더 큰 사회적 성공과 만족을 얻을 수 있도록 그들의 삶의 스타일을 이끄는 개인적인 논리를 이해하고 적응할 수 있도록 돕는다(Kottman, 2003). 아들러 상담사는 개인의 논리를 설명하고 내담자가 믿음을 수정하고 삶에 대한 그들의 접근 방식을 더 만족스럽고 기능적으로 바꿀 수 있도록 하기 위해 어린 시절의 경험과 해석에 대한 내담자의 인식에 초점을 맞출 수 있다. 아들러의 관점에서 평등주의 치료 동맹은 내담자의 격려와 더 건강한 사회적 노력을 향한 움직임을 촉진한다(Adler, 1950). 평등한 관계를 구축하기 위해 아들러 상담사는 동물교감치유를 이용하여 친밀감(ⓐ), 신뢰감(①), 안전감(①)을 촉진할 수 있다. 아들러 상담은 사회적 연관성을 강조하며, 동물 교감치유와의 관련성을 더욱 강조한다. 동물은 인간과 연결되고 상호 작용하는 능력에 따라 치유 보조 동물로 자격을 얻는다. 비록 동물교감치유가 개와 말에 국한되지는 않지만, 개와 말은 의도와 상호 작용을 위한 가장 미묘한 사회적 단서조차도 예리하게 인식하고 있으며, 그들의 폭넓은 음성, 얼굴, 그리고 신체 표현 방법들은 유능한 사회적 소통자로 만든다(Gosling, Kwan, & John, 2003; Hill, 2006; Hoffman, 1999; Mistral, 2007; Roberts, 2008). 아들러 상담사는 통찰력을 촉진하고(ⓑ), 내담자의 사회 및 관계 기술 향상(ⓒ, ⓓ), 그리고 감정 공유를 장려(ⓖ)하기 위해 의뢰인, 상담사, 치유 보조 동물 간의 사회적 상호 작용 기회를 활용할 수 있다. 아들러 상담과 동물교감치유의 사회적 특성은 거의 모든 동물교감치유 기법과 일치한다. 예를 들어, 치유 보조 동물과의 상호 작용과 관련된 모든 기법은 사회적이다(①-ⓖ, ⑭-⑱). 아들러 상담사는 먼저 동물의 가족력(혈통, 품종, 종)(⑩)과 다른 개인력(⑪)에 대한 정보를 공유함으로써 내담자가 자신의 가족력을 공유하도록 자극할 수 있다. 치유 보조 동물의 이력을 공유하는 것은 내담자와 관련시킬 수 있는 이력이면 특히 효과적일 수 있다. 예를 들어 아들러의 기관 열등감(Organ Inferiority) 개념은 삶의 기능을 방해하는 개인적인 질병이나 장애로 인해 발생할 수 있는 낙담이다(Dreikurs, 1950). 암으로 투병하는 아동들은 낙담할 수 있지만 한 아들러 상담사는 치유사와 치유 보조견의 방문에 의해 이 아동들이 크게 고무되었다고 관찰했다. 암으로부터 생존한 다리가 3개인 래브라도가 매주 병원을 방문했고 어린 내담자들에게 기운을 북돋아주며 희망을 심어주었다.

사례

아들러 상담 전략과 일관되게 러스티는 아들러 상담사와 함께 소년원의 내담자들이 자기 패배적인 개인적 논리를 발견하고 치유하는 것을 도왔다. 러스티는 재주와 명령의 인상적인 방법들을 가지고 있으며, 많은 내담자들의 묘기 요청에 응답하도록 동기부여를 받았다. 하지만 러스티는 항상 내담자들이 기대한 대로 정확히 수행하지는 않았다. 오히려 러스티는 요청에 시선과 꼬리 흔들기로 응답하거나, 내담자가 무엇을 원하는지 추측하기 위해 시행착오를 겪을 수도 있다. 낙담하고 좌절에 대한 면역이 매우 낮았던 일부 청소년들은 러스티가 자신들을 좋아하지 않거나 자신들이 개와 그러한 놀라운 일들을 할 능력이 없다고 재빨리 결론 내렸다. 상담사는 개들이 단어의 "의미"를 이해하지 못한다는 것을 내담자들에게 설명할 수 있는 기회로 이용할 수 있었다. 청소년들은 매우 구체적인 지시를 전달하기 위해 매우 특정한 소리에 의존하는 법을 배우고, 정확한 음색과 발음을 듣고 의사 소통되는 것을 이해한다. 그러므로 만약 명령이 개에게 새로운 스타일, 속도, 억양을 사용하여 전달된다면,

보호자의 목소리에 쉽게 반응하는 개들은 낯선 사람의 목소리에 빠르고 효율적으로 반응하지 않을 수 있다. 이러한 설명을 통해 아들러 상담사는 내담자가 그 결과를 개인적인 실패로 인식하게 된 잘못된 믿음이 자기 가치에 대한 잘못된 인식이라는 것을 이해하도록 도울 수 있었다. 용기를 얻은 청소년들은 러스티가 자신들의 음성 명령을 이해할 때까지 연습하곤 했다. 그러면 청소년들과 개들은 그들의 성공적인 상호 작용에 대해 함께 기뻐했다. 본질적으로 아들러 상담사는 동물교감치유를 활용해 스스로 낙담하는 개인들이 자신의 개인적인 논리를 이해하고 새롭고 생산적인 논리를 만들어 내며, 현실적인 관점으로 성공을 경험하도록 도왔다.

(5) 동물교감치유와 정신분석 상담(Psychoanalytic Counseling)

프로이트 정신분석학 이론은 무의식적인 생물학적·본능적 추동이 개인의 삶 초기에 심리적 성적 발달단계를 통해 진화함에 따라 비합리적인 동기를 초래할 수 있다는 점에서 인간 본성에 대한 결정론적 견해를 가정한다. 프로이트는 사람의 내적 정신은 이드(태어나는 본능적 성격), 자아(내적 본능과 외부 세계의 현실 사이의 중재자), 그리고 사람의 심령 에너지를 통제하기 위해 경쟁하는 초자아(사회 코드, 전통적인 가치관, 사상)로 구성된다고 주장했다(Hall, 1954). 프로이트의 정신분석 이론에 따르면 사람들은 대부분 왜 그렇게 느끼거나 행동하는지 모르고, 기능장애가 발생할 때 대개 신경증적 또는 도덕적 불안이 이드나 초자아 쪽으로 힘의 균형을 옮기도록 위협했기 때문이다. 정신분석학 상담을 통해 내담자들은 생각의 무의식적 패턴에 대한 의식적 인식을 얻을 수 있으며, 이를 통해 내적 압박을 완화시킬 수 있다(Singer, 1973). 내담자의 내적 세계를 균형 상태로 되돌리기 위해 정신분석 상담사들은 내담자가 불안의 영향을 받는 대신에 논리에 의존할 수 있도록 무의식적인 과정을 의식적인 인식으로 이끌도록 돕는다. 정신분석학은 내담자들이 감정, 환상, 경험, 기억 등 무엇이 떠오르든지 간에 자유롭게 연관되도록 장려되는 장기적인 과정이다. 이 과정에서 내담자들은 무의식적으로 과거에 중요한 타인과 관련된 자신의 감정과 환상을 정신분석 상담사로 전환한다. 이러한 전환 과정을 통해 내담자는 과거의 관계로부터 "미완성 업무"를 이해하고 해결할 수 있다. 전이와 역전이는 정신분석 상담의 중추적인 구성 요소이기 때문에 정신분석 상담사의 역할은 종종 과도기적 대상 역할을 함으로써 회복을 촉진하는 것이다. 상담 중 동물의 존재는 추가적인 전이의 기회를 제공한다. 동물은 최고의 과도기적 대상이다. 동물은 장난감이나 담요와 달리 애정이 넘치고 반응이 좋으며, 대부분의 인간들과 달리 무조건적으로 받아들이고 판단하지 않는다. 치유 보조 동물은 장난감과 인간이 가질 수 있는 분명한 한계를 피하면서 장난감과 인간 모두의 최고의 치료 특성을 결합한다(Chandler, 2005). 정신분석 상담사의 역할은 통찰력을 촉진(⑥)하고 감정의 공유를 장려(⑨)하는 것이기 때문에 동물교감치유는 정신분석 이론과 더욱 관련될 수 있다. 치유 보조 동물과의 내담자 관계(①), 자발적인 동물과의 관계(⑨), 동물이 자발적인 순간에 어떻게 내담자와 교감하는지를 성찰(⑱)함으로써 이를 수행할 수 있다.

사례

어린 소년과 치유 보조 말인 톰(Tom)과의 만남은 전이-역전이를 이해하는 데 있어 동물교감치유의 효용성을 보여준다. 여러 치유 보조 말들 중에서, 톰은 가장 사교적이고, 친절하고, 수용적인 말들 중 하나로 알려져 있었다. 처음 상담을 하는 동안 11살 된 수컷 한 마리의 말은 소년이 다가오거나 교류하려고 할 때마다 겁에 질려 도망치려고 했다. 그러나 소년이 톰에게 다가갔을 때 완벽하게 침착하고 온순하다는 것을 발견했다. 그 첫 번째 말의 반응은 어린 소년이 점점 더 말에 좌절하고 두려워하게 만들었다. 상담사는 어린 소년의 경험에 대해 무슨 일이 일어나고 있다고 생각하는지 탐색했다. 소년은 첫 번째 말이 자신을 좋아하지 않는다고 생각한다고 설명했다. 정신분석 상담사는 소년이 왜 말이 자신을 좋아하지 않는다고 생각하는지 탐색하고, 소년이 다음 주 동안 경험한 것에 대해 생각해보도록 격려했다. 그 다음 주에, 그 어린 소년은 매우 열정적으로 정신분석 상담사에게 달려갔다. 어린 소년은 정신분석 상담사에게 그 말이 자신을 좋아하지 않기 때문에 자신을 좋아하지 않는다는 것을 깨달았다고 말했다. 더 자세히 이야기한 결과, 소년은 더 이상 자신에 대해 그런 식으로 느끼고 싶지 않으며 그 믿음을 놓치지 않기 위해 노력할 것이라고 결론을 내렸다. 이 통찰력으로 소년은 좌절하거나 불안해하지 않고 말과 상호 작용할 수 있었다. 처음에 소년은 자신에 대한 파괴적인 믿음을 말과의 관계에 옮겼고, 미묘한 사회적 단서에 대한 예리한 인식을 가진 전형적인 말은 역전이 반응을 보였다. 본질적으로 말은 "당신은 해결되지 않은 갈등을 가지고 있어 내가 당신을 매우 불편하고 두려워하게 만든다"고 소통했다. 말이 과도기적인 대상으로 봉사하는 것은 소년이 자신의 사회적 기능을 저해하는 불안감을 인식하는 데 도움이 되었다.

(6) 동물교감치유와 게슈탈트 상담(Gestalt Counseling)

게슈탈트 상담의 주요 전제는 표현되지 않은 감정이 전체감정을 저해하고 개인의 성장을 방해하는 미완성 일을 초래한다는 것이다(Peris, Hefferline, & Goodman, 1980). 내담자들은 삶의 만족이나 기능을 방해하는 난관, 즉 교착 상태에 도달할 수 있다. 상담 과정에서 내담자들은 난관을 충분히 탐색하고, 삶의 환경을 수용하며, '지금-여기(Here and Now)'에 완전히 존재하고 인식하는 것이 필요하다. 게슈탈트 상담사는 내담자들이 감정과 경험에 위화감을 주는 언어 형태를 인식하도록 돕는다. 본질적으로 내담자들은 진정한 상담 관계를 통해 사물을 더 완전하게 볼 수 있게 된다. 지금-여기에 대해 더 완전한 이미지를 얻는 것은 전경(Figure, 지각의 중심)과 배경(Ground, 관심밖에 놓여있는 부분)의 게슈탈트 개념을 통해 종결에 영향을 미칠 수 있도록 '빈 공간'을 주관적으로 채우는 것이다. 게슈탈트 상담은 종종 내담자가 스스로 결정된 목표를 향해 나아갈 수 있는 기회를 창출하는 연습과 실험을 포함한다.

　　동물교감치유는 내담자의 감각 인식과 자아 발견을 촉진하는 유용한 도구이다. 내적 상태에 대해 이야기를 하는 데 어려움을 겪는 내담자를 관찰하는 게슈탈트 상담사는 치유 보조 동물을 쓰다듬고 상호 작용(②, ⑱, ⓑ, ⑨)할 때 신체 감각과 감정을 처리하는 데 도움을 줄 수 있다. 내담자가 덜 위협적인 경험을 진실로 표현하기 시작하면 더 많은 위협적인 경험을 공유할 수 있을 것이다. 나아가 개인적 문제와 미완성 과제를 표현하는 데 어려움을 겪는 내담자들은 게슈탈트 상담사가 있는 상태에서 치유 보조 동물과 먼저 고민이나 걱정을 공유하는 것(④)이 더 쉽다는 것을 발견할 수 있다. 게슈탈트 상담사들은 동물에 대한 이야기를 지어내도록 요청함으로써 내담자가 내부 갈등에 접근할 수 있도록 도울 수 있다. 또한 게슈탈트 상담사는 인간과 동물의 상호 작용 활동(⑰)을 촉진하여 신체 기능 장애와 언어 패턴에 대한 자기 인식을 향상시킬 수 있다. 한 게슈탈트 상담사는 의사소통 과정을 통해 자신과 타인에 대한 '여기-지금' 인식을 높이기 위해 고안된 경험적 동물교감활동을 관찰했다. 이 활동에서 참가자들은 말 한 마리가 배회하는 대형 승마장에 들어갔다. 게슈탈트 상담사는 집단 구성원들에게 서로 이야기를 하거나 말을 만지거나 말에게 간식을 주지 않고 경기장 중앙에 있는 두 장애물(고무콘) 사이를 지나가게 해야 한다고 알렸다. 참가자들은 계획된 회기와 집단의 활동을 위해 게슈탈트 상담사가 호출한 동안에만 서로 대화할 수 있었다. 이것들이 그 활동을 위한 유일한 규칙이었다. 이 작업에 대한 가능한 해결책은 여러 가지가 있으며, 몇 분 안에 완료되거나 몇 시간 또는 여러 회기가 소요될 수 있다. 집단이 작업에 성공하는 데 걸리는 시간과 노력의 양은 내담자의 내부 상태가 작업을 방해하거나 촉진하기 위해 다른 내담자와의 의사소통 및 상호 작용을 통해 어떻게 나타나는지, 그리고 현재 인식 수준 또는 인식 부족(공백)이 어떻게 해결책을 만들 수 있는지와 직접적으로 관련이 있다. 미해결 과제와 난관에 대한 게슈탈트의 개념은 다른 동물교감치유 기법으로도 확인할 수 있다. 말 보조 치유의 초기 단계에서 내담자들은 경기장에서 돌아다니는 치유 보조 말들과 친숙해지고 다음 몇 주 동안 함께 활동하고 싶은 말을 선택하도록 요청 받는다. 개인이 의식적으로 인식하지 못할지라도 자기의 일부를 반영하는 치유 보조 말을 선택하는 것이 일반적이다. 게슈탈트의 관점에서 이것은 사람들이 종종 미해결 과제를 반영하는 상황과 관계에 끌리기 때문일 것이다. 의식 없이 그들은 계속해서 반복하고 건강하지 못한 역학관계에 갇혀 있다.

한 소녀는 매우 독립적이고 고집불통인 말을 선택했는데, 이것은 게슈탈트 상담사들이 그 소녀의 학교에서의 행동을 묘사한 방법이다. 매 회기마다 소녀는 말에게 고삐와 마장구를 착용시키고, 말을 손질하기 위해 발을 들게 할 만큼 가까이 다가가려고 애썼다. 말과의 관계에서 특히 좌절한 후 소녀는 "이제 내가 엄마를 힘들게 한 일을 알겠다!"라고 소리쳤다. 그 다음 주에 소녀의 어머니는 게슈탈트 상담사에게 딸을 변화시키기 위해 무엇을 했는지 물었다. 게슈탈트 상담사는 조심스럽게 엄마의 고민 사유를 물었다. 그녀는 "걱정하지 마세요. 단지 내 딸이 이제 완전히 다른 사람이 되었기 때문이에요. 예의 바르고, 집안일을 하고, 나를 안아주면서 나에게 사랑한다고 말해요."

(7) 동물교감치유와 실존 상담(Existential Counseling)

실존 상담의 주요 목표는 내담자가 완전히 진정한 삶을 살지 못하는 방식을 인식하도록 돕고, 그들이 될 수 있는 사람이 되도록 이끄는 선택을 돕는 것이다(Cooper, 2003). 실존적 관점에서 보면 불안감, 죄책감, 두려움, 절망감, 불안정이 인간 삶의 현실에 대한 반응이다. 그러나 개인들은 존재하지 않는 척함으로써 이러한 불편한 경험을 피하려고 노력한다. 이 과정은 진짜가 아닌 삶이라고 불린다. 이러한 자기 기만의 핵심에는 개인의 자유와 책임에 대한 부정이 있기 때문에 문제가 된다. 평생의 경험을 인정해야만 진정한 삶을 살 수 있고 삶의 경험을 최대한 활용할 수 있다. 내담자들은 선택을 할 수 있는 자유를 받아들이고, 선택에 대한 개인적인 책임을 지며, 그들이 탐구할 두려움, 감정, 불안을 결정하도록 격려 받는다. 로그테라피(Logtherapy)의 실존적 접근법은 내담자가 깊은 불안감(공포)이나 공허감, 우울증, 신경증 등을 경험할 때 삶의 의미를 찾는 데 길을 잃었기 때문이라는 가설을 세운다. 무의미한 그들의 삶에 대한 방향이나 계획이 없다는 것을 알게 되었을 때 생겨난다(Yalom, 1980).

자아 인식 향상과 의미 탐색이라는 실존적 목표는 통찰력을 촉진(ⓑ)하는 동물교감치유의 의도와 일치하며, 정체성과 타인과의 관계를 위해 노력하는 실존적 명제는 내담자의 사회 및 관계 기술을 향상(ⓒ, ⓓ)시키려는 동물교감치유 의도와 일치한다. 더 큰 개인적 자유와 책임을 향한 내담자의 움직임은 죄책감과 불안감에서 비롯된 장애물을 버림으로써 달성된다. 이는 감정 공유를 장려(ⓖ)하려는 동물교감치유의 의도에 의해 촉진될 수 있다. 더 큰 개인적 자유와 책임감을 달성하는 것은 내담자 자신감 향상(ⓔ)이라는 동물교감치유 의도에 기여한다. 실존 상담사는 내담자와 치유 보조 동물 사이에 자발적인 상호 작용이 일어나도록 하고(⑱) 이러한 상호 작용의 본질에 대해 언급(①)함으로써 내담자가 진정한 삶을 손상시키는 두려움이나 감정을 인식하도록 도울 수 있다.

실존 치유사와 치유 보조견인 러스티가 약 10명의 박사학위 세미나에 초대받았을 때 실존적 접근이 입증되었다. 한 학생이 내담자 역할을 자청해 교실 앞 바닥에 있는 실존 상담사와 반려견과 함께 했다. 실존 상담사는 학생에게 무슨 생각을 하고 있는지에 대해 의논하기 위해 그녀를 초대할 때 러스티를 옆에 눕히도록 안내했다. 이 학생은 러스티의 목에서 꼬리까지 빠르고 반복적으로 쓰다듬으면서 다소 서투르지만 절제된 방식으로 피상적인 사건과 가벼운 스트레스 요인에 대해 이야기하기 시작했다. 1분 정도 러스티는 일어서서 원을 그리며 걷고 다시 학생 옆에 누웠다. 실존 상담사는 학생에게 러스티에게 무슨 일이 일어나고 있는지 물었다. 그 학생은 러스티가 "불안하다"라고 느꼈다고 대답했다. 왜 러스티가 불안하다고 생각하느냐는 실존 상담사의 질문에 학생은 러스티가 불안하기 때문이라고 말했다. 이 학생은 자신의 내면의 불안이 개에게 어떤 영향을 끼쳤는지 알 수 있었고, 지난 2주 동안 몇몇 어려운 가정 문제를 다루는 것을 피했기 때문에 불안을 느꼈다고 자세히 설명했다. 본질적으로 러스티의 불안한 행동은 학생의 내적 불안을 반영했고, 따라서 중요한 문제를 피하려고 노력하는 것의 해로운 영향에 대한 인식을 향상시켰다. 이 학생은 지난 2주 동안 개의 목과 귀를 부드럽게 쓰다듬는 동안 그녀가 피하려고 했던 더 깊은 감정과 시급한 고민들을 탐구하기 시작했고, 러스티는 잠이 들었다.

(8) 동물교감치유와 현실 상담(Reality Counseling)

현실 상담의 기초가 되는 선택 이론의 관점에서 인간 본성에 대한 관점은 인간은 생존을 위해 설계된 네 가지 유전자 코드화된 요구(사랑과 소속, 권력, 자유, 그리고 도망)를 가지고 태어난다는 것이다(Glasser, 1999). 선택 이론에 따르면 개인은 중요한 사람들과의 관계가 강조되는 질적 세계(Quality World)라고 불리는 특별한 장소를 뇌 속에 가지고 있다. 질적 세계는 우리 삶의 핵심이고, 질적 세계에서 가장 중요한 요소는 사람이다. 선택 이론에 따르면 모든 행동은 선택되고 목적적이며, 개인은 전체 행동(행동하기 Acting, 생각하기 Thinking, 느끼기 Feeling, 생리기능 Physiology)을 통해 욕구를 충족시키기 위해 일한다. 현실 상담은 내담자의 요구에 맞는 행동을 선택하는 것에 대한 내담자의 선택과 책임을 강조한다.

몇몇 동물교감치유 기법과 의도는 현실적 관점에서 발전을 촉진할 수 있다. 내담자들은 즐거운 시간(②, ③, ⑦, ⑧)부터 자가 평가와 변화를 용이하게 하는 동물의 역할에 대한 감사(ⓑ, ⑨, ①, ⓛ)까지 다양한 이유로 치유 보조 동물과 함께 시간을 보내고 싶어한다. 치유 보조 동물과의 상호 작용은 사람들과 매우 유사한 방식으로 관계할 수 있지만 이러한 관계는 사람들과의 관계보다 동물에게 덜 위협적으로 보일 수 있다. 동물교감치유(⑭-⑱)에 참여했을 때 행동(Actions), 생각(Thoughts), 감정(Feelings), 행태(Behaviors)의 결과를 조사함으로써, 내담자들은 사람과의 관계에 더 큰 자신감(ⓔ)을 가지고 적용할 수 있는 교훈을 배울 수 있다. 현실 기반 동물교감치유 프로그램은 부정적인 사회적 행동의 결과를 입증하고 내담자가 자신의 요구를 충족시키기에 더 적합한 새롭고 더 긍정적인 사회적 행동에 적응하도록 돕는 데 효과적인 것으로 나타났다. 이 훈련은 목초지에 풀어놓은 말에 마장구를 착용시키고, 고삐로 말을 헛간으로 이끄는 것을 포함한다. 그러기 위해서는 말의 자기보존 욕구와 반응에 민감하고 자신의 태도와 자세, 걸음걸이 템포, 접근 방식 등을 성공적으로 바꿔 말에게 신뢰감과 안전감을 심어줘야 한다. 크게 소리를 지르고, 조정하려고 하거나, 통제하려는 성격이나 행태를 가지고 있는 사람들은 과제에 어려움을 겪으며, 상호 작용 방식을 조정하는 법을 배워야 한다. 말과 함께 배운 사회적 상호 작용 교훈은 다른 사람들과의 상호 작용으로 쉽게 옮겨질 수 있다. 말과 함께 새로운 사회적 행동을 배우고 실천하려는 동기는 다른 사람들과 함께 이러한 행동을 처음 시도하는 것보다 더 즐겁고 정서적으로 안전하다.

(9) 동물교감치유와 해결 중심 상담(Solution-Focused Counseling)

해결 중심 상담은 인간을 유능하다고 간주한다. 치료는 무엇이 가능한가에 있다(Macdonald, 2007). 해결 중심 상담의 주요 목표는 내담자가 문제에 대해 이야기하는 것에서 해결책을 찾는 것으로 전환하도록 돕는 것이다. 해결 중심 상담사들은 내담자들이 과거의 문제에 연연하기 보다는 이러한 해결책을 이해하고 정교하게 설명하는 것이 더 유용하다고 믿는다. 내담자들은 긍정적인 변화가 항상 가능하다고 믿도록 격려 받는다(Fernando, 2007). 해결 중심 상담사들은 내담자들이 자신의 삶에서 무엇이 잘 진행되고 있는지, 자신의 삶에서 더 나은 상황을 만들기 위해 무엇이 일어나야 하는지 살펴보고, 다음 행동 단계를 계획하도록 격려한다. 치유 관계는 일단 내담자가 해결책에 도달하면 종료된다. 다른 상담 방향과 마찬가지로 해결 중심 상담사와 내담자 사이의 관계의 질은 해결 중심 상담의 결과에 결정적인 요소이다. 해결 중심 상담은 간단한 상담의 형태이기 때문에 해결 중심 상담사들은 치유적 관계를 촉진시키는 친밀감 형성(ⓐ), 신뢰 증진(ⓘ), 치료 환경에서의 안전감 촉진(ⓙ)과 같은 동물교감치유 기법과 의도에서 큰 이익을 얻을 수 있다. 치유 보조 동물은 관계기술 모델링(⑮, ⑰, ⓒ, ⓓ, ⓕ), 내담자-치유 보조 동물 상호 작용에 대한 토론(①, ⑦-⑨, ⑱)을 통해 내담자의 편안함, 주의, 집중력 및 기술 향상에 크게 기여함으로써 내담자의 자신감 향상(ⓔ)을 성공적으로 연습할 기회를 증가시킨다.

사례

해결 중심 상담사는 동물교감치유가 소년원에서 청소년의 절실한 자신감을 어떻게 만들어 냈는지 관찰했다. 내담자는 자신이 유능한 사람이라고 믿지 않았다. 내담자는 집단의 다른 구성원들로부터 자신을 고립시켰다. 해결 중심 상담사들과 직원들은 내담자가 지적이고, 명료하고, 창의적이라고 보았지만, 낮은 자존감은 내담자의 능력을 저해하고 있었다. 내담자가 전통적인 대화 상담을 진행하는 동안 진척이 없었기 때문에, 사례 담당자는 자존감을 높이기 위해 내담자를 말교감상담 프로그램에 등록시켰다. 내담자는 전에 말을 타본 적이 없었다. 말교감상담 활동의 시작부터 내담자는 보호막으로부터 벗어났다. 내담자는 말 주위에 있는 것을 즐겼고, 내담자의 긍정적인 태도를 감지한 말들은 실제로 내담자에게 끌렸다. 내담자는 훨씬 쉽고 편안하게 말교감상담 활동을 해냈고, 동료들은 말교감프로그램 상담사와 함께 집단 과정 중에 격려로 그의 성장과 발전을 도왔다. 해결 중심 상담사, 말, 그리고 동료들로부터 성공하기 위한 많은 기회와 긍정적인 격려와 함께 내담자는 자신을 믿기 시작했다. 불과 몇 주만에 내담자는 동료 집단의 유능하고 배려심 많은 리더로 발전했다. 이는 소년원 프로그램의 성취도를 높인 것으로 해석된다. 내담자는 말교감상담이 없었던 것보다도 훨씬 빨리 졸업하였다.

사회복지와 동물교감치유

 1. 동물교감치유와 사회복지 통합의 이점(Compitus, 2021)

　　동물교감치유의 주요 기능은 치유적 동맹을 촉진하는 것이지만 동물교감치유는 내담자의 정신 분석을 시작하거나 인지 왜곡을 해결하거나 행동 기술을 가르치는 데에도 사용될 수 있다(Chandler, 2012). 처음에 치유 보조 동물을 회기에 포함시키면 초기 의사소통에서 치유 보조 동물에 대한 공유된 긍정적 태도에 대한 논의가 포함될 수 있기 때문에 동물교감치유사가 내담자와 더 빨리 관계를 형성하는 데 도움이 될 수 있다. 치유적 동맹은 치유적 실천의 복잡한 부분이지만 전반적인 치유의 질과 내담자가 치유에 참여하는 동기를 예측하는 것이다. 치유적 동맹은 각 회기에 대한 목표와 목표의 상호적이고 공유된 개발을 포함하고, 동물 교감치유사와 내담자 사이의 정서적 연결을 확립한다(VanFleet, & Faa-Thompson, 2015). 치유에 치유 보조 동물을 포함시키면 동물교감치유사와 치유 보조 동물 사이의 신뢰 관계에 대한 내담자의 관찰로 인해 내담자가 동물교감치유사를 더 빨리 신뢰하는 데 도움이 될 수 있다. 치유 보조 동물은 동물교감치유사를 신뢰하고 내담자는 동물교감치유사가 동물과 상호 작용하는 긍정적인 방식을 관찰하기 때문에 내담자는 치유 보조 동물이 성격에 대한 좋은 예측자라고 느낄 수 있으며, 치유 보조 동물이 동물교감치유사를 신뢰한다면 내담자도 동물교감치유사를 신뢰해야 한다. 직접적인 이점으로는 불안 감소와 낮은 코티솔 수치와 같은 스트레스 생리학적 증상의 감소가 있다(Baun, et al., 1984; Beetz, et al., 2012). 내담자가 치유 보조 동물을 만질 때 제공되는 촉각 자극은 코티솔 수치를 낮추고, 혈압을 낮추며, 심지어 콜레스테롤을 낮추는 데 도움이 된다(Beetz, et al., 2012). 치유 보조 동물을 쓰다듬어주는 것은 또한 아이가 때때로 좋아하는 담요나 인형을 쓰다듬어 주고 촉각적인 양육 감각을 제공할 때 안심할 수 있는 느낌을 준다. 또한 내담자는 동물교감치유사를 껴안는 것이 적절하지 않을 수 있는 상황에서 치유 보조 동물을 껴안는 것을 편안하게 느낄 수 있다. 따라서 이러한 의미에서 치유 보조 동물은 과도기적 대상(Transitional Object) 또는 내담자를 위한 회복적 관계로 기능할 수 있다(Winnicott, 1986). 동물교감치유의 다른 이점으로는 공감 기술 개발, 대인관계 촉진, 고통에 대한 내성 및 마음 챙김과 같은 모델링 기술, 내담자의 자신감 향상 등이 있다. 내담자는 환경이 자신에게 안전하다고 느낄 때 외상 이력과 같은 스트레스가 많은 상황에 대해 더 편안하게 이야기할 수 있다(Winnicott, 1986). 치유 보조 동물은 내담자의 안전감과 안정감을 높일 수 있다(VanFleet, & Faa-Thompson, 2015). 옥시토신은 사람의 안녕감을 증가시키는 기분 좋은 호르몬으로 확립되었으며(Thielke, & Udell, 2017), 사람과 사람, 어머니를 자녀에게 결속시키는 호르몬으로 잘 알려져 있다. 연구에 따르면, 옥시토신은 인간과 동물이 상호 작용할 때 증가하여 동물과 시간을 보낼 때 안녕감을 높일 수 있는 생리심리적 기반을 제공한다(Thielke, & Udell, 2017).

사회적 고립은 고립과 관련된 위험(잠재적으로 사망으로 이어질 수 있음) 때문에 사회 사업의 중요한 문제 중 하나로 간주된다(Johnson, & Bibbo, 2015; Peretti, 1990). 사회적 윤활유(Social Lubricants)로서의 동물은 사람들에게 즉각적인 공통 관심사와 토론 주제를 제공함으로써 사람들이 사회적 고립을 극복하도록 돕는다(Peretti, 1990). 사회적 윤활유로서의 동물은 사람들이 상호간 그리고 지역사회를 연결하는 데 도움이 된다. 참전 용사들은 종종 외상후 스트레스 장애 보조견으로 인해 자신들이 혼자가 아니며, 항상 그들을 돌봐주는 사람이 있기 때문에 위로가 된다고 보고(노인들도 비슷한 감정을 보고)한다(Bleiberg, et al., 2005).

 ## 2. 동물교감치유의 실천

치유 보조 동물은 판단 없이 무조건적인 수용을 제공하기 때문에(VanFleet, 2018), 내담자는 먼저 치유 보조 동물을 신뢰하는 것이 더 쉬울 수 있으며, 나중에 치유 보조 동물의 공유된 신뢰를 기반으로 동물교감치유사와 동맹을 형성할 수 있다. 내담자가 개를 신뢰하고 개는 동물교감치유사를 신뢰하면 내담자는 동물교감치유사를 신뢰하는 것이 더 편안하다고 느낄 수 있다. 동물교감치유사와 동물의 짝을 이루는 연합은 내담자가 동물에 대한 긍정적인 감정을 동물교감치유사에게 전달하는 데 도움이 될 수 있다. 이것은 동물교감치유사가 자신을 내담자를 위한 안전한 대상(Scharff, 1996)이자 안전한 기반(Ainsworth, 1991)으로 두는 데 도움이 될 수 있다. 내담자는 동물교감치유사가 치유 보조 동물을 잘 돌보는 것을 볼 수 있으며, 동물교감치유사를 자신들이 결코 갖지 않은 "충분히 좋은" 부모로 보는 것을 포함하는 일종의 전이를 경험할 수 있다(Winnicott, 1986). 따라서 동물교감치유사, 치유 보조 동물 및 내담자 사이에 생성된 긍정적인 관계는 내담자를 위한 회복적 관계로 발전할 수 있다(Blum, 2004; Bowlby, 1982). 숙련된 동물교감치유사는 내담자가 이러한 경험을 내면화하고, 이를 사용하여 자아를 강화하도록 도울 수 있다(Scharff, 1996). 심리적 안전감 외에도 치유 보조 동물은 환자에게 신체적 안전감을 제공할 수 있으며, 이는 외상 이력이 있는 내담자에게 특히 중요하다. 동물교감치유를 치료에 공식적으로 통합할 때, 동물교감치유사가 치유 보조 동물을 적절한 행동(예: 감정 조절 또는 대인관계 기술 구축)의 모델로 활용하는 것이 유용할 수 있다(Hunt, & Chizkov, 2014). 증상 감소의 원인을 특정하지는 않았지만, 치유 보조 동물이 회복의 모델이었기 때문에 내담자들이 고통 내성(고통을 이겨내는 힘)의 모델로 치유 보조 동물을 보았을 가능성이 있다. 마찬가지로, 동물교감치유 동안 치유 보조 동물의 존재가 "스트레스의 생리학적 지표를 감소"시킨다는 것을 발견했다(González-Ramírez, et al., 2013. p. 275). 이것은 내담자들이 비슷한 방식으로 행동하도록 이끄는 치유 보조 동물의 행동에 무언가가 있음을 시사한다.

동물교감치유사는 또한 감정 조절과 대인관계 기술을 가르치는 치유 보조 동물과의 상호 작용을 장려할 수 있다. 챈들러는 동물교감치유사가 음식이나 장난감을 받을 때까지 기다리라는 요청을 받았을 때 치유 보조견이 내담자에게 감정 조절을 모델링하는 방식에 대해 설명한다(Chandler, 2017). 내담자는 치유 보조 동물에 의해 모델링된 행동에 대한 성찰을 통해 자제와 자기 조절을 배울 수 있다. 동물교감치유사는 내담자에게 흥분과 진정 사이를 번갈아가며 치유 보조 동물과 상호 작용하도록 요청할 수 있다(Van-Fleet, & Faa-Thompson, 2017). 이것은 내담자들에게 자기 조절을 연습하는 경험을 제공하고 그 후에 동물교감치유사와 경험을 논의할 수 있다.

동물교감치유의 생리학적 부분은 현상학적이고 내담자가 통제감을 발달시키면서 각 내부 상태가 어떤 느낌인지 생리학적으로 배우기 때문에 중요하다(VanFleet, & Faa-Thompson, 2017). 사람들은 사회적 관계에 의해 동기가 부여되는데 치료를 받으러 온 많은 내담자가 대인 관계에 문제가 있고 사회적 상호 작용에 어려움을 겪을 수 있다고 보고한다. 이것은 내담자를 외롭고 고립되게 만들 수 있으며, 정신 질환이라는 낙인을 찍게 되어 상태를 악화시킬 수 있다. 치료에 치유 보조 동물을 통합하면 내담자가 최적의 성공을 위해 사회적 상호 작용 방식을 성찰하고 이해하고 적응하는 데 도움이 될 수 있다(Chandler, 2017).

치유 보조견이 스트레스 신호(입술 핥기, 하품, 귀 뒤로 고정)를 보일 때 동물교감치유사는 회기를 일시 중지하여 내담자에게 이러한 스트레스 신호를 지적하여 이 상호 작용에 대해 논의할 수 있다. 예를 들어, 한 내담자는 치유 보조견이 조절 장애를 일으키면 치유 보조견에게서 멀어지지만 진정되면 돌아올 것이라고 언급했다. 이것은 또한 다른 사람들과 상호 작용하는 방법(목소리, 몸짓 언어 등)이 대인관계에 도움이 되거나 해를 줄 수 있는 방식을 식별하고 처리하는 데 도움이 될 수 있음을 내담자에게 설명할 수 있다.

동물교감치유를 임상 실습에 통합하는 것은 정신역학적 측면뿐만 아니라 기술 학습도 포함한다. 새로운 행동과 습관의 확립은 내담자가 동물교감치유사의 사무실이 아닌 경우에 자기 확인, 자기 조절 및 자기 진정을 허용한다. 마지막으로 내담자는 치유 보조 동물을 보호하고 싶은 취약한 존재로 볼 수 있다. 정기적으로 치유에 참석하고 싶지 않더라도 내담자는 매주 방문하여 치유 보조 동물이 건강한지 확인할 수 있다. 회기가 시작되면 핵심 기술이 내담자가 매우 중요하게 여기는 치유 보조 동물에 의해 모델링되기 때문에 내담자가 활동을 수행하도록 권장될 수 있다.

 ## 3. 동물교감치유와 사회복지 통합 사례

다음 사례 연구는 동물교감치유와 관련된 여러 사례를 종합한 것이다(Compitus, 2021). 각 회기에는 펫 파트너스(Pet Partners)에 등록된 동물교감치유사 자신의 치유 보조견 촘피(Chompy)가 참여했다. 제인(Jane)은 여러 해 동안 의도적으로 자해를 한 16세 소녀이다. 그녀는 칼을 사용하여 자해 행동을 하면, 자신이 느끼는 감정적 고통을 멈출 수 있기 때문에 그 행동을 그만두지 못한다고 하였다. 제인은 때때로 자신의 감정에 대해 매우 통찰력이 있으나, 다른 때는 자해 행동을 멈출 수 없는 것처럼 보인다. 그녀는 매우 힘들고 속상한 어린 시절을 보냈다고 말하여 자신보다 약간 나이가 많은 삼촌에게 몇 년 동안 성추행을 당했다고 설명했다. 가족들이 자신을 믿지 않을까 걱정했기 때문에 최근에야 가족들에게 성폭행 당한 사실을 알렸다. 가족에게 성폭행 당한 사실을 알린 이후로 그녀의 가족은 제인을 지지했지만, 폭행만이 제인의 어린 시절 스트레스 요인은 아니었다.

제인의 어머니는 감정적으로 불안정하였다. 제인의 어머니는 제인을 아끼고 친절하게 대하다가 갑자기 화를 내고 감정적으로 학대했다. 제인은 어머니를 어떻게 대해야 할지 몰랐다. 그녀의 어머니는 종종 감정을 조절하지 못했기 때문에 제인은 성폭행 당한 사실을 알리기 위해 오랜 시간을 기다려야 했다. 제인은 어머니의 감정 기복으로 인해 자신이 무감각해진 것을 한탄했다. 제인의 아버지는 마약 중독자이며, 감옥에 수감되어 있었다. 제인은 아버지가 어머니보다 더 양육적이라고 하였지만 약물 사용으로 인해 애정이 부재했고, 자식을 방치하는 부모였다고 이야기했다. 제인은 자신이 인생에서 혼자라고 느낀다고 여러 번 말했다. 촘피는 인근 도시의 거리에서 굶어 죽을 뻔한 채 발견된 스탠퍼드셔 테리어(Staffordshire Terrier)와 불독(Bulldog)의 잡종이다. 촘피는 치유 보조견으로 일하도록 동물교감치유사에 의해 재활, 사회화 및 훈련을 받았다. 동물교감치유사는 다른 개가 있지만 촘피의 기질과 성격은 치료 작업에 탁월한 후보자로 만들었다. 사람들을 돕고자 하는 타고난 열망 외에도, 촘피의 외상과 회복력에 대한 이야기는 내담자와 함께 일할 때 종종 도움이 된다. 제인은 치료를 시작하는 것을 매우 주저했고 처음에는 치료를 원하지 않는다고 말하면서 의무적인 내담자처럼 행동했다. 그러나 제인은 매주 치료를 받기 위해 돌아왔고, 촘피를 만나러 왔다고 말했다. 첫 회기부터 촘피의 트라우마 이야기가 그녀와 연결되었다고 느끼는 데 도움이 되었다고 보고했다. 제인은 치유 보조견을 신뢰하는 것과 동물교감치유사를 신뢰하는 것이 병행 되었기 때문에 초기 회기 동안 치유 보조견이 있는 것이 더 편안하다고 인식하는 통찰력을 보여주었다. 그녀는 이전에 동물교감치유사를 신뢰하는 데 어려움을 겪었고, 그들과 지속적인 관계를 맺었다는 느낌을 받지 못했다고 보고했다. 제인과의 관계가 더 빨리 확립되었기 때문에 몇 번의 회기 후에 동물교감치유를 사용하는 통합 모델로 이동할 수 있었다.

동물교감치유와 행동 치료를 통합할 때 핵심 기술은 마음 챙김 기술, 대인관계 효율성 기술, 감정 조절 기술 및 고통 내성 기술이 있다(Linehan, 2014). 그러나 이러한 주제는 심리역학적 접근을 사용할 때도 논의될 수 있다. 내담자의 정서적 어려움에 대한 심리적 근거는 내담자와 치유 보조 동물의 상호 작용에서 나타날 때 분석될 수 있기 때문이다.

동물교감치유를 임상 치료에 통합하는 것과 관련하여 가장 중요한 측면은 치유 보조 동물을 치료 모델에 통합하는 목표 및 목적의 개발이다(Compitus, 2019; Chandler, 2017). 각 회기의 목표를 염두에 두고 기술 기반 수업에서 치유 보조 동물을 포함하는 각 기술에 대한 개별 목표를 개발했다. 마음 챙김 기술을 배울 때 우리는 제인이 마음 챙김 기술을 활용하는 방법을 찾도록 격려했다. 예를 들어 촘피가 밥을 먹을 때는 오로지 먹는 것에 집중하고, 놀 때는 장난감에 관심이 많고, 산책을 할 때는 오감을 활용해 귀를 기울이고, 냄새를 맡고, 주변 세계를 보고(때로는 맛보고) 있다고 하였다. 동물교감치유사는 촘피가 먹이나 장난감에 집중하는 관심을 바탕으로 과거의 실수에 대해 우울해하거나 불확실한 미래에 대해 걱정하기보다는 마음 챙김의 개념과 현재를 사는 것의 이점에 대해 제인과 대화를 시작했다.

동물교감치유사는 마음 챙김의 이점에 대해 논의하고 그녀의 과거 상황이 마음 챙김이 아닌 해리로 만들었는지에 대해 분석할 수 있었다. 또한 마음 챙김이 현재 그녀에게 도움이 될 수 있는 이유에 대해서도 논의했다. 그녀의 정신적 고통의 원인, 특정 부적응적 대처 기술이 과거에는 유용했지만 지금은 도움보다 얼마나 그녀를 더 고통스럽게 하는지, 그리고 마지막으로 마음챙김이 어떻게 삶의 인식과 즐거움을 가져오고 증가시키는지에 대해 논의했다. 그런 다음 치유 보조견에게 새로운 묘기를 가르치는 각 회기를 종료하여 제인의 자제력과 자기 효능감을 향상시켜 자신의 감정과 환경을 모두 통제할 수 있다고 느끼도록 했다.

치유 보조 동물의 자발적인 특성은 회기에서 활용된 동물교감치유의 유용한 측면이다. 치유 보조견에게 목줄을 당기는 것과 같은 사소한 행동 문제가 있을 때마다 제인과 동물교감치유사는 행동의 가능한 원인과 상황에 대한 비판단적인 평가와 가능한 해결 방법에 대해 논의할 수 있었다. 이것은 종종 제인이 그녀에게 위협적이지 않은 방식으로 자신의 신체 언어와 행동 문제에 더 많은 관심을 기울이는 데 도움이 되었다. 동물교감치유사는 학대받은 환경에서 자란 그녀의 어린 시절에 대해 이야기했고, 그녀의 자기애적인 아버지에 대한 판단은 일반적으로 세상에 대한 정확한 평가가 아니라는 점에 대해 이야기했다. 제인은 종종 자신이 "잘못"이라고 결정한 모든 일에 대해 극도의 수치심과 죄책감을 느꼈다. 제인은 촘피가 목줄을 당기면 "나쁜 개"는 아니지만, 개와 함께 작업을 할 때 개가 무언가의 냄새를 맡는다는 것은 현재 흥분한 상태이고, 그 때 개에게 무엇이 필요한지, 그리고 어떻게 주의를 돌릴지를 이해하는 것이 본인의 역할이라고 설명했다. 제인은 이 상황을 사용하여 자신의 어린 시절에 적용했으며, 그녀의 아버지의 행동이 부적절했으며, 그녀가 어렸을 때, 그리고 어린 시절 그녀의 아버지가 말했듯이 그녀가 "나쁜" 것이 아니라는 것을 깨달았다. 그녀는 아버지의 판단이 성인이 되어서도 자기 비판으로 마음속에 남아 있을 필요가 없다는 것을 배웠다. 제인과 동물교감치유사는 대인관계 효율성 기술을 설명하고 연습하는 데 도움이 되도록 다양한 기분(화난, 슬픈, 행복한)을 느끼는 동안 그녀가 치유 보조견과 어떻게 관련되었는지(그리고 치유 보조견이 그녀와 어떻게 상호 작용했는지)에 대해 논의했다. 위에서 언급했듯이, 그녀는 인내와 친절이 촘피를 더 가깝게 만들고, 행복한 기분을 느끼게 하고, 함께 노는 것을 배웠다. 그녀는 개가 불안해하거나 약간 조절이 곤란해지면 개가 상호 작용에서 이탈하고 그녀에게서 멀어지지만 다시 진정되면 돌아올 것이라는 것을 배웠다. 촘피는 그녀가 놀기를 요구할 때 그녀와 함께 놀지 않을 것이지만, 그녀가 친절하게 그와 놀거나 행복한 목소리로 그를 부르면 촘피는 그녀와 행복하게 놀았다. 촘피는 또한 그녀가 지나치게 애정을 갖게 되면 그녀에게서 멀어지지만, 그녀가 충분히 애정을 가질 때 그녀와 교류하는 것을 즐기곤 했다. 우리는 촘피와의 상호 작용에 대해 논의하고 이를 친구 및 가족과의 관계와 비교했다. 그녀는 치유 보조견과의 상호 작용으로 설명할 때 다른 사람들의 한계와 기대를 이해하는 것이 더 쉽다는 것을 발견했다고 말했다. 동물교감치유는 또한 제인이 감정 조절 기술을 배우고 연습하는 데 도움이 되었다. 그녀는 개가 화를 내거나 화가 났을 때 겁을 주고 싶지 않았기 때문에 감정을 조절하려는 동기를 더 느꼈다고 말했다. 제인과 동물교감치유사는 감정 조절과 고통 내성 기술의 발달에 개를 통합하는 목표와 목적을 설정했다. 그녀가 조절 불능을 느끼기 시작할 때 또는 치유 보조견이 그녀에게서 멀어지는 것과 같이 조절 불능의 징후를 보일 때, 그녀는 자신을 진정시키기 위하여 개에게 부드럽게 말하고, 개의 털을 쓰다듬거나, 안아주거나 개와 함께 놀 수 있었다. 또한 그녀는 가끔 치유 보조견과 떨어져 있을 때나 괴로울 때 장난감을 쓰다듬어 전환 대상으로 사용할 수 있도록 촘피처럼 생긴 푹신한 인형을 가져와서 침대 옆에 두었다(Winnicott, 1986). 장난감을 쓰다듬는 것은 개를 쓰다듬는 것과 치유 보조견과 형성한 안정적인 애착과 유대감을 떠오르게 했다(Bowlby, 1982). 이것은 그녀가 더 차분하고 덜 괴로운 마음 상태로 돌아가는 데 도움이 되었다. 그녀가 회기로 돌아왔을 때 동물교감치유사는 애착의 유형, 그녀가 와해된 애착 스타일을 발전시킨 이유에 대해 논의할 수 있었고, 다른 사람에 대한 애착 방법을 회복하는 방법에 대해 논의할 수 있었다 (Ainsworth, 1991; Bowlby, 1982). 동물교감치유사는 제인에게 치유 보조견을 쓰다듬고, 마사지하고, 손질하는 방법을 가르쳐줌으로써, 치유 보조견과의 상호 작용을 통해 다른 사람들에 대한 공감과 이해를 높이는 연습을 했다. 제인이 개와 신체적 상호 작용을 통해 개의 감정에 초점을 맞추어 어떤 방식으로 개를 만지는 것이 개가 원하거나 싫어하는지를 이해하는 것이 다른 사람들이 자신이 기대한 것과 다른 제한과 감정을 가질 수 있음을 이해하는 데 도움이 되었다.

개와의 신체적인 상호 작용은 경계의 중요성을 논의할 수 있는 적절한 기회였다. 우리는 개인의 감정적 한계에 대해 논의할 수 있었고, 촘피에게도 더 장난을 하고 싶은 날과 잠만 자고 싶은 날이 있었다는 점에 대해 이야기할 수 있었다. 동물교감치유사는 개가 놀이를 꺼린다는 것이 그녀를 사랑하지 않는다는 의미가 아니라 때때로 자기 보호를 위해 휴식할 공간과 시간을 요구해야 한다는 점을 논의했다. 마침내 촘피는 제인에게 신체적 안전감을 제공했다. 그녀의 신체적, 정서적, 성적 학대 이력으로 인해 그녀는 종종 잠을 잘 수 없었고 신체적으로 안전하다고 느끼는 경우가 거의 없었다. 제인은 치유 보조견과 함께 살기 전에 자주 불을 켜고 잠을 잤고, 숙면을 취하지 못했다고 했다. 동물교감치유와 통합 모델을 시작한 후, 그녀는 불을 끈 채로 잠들기 시작했고, 편안하게 잠을 잤고, 그녀가 인생에서 그 어느 때보다 가장 안전하다고 느꼈다. 동물과의 긍정적인 관계 경험이 다른 인간과의 더 긍정적인 관계로 더 쉽게 일반화될 수 있다는 점에 주목하는 것이 중요하다. 제인은 과거에 그녀가 치료에 참여하기를 매우 꺼렸다고 했다. 제인이 치유 보조견과의 관계가 다른 인간과의 건강한 관계를 위한 모델이 될 수 있다는 것을 이해했을 때, 그녀는 이전에는 하지 않았던 방식으로 치유를 받아들이기 시작했다. 그녀는 새로 발견한 기술을 매일 연습하기 시작했으며, 시간이 지남에 따라 가족 및 친구들과의 관계가 천천히 개선되기 시작했고, 평화감이 증가했다고 보고했다.

4장

신체적 장애와
동물교감치유

신체적 장애 대상자와 동물교감치유 활동 시 유의사항

01

 1. 언어 장애 대상자와 동물교감치유 활동 시 유의사항

동물교감치유사는 말을 만들거나 발음하는 데 어려움을 겪는 사람들을 만나게 될 수도 있다. 이러한 치유 대상자들이 사용하는 언어는 정확하지 않아서 이해하는 데 어려움을 겪게 될 수도 있다. 일부 사람들은 말하는 데 어려움을 가지고 있으나, 듣고 이해하는 것에는 문제가 없을 수 있다. 또한 어떤 사람은 긴 문장을 이해하는 데 어려움을 가지고 있기도 하다. 게다가, 정신적인 문제로 말하는 것을 거부하거나 말하는 데 어려움을 가지고 있는 사람도 포함되는데, 이는 스스로가 위축되고, 말하지 않기로 결정했기 때문이다.

만약 어떤 동물교감치유 대상자가 정상적으로 이야기하지 못한다면, 그 치유 대상자에 대해 지적인 장애를 가지고 있을 것이라고 오해할 수 있다. 사람의 정신적 능력은 언어적 능력과는 별개이다. 즉, 말을 어눌하고 이상하게 한다고 해서, 그 사람이 사고력 및 정신력이 부족하다는 것은 아니다. 말하는 데 어려움을 겪고 있는 치유 대상자와 이야기 할 때에는 치유 대상자의 눈을 보면서 이야기하도록 한다. 시설관계자나 가족들을 보면서 이야기하는 것은 바람직하지 않다. 비록, 치유 대상자가 말을 할 수 없을지라도 동물교감치유사의 말을 이해할 수 있고, 자신을 바라보며 말해주는 동물교감치유사에게서 존중을 받고 있다는 느낌을 받을 수 있다. 비록 치유 대상자가 대답을 하지 못한다고 할지라도, 치유 대상자에게 직접적으로 질문을 하도록 한다. 또한 질문에 대답을 할 수 있는 충분한 시간을 주어야 한다. 만약 한 단어를 끝내는 것에도 어려움이 있고, 동물교감치유사가 이러한 침묵 속에서 불편함을 느낀다면 치유 대상자는 말하는 것을 포기할 수도 있다. 눈맞춤을 계속 유지하며, 평소처럼 이야기를 하도록 한다. 너무 천천히 말하거나, 너무 크게 말하는 것은 치유 대상자들이 자신들을 무시하는 듯이 대한다고 느껴 화를 낼 수도 있다.

　만약 치유 대상자가 심각한 장애를 가지고 있다면, 질문은 치유 대상자가 "예", "아니오" 또는 머리를 좌우로 흔들거나 고개를 끄덕이는 등의 제스처를 이용해서 대답할 수 있도록 해주어야 한다. 그렇지 않으면, 동물교감치유사는 개방형 질문들을 통해 치유 대상자가 좀 더 말하는 데 집중할 수 있도록 도와야 한다. 비록 동물교감치유 대상자가 동물교감치유사의 말을 이해하는 데 어려움이 있다고 하여도, 계속적으로 대화를 유도해야 하며, 짧은 문장으로 구성할 것을 권장한다. 주변에 있는 구체적인 사물을 대화에 포함시키도록 해야 한다. 주제를 구체화하기 위해 손짓 언어를 이용해도 좋다. 치유 대상자에게 두 가지 중 어느 한 가지를 선택할 수 있는 선택권을 주도록 한다. "집에 개가 있습니까?" 있다고 고개를 끄덕이면, "개가 큰가요?" 이때 두 손으로 큰 개를 나타나는 듯한 동작을 보여준다. "아니면 작나요?" 이때에는 두 손으로 작은 개를 나타나는 듯한 동작을 보여준다. "개는 갈색인가요? 아니면 검은색 인가요?" 치유 대상자의 반응을 신중하게 관찰하고, 치유 대상자들이 보여주는 비언어적인 대화에도 집중하도록 한다. 만약 치유 대상자가 하는 말을 이해하지 못하겠으면, 이해하지 못했음을 말해주는 것도 좋은 대안이다. 이해하는 척 가장하는 것보다는 훨씬 좋은 방법이다. 동물교감치유사는 "미안합니다. 이해하지 못했습니다. 다시 한번 말해 주시겠습니까?", "다른 방법으로 말해 주시겠습니까?" 등과 같이 말해서 양해를 구할 수 있다. 그러면 치유 대상자는 다시 설명을 하기 위해, 그림이나 행동 또는 방에 있는 사물 등을 이용해 이해시키려고 할 것이다. 동물교감치유 대상자가 하는 단어와 구를 반복해서 말하도록 한다. 이는 치유 대상자의 말을 이해하기 위해 의사소통을 돕는 행위로, 만약 잘못 말하면 치유 대상자는 그 말이 잘못되었다고 말할 것이다. 만약 동물교감치유사가 잘못 이해하여, 치유 대상자가 좌절감을 느끼게 되면, "와~ 이해하기가 쉽지 않아 속상합니다. 다음에는 제가 더 잘 이해하도록 노력하겠습니다."라고 말해주는 것도 좋은 방법이다.

　뇌졸중을 가지고 있는 사람들은 신체적인 능력뿐만 아니라, 다시 말하는 방법에 대해 배워야 할 수도 있다. 이러한 사람들은 자신이 하고자 하는 말을 제대로 하지 못하게 된다. 마음속으로는 자신들이 하고 싶은 말을 알고 있으나, 그들의 뇌는 알맞은 말을 하도록 몸에게 신호를 보내지 못하여, 하고자 하는 말이 나오질 않기때문이다. 예를 들면,

어떤 사람은 사실 자신들의 대답은 "아니오!"이지만 "예!"라고 말할 수 있다. 몇몇 사람은 말과 구어를 계속적으로 반복할 것인데, 대화와 전혀 관련이 없는 "장미가 너무 예뻐요."와 같은 말을 하게 되는 것이다. 뇌졸중 전에는 사용하지도 않았던 욕설 또는 비속어를 뇌졸중을 가진 이후에 쉽게 사용하게 되는 사람도 있다. 그 대상자들이 하는 행동에 대해 화를 내거나 당황해하지 않아야 한다. 또는 그 사람들이 하는 말을 다 문자 그대로만 이해하려 하지 말고 그들이 하고자 하는 내적인 뜻이 무엇인지를 파악해서 자연스러운 방법으로 그리고 차분하게 반응해 주어야 한다.

 ## 2. 청각 장애 대상자와 동물교감치유 활동 시 유의사항

어떤 사람은 감염, 머리 손상, 또는 나이 때문에 청력의 완전한 상실이나, 청력이 남들보다 저하되는 상태가 될 수 있다. 청력 상실은 매일 또는 상황마다 다를 수 있으며, 일부 사람들은 눈에 잘 보이지 않는 보청기 등을 착용 할 수도 있다. 반면에 어떤 사람들은 보청기 착용을 완전히 거부할 수도 있다. 보청기 등을 착용하지 않는 것이 청력을 다시 되살릴 수 있다. 듣기 보조 장치는 현재 듣는 것을 더욱 잘 들리도록 도움을 줄 뿐이다. 청력을 크게 상실한 사람은 심리적으로도 영향을 받는데, 외로움, 고립감 등의 감정으로부터 고통받고, 자존감도 떨어진다. 안전에 대한 두려움으로부터 불안함이 발생된다. 태어날 때부터 청력을 상실한 사람은 후천적인 원인으로 인해 청력을 상실해 가는 사람들과 자신들을 구분한다. 선천성 청각 장애인들은 언어적으로도 문화적으로도 정상적인 청력을 가지고 있는 사람들과 다르다고 믿고 있다. 선천성 청각 장애인들은 자신들의 언어인 일명 수화를 사용한다. 정신질환적 문제를 가지고 있는 사람 중에는 듣기가 가능한 신체적 능력이 있었으나, 세상으로부터 점점 위축되어, 소리에 더 이상 반응하지 않게 되는 경우도 있다. 청력 상실과 관련된 장애들은 선척적인 장애, 임산부가 복용한 약으로 인한 장애, 태아 상태일 때 치명적인 산소 부족, 바이러스 감염, 머리 외상, 청신경의 종양, 나이에 따른 청력 상실 등이 있다. 청력 상실에 따라 공통으로 일어날 수 있는 장애들은 발달 장애, 시력 장애, 학습 장애, 집중 장애, 감정 또는 행동 장애, 정형외과적 문제, 기형 등이 있다.

모든 노인들이 듣기에 어려움이 있는 것은 아니므로 노인들을 대상으로 동물교감 치유를 할 때에는 무조건 크게 말하지 않도록 해야 한다. 만약 크게 말해야 하는 상황이라면 큰 소리를 내는 것이 아니라, 저음으로 말하도록 한다. 동물교감치유사가 하고자 하는 말을 정확하게 생각해보고 평소보다는 조금 느리게 말하도록 한다. 필요하다면, 듣는 사람의 귀 쪽으로 가서 큰 소리를 내지 말고 보통의 목소리로 말하도록 한다. 긴 질문들이나 복잡한 문장을 사용해서 질문하는 것은 바람직하지 않고 동물교감치유사의 질문에 대상자가 충분히 생각해보고 대답할 수 있는 시간을 주어야 한다. 청력 상실 문제를 가지고 있는 사람들은 들은 소리를 정확히 인식하는 데 시간이 필요하다. 만약 통역사가 있다고 할지라도, 통역사가 아닌 대상자에게 말하도록 한다. 또한 통역사가 아닌 함께 활동하는 대상자와 눈 맞춤을 계속 유지하도록 한다. 말로서 대화하기가 너무 힘들다면, 동물교감치유사는 하고자 하는 말을 적어서 보여주는 것도 좋다. 이해하지도 못했으면서 이해한 척하는 것은 바람직하지 않다. 비언어적 의사소통을 사용한다는 것은 행동, 얼굴 표현, 접촉 등이 포함된다. 대화의 주제로서 보고 만지기 위한 것을 제공해 보고, 일부 사람은 퍼즐을 즐기거나 게임을 즐거워 할 수 있다.

청력 손상이 있는 사람과 동물교감치유를 할 때는 대상자와 얼굴을 마주 보면서 활동을 해야 한다. 그러면, 동물교감치유사의 얼굴과 입이 보이게 될 것이다. 동물교감치유사는 손으로 입을 가리거나, 이야기하는 중에 뭔가를 씹는 것은 동물교감치유사의 말을 이해하는 데 어려움을 줄 수 있기 때문에 바람직하지 않다. 조명 또는 빛이 있어 동물교감치유사의 입술과 움직임을 제대로 볼 수 있도록 한다. 만약 창문에 커튼이 없어 빛을 직접적으로 마주하는 경우에는 동물교감치유사는 빛을 보는 쪽에 위치하고, 대상자는 빛을 등지는 곳에 위치하도록 한다. 주의를 산만하게 하는 장애물을 줄이도록 한다. 조용한 방으로 옮기고, 라디오나 TV는 끄도록 한다. 물론, 끄기 전에 양해를 구해야 한다. 집중을 산만하게 하는 장애 요소가 동물교감치유사에게 불편을 주기 때문에 제거할 것이라고 말하도록 한다. 즉, 대상자들이 집중하지 못할 것 같아서 방해 요소를 제거한다고 하는 것은 바람직하지 않다. 동물교감치유사는 다음과 같이 말하도록 한다. "제가 여러분의 말을 정확히 알아들을 수가 없네요. 그래서, 제가 활동하는 이 시간만큼은 소리를 꺼도 될까요?" 이는 동물교감치유사가 아니라 대상자가 상황을 지배하고 통제하고 있다고 생각하도록 만들어 주게 될 것이다. 동물교감치유사의 배려심을 보여주기 위해서, 동물교감치유 활동이 모두 끝나면 대상자에게 "소리를 다시 켜 드릴까요?"

라고 물어보는 것도 바람직하다.

동물교감치유를 집단으로 진행하는 경우에는 모든 대상자들이 대화 주제를 이해하고 있다는 것을 확실히 해야 할 필요가 있다. 특정한 내용에 대해서 이야기 하는 경우 모든 대상자들이 이해할 수 있도록 계속적으로 특정 언어를 반복하는 것보다는 비슷한 다른 말 즉, 동의어를 사용하도록 한다. 예를 들면, "이번 주말에 무엇을 하실 생각이십니까?"라는 말을 이해하지 못하였다면, "토요일 계획이 무엇입니까?"라고 다르게 질문을 하도록 한다. 집단 내에서 특정한 대상자만이 내용을 이해하지 못하고 있다면, 그 대상자 가까이 가서 그 대상자가 동물교감치유사의 입술을 보며 집단이 모두 공유하고 있는 이야기를 알 수 있도록 해주어야 한다.

 ## 3. 시각 장애 대상자와 동물교감치유 활동 시 유의사항

시각 장애는 보는 데 약간의 어려움이 있는 경한 상태부터 완전히 보이지 않는 심각한 상태까지 다양한 임상적 상황이 있을 수 있다. 일부 사람은 좁은 시야 즉, 주변시야가 안 보이는 사람도 있고, 일부 사람은 중심시야를 잃어, 주변시야만 가지고 있는 경우도 있다. 자신과 가까이 있는 것만 볼 수 있는 근시, 그리고 오직 멀리 있는 것만 볼 수 있는 원시인 경우도 있다. 또한 일부 사람은 "명백하게 시각 장애" 상태이지만, 여전히 볼 수 있는 능력이 있는 사람도 있다. 하지만, 이런 사람들은 그림자 또는 매우 흐릿한 상만 볼 수 있을지도 모르고, 이로 인해 시각 장애인 안내견이 필요하거나 또는 지팡이가 필요하기도 하다. 일부 사람들은 색맹으로, 동물교감치유사가 동물교감치유 활동을 위해 보조 자료로 준비한 사진이나 활동판의 색깔을 구별하지 못할 수도 있다. 일부 사람의 시력은 매일 다르기까지 하다. 동물교감치유사가 처음 활동을 할 때에는 대상자가 시력이 좋은지, 그렇지 않은지를 알 수 없다. 왜냐하면, 대상자의 태도나 자세 등 모든 것이 일반 사람들과 다를 것 없이 완벽하게 보일 수도 있기 때문이다. 일부 정신 질환을 가지고 있는 환자는 볼 수 있는 능력을 가지고 있지만 내성적이거나 소극적이어서 주변을 보지 못하는 것처럼 보일 수도 있다.

시각 장애가 있는 대상자와 동물교감치유를 하는 경우에 치유 보조 동물이 활동

공간에 또는 대상자 곁에 있다는 것과 무슨 활동을 하려고 방문하였는지를 알려주도록 한다. 동물교감치유사의 이름을 말할 때, 동물교감치유사가 치유 보조 동물과 함께 있다고 말해주고, 치유 보조 동물이 어떤 종류인지 말해주도록 한다. 이는 갑자기 대상자를 놀라게 하는 것을 예방할 수 있다. 동물교감치유사가는 대상자를 여러 번 만나서 목소리에 익숙하다고 할지라도 대상자를 만날 때마다 계속해서 소개를 하도록 한다. 동물교감치유를 종료할 때에도 반드시 인사를 하고 떠나도록 한다. 동물교감치유 중에도 지속적으로 무슨 상황이 진행되고 있는지를 대상자가 알 수 있도록 알려주도록 한다. 눈이 보이지 않는다고 듣지 못하는 것은 아니므로 보통 목소리로 말하면 된다. 시각 장애를 가지고 있는 사람에게 일상적인 표현 예를 들면, "나중에 봐요!"라고 시각 장애를 가지고 있는 대상자가 볼 수 없는 상태인데, 동물교감치유사가 이런 표현을 우연히 사용했다고 할지라도, 당황할 필요는 없다. 동물교감치유사는 동물교감치유 활동이 현재 진행되고 있는 모든 일을 알 수 있게 도와주도록 한다. 만약 치유 보조견이 꼬리를 활동적으로 흔들고, 누구를 만나게 될지 궁금해 하는 것 같다면, 이 모습을 그대로 대상자에게 말해주어야 한다. 그러나 대상자의 기분을 좋게 해주기 위해 말을 지어낼 필요는 없다. 오직 동물교감치유사가 본 모습 그대로 설명해 주면 된다. 동물교감치유사의 관찰 능력을 발휘하여 언어적으로 유창하게 설명해 주도록 한다. 만약 대상자가 선천적으로 시각 장애를 가지고 있는 시각 장애인이라면, 감정과 관련된 단어를 사용하여 설명하도록 한다. 예를 들면 "골든 리트리버의 털은 따뜻하고, 황금색입니다. 이 색은 마치, 따뜻한 봄날 해가 우리에게 내리쬐었을 때의 느낌과 같습니다." 시각 장애를 가지고 있는 사람과 읽기 활동을 하려고 할 때, 읽기 부분을 대상자와 상의하고, 읽기 자료가 흥미로운 부분인지를 확실히 하도록 한다. 동물교감치유사의 언어적 억양을 다양하게 하여 흥미를 계속 이끌 수 있도록 한다. 억양의 변화 없이 단조롭게 읽으면 대상자를 졸리게 만들 수 있다. 만약 대상자가 약간의 시력이 있어서 어느 정도 볼 수 있는 상태라면, 읽기 자료를 크게 인쇄하여 준비하면 대상자가 읽을 수도 있다.

4. 신체적 장애 대상자와 동물교감치유 활동 시 유의사항

　질병, 사고, 유전적 문제 등으로 인해 신체적인 장애가 있는 사람들이 있다. 그 장애의 정도는 걷는 데 약간의 어려움을 가지고 있는 사람부터 팔과 다리가 마비되어 전혀 움직일 수 없는 사람까지 매우 다양하다. 이러한 사람들은 신체적인 장애만 있을 뿐 정신은 건강한 사람들이 느낄 수 있는 감정을 그대로 느낀다는 것을 고려해야 한다. 신체 장애를 가지고 있는 사람들은 동물과 접촉해 볼 기회가 없었을지도 모른다. 동물교감치유사는 치유 보조 동물의 안전을 보장하기 위하여 항상 관심을 가지고 지켜봐야 한다. 특히 동물교감치유 대상자의 행동이 매우 극적이고, 통제 불가능하다면 더욱더 주의를 기울일 필요가 있다. 치유 보조 동물의 눈과 신체의 중요 부분 등을 동물교감치유사의 손이나 신체를 이용해서 보호해 주거나 또는 치유 보조 동물의 위치를 다른 곳으로 옮겨서 치유 보조 동물의 안전을 보장해 주어야 한다.

　신체적 장애를 가지고 있는 사람들은 치유 보조 동물을 만지기 위해서 다른 사람의 도움을 절대적으로 필요로 할 수도 있다. 예를 들면, 천천히 부드럽게 동물교감치유 대상자의 손을 잡고, 그 손을 천천히 동물에게 가져가서, 알맞은 부위에 놓는다. 그리고 치유 보조 동물의 머리부터 꼬리까지 만질 수 있도록 손과 팔을 움직여 주어야 한다. 사지마비 증상이 있어서 제대로 움직일 수 없는 동물교감치유 대상자와 활동할 때에는 항상 천천히 움직여야 한다는 것을 명심해야 한다. 동물교감치유 대상자에게 접촉을 하여야 하는 경우에는 접촉 이전에 접촉해도 되는지 먼저 묻고, 무슨 활동을 하게 될 것인지를 미리 말해주어야 한다. 자신의 팔과 손을 자유롭게 움직일 수 없는 사람에게 치유 보조 동물을 만져보라고 하는 것은 힘들 수도 있다. 이럴 때에는 바닥에 운동 매트를 깔고 동물교감치유 대상자를 올려놓을 수 있는지를 시설관계자에게 먼저 물어보아야 한다. 치유 보조 동물을 동물교감치유 대상자 옆에 엎드려 있게 하여 만질 수 있게 하거나, 꼭 만지지 않더라도 치유 보조 동물을 동물교감치유 대상자 옆에 있을 수 있게 해주어야 한다. 동물교감치유 대상자가 의도치 않게 이상하게 치유 보조 동물을 만질 수도 있기 때문에, 이런 갑작스럽고 거친 접촉으로 인해 치유 보조 동물이 부상을 입지 않도록 치유 보조 동물을 보호하고 주의해야 한다.

　동물교감치유사가 말을 할 때에는 동물교감치유 대상자의 눈을 보면서 해야 한다.

만약 동물교감치유 대상자가 말할 수 없는 상태이고, 시설관계자나 동물교감치유 대상자의 보호자가 질문에 대해 대신 답해야 할지라도 직접적으로 동물교감치유 대상자를 보면서 질문해야 한다. 동물교감치유 대상자와 처음 만났을 때 동물교감치유 대상자의 이름을 기억해야 한다. 만약 동물교감치유 대상자가 산만하고 외부로 부터 방해를 받는 상황이라면, 다시 집중할 수 있도록 이름을 반복해서 부르며 주의를 끌어야 한다.

이러한 사람들은 혼란스러울 수 있으므로 사실에만 집중해야 한다. 인내심을 가지고 명확하고 뚜렷하게 말을 하도록 한다. 머리를 다친 사람들 중에는 충동 조절에 어려움이 있을 수 있다. 즉, 아무런 증상이나 신호 없이 갑자기 극도로 화를 내고 공격적으로 변할 수 있다는 것을 의미한다. 이러한 사람들은 자신들이 의도하지 않은 어떤 말을 하고, 동물교감치유사에게 소리를 지를 수 있다. 이러한 행동은 머리가 다친 동물교감치유 대상자의 증상이라는 것을 알아야 한다. 동물교감치유사는 이러한 상황을 혼자 해결하려고 해서는 안 된다. 만약 머리를 다친 사람이 점차 공격적인 경향을 보인다면, 동물교감치유 활동은 오직 시설관계자가 함께 있는 상황에서 진행해야 한다. 또한 동물교감치유사와 치유 보조 동물을 위험에 빠트리게 할 수 있는 행동을 하지 말아야 한다. 상황이 계획되지 않은 방향으로 급격히 변화하면, 즉시 활동 장소를 빠져나올 수 있도록 계획을 수립해야 한다. 모든 치유 대상자가 동물교감치유에 적합한 것은 아니다.

일부 동물교감치유 대상자는 표정으로 감정 표현을 하는 데 어려움을 가진 사람들이 있다. 이러한 상황이 동물교감치유사를 당황스럽게 할 수도 있지만, 치유 보조 동물은 이러한 상황을 알아차리지 못한다. 따라서 동물교감치유 대상자를 감정적으로 대응해서는 안 되며, 그 대상자가 차갑고, 동물교감치유사를 좋아하지 않는다고 생각하지 말아야 한다. 대화의 내용에만 자연스럽게 반응하면 된다. 뇌졸중을 가지고 있는 일부 사람들은 매우 감정적일 수 있다. 단지 동물교감치유사와 치유 보조 동물과의 활동만으로도 쉽게 눈물을 보이기도 한다. 그러나 치유 대상자가 눈물을 보인다고 해서 슬프거나 좌절했다는 것을 의미하는 것 만은 아니다. 이러한 상황을 동물교감치유사가 개인적으로 해결하려고 하지 말아야 한다. 치유 대상자들에게 위로의 말을 할 때에는 주의가 필요하다. 예를 들면, "모든 것이 점점 좋아질거에요!"(사실은 아니다), "울지 마세요!"(대상자 스스로 자신의 감정을 통제할 수 없는 상태)라는 의미 없는 위로의 말을 하지 않도록 한다. 대신, 동물교감치유 대상자에게 현 상황에 대한 이야기를 해주도록 한다. 예를 들면, "기르시던 반려동물이 그리운가요?" 또는 "병원 및 보호시설에서 생활한다는 것이 힘든 일이란 건 당연하죠. 이해해요!" 등이 있다. 이때 동물교감치유사는 동물교감치유 대상자가 자신의 반려동물 또는 가족들에 대해 이야기를 하는지 주의 깊게 관찰할 필요가 있다.

　　신체적 장애를 가지고 있는 사람들 중에는 자신의 근육을 통제하는 데 어려움이 있을 수 있다. 즉, 동물교감치유 대상자는 치유 보조 동물을 부드럽게 만진다고 생각하지만, 실제로는 너무 거칠고, 강하게 만지는 경우가 많다. 이런 경우에 동물교감치유사는 동물교감치유 대상자의 이름을 부르면서, 조용하면서도 정확하게 다음과 같이 말해 주어야 한다. "아마도 00씨가 만져주는 게 파니에게는 너무 아픈 것 같네요. 너무 강하고 거칠게 만지는 것 같은데요. 파니는 살살 만져주는 걸 좋아한답니다." 계속적으로 동물교감치유 대상자에게 부드럽게 만지라고 이야기해 줌으로써, 부드러운 접촉을 해야 함을 계속 상기시켜 주어야 한다. 만약 필요하다고 판단되면 어떻게 해야 부드럽게 만지는 것인지를 직접 동물교감치유 대상자에게 시범을 보여줄 수도 있다. 동물교감치유 대상자가 손에 있는 근육을 통제하는 데 어려움을 가지고 있다는 것을 동물교감치유사가 알고 있다면, 동물교감치유 대상자가 활동 중에 거칠게 동물을 만지는 것은 아닌지 주의 깊게 관찰하여야 한다. 예를 들면, 치유 보조견의 목걸이 안쪽으로 동물교감치유사의 손을 유지시킴으로 동물교감치유사가 모르는 상태에서 치유 보조견의 목걸이가 너무 세게 당겨지지 않도록 예방할 수 있다. 만약 동물교감치유사가 치유 보조견과 함께 활동을 할 예정이라면, 치유 보조견의 목걸이를 쉽게 풀 수 있는 목걸이를 사용해야 한다. 이는 혹시나 발생할 수도 있는 잠재적인 위험 상황에서 치유 보조견을 빨리 벗어날 수 있게 해준다.

　　뇌졸중을 가지고 있는 사람들 중에는 충동적이고 판단력이 흐릴 수 있다. 이러한 치유 대상자들은 마치 자신이 뇌졸중이라는 병을 갖기 전과 같은 능력을 가지고 있다고 착각하기도 한다. 이러한 동물교감치유 대상자들은 자신들이 쉽게 일어나서 개를 데리고 산책을 나갈 수 있다고 믿지만, 사실 의자를 벗어나서 일어나는 것도 어려워한다. 즉, 오랫동안 걸을 수 있다고 생각할 수 있지만 사실 몇 발자국만 걸어도 피곤함을 느낀다. 또한 이러한 치유 대상자들과 함께 걸을 수는 있으나 금방 길을 잃어버려 어디가 맞는 방인지를 기억하지 못할 수도 있다. 따라서 동물교감치유사는 주변 환경들에 주의를 기울려야 한다. 동물교감치유사는 이러한 치유 대상자를 그들의 방으로 어떻게 다시 되돌려 보내야 하는지, 그 길을 기억할 필요성이 있을 수도 있다. 움직이기에 장애물이 많이 있는 장소는 피하는 것이 바람직하다. 동물교감치유사는 항상 치유 보조 동물과 함께 하며, 목줄은 손에 잡고 있어야 한다. 만약 치유 대상자가 목줄을 잡고 치유 보조견과 함께 걸어보기를 간절히 원한다면, 추가적인 긴 목줄을 목걸이에 연결한 후, 치유 대상자에게는 긴 목줄을 잡게 하고, 동물교감치유사는 짧은 목줄을 잡아 언제든 상황을 통제할 수 있도록 해야 한다. 만약 필요하다면, 상황에 따라서 긴 목줄이 언제든지 풀릴 수 있는 상태가 될 수 있도록 준비해 주는 것도 좋다. 신체적 장애를 가지고 있는 사람들 중에는 일부 활동이 자신들의 능력을 너무 벗어난 활동이라고 생각하는 경우가 있다. 그러나 부상을 입기 전에 했던 똑같은 방식으로 활동을 할 수 없는 건 사실이지만, 다른 방식으로 일을 수행하는 방법을 배울 수 있다. 동물교감치유사는 치유 대상자에게 혹시 치유 보조견에게 간식을 줘보고 싶지 않냐고 물어볼 수 있다. 그때 치유 대상자가 "전 못해요!"라고 대답한다면, 이는 여러 가지 이유가 있을 수 있다. 만약 치유 대상자가 간식을 집어 올릴 수 없는 상태이기 때문이라면 동물교감치유사는 치유 대상자의 손에 간식을 올려놓고 치유 보조견이 치유 대상자에게 다가가 손 위에 있는 간식을 먹게 할 수 있다. 이러한 활동은 치유 보조견에게 간식 주기와 같은 새로운 임무를 성공했다는 성취감과 치유 보조견을 돌봐주었다는 만족감을 줄 수 있게 된다. 만약 치유 보조견이 동물교감치유사의 수신호를 이해한다면, 치유 대상자가 치유 보조견에게 "앉아!" 또는 "엎드려!"라고 말로 지시할 때, 동물교감치유사는 치유 대상자가 모르게 조용히 이 지시에 해당하는 수신호를 치유 보조견에게 전달함으로써 치유 대상자에게 임무수행의 동기를 제공해줄 수 있다. 치유 대상자의 목소리에 맞춰 치유 보조견이 행동했다는 사실은 치유 대상자에게 매우 큰 지지와 힘을 주게 될 것이다.

동물교감치유 대상자의 어떤 행동이 동물교감치유사와 치유 보조 동물에게 적합한지를 정확하게 알아야 한다. 예를 들어, 어떤 사람의 육체적인 떨림이 리트리버에게는 큰 문제가 되지 않을 수 있지만 햄스터에게는 부담을 줄 수 있다. 만약 치유 보조 동물이 어떠한 행동을 좋아하는지 그렇지 않은지를 잘 모르겠다면, 그 행동을 치유 보조 동물이 좋아하지 않을 확률이 더 높다는 것을 의미한다. 어떤 행동에 대한 결과를 예측할 수 없다면 항상 주의를 다해 피해를 최소화 하는 것이 현명한 방법이다. 동물교감치유사의 결정에 따라 치유 보조 동물은 정상적이지 못한 접촉으로 부터 보호되어질 수 있다. 만약 치유 대상자가 계속해서 치유 보조 동물을 만진다면, 치유 대상자와 활동하는 것을 즉시 멈추고, 그날의 활동을 중지하거나 다른 사람과 활동하면 된다. 치유 보조 동물은 정상 사람들과는 조금 다르게 움직이는 사람에게 익숙한 상태여야 한다는 것을 명심해야 한다. 이로 인해, 신체장애가 있는 동물교감치유 대상자의 "이상한" 행동을 보고 치유 보조 동물이 두려움이나 공격 등의 감정을 보이지 않게 해야 한다. 균형감각 및 조정 능력 저하, 경련 및 강직 등의 문제를 가지고 있는 사람과 함께 있을 때, 치유 보조 동물은 치유 대상자의 비정상적이고, 체계적이지 못한 행동들을 보고 그 옆에 있어도 심리적으로 안정적인 상태를 유지해야 한다. 신체적 장애를 가지고 있는 일부 사람들은 생식기 통제에 문제를 가지고 있다. 따라서 동물교감치유 대상자에게서 발생하는 악취로 인하여 치유 보조견의 집중력을 떨어트릴 수 있다. 따라서 "이리와!", "거기서 떨어져" 등의 지시사항을 치유 보조견이 이해하고 명령에 반응 할 줄 알아야 한다. 하지만, 만약 동물교감치유사의 지시사항 중 동물교감치유 대상자를 "거기서"라고 지칭하여 명령한다면 치유 대상자는 자신을 물건으로 부르는 것처럼 오해하여 듣기 불편해 할 수도 있다. 이러한 이유로, 동물교감치유사는 치유 보조견에게 다른 신호를 줄 수 있는데 치유 대상자로부터 떨어트리기 위하여, "내 쪽으로와!" 또는 "이쪽이야!" 등을 사용할 수 있다.

동물교감치유 활동은 짧아야 한다. 동물교감치유 대상자는 동물교감치유사와의 상호 작용하는 동안 신체적인 안정을 유지하고 있어야 한다. 만약 치유 대상자가 피곤해 한다면, 동물교감치유 활동을 즉시 종료해야 한다. 동물교감치유 활동이 계속적으로 치유 대상자에게 긍정적인 영향을 주고 있는지를 알아보기 위해 시설관계자들과 연락을 유지해야 한다.

언어 장애와 동물교감치유

환경 복잡성은 수명 주기 전반에 걸쳐 다양한 종의 뇌와 행동 기능에 영향을 미친다. 뇌 구조와 기능이 행동 경험에 의해 지속적으로 형성된다는 것은 이제 널리 알려져 있다. 평생 동안 계속되는 일상적인 과정인 신경 가소성은 개인이 경험하고, 새로운 능력을 개발하고, 배우고, 기억하는 일반적인 메커니즘이다. 따라서 경험하는 환경의 특성이 신경 활동 및 구조적 연결성과 밀접한 관련이 있다는 것은 놀라운 일이 아니다. 이러한 현재의 이해는 허브(Donald O. Hebb)가 발표한 논문 "행동의 조직"(Organization of Behavior)에서부터 시작된다(Hebb, 1949). 허브는 집에서 애완용으로 키웠던 쥐가 실험실에서 키운 쥐보다 미로 과제에 대한 문제해결 능력이 더 우수하다는 것을 발견했다. 그는 애완용 쥐가 발달하는 동안 "풍부한 경험"이 성년기에 "새로운 경험으로 더 나은 이익을 얻을 수 있게" 한다고 결론지었다. 이 비공식 연구는 학습 능력과 인지, 감각 운동 및 지각 능력은 발달 중 자극적인 환경에 노출되면 향상된다. 더 많이 덜 자극적인 환경에 대한 노출의 이점은 개(Fuller, 1967), 고양이(Beaulieu, & Colonnier, 1987), 돼지(de Jong, et al., 2000), 대초원 들쥐(Grippo, et al., 2014), 비인간 영장류(Zhang, 2017), 물고기(Salvanes et al., 2013), 새(LaDage, et al., 2009)와 같은 다양한 종에서 발견되었다. 전형적인 환경(Bauer, et al., 2009; Levin, et al., 2014)에 비해 빈곤 지역에서 자란 아동의 인지 및 운동 행동 감소에 대한 발견은 일반적으로 인간에 대한 환경적 영향과 일치한다. 그러나 쥐와 생쥐에 대한 연구는 대부분의 실험적 증거를 제공한다. 전형적인 실험에서, 환경적으로 복잡한 조건에 서식하는 설치류는 조작할 수 있는 장난감이나 다른 물건들로 가득 찬 우리 안의 큰 사회적 집단에서 함께 생활하는 것이 단순한 장식되지 않은 우리에 홀로 있거나 작은 집단에 있는 설치류에 비해서 더 큰 사회적·인지적·지각적·신체적 활동을 동시에 자극한다. 설치류의 환경 풍부화에 대한 행동 신경 과학 연구와 인간의 의사소통 및 학습에 대한 분산 인지 이론 및 사회 문화적 접근 간의 연결은 사회적 상호 작용과 치유적 대행자, 임상 및 기타 공간에서 풍부한 의사소통 환경을 만드는 임상의와 동물교감치유사의 역할을 재개념화할 수 있도록 도울 수 있다. 이러한 다양한 종(특히 설치류)의 환경적 복잡성과 뇌 손상 후 학습 및 회복과의 관계에 대한 연구는 후천적 인지 의사소통 장애를 개선하기 위한 연구에 강력한 근거를 제공한다. 이러한 환경 특성은 복잡성, 자발성, 경험적 품질이 최적의 혼합으로 이해되어야 하며, 후자의 두 가지는 인간을 위한 풍부한 의사소통 환경을 만드는 데 특히 중요하다. 실어증과 기억상실증이 있는 개인에 대한 연구는 의사소통 환경이 풍부해지면 놀라운 결과를 얻을 수 있음을 보여준다(Hengst, Duff, & Dettmer, 2010). 실제로 경험적 품질에 최적화된 자발적 활동을 구성할 때 언어 장애를 가진 개인이 친숙한 파트너와 상호 작용할 때 언어를 사용하고, 기억에 심각한 장애가 있는 개인이 이전 의사소통 방식을 기억하고 사용한다는 것을 알게 된다.

 1. 학습 장애

학습 장애가 있는 학생은 종종 문해 기술을 습득하는 데 어려움을 겪는다. 학습 장애 학생 9명이 치유 보조견 앞에서 치유사-교사와 함께 읽기를 연습하였다(Treat, 2013). 각각 10~15분 정도 10번의 읽기 회기를 진행하였다. 학습 장애가 확인된 학생 8명으로 구성된 통제 집단은 연구자-교사와 함께 읽기를 연습했지만 읽기 시간에는 치유 보조견이 상주하지 않았다. 치유 보조견 집단에 참여한 학생들이 읽기 능력에서 통계적으로 유의미한 증가를 보였다. 또한 치유 보조견과 함께 있을 때 독서는 자기효능감을 높이고 불안감을 줄여주며 학생들의 독서 의욕을 높였다.

2. 언어 지연

언어 지연이 심한 단일 아동 참가자의 발성 양에 대한 동물교감치유의 효과와 소아 집단 언어 치료에서 최적의 동물교감치유의 실행을 확인하기 위한 연구가 있다(Anderson, Hayes, & Smith, 2019). 동물교감치유 절차는 다음과 같다.

- 치유 보조견과 함께 방에 들어가서 반려견을 소개한다. 그런 다음 치유 보조견과 바닥에 앉는다.
- 브러시(손잡이가 있는 욕조 스펀지)를 사용하여 치유 보조견을 쓰다듬는 방법을 시연한다. 빗질을 시연하고 아동들에게 브러시를 제공한다.
- 만약 아동들이 치유 보조견에게 접근한다면, 어떻게 손으로 부드럽게 쓰다듬을 수 있는지 보여주고 아동들이 치유 보조견을 쓰다듬을 수 있도록 한다. 필요하면 구두 수정과 시연을 보여준다.
- 치유 대상 아동을 포함하여 어떤 아동이라도 치유 보조견에게 접근하지 않으면 아동이 방의 다른 영역에서 원하는 장난감을 가지고 놀 수 있도록 한다. 그 시간 동안 치유사는 회기 중 일반적인 상호 작용 방식에 따라 아동이 무엇을 하고 있는지에 대해 이야기하고 아동을 놀이에 참여시키려고 시도한다. 몇 분 후, 치유 보조견과 교감하지 않은 아동에게 치유 보조견을 쓰다듬고 싶은지 물어본다.
- 치유 보조견과 아동들이 무엇을 하고 있는지에 대해 이야기한다(예: "치유 보조견을 쓰다듬어 주세요.", "치유 보조견이 좋아하네요.", "부드럽게 쓰다듬어 주세요.").
- 치유 대상 아동을 선택하지 말고, 치유 대상 아동이나 다른 아동의 말이나 상호 작용 시도에 반응해야 한다.
- 15분 후 상호 작용을 종료하라는 신호가 제공된다. 브러시를 모아 아동들에게 치유 보조견이 떠나야 할 시간이라고 말하고 방에서 나간다.

동물교감치유 개입 단계에서 발성 횟수가 눈에 띄게 증가했고, 그 효과는 영구적이었다. 참가자는 또한 개입 단계에서 과제와 활동에 대한 관심이 증가했다. 10분 후에 참가자와 다른 아동의 예측할 수 없는 강력한 움직임의 증가가 관찰되었다. 동물교감치유가 모든 아동에게 동일한 정도의 발성 증가가 예상되지는 않지만, 결과는 동물교감치유가 의사소통 기술에 심각한 지연이 있는 아동을 치료하는 언어 병리학자에게 잠재적으로 유용한 도구임을 시사한다.

3. 의사소통 장애

비유창성 실어증을 앓고 있는 61세의 남성 참가자에게 개의 존재와 치유사가 명백한 사회적 언어 및 비언어적 의사소통 기술에 미치는 영향을 조사하였다(LaFrance, Garcia, & Labreche, 2007). 동물교감치유는 입원환자 재활 환경에서 매주 1시간씩 11주 동안 진행되었다. 참가자와 병리학자가 모두 목줄을 잡고 있는 두 개의 목줄이 부착되는 이중 목줄 기법이 사용되었다. 연구 설계에는 네 가지 치료 단계가 포함되었다.

- 조건 A(기준선, 처음 2주): 참가자를 병동으로 돌려보낼 때 안내자를 동행시켰다.
- 조건 B(3~4주): 언어 병리학자를 참가자와 동행하여 병동으로 돌려보냈다.
- 조건 C(5~9주): 치유 보조견을 데리고 언어 병리학자와 참가자가 병동으로 돌아갔다.
- 조건 A(10~11주): 다시 한번 참가자를 병동으로 돌려보낼 때 안내자를 동행시켰다.

관찰은 참가자의 사회적-언어적 및 사회적-비언어적 행동, 예를 들어 웃음, 언어화 시도, 자동적 언어, 단일 단어의 생성, 발화 생성, 문장 생성, 미소 짓기, 의사소통하기 위한 제스처, 머리 끄덕임, 눈 맞춤, 그리고 치유사, 직원 또는 다른 환자를 향한 주의에 초점을 맞추었다. 연구 결과는 언어 병리학자가 동행했을 때(조건 B) 참가자의 언어 행동이 소폭 증가하였다. 그러나 개가 동행했을 때(조건 C), 참가자는 언어적 행동과 비언어적 행동 모두에서 현저한 증가를 보였다. 개가 환자와 동행하지 않은 마지막 2주 동안은 다시 행동이 줄어들었다. 이 연구는 치유 보조견이 인간의 의사소통 촉매 역할을 할 수 있다는 것을 보여준다. 개를 산책시키는 동안, 수줍고 조용한 참가자들도 다른 사람들에 해하여 더 외향적이 되었다. 예를 들어 낯선 사람들에게 동물을 소개하고 의사소통에 대한 그의 접근에 덜 소극적인 행동을 보였으며, 나아가 개 앞에서는 전반적으로 쾌활함과 행복감이 더 좋아졌다.

정신과 환자도 치료 환경에서 개를 이용할 때 답변당 단어 수가 증가하였다(Corson, & Corson, 1980). 알츠하이머 환자의 경우, 동물교감치유의 사용은 미소, 웃음, 촉각 및 언어화와 같은 의사소통 변수에 긍정적인 영향을 미친다(Kongable, et al. 1989). 돌고래의 사용은 자폐스펙트럼장애(ASD) 및 주의력결핍 과잉행동장애(ADHD) 아동의 언어화, 언어 지능, 운동 협조성을 증가시켰다(Trace, 1994).

 ## 4. 실어증

실어증을 앓고 있는 개인은 대화를 통해 인지적 및 사회적 역량을 입증하는 데 어려움을 겪기 때문에 인식된 역량 부족을 경험하는 경향이 있다. 이것은 실어증이 자신의 능력을 숨기는 데 기여하고, 다른 사람들에게 능력 부족이라고 인식되게 하여 사회적 상호 작용에서 배제를 용이하게 하는 악순환 고리를 초래한다. 개는 실어증을 앓고 있는 개인들의 사회적 상호 작용의 부정적인 순환 고리를 깨뜨리는 데 귀중한 도구가 될 수 있다.

실어증이 있는 성인 3명을 대상으로 전통적 치료와 동물교감치유를 비교하였다(Macauley, 2006). 두 조건 모두에 대해 전통적인 작업(예: 이름 지정, 구두 생산의 정확성)에 대한 개선사항을 문서화하고 개와 활동하는 동안 더 많은 사회적 상호 작용에 주목했다. 환자들이 공식적인 사전 사후 언어 측정을 기반으로 한 동물교감치유로 더 큰 개선을 보이지는 않았지만 연구가 끝날 때 모두 동물교감치유 회기에 참석할 동기가 매우 높았고 목표를 달성했다고 느꼈다.

실어증이 있는 사람들은 불안, 우울증, 좌절, 공황, 그리고 다른 기분 장애를 경험할 수 있다(Chapey, 2001). 언어 병리학자는 언어 기능을 개선하려고 시도하는 동안 실어증 환자에게 말하기 어려움을 상기시켜 이러한 기분 장애를 악화시킬 수 있다. 갑작스럽고 심각한 의사소통 불가능은 환자가 치료에 참여하기를 꺼리게 만들고 가족과 친구로부터 멀어지게 할 수 있다. 그러나 동물교감치유는 외부의 집중, 의사소통 욕구, 기분 개선, 외로움의 감소, 그리고 더 즐거운 치료를 목표로 한다. 게다가, 많은 연구자들은 동물들이 사람의 언어적 어려움과 상관없이 꼬리 흔들기, 얼굴 표정, 갸르릉거림, 그리고 짖음 등을 통해 무조건적인 수용을 보인다는 것을 발견했다(Barba, 1995). 이것은 환자가 자신감을 갖는 데 도움이 된다.

5. 후천적 신경성 의사소통 장애
(Acquired Neurogenic Communication Disorders)

아급성 병원 환경에서 음성 언어 병리학 서비스를 지원하기 위해 동물교감치유 프로그램을 통합하는 연구가 있다(Sherrill, & Hengst, 2022). 연구 결과 참가자 전체에서 동물교감치유 회기는 참가자의 대화 시간, 평균 회전 시간(Mean Length of Turns), 이야기 화술 사용 및 장난스러운 언어와 같은 상호 작용 담화 자원의 사용이 전통적인 언어 병리학 회기보다 더 풍부한 의사소통 환경을 제공했다. 언어 병리학 회기는 동물교감치유를 통합하기 위해 임상적 관행을 신속하게 조정할 수 있었고 초기 계획 시간에서 빠르고 현저한 감소와 신뢰도의 증가를 보여주었다. 동물교감치유 회기는 참가자들이 공통 관심사를 중심으로 다른 사람들과 협력할 수 있도록 임상 공간에서 의미 있고 풍부하며 복잡한 의사소통 환경을 만들었다.

6. 언어 실행증

언어 능력 향상을 위한 재활 프로그램의 일환으로 동물교감치유를 받은 언어 실행증(음소를 올바르지 못한 것으로 바꾸어 말하는, 언어 구사에 이상이 나타나는 증상)이 있는 72세 여성에 대한 단일 사례 연구가 있다(Adams, 1997). 대상 환자는 캐나다 출신의 72세 백인 여성으로 성인 생활의 대부분을 가정주부로 일했으며, 두 번의 뇌혈관 사고 또는 뇌졸중을 경험했다. 첫 번째 뇌졸중은 연구가 시작되기 27개월 전, 두 번째 뇌졸중은 15개월 전에 발생했다. 다른 병력에는 간질, 당뇨병, 오른쪽 편마비 또는 마비, 치매가 있었고, 마지막 뇌졸중 사고에 이어 언어 실행증을 겪었다. 언어 실행증은 개인이 메시지를 정확하게 공식화할 수 있게 해주지만, 그 메시지는 뇌에서 언어 생성 구조로 전송되지 않는다. 그래서 실행증은 그녀가 말하고 싶은 것을 실제로 말할 수 없게 한다. 이 환자는 이전에 가리킬 수 있는 사진과 단어가 있는 의사소통 책을 사용하여 언어 치료를 받았다. 그러나 매일매일 자신의 욕구와 요구를 전달하기 위해 이 책을 사용하지는 않았기 때문에 동물교감치유와는 독립적으로 미국 인디언 제스처 코드(American Indian Gestural Code, 말을 못하는 사람들을 위한 제스처 의사소통 시스템)를 가르치기 위해 일주일에 5번 치료를 받았다. 연구를 시작하기 한 달 전에 의사소통 기술이 저하되었으며 특히 직원 및 가족과 관련된 일상생활로의 능력 전환이 제대로 이루어지지 않았다. 이 노인 여성은 이전에 동물을 소유한 이력이 있었다. 연구에서 활동된 치유 보조견은 찰리(Charlie)와 조쉬(Josh)라는 두 마리의 수컷 블루멀 셔틀랜드 쉽독(Blue Merle Shetland Sheepdog)이었다. 두 마리 모두 8살이었고 무게는 각각 약 14kg이었으며, 반려견 인증서를 가지고 있었다. 또한 지난 4년 동안 병원 재활 시설에서 일한 경험이 있었다. 여성 노인 환자에 대한 1차 치료 목표는 적절하고 정확한 단어 시작으로 단어 시작에 사용된 특정 작업은 "wh-" 질문의 사용과 그림 식별 활동이었다. 두 활동 모두에서 찰리와 조쉬는 여성 노인 환자의 휠체어 옆에 위치하거나 침대 옆 의자에 위치하였다. 두 위치 모두 여성 노인 환자가 활동을 하는 동안 두 마리 개 모두와 쉽게 신체 접촉을 할 수 있도록 해주었다. 다음은 적용된 "wh-" 질문 목록이다.

1. (치료사가 조쉬를 가리키며) 저 개는 누구입니까?
2. (치료사가 찰리를 가리키며) 저 개는 누구입니까?
3. 찰리와 조쉬는 무엇입니까?
4. 이것은 무엇입니까(치료사는 조쉬/찰리의 코를 가리키며)?
5. 이것은 무엇입니까(치료사는 조쉬/찰리의 꼬리를 가리키며)?
6. 이것은 무엇입니까(치료사는 조쉬/찰리의 귀를 가리키며)?
7. 이것은 무엇입니까(치료사가 조쉬/찰리의 입을 가리키며)?
8. 조쉬/찰리는 무슨 색으로 보입니까?
9. 조쉬/찰리에게서 볼 수 있는 또 다른 색은 무엇입니까?
10. 조쉬/찰리는 어떤 기분입니까?
11. 조쉬/찰리를 걸을 때 무엇을 사용합니까?
12. 조쉬/찰리는 무엇을 먹습니까?
13. 조쉬/찰리는 무엇을 가지고 노는 것을 좋아합니까?

그림 식별 작업에는 동물교감활동의 측면과 일상생활의 작업을 담은 그림 카드가 사용되었다. 모든 사진은 그림 통신 기호(Picture Communication Symbols) 세트에서 가져왔다(Johnson 1985). 그림들은 확대되어 플라스틱으로 덮인 카드에 부착되었고, 각 카드의 한쪽 끝에 줄 고리가 부착되어 있다. 그림 카드는 다음을 포함한다: 1. 나, 2. 안녕하세요, 3. 안녕히 계세요, 4. 조용, 5. 나의, 6. 개, 7. 목욕, 8. 휠체어, 9. TV 보기, 10. 브러시.

한 활동에서 찰리는 아령을 "찾는" 일에 참여하였다. 환자는 그림 카드를 식별한 다음, 아령 한쪽 끝에 있는 줄을 조작하여 찰리에게 "찰리, 가져와"라는 적절한 명령을 전달해야 했다. 찰리는 아령을 치유 보조견 보호자 또는 간병인에게 몇 미터 떨어진 곳으로 가져갔다. 그런 다음 보호자 또는 간병인은 치유 보조견에게 구두로 찰리를 칭찬하고 환자에게로 돌아갈 수 있도록 위치를 변경하였다. 환자는 "찰리, 이리 와!"라는 명령으로 찰리를 자신에게 다시 뒤돌아오게 해야 했다. 찰리가 환자에게로 돌아왔을 때, 환자는 "찰리야, 줘!"라는 명령을 내렸고, 찰리는 아령을 내려놓았다. 이 과정은 식별해야 할 10개의 그림 각각에 대해 반복하였다. 환자의 응답은 정확하거나 부정확한 것으로 평가되었다. 연구자는 회기 전반에 걸쳐 환자의 사회적 행동(예: 미소 짓기, 보기, 만지기, 말하기)과 명명 프로브에 대한 단어 생성 정확도를 추적했으며, 둘 다 연구 전반에 걸쳐 증가했다.

7. 의사소통 강화

알츠하이머(Bernabei, et al., 2013), 간호(Jorgenson, 1997), 재활 과학(Giaquinto, & Valentini, 2009) 및 상담(Bizub et al., 2003)에 대한 연구에서 모두 치유 보조 동물의 존재가 증가된 언어화, 특히 자발적인 언어 시도 및 환자와 직원 사이에 시작된 대화와 관련이 있다고 지적했다. 인지된 동기(무관심), 동요, 언어적 및 비언어적 사회적 행동과 상호 작용의 측면에 대한 동물교감치유 회기의 영향을 연구하는 많은 연구자들은 언어 및 비언어적으로 개와 자발적으로 상호 작용하려는 환자의 시도가 증가했다고 보고했다(Bardill, & Hutchinson, 1997; Berry, et al., 2012; Fick, 1993; Hall, & Malpus, 2000; Hediger, et al., 2019; Richeson, 2003). 동물교감치유가 입원환자 재활 환경에서 작업치료 및 물리치료 회기 동안 의사소통 환경에 어떻게 영향을 미치는지 알아보기 위한 연구가 수행되었다(Sherrill

& Hengst, 2016). 동물교감치유 환경은 항상 다자 간 상호 작용을 수반한다. 동물교감치유 참여는 의상 선택적이고 자발적이었지만(참가자는 동물교감치유에 참여하기로 선택해야 함) 많은 참여자가 가족 구성원(예: 자녀, 배우자 등)을 참여하도록 초대한다. 또한 동물교감치유 회기 중 상호 작용에는 항상 참여, 기쁨, 기억 및 연결에 대한 매우 두드러진 표현이 포함되었다. 상호 작용적 담화 자원을 포함하여 참가자가 사용하는 의사소통 자원의 양과 다양성에서 모든 참가자가 애완동물을 광범위하게 사용하였다. 동물교감치유가 풍부한 의사소통 환경을 정의, 연구 및 설계하는 새로운 초점에 맞춰 재활 환경에서 의사소통 환경을 변화시킬 수 있다(Hengst, 2020; Hengst et al., 2019; Hengst & Sherrill, 2021).

 ## 8. 사례(Sherrill, & Hengst, 2022)

릭은 폐색전증으로 인해 2주 동안 병실로 옮겨져 동물교감치유 참가가 보류됐다. 릭이 돌아왔을 때 그는 즉시 "내가 여전히 동물교감치유를 받을 수 있는지 확인해주세요!"라고 요청했으며 연구의 다섯 번째 기본 참가자로 재등록되었다. 자료 수집 당시 릭은 69세 남성이었으며 초기 인터뷰(재활원으로 돌아온 후)에서 좌뇌 뇌혈관 사고(CVA: Left Hemisphere Cerebrovascular Accident)로 병원에 입원했다고 하였다. 릭은 또한 자신의 의료 병력에서 이전 뇌혈관 사고에 대해 언급했지만 위치에 대한 세부 정보(오른쪽 또는 왼쪽)를 제공할 수 없었고, 첫 번째 뇌혈관 사고 이후 "문제없음"이라고 판정되어 아르바이트도 다시 시작했다고 말했다. 릭은 현재 반 은퇴 상태이고 혼자 살고 있기 때문에 이 두 번째(더 심각한) 뇌혈관 사고 이후 만성 또는 영구적인 신체 장애로 집에 돌아가는 것에 대해 "정말 걱정"했다고 말했다. 그는 현재 왼쪽 및 오른쪽 하지 쇠약(오른쪽에서 훨씬 더 많음)과 오른쪽 상지 쇠약을 모두 경험하고 있다고 보고했다. 그 당시 주로 휠체어를 타고 있었지만, 그 주의 개인적인 목표는 이동(침대에서 의자 등)을 위해 사지 지팡이를 사용하고 "여기에서 저기로"(문을 가리키며) 걷는 것이었다. 릭은 연구 당시 집에 반려동물이 없었지만 초기 인터뷰에서 그는 약 9년 전 차에 치여 죽은 마지막 반려동물인 비글과 그리고 18세까지 살았던 어린 시절의 개에 대해 광범위하게 말했다. 그는 비글의 묘비를 직접 깎아서 비석을 만들었다는 이야기를 했다. 그는 자신의 비글을 잃은 것을 "아이가 죽은 것"에 비유했다. 인터뷰에서 릭은 재활이 "정말 힘들지만 그럴 가치가 있다"고 말했으며 마침내 모든 것이 "해결되고 있다"고 말했다. 릭은 치료사들이 하는 일에 정말 감사했고 그가 "치료사를 힘들게 했지만" 치료사들은 "정말 노력하고 있었다"고 말했다. 릭은 언어 치료에서 "이름 짓기, 암기하기, 올바르게 말하기"를 하고 있으며 "사람들과 이야기하고 내가 원하는 것을 말하기"가 더 쉬워지고 있다고 말했다. 체류하는 동안 여러 언어치료사를 보았지만 주로 제니(Jenny)와 함께 작업했다. 릭의 동물교감치유 회기는 자료 수집의 두 번째 주에 진행되었고 그의 전통적인 언어 회기는 세 번째 주에 시작되었다. 제니와의 두 번째 프로그램 계획 회기(릭의 동물교감치유 회기 1일 전)에서 그의 말하기 및 언어 진단은 "표현 및 수용 실어증"이었다. 그의 말하기 및 언어 목표인 단어 찾기 및 명명 작업 완료, 문장 수준의 청각 이해 작업, 그리고 간단한 대화 중에 명명 장애(Anomic Blocks)를 줄이기 위한 단어 찾기 전략을 사용하였다. 이 프로그램 계획 회기에서 제니는 릭이 "항상 참여하지는 않았다."고 보고하면서 연구에 릭이 포함되는 것에 대해 우려를 표명했다. 제니는 릭이 활동의 목적에 대해 빨리 확신하지 못하거나 너무 단순하다고 느낄 때 릭의 참여가 저조한 것을 발견했다. 릭이 의미 있는 목표가 있는 활동에 더 많이 참여했다는 제니의 보고서를 감안하여 제니와 그녀의 학생 임상의(회기 계획을 도왔던)에게 동물교감치유 회기 동안 릭이 개를 가르칠 수 있는 다양하면서 간단한 트릭을 찾도록 제안했다. 이러한 방식으로, 릭은 더 진정성 있는 활동을 하게 될 것이고 동시에 개가 반응하는 짧고 간단한 문장을 사용하도록 격려하고 치유 보조견과 치유사 모두와 기능적이고 역동적인 상호 작용에서 단어 찾기 전략을 활용할 수 있을 것이다. 다음날 제니는 휠체어를 타고 동물교감치유 회기를 위해 릭을 회의실로 데려왔다. 캐롤(개 훈련사)은 약간 왼쪽에 있는 의자에, 제니는 약간 오른쪽에 있는 의자에, 페퍼(Pepper, 중간 크기의 비숑프리제)는 바로 앞 바닥에 앉아 있었다. 제니는 릭의 동물교감치유 회기에 몇 장의 인쇄된 시트를 가지고 왔다. 그녀의 학생이 연구한 페퍼를 가르치기 위한 간단한 요령과 릭에게 "페퍼가 무엇을 할 수 있는지 알아보아요!"라고 격려함으로써 회기를 시작했다. 릭은 빠르게 주도권을 잡았고 파트너십에 대해 자세히 알아보기 위해 캐롤과 간단히 인터뷰를 했다(예: 페퍼가 어떻게 훈련받았는지, 얼마나 오랫동안 함께 일했는지). 이 대화 동안 릭은 인터뷰에서 개를 잃는 것이 얼마나 어려운지("그들은 가족이 됨")를 포함하여 전체 집단에게 자신의 비글에 대한 동일한 이야기를 반복했다. 페퍼가 "하이파이브" 묘기를 잘한다고 언급했고, 릭은 캐롤에게 "로우 파이브"를 가르쳐야 한다고 재빨리 응답했다. 릭은 이후 10분 동안 페퍼에게 "로우 파이브"의 단계를 통해 "눕기"와 "악수"를 위해 제니의 제자가 계획하고 인쇄한 주요 단어와 구절을 활용하고 결합하는 데 시간을 보냈다. 페퍼가 "로우 파이브"를 성공적으로 수행한 후 페퍼가 입으로 작은 물건도 "집을" 수 있다고 언급했기 때문에 제니는 릭이 방에서 페퍼가 "줍기"에 안전할 물건을 식별하고 설명하는 간단한 설명 작업을 신속하게 고안했다. "줍기"(예: 공 및 간식)에 대한 몇 번의 성공적인 시도와 실패한 시도(열쇠고리)가 있은 후 릭에게 회기를 일시 중지하고 검토하도록 요청했다. 릭이 트릭 훈련 중에 사용한 문구와 그가 할 수 있었던 페퍼에 대한 몇 가지 관련 세부 사항을 빠르게 다시 말해달라고 요청했는데, 릭은 그것을 어렵지 않게 수행했다. 이 검토 후 몇 분이 더 남았다고 알려주었고 릭은 즉시 페퍼에게 트릭 훈련을 다시 실행하기 시작했다. 제니가 시간이 다 되었다고 말했을 때, 릭은 향후 동물교감활동에 대해 물었고 페퍼를 볼 수 있는 기회에 대해 모두에게 감사했다. 이 동물교감치유 회기에서 릭의 대화 시간은 전체 대화 시간의 3분의 1을 조금 넘도록 균형을 이루었다. 릭은 재미있는 에피소드 등 여러 가지 이야기(동물에 대한 자신의 개인적인 역사에 대한 반복적인 이야기 포함)를 들려주기 시작했다. 릭은 캐롤(절차적 담론)뿐만 아니라 개에게 지시를 내렸고, 페퍼의 간식 요청과 바닥에서 열쇠고리 집기를 거부하는 모습에 여러 차례 목소리를 내거나 대신 발언하기도 했다. 릭은 또한 말하는 시간의 절반 이상을 "애완동물 등록기(Pet Register)"로 말하거나 활용했는데, 음높이와 억양, 약어, 애착(예: "착한 소녀")의 현저한 변화를 보였고, 개를 향한 짧고 단순한 반복 언어를 활용했다. 릭의 애완동물 등록기 사용은 모든 동물교감치유 회기 참가자가 사용한 애완동물 등록기의 가장 높은 비율이었다. 릭의 전통적인 언어 치료의 다음 회기는 5일 후였고, 이 회기는 회의실에서도 진행되었다. 릭을 휠체어에 태워 테이블로 직접 데려가 오른쪽으로 살짝 앉혔다. 개인(전기) 및 시간적 성향 정보(날짜, 요일 및 월)의 검토로 회기를 시작했다. 회기 정보는 일상 활동을 계획하고 팀 구성원(예: 치료사 및 간호사)의 방문을 문서화하고 여러 분야의 목표를 공유하는 데 사용되는 공통 도구인 "메모리 북"에 입력되었다. 그런 다음 현재의 음성 언어 목표를 해결하기 위해 워크시트 기반 작업으로 전환했다. 릭은 먼저 주어진 범주(다양성 이름 지정)에 있는 항목의 이름을 작성하는 작업을 부여 받았다. 그런 다음, 제니는 릭이 서면 지시에 따라 2~3단계를 따르도록 요청받은 활동으로 전환했고, 마지막으로 청각 이해 작업(세부 사항 듣기)을 완료하였다. 릭은 이 전통적인 회기에 참여했지만 주의가 산만해 보였고 종종 활동을 무시하는 행동을 보였다. 릭은 반복해서 작업을 "어리석은"

이라고 언급하거나 극적으로 한숨을 쉬었고, 제니는 작업을 계속하도록 "계속 작업해야 합니다"라는 구두 지시를 했다. 이 회기에서 참가자 간의 대화 시간은 훨씬 덜 고르게 분배되었으며 제니는 말한 모든 단어의 2/3 이상을 담당했다. 릭은 여러 대화식 내러티브와 재미있는 에피소드의 사용을 다시 시연했지만, 전사하는 동안 많은 장난스러운 에피소드가 자기 비하적이거나 조롱적으로 연출된 것이 눈에 띄었다. 예를 들어, 릭은 제니가 계속 작업을 하라고 요구하였을 때 신음하고 웃었으며, 세부 사항을 기억하는 데 어려움이 있을 때(예: "나는 똑똑하지 않습니다", "주의를 기울이지 않았습니다." 또는 "남자는 세부 사항에 대해 걱정하지 않습니다") 비뚤어진 반응을 보였다. 상호 작용적 담화자원(IDR, Interactional Discourse Resources) 사용에서 눈에 띄는 것은 전통적인 언어 치료 회기에서 절차적 담화 사용의 차이였다. 릭은 특히 제니에게 질문이나 프롬프트를 반복하도록 지시하는 절차적 담화의 총 75개 사례 중 3개만 담당했다. 회기가 끝날 무렵, 제니는 릭에게 회기에서 그들이 목표로 삼은 것을 검토하라고 요청했고, 릭은 그들이 "지시대로 했다"며 "내가 알 수 없는 기억"을 작업했다고 말했다. 제니가 릭을 방으로 돌려보내기 위해 테이블에서 뒤로 물러설 때, 그녀는 나중에 할 몇 가지 워크시트 기반 연습문제를 그에게 건네주었다. 릭은 "그렇게는 하지 않을 것"이라고 농담을 하면서 이러한 연습들을 우호적으로 거절하고, 그것들을 다시 회의 테이블에 놓기 위해 몸을 앞으로 내밀었다. 제니와 릭이 연구원(셰릴)에게 작별 인사를 할 때, 릭은 그들에게 동물교감치유를 너 요청했다는 것을 상기시켰다. 첫 번째 동물교감치유-언어치료 회기에서 릭의 성공을 감안할 때 제니는 릭을 주 후반에 두 번째 동물교감치유-언어치료 회기로 예약했다. 그러나 연구원이 두 번째 회기를 위해 도착했을 때 릭은 바닥에 있었고, 제니가 그를 회의실에서 만나는 것을 보았다. 릭은 휠체어를 방 밖에 두고 갈 것을 주장하면서 제니에게 들어가서 "진짜 의자에 앉아 개를 보고 싶다."고 말했다. 이 사례는 몇 가지 주요 관찰을 보여준다. 첫째, 두 회기에서 릭이 동물교감치유 회기에 더 활기차고 상호 작용적으로 참여하면서 여전히 그의 언어 치료 목표와 직접 관련된 활동을 완료했음을 보여준다. 또한 동물교감치유 회기의 풍부한 의사소통 환경이 기존 회기보다 더 다양하고 인내심 있는 형태였다는 것을 보여준다. 릭은 더 많은 이야기를 하고 더 많은 질문을 했으며, 장난스러운 에피소드를 사용하는 것은 조롱이나 자기 비하보다는 매력적이고 상호 작용적(예: 페퍼와 놀고 간식을 먹기 위해 노력하는 것에 대해 놀림)이었다. 마지막으로, 동물교감치유를 통해 언어 치료서비스를 계획하고 제공하는 언어 치료의 자신감과 기능을 보여준다. 제니는 다양한 목표 지향적인 활동으로 두 회기를 모두 준비했기 때문에 동물교감치유 회기에서 목표를 달성할 수 있는 기회에 즉시 적응하고 대응할 수 있었다.

뇌병변(뇌손상) 장애와 동물교감치유

03

1. 후천성 뇌손상

후천성 뇌손상은 세계적으로 중요한 공중보건 문제이다. 외상성 뇌손상은 매년 전세계 약 5~6천만 명에게 영향을 미치고 있으며, 연간 발병률은 50~640/100,000명 사이에서 다양하다(Majdan, et al., 2016; Maas, et al., 2017). 영향을 받는 사람의 수가 많고 후천적인 뇌손상의 결과를 고려할 때, 장기적인 손상을 피하기 위한 효과적인 치료가 필요하다. 후천성 뇌손상 환자는 대화 상대를 대화에 덜 참여시키고, 직접적인 질문을 더 많이 필요로 하며, 정서적 공감 능력 감소, 정서적 반응성 및 감정 표현력 저하로 고통받기 때문에 사회적 역량과 특히 사회적 의사소통 능력에 어려움을 겪는다(Rosema, Crowe, & Anderson, 2012). 또한 우울증은 뇌손상 이후 흔하게 발생한다(Fazel, et al., 2014). 따라서 후천성 뇌손상 환자의 경우 사회적 통합이 감소하고 사회적 고립이 증가하는 것이 주요 문제이다(Temkin, et al., 2009).

뇌졸중 후 후기에 기능을 개선하는 치료가 시급하다. 리듬 및 음악 요법 또는 승마 요법에 기반한 다중 모드 중재가 뇌졸중 후 후기에 혼합된 개체군에서 인지된 회복 및 기능 개선을 증가시킬 수 있는지 여부를 평가했다(Bunketorp-Kall, et al., 2017). 치료는 12주 동안 주 2회 제공되었다. 다중 모드 중재는 뇌졸중 후기의 혼합된 집단에서 균형, 걸음걸이, 악력 및 작업 기억력뿐만 아니라 회복에 대한 장기적인 인식을 개선하였다. 또한 뇌졸중 환자의 걸음걸이와 균형 능력에 대한 재활승마가 미치는 영향을 조사하였다 (Lee, Kim, & Yong, 2014). 뇌졸중 환자 30명을 무작위로 재활승마 집단과 러닝머신 집단으로 나눠 8주 동안 운동을 했다. 연구 결과는 재활승마 집단이 뇌졸중 환자에게 도움이 되는 치료법이라는 것을 보여주었다. 최근 연구는 후천성 뇌손상 환자의 사회적 역량 함양이 행동 장애와 정신 질환의 위험을 줄이고 생존자의 삶의 질을 높이는데 매우 중요하다는 것을 보여준다(Williams, et al., 2018; Ryan, Catroppa, & Godfrey, 2016). 이 목표를 달성하기 위해서는 치료 중 환자의 적극적인 사회 참여가 필요하다(Bright, et al., 2014). 후천성 뇌손상을 입은 환자들이 참여와 동기 부여에 심각한 결핍을 겪을 수 있기 때문에 이것은 특히 중요하다(Marin, & Wilkosz, 2005). 따라서 치료 환경에서의 사회적 참여를 반영하는 사회적 행동의 양은 이 인구에서 중요한 결과이다. 또한 동기 부여와 기분은 재활에 대한 참여 증가와 긍정적인 결과의 핵심이며 환자 만족도에 반영될 수 있다(Rabonowitz, & Arnett, 2018; Kusec, et al., 2018).

후천성 뇌손상 환자의 사회적 능력 저하를 해결하기 위해 동물교감치유가 점점 더 많이 사용되고 있다. 정상 신경 재활을 받고 있는 환자의 사회적 역량에 대한 동물교감치유의 영향을 확인하기 위해 무작위적이고 통제된 실험을 진행하였다(Hediger, et al., 2019). 참가자들은 동물교감치유 회기와 기존 치료 회기와 병행하여 받았다. 환자의 사회적 행동은 치료 회기의 비디오 녹화를 기반으로 체계적으로 코딩되었으며, 각 치료 회기에서 기분, 치료 동기 및 만족도를 측정했다. 19명 환자의 동물교감치유 집단과 통제 집단의 회기를 분석했다. 환자들은 동물교감치유 동안 유의미하게 더 많은 사회적 행동을 보였다. 나아가 동물이 있는 상태에서는 환자의 긍정적인 감정, 언어적·비언어적 의사소통, 기분, 치료 동기, 만족도가 높아졌다. 중립적인 감정은 줄었지만 부정적인 감정에 대한 영향은 발견되지 않았다. 이러한 결과는 동물교감치유가 사회적 역량의 측면을 증가시키고 후천성 뇌손상 환자의 감정적 참여도를 높이며, 치료 회기 동안 더 높은 사회적 참여, 동기 부여 및 만족도에 반영된다는 것을 보여준다.

8명의 만성 뇌질환 환자를 대상으로 재활승마 효과에 대해서 연구하였다(Sunwoo, et al., 2012). 환자들은 뇌졸중 5명, 외상성 뇌 질환 2명, 뇌성 마비 1명이 포함되었다. 재활승마 회기는 실내 승마 경기장에서 8주 연속 주 2회 진행되었으며, 각 재활승마 회기는 30분 동안 지속되었다. 재활승마 직후와 재활승마 8주 후에 참가자를 평가했다. 균형과 걸음걸이 기능을 향상시키는 뇌 질환을 가진 성인 환자를 위한 안전하고 효과적인 대체 요법으로 재활승마에 대한 가능성을 확인하였다.

2. 심각한 의식 장애 환자(Bardl, Baradl, & Kornbuber, 2013)

심각한 외상성 뇌손상을 입은 지 5년만에 식물인간 상태가 지속된 27세 환자는 동물교감치유 54회로 장기 치료를 받았다. 치료 개입 과정에서 환자는 점점 더 많은 무의식적, 감정적, 운동적 반응을 보였다. 마침내 단순한 유형의 비언어적 의사소통을 하였다. 이 사례는 동물교감치유가 대부분의 중증 뇌병변 환자를 치료하는 데 합리적인 선택이 될 수 있음을 보여준다. 게다가, 그 결과는 신경학적 조사에 기초한 "지속적인 식물 상태"와 같은 일반적인 진단 분류가 의심스러울 수 있다는 것을 보여준다. 동물교감치유의 영향에 대한 가능한 이유는 복잡하고 다중 감각 자극으로 구성되었기 때문이다.

다발성 경화증 장애와 동물교감치유

04

다발성 경화증(MS, Multiple Sclerosis)이라는 용어는 뇌와 척수에서 신경을 에워싸는 조직(말이집)이 파괴되어 생긴 많은 흉터(경화증)를 말한다. 이러한 파괴 현상을 탈수초라고 한다. 때때로 메시지를 전달하는 신경 섬유(축삭)도 손상된다. 시간이 지나면서, 축삭이 파괴되기 때문에 뇌 크기가 줄어들 수 있다. 미국에서는 최대 약 914,000명의 사람들이(대개 젊은 성인임) 다발성 경화증을 가지고 있으며, 매년 약 10,000건의 새로운 사례가 진단된다. 전 세계적으로 약 200만 명 이상이 다발성 경화증을 앓고 있다. 가장 일반적으로 다발성 경화증은 20~40세 사이에 시작되지만, 15~60세 사이에 언제든지 시작될 수 있다. 여성에게서 다소 더 흔하게 발생한다. 아동에서는 다발성 경화증이 일반적이지 않다. 대부분의 다발성 경화증 환자에게서 비교적 건강한 기간(회복기)과 증상을 악화시키는 기간(재발)이 번갈아 일어난다. 가볍게 재발되거나 재발되는 동안 몸이 더 쇠약해 질 수도 있다. 진정되는 기간 동안에 회복되는 정도가 좋기는 하지만 대개 완벽하지는 않다. 따라서 다발성 경화증은 시간이 지날수록 서서히 악화된다.

자세 안정성의 손상은 다발성 경화증이 있는 사람의 일상 활동에서 이동성과 자율성을 가장 크게 저해하는 요소 중 하나이다(Calebresi, 2004; Ford, et al., 2001). 다발성 경화증 환자의 균형 문제의 원인은 잘 알려져 있으며 운동 범위 감소, 체간 및 하지 근육의 약화, 경직 및 피로를 포함한다(Calebresi, 2004; Miller, 1990; Paty, & Poser, 1984). 자세 불안정에 기여하는 특정 감각 결함은 시각, 체성 감각 및 전정 시스템의 기능 장애이다(Grénman, 1985; Paty, & Poser, 1984; Ruelen, Sanders, & Hogenhuis, 1983; Williams, Roland, & Yellin, 1997).

자세검사(Posturography)를 통해서 다발성 경화증을 가진 사람이 시각, 체성 감각 및 전정 시스템의 정보를 통합하는 데 어려움이 있음을 확인했다(Nelson, et al., 1995). 기능 균형 점수가 낮은 것으로 분류된 12명의 개인 중 58%가 전정 기능 장애 패턴 또는 시각-전정 기능 장애 또는 체성 감각-전정 기능 장애의 조합을 나타냈다(Nelson, et al., 1995). 따라서, 다발성 경화증 환자의 자세 불안정성(또는 균형 불량)은 종종 신체 기능 및 구조 손상의 조합으로 인해 발생하며, 이는 다발성 경화증 환자의 균형 치료를 어려운 문제로 만든다.

　　다발성 경화증이 있는 개인은 종종 균형 또는 자세 불안정성 문제로 고통받는다. 승마는 균형과 안정된 자세가 모두 필요한 활동이기 때문에 이러한 사람들에게 승마가 효과적인 치유법이 될 수 있는지 확인하기 위해 탐색 연구가 수행되었다. 다발성 경화증 및 균형 장애가 있는 24~72세 총 15명의 참가자가 14주 동안 매주 치유 승마 프로그램에 참여하도록 모집되었다. 모집에 처음 응답한 9명을 실험 집단에 할당했지만 통제 집단으로 봉사할 의사가 있는 참가자는 6명에 불과했다. 치유 회기는 5분 준비운동 및 정리운동을 포함하여 총 40분이었다. 전체 회기에 승마가 포함되었지만 승마 지침은 없었다. 숙련된 훈련사가 말을 안내하며 참가자의 주요 목표는 단순히 말이 움직일 때 균형을 유지하는 것이었다. 그들은 또한 말 위에서 자세를 바꾸고, 옆으로 앉고, 뒤로 앉고, 자세 조절에 도전하는 다른 활동에 참여하도록 지시받았다. 통제 집단에서는 유의미한 개선이 없었지만 실험 집단은 균형과 이동성에서 상당한 개선을 보였다. 이 탐색 연구는 승마 치유를 사용하여 다발성 경화증으로 인한 균형 문제의 치료 가능성과 균형에 영향을 미치는 다른 신체적 장애로 확장될 수 있음을 보여준다(Silkwood-Sherer, 2007). 말을 공동 치료사로 사용하는 다발성 경화증 사용자의 경우 말교감치유 6개월 후 피로 감소를 포함하여 경직 및 건강에 대한 일반적인 인식의 개선이 관찰되었지만 (Muñoz-Lasa, 2019), 다른 연구에서는 표준 치료와 결합된 12주 치료의 균형 개선 외에 동일한 개선을 강조했다(Vermöhlen, 2018). 이는 말교감치유가 운동 능력 면에서 다발성 경화증 환자의 증상을 개선할 수 있는 좋은 기회가 될 수 있으면서, 이 치유가 만들어내는 복잡한 감정으로 인한 말과의 유대감 측면에서도 긍정적일 수 있음을 시사한다.

5장

정신적 장애와
동물교감치유

정신적 장애 대상자와 동물교감치유 활동 시 유의사항(Tucker, 2005)

정신적 장애를 가지고 있는 사람들은 겉으로 보기에 멀쩡해 보일 수 있으나, 신체적 질환을 가지고 있는 사람이 아픈 것과 같이 아픈 상태이다. 뇌가 정확하게 동작하기 위해서는 균형 있고 알맞은 화학물질이 필요한데, 이는 우리 몸이 섬유소와 단백질의 정확한 균형을 필요로 하는 것과 같다. 정신적 장애는 "기운을 내거나" 또는 "약한" 상태에 대한 것이 문제가 아니라는 것이다. 정신적 장애를 가진 사람들은 치료뿐만 아니라 약까지 먹어야 하며, "눈으로는 보이지 않는 장애"이다. 이러한 정신적 장애는 아동에서부터 성인에 이르기까지 나타날 수 있고, 정도가 약한 사람부터 심한 사람까지 다양하다. 정신적 장애는 태어났을 때부터 유전적인 요소에 의한 것일 수도 있고, 약물 복용으로 인해 생길 수도 있다. 정신적 장애라는 병은 매우 복잡하여 쉽게 진단되거나 치료되지 않는다는 것을 의미한다. 정신적 장애 중 많은 병은 약으로 통제 가능하고, 정상적으로 생활할 수 있게 도와준다. 정신적 장애를 가지고 있는 사람들은 우리 근처에 사는 이웃이거나 우리의 친구 일 수도 있다. 일부 사람들은 감정 통제에 어려움을 가지고 있을 수 있다. 아무 때나 울거나 또는 웃기도 한다. 극도의 화, 절망, 또는 행복감을 느끼기도 하고 또는 기분이 극적으로 바뀌기도 한다. 일부 사람들은 생각하는 과정에 문제를 갖고 있기도 한데, 이러한 사람들은 주제가 극적으로 변하기도 한다. 그리고 쉽게 산만해지기도 하며 말의 앞뒤가 안 맞거나 결정을 쉽게 내리지 못하기도 한다. 일부 사람들은 사고방식에 문제를 가지고 있어 자살에 대해서 계속 생각하고, 망상(즉, 편집증)을 가지고 있기도 하고, 자신들이 특별하다고 믿거나 또는 자신들이 가치가 없다고 생각하기도 한다. 어떤 사람들은 인지력에 문제를 가지고 있다. 이들은 환각을 가지고 있어서 다른 사람들은 느끼지 못한 것을 보고, 듣고, 맛보고 느낄 수도 있다. 일부 사람들은 행동에 문제를 가지고 있어 불안해 할 수도 있고, 무기력하거나 또는 혼란에 빠질 수도 있다. 또는 계속적으로 자신의 손을 문지르는 등의 행동을 반복할 수도 있다.

동물교감치유사가 활동할 정신적 장애 치유 시설에서 일하는 직원들로부터 교육 받고 직원들과 가까운 관계를 유지한다는 것은 다른 질병 시설의 직원들과 유대감을 맺는 것보다 더 중요하다. 일반적으로 시설 종사자들은 각각의 정신적 장애 환자를 위한 치료 계획을 가지고 있기 때문에, 각 치유 대상자들을 대할 때 동물교감치유사가 무엇을 해야 할지 또는 무엇을 하지 말아야 할지에 대한 지침을 제공해 줄 수 있다. 동물교감치유 활동을 하는 동안 느낀 것이 있다면 아무리 작은 부분이라고 하더라도 시설 직원들에게 알려주도록 한다. 예를 들어, 어떤 사람이 자신의 방을 나와 동물교감치유 활동을 지켜본 것이 특별하게 중요한 일이 아니라고 생각할지 모르지만, 그 사람에게 있어서는 자신의 방을 나와 있던 첫 경험이었을지도 모르기 때문이다. 동물교감치유 대상자가 약물 치료 중일 수도 있다. 이는 그 사람이 말에 집중하거나 정확히 말하는 것을 힘들게 한다는 의미일 수도 있다. 그 사람은 말하는 데 어려움을 가지고 있어 당황해 할 수 있기 때문에 대상자와 이야기 할 때에는 친절하게 그리고 눈 맞춤을 하면서 이야기를 하도록 한다. 또한, 그 대상자가 대화를 거부하고 포기한다면 이 문제를 혼자 해결하려 하지 말고 시설 관계자들과 상의하도록 한다. 정신적 장애를 가지고 있는 동물교감치유 대상자들은 대화를 하는 동안 "난 비참해!" 또는 "신이 오고 계신다." 등의 말을 할 수 있다. 이러할 때에는 대화 주제를 동물 또는 활동에 대한 내용으로 대화의 초점을 전환하여 이야기하도록 한다. 대상자는 다시 자신이 했던 주제로 돌아가려고 할 수도 있다. 대상자가 무겁고 비이성적인 언어를 계속하도록 놔두는 것이 아니라, 다시 한 번 활동 및 동물에 관련된 주제를 말함으로써, 동물교감치유사가 대화를 이끌어 나가는 것은 절대로 무례한 행동이 아니라는 것을 알아야 한다. 일부 정신적 장애가 있는 치유 대상자 중에는 뇌가 너무 빠르게 동작하여 대상자가 스스로 말을 멈추지 못하거나 또는 말이 안되는 말을 서로 결합하여 이야기를 할 수도 있다. 이런 경우에는 대화의 의미를 파악하며 이해해 보려고 하지 않도록 하고, 대신 대화의 톤에 반응하도록 한다. 또한 대화의 주제를 "선생님은 꽤 흥분된 것 같습니다. 제 강아지를 만져보실래요?"와 같이 치유 보조 동물로 유도해 보도록 한다. 만약 대상자가 몇 초 동안이라도 집중력을 가지고 치유 보조 동물을 만진다면, 이것은 이날 그 사람이 가장 오래 유지할 수 있는 집중력이 된 것이기 때문이다. 어떤 사람은 너무 우울해서 동물교감치유사와 어떠한 대화도 유지하지 못하는 사람이 있을 수 있다. 그러나 그 사람도 치유 보조 동물과의 신체적 접촉은 즐길 수도 있다. 동물교감치유사는 말 없이 대상자 곁에 앉아서, 대상자가 치유 보조 동물을 만지고 있는 것을 지켜보도록 한다. 상황에 따라서는 조용한 상태를 유지하며 편안함을 갖는 것이 계속적으로 대화를 하는 것보다 더 중요한 일이 될 수 있다. 강한 감정을 드러내거나 이상하고 또는 폭력적인 행동을 보여주는 사람과 활동할 때에는 치유 보조 동물이 스트레스 징후를 보이지는 않는지 유심히 관찰하도록 한다. 자신의 한계에 도달한 치유 보조 동물들은 치유 활동을 모두 마친 후에 스트레스 요인으로부터 벗어나게 해주는 것 보다, 활동 중에 적극적으로 치유 보조 동물을 스트레스 요인으로부터 벗어나게 해주는 것이 훨씬 바람직하다.

유의사항

1. 동물교감치유 대상자를 어리거나 어리석게 보지 않도록 한다.
2. 동물교감치유 대상자를 혼내지 말고 부드럽게 이야기하도록 한다.
3. 동물교감치유 중에 대상자가 다툼, 간질 발작 등이 있는 경우에는 즉시 시설 직원을 호출하여 도움을 요청하도록 한다.
4. 약물 치료 중인 동물교감치유 대상자 중 햇빛에 의해서 얼굴이 변하는 반응을 보일 때에는 즉시 시설 직원을 호출하여 도움을 요청하도록 한다.
5. 동물교감치유 대상자가 활동 중에 흥분하면 진정될 수 있도록 노력한다.
6. 동물교감치유 활동 중에 개인적인 요청(결혼 유무, 전화 요청 등)은 시설 관계자에게 전달하겠다고 이야기하도록 한다.
7. 동물교감치유사는 귀걸이를 하지 않도록 하고 머리는 묶도록 한다.
8. 동물교감치유 대상자 중에는 냄새를 맡는 경우가 있으니 당황하지 않고 자연스럽게 벗어나도록 한다.
9. 동물교감치유 대상자 중에는 가끔 침을 흘릴 수도 있으니 닦아주고 활동을 진행하도록 한다.

1. 정신적 장애 환자(Barker, Vokes, & Barker, 2019)

정신적 장애 환자는 동물교감치유로부터 큰 이점을 얻는 것으로 밝혀졌기 때문에 자원봉사자, 환자 및 직원의 편안함과 안전을 유지하면서 동물교감치유에 대한 접근을 제공하는 것이 중요하다. 동물교감치유는 일대일 활동 또는 참여와 사회적 지원을 장려할 수 있는 집단 설정으로 구성될 수 있다. 동물교감치유사는 환자와 직원을 위한 가장 효과적이고 안전한 절차를 결정하기 위해 직원과 상의해야 한다. 정신적 장애는 그 발현과 증상의 정도가 다양하기 때문에 입원 정신과 환경에서 동물교감치유사는 특별한 감수성과 주의를 기울여야 한다. 급성 정신과에서 활동하는 동물교감치유팀은 정신적 장애 환자에 대한 오리엔테이션을 통해 해당 환경에서 치료받는 유형의 환자와 활동할 수 있도록 준비한다. 즉, 환각, 망상, 인지 저하 또는 충동을 경험할 수 있는 환자이다. 모든 동물교감치유팀는 정신적 장애 환자의 동물교감치유 적합성을 선별할 수 있는 적절한 연락 담당자(예: 정신과 간호사 또는 사회 복지사)가 동반되어야 한다. 일부 병동에서는 환자와 직원의 안전을 위해 보안 조치를 취해야 하며 이는 동물교감치유팀까지 확대된다. 이러한 조치에는 입원 정신과 병동에서 활동하는 동안 동물교감치유팀이 휴대하는 공포 또는 경고 버튼이 포함될 수 있다. 모든 환자와 마찬가지로 동물교감치유팀과의 접촉 전후에 손 위생을 수행해야 한다. 정신적 장애 환자가 자신의 소독할 수 없거나 소독하는 데 어려움이 있는 경우, 손 소독제 사용을 돕거나 환자의 손을 소독하는 데 도움을 요청하기 위해 동행하는 직원에게 연락을 취할 수 있다.

지적 장애와 동물교감치유

지적 장애란 발달 시기 동안에 시작되는, 개념·사회·실행 영역에서 지적 기능과 적응 기능 모두에 결함을 보이는 장애를 의미한다(American Psychiatric Association, 2013). 이 중 지적능력이 저조하더라도 사회적응 능력을 갖추고 있으면 장애에 대한 탈낙인화(Destigmatization)가 가능하다는 관점에 따라 지적 장애인들의 적응능력을 향상시키기 위한 방안에 대한 연구가 지속되고 있다(Doll, 1936). 특히 최근에는 이들의 삶의 질에 대한 관심이 대두되고 있는데, 성인 지적 장애인들을 대상으로 그들의 삶의 질에 대한 선행 연구들을 살펴보면, 그들의 활동 수준 정도, 집단 소속 여부 및 지역사회 활동을 하는지의 유무가 영향을 미치는 것으로 나타났으며(Pleet, 2000), 가족 및 친구와의 상호 작용 빈도가 높은 경우에도 삶의 질 수준이 높은 것으로 나타났다(Lecher, 2002). 즉, 삶의 질 향상을 위해서는 주변의 사회적 환경에 접근하는 것이 중요한 것으로 보인다. 그러나 대부분의 지적 장애인들은 여전히 비장애 성인들이 누릴 수 있는 여러 기회나 환경에 접근하는 것이 제한된다. 이는 사회성, 이동 능력, 의사소통 및 자조활동 등 주변 환경과 접촉하는 데에 요구되는 능력의 한계 때문이다. 따라서 이러한 적응 능력을 향상시킨다면, 삶의 질도 함께 향상 될 수 있을 것으로 기대된다.

동물들과의 교류를 통해 치료적 효과를 얻고자 하는 동물교감치유를 지적 장애인들에게 시행했을 때 사회·인지 기능이 향상되었다는 선행 연구들을 종합해 볼 때(Paw-lik-Popielarska, 2010; Esteves, & Stokes, 2008), 신체 활동과 동물과의 교류가 동시에 요구되는 승마 운동은 더욱 큰 효과를 나타낼 수 있다. 지적장애 3급 진단을 받은 청소년을 대상으로 승마 프로그램을 진행한 결과, 사회적 유능감, 의사소통 능력, 학교생활 적응력, 대인관계 친화력 및 자기관리 능력이 향상되었고(Baec, 2016), 지적 장애가 있는 아동에게 진행하였을 때에는 언어, 사회화, 감각·인지 및 자기표현이 향상되었다(Lee, 2015;

Vlaskamp, & Nakken, 2008). 또한 지적 장애가 있는 성인들을 대상으로 재활승마를 시행하였을 때, 자율성, 정신 인지적 영역 및 신경 심리적 영역이 증진된다(Borioni, et al., 2012).

지적장애가 있는 성인들에게 재활승마 프로그램이 적응 행동에 미치는 영향을 조사하였다(안정훈, 박윤재, 2017). 대상자는 지적장애를 가진 16명의 성인으로 12주 동안 일주일에 2회, 60분으로 이루어진 재활승마 프로그램에 참가하였다. 연구 결과 재활승마 프로그램의 12주 후에, 자조, 업무, 자기 규제 및 사회화에 상당한 개선이 있었다. 그러나 운동, 의사소통 변화는 통계적으로 유의하지 않았다. 이를 종합하면 재활승마는 자조, 업무, 자기 조절 및 사회화에서 지적장애를 가진 성인에게 긍정적인 영향을 미친다고 할 수 있다. 이러한 결과는 적응력을 향상시키기 위해 지적장애가 있는 성인에게 재활승마가 효과적인 방법으로 간주될 수 있음을 시사하고 있다.

 # 1. 사회적 기술 향상

지적 장애는 정신발달이 정지되거나 또는 불완전한 상태로서 특히 발달기에 나타나는 지능의 장애로 특정지어진다. 기능수행의 수준만이 낮을 때에는 지적장애로 보지 않으며, 지적 기능수행의 수준이 낮아 정상적인 사회 환경에서 적응하는 능력에 한계가 있을 경우에만 지적 장애라 한다(WHO: World Health Organization, 1992). 또한 우리나라의 장애인 복지법 시행령에 의하면, 지적 장애인이란 정신 발육이 항구적으로 지체되어 지적 능력의 발달이 불충분하거나 불완전하고 자신의 일을 처리하는 것과 사회생활 적응이 상당히 곤란한 사람을 말한다.

재활승마는 장애를 가진 사람들에게 인지적, 신체적, 감성적, 사회적 안녕을 주기 위해 인간과 말이 함께 하는 모든 활동을 말하며 여기서 말하는 모든 활동에는 기승 활동뿐만 아니라 말을 쓰다듬고, 씻겨주고, 장구를 얹고, 말을 이끄는 등의 말과의 교감을 중시하는 활동도 포함된다. 지적 장애 아동 6명을 대상으로 12회의 재활승마 프로그램을 실시하고, 놀이치료 전문가 1명, 재활승마 치료사 2인 및 승마교관 3인을 대상으로 이 프로그램이 장애아동의 자기표현 및 사회적 기술에 영향을 미치는지를 각 회차 별로 평가하였다(Lee, 2015). 이들이 적용한 프로그램은 1~3회 기승때까지 오리엔테이션,

재활승마 프로그램 설명, 사전검사, 말과의 친화 등으로 구성되었고, 4~9회까지는 말과 보다 익숙해지고, 고삐 사용법을 배우고, 속보까지의 기승 실력을 키우고, 보조자와의 대화 및 협력하기 등으로 구성되었다. 마지막 10~12회 단계에서는 지난 1주일간의 일들에 대해 말과 대화하기, 음성 부조 사용하기, 말 위에서 노래하기 등을 실시하여 자기표현 및 사회 적응력을 높이는 훈련을 하였다. 그 결과 재활승마 프로그램은 지적 장애 아동의 자기표현 향상에 효과가 있었고 사회적 기술 향상에 긍정적 변화를 주었다.

대부분의 지적 장애 아동들은 인지발달과 언어발달의 지체현상으로 자기표현을 통한 충분한 의사전달과 상호 작용이 원만하게 이루어지지 못한다. 자기표현 능력 저하는 또래 관계 형성과정에서 거부로 인한 소외를 경험하고, 자존감과 자신감 위축을 초래한다. 이는 사회성 발달의 실패로 연결되고 이와 같은 현상은 지적 장애인들의 연령과 관계없이 전반적으로 나타난다. 지적 장애인은 사회생활에서 일어나는 다양한 상황을 스스로 판단하고 해결할 능력이 없기 때문에 가족 사회에서나 동년배 사회, 학교 사회, 지역사회 등에서 부적응 현상을 일으키고 소외되거나 고립되어 원만한 사회생활을 유지할 수 없으며 사회문제까지 유발하게 된다. 따라서 정상적인 의사소통의 방식에 한계가 있는 지적 장애 아동들은 정서적 안정감 및 사회성을 육성하고 원활한 사회적 관계를 맺기 위해서도 올바른 자기표현의 중요성이 요구되어지고 있다. 이러한 자기표현의 부족으로 지적 장애 아동들은 사회생활의 기초 능력이라 할 수 있는 사회적 기술 발달이 크게 지체되어 있다. 지적 장애 아동에게 있어 사회적 기술은 일상생활에서 다른 사람과 잘 지내는 능력으로 주어진 환경 안에서 상황에 적절하게 자신의 요구를 전달하고 상대방의 의사를 파악하여 바람직한 방법으로 상호 작용을 하는 기술이다. 지적 장애 아동들에게 사회적 기술의 결함이 보편적으로 나타나는데, 이들은 또래 일반 아동에 비해 놀이 활동의 빈도가 적고, 또래로부터 자주 부정적으로 배척당하는 것으로 나타나고 있다. 지적 장애 아동들은 물건을 공유하거나 대화를 하고 애정을 표현하는 방법과 같은 중요한 사회적 기술의 부족 때문에 일반 학급에서 또래들과의 통합에 곤란을 겪는다(Guralnick, 1981, Strain, 1983). 이러한 사회적 기술을 지적 장애 아동 대상으로 훈련하는 것은 이후 사회적응에 있어 중요한 초석이 될 것이며, 청소년기 및 성인기의 문제 예방에도 긍정적인 영향을 줄 수 있을 뿐만 아니라 또래 관계 및 사회생활 적응 전반에 긍정적 영향을 미친다. 재활승마 프로그램을 활용하여 지적장애 아동의 심리, 정서적 요인인 자기표현 및 사회적 기술에 미치는 효과를 확인하기 위한 연구가 있다(이정자,

2015). 지적 장애 아동 6명을 대상으로 주 1회 60분씩 총 12회기를 진행하였다. 프로그램 활동은 자신의 감정과 타인 감정 이해와 관련된 자기 이해, 감정표현 및 조절과 관련된 자기통제, 자기주장 및 협동성 요인으로 프로그램을 구성하였다. 연구 결과 재활승마 프로그램을 실시하여 자기표현과 사회적 기술 향상에 효과가 있음을 알 수 있었다.

 ## 2. 기본 활동에 도움

10~13세 경도 지적장애가 있는 60명의 아동을 대상으로 10개월간 개교감치유를 실시한 결과 운동 계획(자세 모방 검사)과 촉각, 주의력 및 집중력(손가락 식별 검사)에서 더 큰 향상을 보였다. 개교감치유는 다양한 발달 장애가 있는 아동에게 긍정적인 결과를 가져와 집중력과 일에 대한 동기 부여 능력에 기여한다(Maber-Aleksandrowicz, Avent, & Hassiotis, 2016; Silkwood-Sherer, et al., 2012; Widmar, & Feuillan, 2000). 또한 환자의 사회적 기술과 관련하여 동물교감치유의 효과를 조사한 연구에서는 이러한 유형의 개입이 지적장애를 가진 개인 간의 의사소통 및 사회적 상호 작용에 유리하게 영향을 미치는 것으로 나타났다(Silkwood-Sherer, et al., 2012).

 ## 3. 정신운동 향상

동물교감치유는 의사소통 및 일상생활의 기본 활동에만 도움이 되는 것은 아니다. 또한 지적장애가 있는 아동의 경우 운동에 대한 동기 부여 감각을 효과적으로 향상시킬 수 있기 때문에 총 운동 능력에 유익한 영향을 미칠 수 있다(Tseng, et al., 2013). 접촉 요법으로도 알려진 개교감치유는 인기를 얻고 있으며 보완 치유의 한 형태로 잘 검증되었다(Silkwood-Sherer, et al., 2012;Tseng, et al., 2013; Zadnikar, & Kastrin, 2011). 치유 보조견은 운동 및 지적 장애가 있는 환자의 재활에 사용된다(Zadnikar, & Kastrin, 2011). 개와 관련된 접촉 요법은 재활 및 회복 과정을 촉진하기 위해 사용할 수 있는 방법 중 하나이다. 개는 정신 물리적 및 사회-물리적 영역에 유리하게 영향을 미치기 때문에 장애나 집중력 및 주의력 장애를 가진 개인의 치료에 효과적으로 사용된다. 이러한 동물들과의 상호 작용은 불안을 줄이고 감각 기관을 시뮬레이션하며 어휘 자원을 증가시키고 환경과의 접촉을 향상시킨다(Kwon, et al., 2011; Schuck, Emmerson, & Fine, 2015). 개교감치유를 통해 아동은 대근육 운동 능력, 신체 지각 능력 및 미세 운동 능력을 향상시킬 수 있다. 집중력, 지각력, 의사결정 능력, 주어진 상황을 적절하게 인지하고 반응하는 능력과 같은 인지 능력에 긍정적인 영향을 미친다. 개교감치유 동안 진행되는 게임과 재미있는 활동은 색상, 크기, 숫자, 차이점 및 유사성과 같은 개념의 학습 및 통합을 촉진한다. 개교감치유는 정신운동 효율성을 향상시키는 데도 기여한다(Lundqvist, et al., 2017; Piek, et al., 2013). 아동의 운동 발달, 특히 균형, 운동 계획 및 공간지향에 긍정적인 영향을 미치며(Jorge, et al., 2019), 지적 장애를 가진 개인을 돕고 그들의 정신운동 효율을 향상시킨다. 동물과의 상호 작용은 인간의 신경 전달을 향상시켜 혈압을 낮추고 이완을 유도한다. 이러한 연관성은 신체적, 정신적 장애를 포함한 만성 질환의 심리적 증상뿐만 아니라 각성을 감소시키는 데 도움이 될 수 있다(Kongable, Buckwalter, & Stolley, 1989; Richeson, 2003). 지적 장애가 있는 개인에서 개교감치유의 효과를 평가한 연구는 움직임, 시각 운동 협응, 탐색적 게임, 움직임 모방을 비롯한 여러 인지 요인과 관련된 상당한 개선을 보여주었다. 치료의 효과는 대상자의 연령과 지적 장애 정도에 의존하지 않았다(Scorzato, et al., 2017). 또한 개교감치유에 참여하는 뇌 손상 환자의 주의력 및 집중력과 관련하여 통계적으로 유의미한 결과를 보고했다(Gocheva, Hund-Georgiadis, & Hediger, 2018). 촉각 및 시각적 인식 및 언어화에도 긍정적인 효과를 관찰했다(Kongable, Buckwalter, & Stolley, 1989). 개와 관련된 적절하게 구조화된 활동에 참여하면 이러한 유형의 치료를 사용하는 아동의 신체적, 정신적 상태를 개선할 수 있다.

4. 신체 활동 촉진

개교감치유는 전반적인 신체 활동과 운동 능력을 촉진한다. 운동에 참여하는 지적 장애 아동은 종종 운동 활동에 문제가 있고 둔하고 움직이기를 꺼린다. 개는 행동을 취하도록 동기를 부여한다. 지적 장애 아동은 인사를 하기 위해 개에게 다가가 주의를 집중한다. 개교감치유는 움직임의 정확성을 향상시켜 결과적으로 아동이 더 큰 운동 제어 능력을 갖게 한다(McCullough, et al., 2018). 이것은 또한 아동을 위한 훌륭한 형태의 재활이다. 개가 있으면 자기 관리 활동을 수행하는 데 도움이 되고 정서적 긴장이 줄어든다. 개교감치유를 하는 동안 아동은 대근육 운동 기술, 수동 효율성 및 시각적 지각에 초점을 맞춘 여러 가지 운동을 수행할 수 있다(Muela, et al., 2017). 개를 포함하는 접촉 치유는 개와 함께 하는 운동과 감각 자극을 통해 동물과 인간의 신체 구조를 모두 이해하고 시각, 청각, 촉각뿐만 아니라 주의력과 집중력의 연습을 통해서 운동 효율을 향상시킬 수 있도록 자기 신체 도식 지향을 용이하게 한다. 동물은 마음을 진정시키고 사회적 행동을 발달시키는 데 도움을 줄 뿐만 아니라 동기 부여의 원천이 된다(Boguszewski, et al., 2013). 동물은 고유한 특성 때문에 소리, 움직임, 냄새 및 촉각을 통해 아동의 관심을 유도하고 다양한 감각 기능을 자극할 수 있다. 그들의 활동은 단순하고 반복 가능하며 비언어적이다. 결과적으로 언어 장애가 있는 개인에게도 더 쉽게 접근할 수 있다(Drwięga, & Pietruczuk, 2015). 동물은 관심의 원천이자 목적이다(Grandgeorge, & Hausberger, 2011). 지적장애 아동을 위한 치유는 집중적이고 다차원적이어야 한다. 아동의 지적 기능의 발달을 촉진하고 강화하여 결과적으로 아동의 독립성을 잠재적으로 증가시켜야 한다. 이때문에 치료는 뇌의 지각 관련 기능, 집중력, 주의력을 자극하고 운동 기능을 개선하며 언어 및 의사소통 능력의 발달을 촉진하도록 설계되어야 한다(Boguszewski, et al., 2013). 지적장애 아동의 재활을 촉진하는 방법에는 모든 영역의 발달을 자극하고 운동 능력의 개선을 촉진하기 위한 개교감치유가 있다. 문헌에 의하면 개교감치유가 집중력과 주의력(Munoz, et al., 2015), 운동 계획(Gocheva, Hund-Georgiadis, & Hediger, 2018), 공간 방향(Gocheva, Hund-Georgiadis, & Hediger, 2018) 및 촉각(Drwięga, & Pietruczuk, 2015)에 유리하게 영향을 미친다. 개교감치유는 널리 사용되는 보완 치유 형태이다.

외상 후 스트레스 장애와 동물교감치유

03

 그림 5-1 군인과 개

외상 후 스트레스 장애 또는 PTSD(Post-Traumatic Stress Disorder)는 외상 후 사건을 경험하거나 목격한 후에 발병하는 정신 건강 장애이다(Pet Partners, 2020). 외상 후 스트레스 장애는 아동과 성인 모두에게 영향을 미칠 수 있다. 외상 후 스트레스 장애로 이어질 수 있는 사건은 다음과 같다.

외상 후 스트레스 장애 관련 사건들

- 차량 충돌, 테러 공격 또는 자연 재해에 연루되는 경우
- 학대, 괴롭힘, 따돌림, 또는 폭력적으로 공격받는 경우
- 다른 사람들이 다치거나 죽는 것을 보는 경우
- 생명이 위험한 상태라는 진단을 받는 경우
- 불쾌한 상황에서 가까운 사람을 잃거나, 충격적인 사건이 가까운 사람에게 영향을 미쳤다는 것을 알게 된 경우

침습적 기억, 회피, 사고와 기분의 부정적인 변화, 신체적 및 정서적 반응의 변화는 외상 후 스트레스 장애가 있는 사람들이 경험하는 네 가지 주요 증상이다(Mayo Clinic, 2018). 이러한 증상은 일상생활에 참여하는 능력에 큰 영향을 줄 수 있다. 외상 후 스트레스 장애는 침입, 회피, 인지 및 기분에서의 부정적인 변화, 각성과 반응성의 변화와 관련된 증상을 특징으로 하는 불안 장애이다(권준수, 2015). 이는 미국 인구의 약 7.8%에 영향을 미치는 것으로 추정되며(Kessler, et al., 1995), 상당한 업무 및 사회적 손상으로 이어질 수 있다(Hidalgo, Jonathan, & Davidson, 2000). 경험적으로 지원되는 치료법에 대한 연구에서 중도 탈락 및 무응답률이 최대 50%에 이르는 등 치료하기 어려운 질환이다 (Schottenbauer, et al., 2008). 연구 분야에서 가장 잘 확립된 치료 중 하나인 노출 치료는 환자의 어려움과 불편함으로 인해 치료사가 일반적으로 수행하지 않는다(Becker Zayfert, & Anderson, 2004).

동물교감치유는 신체적 학대, 성적 학대 및 불특정 외상을 포함한 외상을 경험한 사람들을 위해 널리 연구되어 왔다. 동물교감치유는 외상을 경험한 아동과 청소년의 회복 과정에 도움을 줄 수 있다(Mims, & Waddell, 2016). 외상에 위한 동물교감치유에 대한 문헌 검토에 의하면, 동물들은 정서적 안정, 정신생리학적 및 감정 조절, 치유 과정을 촉진하는 사회적 환경에 대한 신경 및 기타 행동 반응에 영향을 준다(Baun, Johnson, & McCabe, 2006). 외상 후 스트레스 장애에 대한 대중의 인식은 종종 퇴역 군인의 맥락에서 이루어지며 동물교감치유 및 외상 후 스트레스 장애에 대한 많은 연구가 이 집단에서 수행되었다. 그러나 외상 후 스트레스 장애는 다른 형태와 다른 집단에 존재할 수 있다. 외상 후 스트레스 장애가 있는 사람들의 증상을 줄이고 삶의 질을 높이기 위해 정신의료 보조견의 사용을 지원한다. 정신의료 보조견들은 악몽에서 사람을 깨우기, 불안 발작 중에 건물 출구로 안내하기, 살짝 밀기, 발로 밟기, 기대어 착지시키기, 명령하는

사람에게 약을 가져다주는 것 등을 포함한다. 정신의료 보조견이 외상 후 스트레스 장애를 가진 참전용사에게 미치는 영향을 탐구했다. 정신의료 도우미견이 없는 퇴역군인과 정신의료 보조견과 함께 있는 외상 후 스트레스 장애를 가진 퇴역군인을 비교하여 다음과 같은 차이가 있는 것을 확인하였다(O'Haire, Guérin, & Kirkham, 2015).

정신의료 보조견이 있는 외상 후 스트레스 장애를 가진 퇴역군인의 특징

- 전반적인 외상 후 스트레스 장애 증상 심각도 감소
- 플래시백과 불안에 대처하는 능력 증가
- 악몽의 빈도 감소
- 수면 장애 발생 감소
- 전반적인 불안, 우울증 및 분노 감소
- 더 높은 수준의 교제 및 사회적 통합
- 사회적 고립 감소
- 외부 활동에 참여할 수 있는 능력 증가
- 회복탄력성 및 전반적인 삶의 만족도 향상
- 불안, 수면 및 통증에 대한 처방약 사용 감소

정신의료 보조견을 각 개별에게 제공하는 것은 오랜 기간의 사육관리 및 훈련이 요구되기 때문에 간단한 문제가 아니다. 따라서 외상 후 스트레스 장애를 가진 대상자들도 일반적으로 동물교감치유를 제공받게 된다. 동물교감치유가 외상 후 스트레스 장애를 가진 개인에게는 다음과 같은 효과가 있다(O'Haire, Guérin, & Kirkham, 2015).

외상 후 스트레스 장애에 대한 동물교감치유 효과

- 우울증 감소
- 증상 심각도 감소
- 걱정 감소
- 위험이 더 이상 존재하지 않는다는 위안을 주는 알림 역할
- 사회적 상호 작용을 촉진하고 외로움을 줄임
- 긍정적인 외부 주의를 만듦
- 옥시토신 분비를 증가시켜 각성과 불안을 감소

외상 치료 집단에 참여하는 아동들은 침입, 흥분, 회피, 해리의 외상 후 스트레스 장애 증상에서 상당한 감소를 보였다면서(Signal, et al., 2016), 성적 학대에 따른 치료를 위해 5~12세 20명의 아동(남아 12명, 여아 8명)에 대한 결과를 제시하였다. 이들은 10주 간의 동물교감치유 기반 프로그램을 모두 이수했다. 동물교감치유 프로그램의 처음 3주 동안 아동들은 지역 왕립동물보호협회(RSPCA) 시설을 약 90분 동안 방문했다. 이러한 회기 동안 짝지워진 아동들은 약 20~30분 동안 동물교감치유팀과 함께 훈련된 치유 보조견과 상호 작용했다. 각 회기는 특정 치료 목적과 직원과 함께 전문 왕립동물보호협회 교육 담당자가 설계하고 전달하는 활동을 가지고 있었다. 자세한 내용은 표 5-1 참조하기 바란다.

 표 5-1 각 회기별 목표, 활동

구분	목표	활동	치료적 목표
1주	치유 보조견이 신체 언어를 통해 감정을 표현한다는 것을 인식하기 위해 안전하게 접근하고 치유 보조견과 상호 작용하는 방법을 탐구한다.	0 ~ 25분: 소개, 경계 설정 및 시설 규칙, 치유 보조견 사진과 함께 간단한 소개를 한다. 아동들은 훈련된 치유 보조견과 함께 안전한 접근을 연습한다. 25 ~ 50분: 아동들은 앉아있고, 치유 보조견들을 아동에게 데려간다. 치유 보조견 한 마리는 최대 2명의 아동과 상호 작용을 하며, 2~3명의 성인이 항상 감독한다. 아동들은 치유 보조견을 쓰다듬고, 빗질하고, 물을 주고, 산책한다. 아동들은 치유 보조견을 진정시키는 마사지를 배운다. 50 ~ 60분: 휴식, 손 씻기, 간식주기를 한다. 60 ~ 70분: 각각의 아동들에게는 치유 보조견이 무엇을 하고 있었는지에 초점을 맞춰 치유 보조견을 그리는 템플릿이 주어진다(신체 언어). 아동들은 치유 보조견을 행복하게 하기 위해 무엇을 할 수 있는지 생각해 보라고 하고, 목록을 만들도록 요청한다. 70 ~ 85분: 각각의 아동들은 치유 보조견과 함께 찍은 사진을 가지고 있다. – 사진과 목록은 자신의 활동일지에 붙여둔다.	동물/사람에 대해 온화한 언어와 접촉을 촉진하다. 감정을 인지하고 감정의 비언어적 표현방법을 배운다. 활동일지를 만들기 시작한다.

2주

치유 보조견의 욕구를 식별할 수 있고, 다른 감정들이 어떻게 표현되는지를 인식한다.
긍정적인 강화 방법을 사용하여 치유 보조견을 훈련시키는 법을 배우다.

0 ~ 5분:
개요, 우리는 어떻게 안전하게 치유 보조견에게 접근할 수 있을까?
치유 보조견은 어떻게 우리에게 자신이 행복하다고 말할 수 있을까?

5 ~ 15분:
6개의 비밀 상자에는 각각 치유 보조견들이 행복하고 건강하게 지내기 위해 필요한 것을 담고 있으며, 아동들 앞에 놓여 있다.
교대로, 20초동안 각각의 아동들은 상자 안에 있는 것을 느끼고 추측한 것을 기록한다.
집단은 각각의 상자에 무엇이 있는지 그리고 그것이 왜 중요한지 그리고 치유 보조견이 필요로 하는 다른 것은 무엇이 있는지를 토론한다.

15 ~ 45분:
치유 보조견과 함께 안전한 접근방법, 손질하기, 줄잡고 걷기, 진정(마사지)하기를 연습한다.
개별 집단에서 아동들은 적절한 간식과 언어/시각적 단서를 사용하여 치유 보조견의 "앉아", "엎드려" 훈련하는 방법을 배운다.
강화만 사용하되 처벌은 사용하지 않는다는 점을 강조한다.

45 ~ 55분:
휴식, 손 씻고, 간식주기를 한다.

55 ~ 70분:
치유 보조견(그리고 사람)을 행복하게 하는 것에 대해 토론한 다음, 치유 보조견을 불행하게 만드는 것이 무엇인지에 대해 토론한다.
각각의 아동들에게 개 감정카드를 제공하여 화난 개가 어떻게 생겼는지 보여달라고 요청한다.
만약 자신이 화난 개에게 접근한다면 무슨 일이 일어날지 토론하라.
활동일지에 보관한다.

70 ~ 85분:
시설있는 다른 동물과의 상호 작용.

다정한 접촉과 목소리, 건강과 복지 요구를 강화한다.
긍정적 상호 작용을 통해서만 행동이 변화한다는 것을 경험한다.
서로 다른 감정의 비언어적 표현과 이러한 감정이 무엇인지를 연결한다.

3주	다른 형태의 동물 학대와 그것을 예방할 수 있는 방법을 찾는다. 치유 보조견이 묘기를 보일 수 있도록 훈련시킨다.	**0 ~ 5분:** 개요, 다양한 신체 언어 사진을 보여주고 아동들이 치유 보조견이 겪고 있는 다양한 감정을 파악하도록 한다. **5 ~ 15분:** 각각의 사진을 보고 "사람들은 이 개를 이렇게 느끼도록 하기 위해 무엇을 하는가?", "우리는 이런 기분을 좋아하는가?", "잔혹한가?"라고 묻는다. 아동들의 대답에 따라 도표에 해설을 달며(소리, 모습, 느낌), 활동 일지에 보관한다. 아동들이 도울 수 있는 방법에 대해 논의한다(예: 자신의 동물을 돌보고, 다른 사람에게 동물을 돌보는 법을 가르치고, 학대를 고발한다). **15 ~ 45분:** 치유 보조견과 함께 인사하고 쓰다듬으며 진정(마사지)하기를 연습한다. "앉아", "엎드려"를 연습시킨다. 치유 보조견에게 묘기를 가르친다(예: 기어오기, 목줄을 한 치유 보조견들을 데리고 산책한다). **45 ~ 55분:** 휴식, 손 씻기, 간식 주기를 한다. **55 ~ 75분:** 공예 활동, 찰흙을 활용하여 집으로 데려갈 애완동물을 직접 만든다. **75 ~ 85분:** 지난 3주 동안 우리가 배운 모든 것에 대한 브레인스토밍 차트를 만든다. – 아동들로부터 정보를 수집하고 각 아동들과의 향후 회기에서 사용할 수 있도록 활동일지에 보관한다.	비언어적 단서를 사용하여 감정을 인식하고 다른 감정의 가능한 원인을 식별한다. 다른 인간/동물들에 대한 동정심과 공감을 형성한다.

나머지 7주 동안, 이 집단은 배정된 사회복지사들과 협력하여 첫 3주 동안 획득한 기술과 개념을 동물에서 인간으로 전이하는 활동을 진행한다: 인간에 대한 공감, 신체 언어 및 감정, 정서 관리, 비언어적 및 언어적 의사소통, 자기위로(Self-soothing), 한계를 발전시키고 존중하기, 지원 요청 및 지원망 개발.

외상 글쓰기 치료에 참여하는 성인들은 고통과 우울 증상의 현저한 감소를 경험했다(Hunt, & Chizkov, 2014). 펜실베이니아대 학부생 107명(여성 71명, 남성 36명)이 실험에 참여하였는데, 참가자들은 18~28세로 백인 54명, 아시아인 34명, 아프리카계 미국인 6명, 히스패닉 7명, 기타 5명 또는 혼혈인이었다. 참가자들은 외상성 기억에 대해 쓰거나 3일 연속 3회의 쓰기 회기에서 세 개의 다른 방의 규모와 가구들을 자세히 묘사하게 하였다. 두 마리의 다른 개들이 연구에 사용되었다. 한 마리는 약 14킬로그램의 몸무게를 가진 3살 된 암컷 덕 톨링 리트리버(Duck Tolling Retriever)이며, 다른 한 마리는 몸무게가 약 7킬로그램인 10살 암컷 케언 테리어(Cairn Terrier)였다. 리트리버는 모든 기본 순종 훈련을 이수한 상태였다. 그러나 테리어는 그저 부드럽고 늙은 가족 반려견으로 특별히 훈련받거나 치유 보조견으로 인정받지 못했다. 개별 참가자들은 참여하는 동안 같은 개와 교감했다. 참가자가 개 집단에 배정되었다면, 2마리 개 중 한 마리는 참가자가 실험실에 있는 동안에 계속 같이 있었다. 개 집단에 배정되지 않은 참가자의 실험실에는 개가 없었다. 참가자들은 일반적으로 도착하면 개를 맞이하고 출발하기 전에 개를 쓰다듬으며 시간을 보냈다. 그 개는 참가자들이 실험실의 작은 방에서 왔다 갔다 할 수 있었다. 개들은 실험실에서의 스트레스를 줄이기 위해 서로 다른 날에 번갈아 가며 참여했다.

성적 학대를 경험한 7~17세 153명의 아동청소년을 위한 외상 치료 집단에서 (Dietz, Davis, Pennings, 2012), 회기 시작 시에 15분 동안 자유롭게 개와 접촉하는 것(대기실에서 30분씩 진행)은 불안, 우울, 분노, 외상 후 스트레스 장애, 해리, 성적 걱정을 포함한 외상 증상의 유의미한 감소를 가져왔다. 80%의 사람들이 일생 동안 어떤 형태로든 정신적 충격을 경험한다(de Vries, & Olff, 2009). 대부분의 사람들은 외상 후 곧 바로 무증상을 보이지만 이들 중 일부는 외상 후 스트레스 장애라고 하는 심각한 정신 건강 장애로 발전하게 된다(Copeland, et al., 2007). 외상 연구에서 이 시간이 지나면 외상이 자연스럽게 치유되는 것이 아니라 개인의 환경적 스트레스와 추가 외상 노출에 더 취약하는 것을 알게되었다(MacFarlane, 2010). 광범위한 연구에서 외상 후 스트레스 장애 증상의 감소를 뒷받침하는 치료 방법은 두 가지뿐이라고 결론지었다(Ponniah, & Hollon, 2009). 외상 중심의 인지 행동치료법(CBT)과 안구 운동 민감 소실 및 재처리(EMDR: Eye Movement Desensitization and Reprocessing)이다. 그러나 이미 치료 효과가 인정된 치료에 대한 중도 탈락률은 약 18%에 이르며 외상 중심의 인지행동치료에 참여하였을 때에는 더욱 증가한다(Imel, et al., 2013). 더욱이 이러한 탈락률을 감소시키기 위해 내담자의 혐오감을 줄이기 위해 치료 방법을 수정할 경우에는 치료 효과도 동시에 감소하게되는 문제가 발생한다(Simila, et al., 2015). 따라서 증거 기반 효과와 임상의 효용성을 모두 가지고 있는 치료법이 필요하다. 말을 활용한 심리 치료와 개인 성장을 목적으로 하는 EAGALA(Equine Assisted Growth and Learning Association)는 말교감치유(Equine-assisted Psychotherapy)의 개념을 더욱 발전시켰다(EAGALA, 2012). 이러한 유형의 중재에서는 일반적으로 심리치료적 중재 맥락 내에 동물을 활용한다(예: 회기동안 각 개인을 위해 비유로 말을 사용).

가정폭력 여성 피해자 자녀의 공격성 및 우울에 대한 동물교감치유의 효과를 확인하고자 연구가 진행되었다(송윤오, 외 2011). 동물교감치유를 수행한 결과 공격성과 우울 모두에서 유의미한 효과를 나타냈으며, 특히 공격성에서 다소 높은 효과를 나타내었다. 그리고 치료의 효과는 프로그램이 종료된 한 달 뒤에도 여전히 나타나고 있음을 알 수 있었다. 따라서 감성이 풍부한 청소년들 중에서 학교폭력 피해에 의하여 우울이나 자아존중감이 상실될 경우 동물교감치유 프로그램을 시행하면 치료의 회복시간을 단축시키거나 정서적 안정에 많은 도움을 줄 수 있다. 이 가정폭력 쉼터에 입소 후 생활하고 있는 가정폭력 여성 피해자의 자녀는 7~12세 사이의 남자 아동 8명이다. 동물교감치유 프로그램에 참여된 동물은 생후 3주~2년 사이의 동물이며, 종류는 요크셔테리어 3두(수컷 2, 암컷 1), 푸들 2두(수컷 1, 암컷 1), 토끼 1두, 뱀 1두(암컷, 생후 3주령), 햄스터 2두(수컷 1, 암컷 1)로 총 9두의 동물을 사용하였다. 프로그램이 진행될 때에는 실험 아동 1명과 동물교감치유 동물 1두, 그리고 실험보조자 1명이 한 조가 되게 하였는데, 이러한 이유는 아동과 동물 상호간에 상해를 입히거나 불의의 사고가 발생하지 않도록 예방하며, 특히 동물교감치유 동물이 아동에게 심한 신체적 학대나 고통을 받을 수 있는 사태에 대비하고자 한 것이다. 동물교감치유 실험은 매주 1시간씩 12주 동안 실시하였다. 프로그램의 자세한 내용은 표 5-2를 참고하기 바란다.

표 5-2 가정폭력 피해 아동을 위한 동물교감치유

전개	회기	내용	목표	기타
소개하기	1	아동들과 동물의 소개 및 친근하게 지내기	동물의 성격 및 특성 이해 동물과의 친근감 갖기	한 방에서 같이 지내기[1]
	2	동물과 신체 접촉하기	가벼운 신체적 접촉 접촉을 통한 동물의 순종 확인	안아보기, 다리 및 꼬리 만져보기, 빗질하기[1]
행동치료	3	동물과 함께 놀이터에서 놀기	친밀감 기회 제공 아동의 스트레스 해소 제공	공 던져서 물고오기 함께 뛰기 등[2]
	4	동물 목욕 및 털 관리하기	동반자의 관계형성 집중력 증가	샴푸하기, 씻기, 털 말리기[2]
자존감 형성	5	기본 복종훈련 시키기 Ⅰ	절제된 행동 훈련 사회성 함양	앉아, 일어서, 엎드려[2]
	6	기본 복종훈련 시키기 Ⅱ	명령과 복종의 개념 이해 친구들과 관계개선 훈련	이리와, 기다려, 함께 걷기[2]
	7	동물과 함께 산책하기	사회성 증가를 통한 정서 함양 혼자가 아닌 동반자의 형성	목줄을 잡고 함께 걷기[2]
행동치료	8	실내에서 함께 놀기	사회의 일원임을 확인 부드러움과 관심의 배양	간식주기, 잠자리 마련하기, 배변훈련, 청소하기 등[1]
	9	동물 목욕 및 털 관리하기	동반자의 관계형성 가족관계의 필요성	기본 목욕 및 털 손질하기[1]
	10	실내에서 함께 놀기	동물의 행동을 이해 안정된 정서의 함양	복종훈련을 통한 행동절제 경험하기[1]
이별 준비	11	동물과 함께 산책하기	이별의 아픔에 대한 준비 동물의 관점에서 행동이해	함께 걸으며 대화하기[2]
	12	함께 놀기 및 작별 인사하기	이별하기 안정된 정서를 유지하기	간식주기, 안아보기 등 작별 인사하기[1]

1) 활용된 치유 보조 동물: 프로그램에 참가한 모든 동물
2) 활용된 치유 보조 동물: 프로그램에 참가한 동물 중 개(犬)만 활용함

동물교감치유와 같은 대체 치유 방법들은 뇌에서 신경펩타이드 옥시토신의 방출을 통해 스트레스를 줄이고 면역 기능을 강화함으로써 사회적·환경적 도전에 대한 뇌와 신체의 반응을 조절하는 마음의 능력에 영향을 미친다(Yount, et al., 2013). 즉, 사회적 지원을 최적화하고 옥시토신의 내인성 수준을 높임으로써 외상 후 스트레스 장애 증상을 개선할 수 있다. 치유 보조견을 사회적 지지의 최적화를 제공할 수 있고, 치유 보조견과의 긍정적인 상호 작용이 인간의 옥시토신과 다른 중요한 스트레스 방지제의 내인성 수준을 증가시키는 안전하고 효과적이며 상대적으로 저렴한 방법을 제공할 수 있다. 옥시토신은 불안, 공포 반응, 과각성, 대인관계 어려움/사회적 고립, 육체적 고통, 수면 장애와 같은 외상 후 스트레스 장애 증상을 조절할 수 있는 친사회적, 스트레스 방지 뇌 네트워크의 잘 확립된 조절제이다. 인간의 옥시토신 연구는 옥시토신이 우리의 신뢰감, 공감, 낙관을 증가시키고 심지어 최면에 대한 우리의 반응을 증가시킬 수 있다는 것을 보여주었다. 설치류에서 옥시토신의 중앙 관리는 침술의 진통제 효과를 증가시켰다. 또한 옥시토신이 플라시보 효과의 중심 중재자이다(Heinrichs, von Dawas, & Domes, 2009; Uvnas-Moberg, 2003; Bello, et al., 2008; Bryant, et al., 2012). 개와의 우호적이고 사회적인 상호 작용은 인간의 혈액 및 소변의 옥시토신 수준을 증가시킨다(Odendaal, & Meintjes, 2003; Nagasawa, et al., 2008; Miller, et al., 2009; Handlin, et al., 2011; Handlin, et al., 2012). 뇌 영상 연구에서 이러한 인간-개 접촉에 의한 효과는 옥시토신의 말초적 증가가 인간 스트레스 반응을 제어하는 옥시토신 뇌 중추의 동시 활성화와 일치한다(Strathearn, et al., 2009). 옥시토신 뉴런은 시상하부에서 시작하여 행동과 감정을 조절하는 주요 뇌 중추와 연결된다. 옥시토신은 스트레스 유발 신경내분비 활성을 약화시키기 위해 시상하부-뇌하수체-부신 축(HPA 축), 청반(Locus Coeruleus), 중추 편도체(CeA) 및 기타 중추신경계의 각성 중추를 조절한다. 중추 편도체의 옥시토신 수용체 발현 신경 회로는 내측 전전두엽 피질에 연결되어 공포에 대한 동결 반응을 생성하는 뉴런을 억제하는 한편, 공포 자극에 대한 위험 평가와 탐색적 반응을 촉진한다. 옥시토신은 또한 세로토닌 시스템을 조절하고 사이토카인, 부신피질 호르몬, 코티솔의 수치를 감소시킨다. 이러한 모든 뇌 시스템과 신경화학적 반응은 외상 후 스트레스 장애에서 기능적으로 중요하다(Marazziti, & Catena Dell'osso, 2008; Petersson, et al., 1998; Knobloch, et al., 2012; Parker, et al., 2010; Stein, McAllister, 2009; Armony, et al., 2005; Eaton, et al., 2012; Dabrowsa, et al., 2011). 통증 및 수면 장애와 관련하여 옥시토신은 인간의 통증을 조절하며 동물 연구에서 수면 형태에 영향을 미친다(Yang, 1994; Singer, et al., 2008; Lancel, Kromer, & Neumann, 2003). 옥시토신은 또한 면역 체계를 강화하고 패혈증으로부터 보호할 수 있는 강력한 황산화제이다(Iseri, et al., 2005; Moosmann, & Behl, 2002).

외상 후 스트레스 장애를 가진 참전용사에게 1회분의 옥시토신을 투여하면 자극된 전투 기억에 대한 생리적 반응이 감소한다(Pitman, Orr, & Lasko, 1993). 또한 신뢰감을 증가시키며, 사회적 자극에 대한 혐오적 조건화의 효과를 역전시키고, 스트레스 반응성에 대한 사회적 지지의 완충 효과를 강화하며, 초기 외상의 병력이 있는 사람들의 스트레스 반응을 감소시킨다(Striepens, et al., 2011). 인간의 옥시토신은 부정적인 정보에 비해 긍정적인 사회적 정보의 처리를 향상시킨다. 친사회적/반스트레스 반응은 보조견을 훈련시키는 외상 후 스트레스 장애를 가진 군인에게서도 관찰되었다. 즉, 보조견에게 훈련을 통하여 행동을 형성하게 하는 것은 인간의 옥시토신 혈중 농도를 자연스럽게 증가시킨다.

성적 학대를 받은 아동청소년의 외상 증상에 대한 효과를 조사하기 위하여 성적 학대 경험이 있는 7~17세 아동청소년 153명을 대상으로 동물교감치유를 진행하였다(Dietz, Davis, & Pennings, 2012). 동물교감치유에 참여한 아동청소년들은 불안, 우울증, 분노, 외상 후 스트레스 장애, 분열, 성에 대한 걱정 등 외상 증상에서 현저한 감소를 보였다. 집단은 나이에 따라 6~10명으로 구성하였으며, 회기 신행은 사회복지, 심리, 상담을 훈련받은 임상가가 개를 활용하여 12회기 진행하였다. 집단 치료는 동료들의 피드백과 지원이 자신과 같은 다른 사람들과 함께 학대 경험을 헤쳐나가는 데 도움을 줄 수 있기 때문에 아동청소년 성적 학대 생존자들에게 자주 선택되는 중재 방법이다. 집단 치료는 아동청소년들에게 그들이 경험을 공유하고 처리할 때 서로를 지원하면서 치료사의 지도를 받을 수 있는 안전한 환경을 제공한다(Foy, et al., 2001; Reeker, Ensing, & Elliott, 1997).

마지막으로 아동과 청소년의 외상에 대한 동물교감치유 프로그램을 소개한다(Coletta, 2010). 6가지 주제(안전, 공감, 수용, 신뢰, 자부심/자신감 및 사회화)를 가지고 일주일에 한번씩 8회의 순차적 치유 회기로 구성되어 있다. 이러한 6가지 주제는 전형적으로 중요하며 외상 경험이 있는 아동들에게 주의가 필요한 주제이다. 이 치유 프로그램에는 종 선택, 안전 및 관리 지원, 잠재적인 치료적 관련성을 고려하여 치유 보조견과 치유 보조거북이를 활용하였다. 치유 보조견은 지금까지 가장 인기 있는 등록 동물 종이며 구성원들에게 접촉의 편안함과 구조화된 자발적인 치유 상호 작용을 위한 기회를 제공하는 데 다재다능하기 때문에 선택되었다. 개 품종에 대해서 명확하게 명시하지 않았지만 회기 활동 및 여러 집단 구성원 접촉의 적합성을 고려할 때 중형견에서부터 대형견까지 권장하고 있다. 예를 들어, 회기 장소에서 휴식을 취하는 골든 리트리버는 둘 이상의 집단 구성원이 동시에 쓰다듬을 수 있다. 햄스터, 토끼, 기니피그 등 작은 치유 보조 동물들은 정신적 충격을 받은 아동청소년들이 치유 보조 거북이를 관찰하고 상호 작용하는 데 도움이 될 수 있다고 판단하여 선택하였으며 그 구체적이 이유는 첫째, 치유 보조 거북이가 스트레스를 받을 때 거북이 껍질 속으로 들어가는 특성이 있는데 이는 불안감을 경험하거나 위축되고 고립된 행동을 보이는 트라우마 이력이 있는 아동들은 거북이의 공포 반응과 잠재적으로 관련될 수 있기 때문이다. 둘째, 거북이가 안전한 곳으로 철수하는 것을 관찰하는 것은 인간과 동물 모두가 어떻게 안전과 보안에 대한 필요성을 가지고 있는지를 보여주고 정상화 시키는 데 도움이 되며, 셋째, 거북이의 신체적 구성은 아동들에게 유용한 비유로 작용하다. 즉, 겉에 딱딱한 껍질이 내면의 취약성을 보호한다는 것이다. 치유 집단 구성원과 치유 보조 동물 간의 유대감을 높이기 위해 같은 치유 보조견과 치유 보조 거북이가 8회 모두 참여한다. 또한 안전 및 관리와 관련하여, 각 회기에서 집단 도우미는 동물의 안전 유지, 욕구(예: 영양, 수분) 제공 및 피로 징후 모니터링에 대한 책임을 가지도록 하였다. 동물들을 돌보는 것이 가장 중요하기 때문에 각 회기가 시작되기 전에 집단 도우미들은 음식, 물, 그리고 쉴 장소(예: 개 침대, 거북이 수족관)를 준비하였으며, 회기 외에도 집단 도우미가 정기적인 수의사 방문과 치유 보조 동물 관리자 등록 요건 준수 등을 포함한 치유 보조 동물의 건강과 안전을 유지하는 업무를 담당하도록 하였다. 표 5-3은 전체 회기를 간단히 요약한 것이다.

표 5-3 아동과 청소년의 외상에 대한 동물교감치유 프로그램

회기	주제	주안점	목표와 목적
1	소개	• 집단 구성원, 조력자 및 치유 보조 동물 간의 관계와 신뢰 구축 • 치료 장면이 안전하고 예측 가능한 환경임을 입증 • 집단 규칙과 기대에 대해 학습 집단 응집과 사회화를 촉진	• 집단 규칙에 대해 배우고, 집단 규칙 계약에 서명하기 • 치유 보조견 및 집단에 배정된 파트너를 인터뷰하고 소개하기 • 자신과 다른 사람들에게 긍정적 문장으로 말하는 것에 대해 학습하기 • 하나의 긍정적 자기 문장을 구두로 표현하기
2	감정을 이해하기	• 감정과 그 기능에 대한 이해 향상 • 자신과 타인의 감정을 식별하는 능력 향상 • 공감을 표현하는 능력 향상	• 참/거짓의 유인물을 사용하여 감정의 기능에 대해 학습하기 • 감정 체크리스트를 사용하여 자신의 감정 탐구하기 • 자기와 타인의 감정을 확인하는 연습하기 • 다른 집단 구성원에 대한 긍정적인 내용을 구두로 표현하기
3	감정에 대처하기	• 스트레스 반응과 관련된 신체적, 정신적 증상에 대해 학습하기 • 대처 기술 구현의 필요성에 대한 인식 향상 • 대처 기술에 대해 토론, 학습 및 실습 • 친사회적 동료 간 상호 작용 촉진	• 신체 다이어그램 유인물을 사용하여 내부 및 외부 스트레스 요인을 학습하고 식별하기 • 대처 기술을 실행해야하는 필요성과 스트레스 단서를 연관시킬 수 있는 능력 향상하기 • 감정조절 장애에 대한 영향의 결과에 대해 논의하기 • 두 가지 대처 기술 학습하기 • 하나의 긍정적인 문장을 구두 표현하기
4	신뢰와 지원 구축	• 다른 사람을 신뢰하는 것과 관련된 생각과 감정 토론 • 신뢰할 수 있고 도움이 되는 개인 구별 • 친사회적 동료 상호 작용 촉진 • 대처 기술의 중요성 검토	• 신뢰 구축 활동 및 후속 논의에 참여하기 • 가정, 학교, 지역사회 환경에서 신뢰할 수 있는 개인들을 식별하기 • 하나의 대처 기술을 연습하기 • 다른 집단 구성원에 대한 하나의 긍정적인 진술을 구두로 표현하기
5	나의 진짜 자아	• 자부심과 자기 효율 향상 • 정체성 개발 • 친사회적 동료간 상호 작용 촉진 • 대처 기술의 중요성 상기	• 자신 및 다른 사람의 장점과 재능 확인하기 • 집단 기능 작업 지원하기 • 하나의 대처 기술 연습하기 • 하나의 긍정적인 자기 진술 구두 표현하기

6	돌봄	• 개인의 권리와 안전 문제에 대한 인식 제고 • 건강과 위생 장려 • 자긍심 고취 • 집단 치유 종료 프로세스 시작	• 개인의 권리와 안전에 대해 논의하기 • 건강과 위생 개선을 위한 전략 학습하기 • 집단 치유 종료와 관련된 감정 논의하기 • 집단 기능 작업 지원하기 • 다른 집단 구성원에 대한 하나의 긍정적인 문장을 구두로 표현하기
7	나의 미래	• 희망적인 미래 전망을 장려 • 자부심과 정체성 향상 • 친사회적 동료 간 상호 작용 촉진 • 집단 치유 종료 프로세스 계속 • 대처 기술의 중요성 검토	• 미래의 목표와 열망을 탐구하기 • 가정 치유책 만들기 • 집단치유 종료와 관련된 감정에 대해 논의하기 • 집단 기능적 과제를 돕기 • 긍정적인 자기 진술 구두 표현하기
8	졸업과 이별	• 마지막 집단치유를 기념하기 위한 활동 제공 • 지난 8회기 동안의 성취 인식 • 긍정적인 자존감 고취 • 친사회적 또래 상호 작용 촉진	• 집필 치유책을 통합하기 • 졸업장 수여받기 • 집단치유 종료에 대한 생각과 감정 공유하기 • 동료 집단 구성원, 치유 보조 동물, 진행자에게 작별 인사하기 • 집단 기능 작업 돕기 • 치유 보조 동물에 대한 긍정적인 자기 진술과 긍정적인 진술 구두 표현하기

정신적 장애와 동물교감치유

04

정신의학은 정신 질환으로 인한 위험한 상황으로부터 환자와 다른 사람들을 보호하고, 정상적으로 치료하며, 판단력 저하로 인해 치료할 수 없는 환자들을 돌보는 역할을 담당한다(Huber, et al., 2016; Schneeberger, et al., 2017). 이를 통해 특정 상황에서 강제 입원, 안전조치(예: 격리 등), 비자발적 치료 등 강제적인 조치를 할 수 있어야 한다(Fröhlich, et al., 2017; Kowalinski, et al., 2017). 정신적 장애 환자의 경우 이러한 조치는 괴로움을 초래할수 있고 때로는 정신적 충격을 주는 경험을 할 수 있다(Schneeberger, Huber, & Lang, 2016). 강요는 정신의학과 정신적 장애 환자의 오명을 증가시킬 수 있다(Huber, et al., 2015; Sow-islo, et al., 2017a; Sowislo, et al., 2017b). 따라서 임상의사는 그러한 절차를 최소화하는 것을 목표로 한다(Jungfer, et al., 2014; Lang, et al., 2017; Hochstrasser, et al., 2018a; Hochstrasser, et al., 2018b). 강제적인 조치를 막고 덜 제한적인 대안의 사용을 선호하기 위해서는 위험한 상황의 관리를 개선하는 혁신적인 개입이 필요하다. 정신의학에서 강압을 사용하는 주된 징후는 환자나 타인에 대한 공격적 행동(즉, 공격성, 폭력)이나 환자 자신에 대한 공격적 행동(즉, 자신에 대한 공격성, 자해성, 자살 시도)에 의해 발생하는 환자나 타인에 대한 위험을 피하는 것이다(Kowalinski, et al., 2017). 이러한 위험 상황은 다양한 원인을 가진 급성 또는 만성적인 공격적 환자 행동 때문에 발생할 수 있다(Deutschenbaur, et al., 2014). 강제 치료를 예방하거나 줄이기 위한 치료 방법이 있다면 강제적인 조치의 필요성도 감소하게 된다(Huber, et al., 2015). 동물교감치유는 임상 정신의학에서 임박한 위험 행동과 강압을 예방하거나 줄일 수 있는 잠재력을 가지고 있다(Schramm, Hediger, & Lang, 2015).

동물교감치유는 정신적 장애로 고통받고 있는 아동, 청소년, 성인, 노인을 지원하기 위해서 시행되고 있다. 동물과의 접촉, 단순한 동물 관찰, 훈련사와 돌봄자와의 관계와 같은 훈련된 동물과의 상호 작용에 의해서 이러한 이점을 성취할 수 있다. 이러한 잠재적 이점은 동물과의 접촉이 환자에 대한 동물의 수용적이고 긍정적인 반응에 의한 잠재적 지지 자원이라는 사실로부터 유래된다(Yap, Scheinberg, & Williams, 2017, AVMA, 2020).

기존 연구에서 정신 장애로 고통받는 환자들은 다른 전통적인 치료적 개입과 연계하여 동물교감치유 프로그램에 참여하였다. 불안과 우울 증상을 감소시키고, 질병과 관련된 행동을 감소시키며, 사회적 상호 작용을 향상시킨다. 전통적 치료기법들이 수년간 꾸준히 긍정적인 결과를 보여 줌으로써 재활 과정에 대해 의심할 여지없이 독자적인 과정을 밟아왔다. 그러나, 기본적인 치료 형태에 반응하지 않거나 새로운 치료 형태에 긍정적으로 관여하는 사람들을 위한 새로운 방법과 기법을 찾는 것도 필요한데, 동물교감치유는 다양한 형태의 정신적 장애를 가지고 있는 아동, 청소년, 성인 및 노인 환자들에게 실현 가능하고 역동적인 대안이 될 수 있다(Mangalavite, 2014).

 # 1. 음성 증상 개선

정신적 장애 환자의 삶의 질은 일반인보다 나쁘고, 기대 수명도 짧다(Berget, Ekeberg, & Braastad, 2008). 인간관계는 긍정적인 감정 관계를 만들고 행복하게 사는 데 매우 중요하다. 그러나 정신적 장애 환자는 적절한 의사소통을 할 수 없다(Berry, Barrowclough, & Haddock, 2010; Rezaei, et al., 2018). 인간과 동물의 관계는 인간관계만큼 건강에 유용할 수 있다(Birke, Bryld, & Lykke, 2004). 조현병의 음성 증상은 약리학적 치료에 상대적으로 둔감하고 만성 경과 및 높은 수준의 사회적 장애와 관련이 있기 때문에 표준 치료 프로토콜에 추가할 수 있는 효과적인 중재 방법을 찾는 것이 매우 중요하다(Hammer et al., 1995; Liddle, 2000; Gråwe, & Levander, 2001). 동물교감치유 프로그램은 조현병 환자의 기존 심리사회적 재활에 유용한 보조 수단이다(Calvo, et al., 2016). 조현병 환자에게 동물교감치유를 실시한 후 코티솔 수치가 현저하게 감소했다. 연구는 2012~2013년까지 조현병 환자 24명을 대상으로 진행되었다. 연구를 수행한 정신병원의 글로벌 심리사회적 재활과정은 개인심리치료, 집단치료 프로그램, 기능적 프로그램(일상 기능 향상), 지역사회 프로그램(사회적 재통합 목표), 가족 프로그램 등 5가지 유형의 프로그램으로 구성되었다. 매주 월요일부터 금요일까지 이 글로벌 심리사회적 재활 과정에서 치료를 받는 모든 환자는 5가지 유형의 프로그램에 모두 동일한 주당 총 활동 시간에 참여했다. 동물교감치유 집단(A 및 B)의 경우 동물교감치유 프로그램은 이러한 활동 중 하나였다. 동물교감치유 프로그램은 6개월간 주 2회 1시간(화요일, 금요일)으로 구성되어 환자 1인당 총 40회의 동물교감치유(공휴일 고려)에 참석하였다. 통제 집단은 기능 프로그램에서 동일한 수의 회기에 참석했다. 동물교감치유에는 세 가지 유형의 회기가 포함되었다.

    (a) 참가자와 치유 보조견 사이의 정서적 유대를 개발하는 회기: 참가자는 치유 보조견을 올바르게 다루고 돌보는 방법을 학습한다. 이 유형의 회기에서는 동물 복지와 책임 있는 소유권의 개념을 설명하고 실습한다.

    (b) 치유 보조견 산책 회기: 프로그램 전반부 동안 환자들이 조용하고 통제된 방식으로 치유 보조견 산책을 배울 수 있도록 대형 자연공원에서 치유 보조견을 산책시켰다. 나머지 프로그램 동안 참가자들은 도시에서 치유 보조견을 산책시켰다. 그곳에서 치유 보조견 보호자가 경험하는 전형적인 사회적 맥락에서 치유 보조견 산책을 경험할 수 있었다.

    (c) 치유 보조견 훈련 및 놀이 회기: 환자는 치유 보조견에게 지시를 내리고 긍정적 강화 훈련 기술을 사용하여 훈련하는 방법을 배웠다.

동물교감치유 회기 동안 5마리의 치유 보조견 중 4마리는 항상 환자와 상호 작용하기 위해 상주했다. 각 회기가 시작될 때 참가자들은 2인 1조로 활동하도록 하였으며, 각 활동 조에게는 회기의 나머지 시간 동안 함께 활동하는 치유 보조견이 할당되었다. 프로그램이 진행되는 동안 세 가지 유형의 회기(감정적 유대감, 치유 보조견 산책, 놀이를 통한 치유 보조견 훈련) 사이에 순환이 있었다. 통제 집단의 각 환자는 치료사의 기준에 따라 기능 프로그램의 단일 활동에 할당되었지만 개인의 선호도를 고려했다. 미술 치료, 집단 스포츠(축구 또는 농구), 동적 정신 자극 및 체조 중에서 선택했다. 동물교감치유 집단에서 무관심, 무사회성, 무쾌감증 및 무감동과 같은 조현병의 음성 증상의 개선된 변화를 확인하였으며, 이는 환자와 동물 간의 규칙적인 상호 작용에 의한 것으로 일부 설명될 수 있다. 다른 연구에서는 동물교감치유 프로그램이 조현병의 음성 증상을 제어하는 데 효과적일 수 있다고 제안했다(Barker, & Dawson, 1998; Barak, et al., 2001; Kovács et al., 2004; Nathans-Barel, et al., 2005). 치유 보조견은 환자 간, 환자와 치료사 간의 상호 작용의 사회적 촉매 또는 중재자 역할을 하였으며 이러한 이점은 동물교감치유 회기 외부로 확장될 수 있다(Fine, 2010).

 ## 2. 불안 수준 감소

동물교감치유가 입원한 정신 장애 환자의 불안 수준을 줄일 수 있는지 여부를 조사하였다(Barker, & Dawson, 1998). 참가자들은 급성 정신 장애로 분류되어 치료를 받은 230명의 성인 환자로 동물교감치유와 치료적 레크리에이션 집단의 두 가지 조건에 참여하였다. 실험 결과 레크리에이션 집단은 기분 장애 환자만이 불안의 평균 감소가 유의하게 나타났다. 그러나 동물교감치유 집단은 기분, 정신 장애 및 기타 장애를 가진 환자에서 불안의 평균 감소가 통계적으로 유의미하게 나타났다. 또한 레크리에이션 집단보다 동물교감치유 집단은 회기 후 정신 장애로 진단받은 개인의 불안 점수 감소가 두 배나 높았는데, 이는 동물교감치유가 안전 제공, 요구 사항 감소, 불안으로부터의 전환 때문일 수 있다. 이 연구는 동물교감치유가 다양한 정신적 장애로 진단된 입원환자의 상태불안 수준을 감소시키는 데 유용한 중재가 될 수 있음을 보여준다. 또 다른 연구로 동물교감치유가 전기충격요법(ECT: Electroconvulsive Therapy)을 받기 전에 정신과 환자의 공포, 불안, 우울증 감소와 관련이 있는지를 조사했다(Barker, et al., 2003). 참가자들은 성인 입원 및 외래 환자 중에서 선택된 35명이었다. 전형적인 진단으로는 조울증, 심각한 우울증, 정신적 장애이다. 참가자들은 전기충격요업 치료일에 두 가지 조건(동물교감치유 15분 또는 잡지 읽기 15분) 중 하나에 배정하였다. 연구 결과 동물교감치유가 우울증이나 불안감소에 큰 영향을 미치지는 않았지만 기준치에서 37%의 공포가 감소하는 등 두려움을 줄이는 데 매우 중요한 개입으로 밝혀졌다. 환자 인터뷰에 따르면 참가자의 50%는 동물교감치유가 공포와 우울증을 어느 정도 감소시켰다고 생각했고, 75%는 치유 보조견이 불안감을 감소시켰다고 보고했다. 공포와 불안의 존재는 종종 치료 부적합에 기여할 수 있기 때문에, 공포와 불안감 감소는 치료 과정에 매우 중요하다.

3. 사회적 상호 작용 증가

폐쇄된 정신병동에서 치유 보조견이 치매에 걸린 노인들에게 미치는 영향을 조사했다(Walsh, et al., 1995). 실험 집단은 12주 동안 주 2회, 3시간 동안 동물교감치유를 받은 7명(치매 6명, 조현병 1명)으로 구성됐다. 성별과 진단에 일치하고 약물치료에 밀접하게 일치하는 7명의 참가자가 통제집단 역할을 했다. 연구원들은 또한 수축기 혈압, 심박수, 병동 소음 수준에 관한 자료를 수집했다. 통계적으로 유의미한 결과는 나오지 않았지만 다음을 관찰하였다. 실험 집단은 12주 동안 평균 혈압이 약간 떨어졌으며, 심박수 감소와 병동 소음 수준 감소를 경험했다. 직원들은 환자 간, 환자와 직원 간의 친사회적 상호 작용이 전반적으로 증가했다고 보고했다. 직원들은 또한 치유 보조견이 있는 곳에서 자발적이고 무차별적인 고함소리와 비명소리가 줄어들었으며 욕설이 줄어들었다고 보고했다. 대신에, 환자들은 치유 보조견에게 미소 짓고, 손을 뻗고, 쓰다듬고, 말을 하는 것을 관찰했다.

동물교감치유가 성인 정신적 장애 환자의 친사회적 행동을 개선할 수 있는지 여부를 조사했다(Marr, et al., 2000). 참가자들은 알코올/마약 남용 또는 기타 중독성 행동의 이력이 있으면서 정신적 장애 진단을 받은 37명의 성인(남성 70%, 여성 30%)이었다. 가장 빈번한 진단은 조울증, 조현병, 정신병적 장애, 우울증 등이다. 참가자들은 동물교감치유를 포함하거나 동물교감치유가 포함하지 않은 약물 남용 교육 치료 집단에 배정되었다. 집단 내용은 동물교감치유라는 변수를 제외하고 동일했다. 동물교감치유는 매일 한 시간씩 4주가 진행되었으며, 활용된 동물들에는 개, 토끼, 페렛, 기니피그가 포함되었다. 3주차까지는 변화가 없었으나 4주째가 되자 동물교감치유 집단의 참가자는 상당히 활동적이고, 주위 환경에 대한 대응력이 뛰어나고, 다른 사람들과 친밀하며, 도움이 되며, 다른 환자와 상호 작용을 할 가능성이 높았으며, 대조집단 참가자와는 반대로 미소 짓고 쾌감을 나타내었다. 정신과 입원환자의 경우, 동물교감치유는 동물이 없는 재활치료에 비해 4주 동안 다른 환자와의 상호 작용이 상당히 증가하였다. 여기에는 미소, 사교성, 타인에 대한 도움, 활성화 및 반응성이 포함된다(Marr, et al., 2000).

4. 자신감과 신뢰감 향상

정신 질환으로 고통받는 환자들은 무기력하고 허약하고 다른 사람들에게 의존한다. 동물의 존재는 동물의 생존과 관련된 활동을 통해 책임감을 느끼는 다른 존재의 잠정적 돌봄자가 되기도 한다. 이것은 자신감과 신뢰를 강화하는 데 기여한다(Bachi, & Parish-Plass, 2017, Bachi, Terkel, & Teichman, 2012). 동물교감치유는 정신적 장애 환자가 "정신적 장애 환자"로 간주되지 않고 해방감을 느끼고 일상 활동을 할 수 있도록 해 궁극적으로 낙인을 완화한다(MacDonald, & Callery, 2004). 정신적 장애가 있는 사람들은 때때로 다른 사람들에 의해 판단되는 것을 두려워한다(MacDonald, & Callery, 2004). 치유 회기에서 정신건강 의사가 아닌 동물에게 집중하는 것은 "동물들이 당신을 절대 판단하지 않고, 단지 감사할 뿐이다."라는 것을 더 편안하게 느끼게 한다(Pedersen, Lhlebaek, & Kirkevold, 2012).

 5. 사회적 기술 배양

정신 질환 환자들은 낙인뿐만 아니라 인간의 사회적 상호 작용과 정상적인 사회적 관계의 확립을 위해 필요한 기술의 감소 때문에 사회적 환경으로부터 단절된다. 더욱이 만약 질병이 환자를 입원하도록 하게 되면 자동적으로 사회적 환경으로부터 단절되며 삶의 질 또한 나빠지게 된다. 이러한 환자의 치료에 동물의 개입은 정상적인 생활양식의 부분적 확장과 잃어버린 사회적 기술을 배양하는 데 기여한다. 치유 보조 동물과 치유사와의 관계에 대한 단순한 관찰과 상호 작용은 환자에게 수용 가능한 행동과 비사회적 행동에 관한 정보를 제공한다. 결과적으로 환자는 자신의 행동이 받아들이는 사람들에게 어떻게 영향을 미치는지를 배우게 되며 자기조절 및 자제를 연습하게 된다. 다른 중요한 점은 치유 보조 동물들은 자신에 대한 사람들의 행동과 태도에 대해서 직접적으로 반응한다. 이러한 긍정적 또는 부정적 반응은 환자가 적절한 행동을 취하는데 도움을 준다(Chitic, Rusu, & Szamoskozi, 2012; Bachi, & Parish-Plass, 2017). 폭력적인 행동 이력이

(지난 12개월 동안 적어도 3건의 폭력적인 행동을 저지른 경우) 있는 만성 정신 장애 환자들에게 말이나 개 교감치유의 효과를 조사했다(Nurenberg, et al., 2015). 두 가지 동물교감치유에서 모두 환자들의 공격성을 감소시켰다.

 ## 6. 자발적 참여 증가

정신과에서 강제 치료를 줄이는 데 동물교감치유가 도움이 되는지를 확인한 연구가 있다(Widmayer, et al., 2019). 연구 결과 동물교감치유는 인간의 건강에 큰 도움이 된다. 그것은 정신적 장애를 가진 사람들이 다양한 분야와 증상에 대해 더 나은 치료 결과를 얻을 수 있도록 할 뿐만 아니라 전반적인 행복을 증진시킨다. 정신의학에서 강압적인 치료라는 맥락에서 공격적 행동으로 이어지는 증상을 완화하기 위해 동물교감치유의 잠재력을 강조한다. 연구자들은 정신과 병동에 동물교감치유를 적용하면 강압적인 치료의 필요성이 줄어든다고 주장하였으며, 게다가, 강압적인 조치로 이어지는 강화 과정의 후반 단계에서도 동물교감치유가 강압을 불필요하게 만들 정도로 상황을 완화시킬 수 있다고 생각한다. 치유 보조 동물이 있는 곳에서 공격성 자체가 감소한다는 것이 밝혀졌다.

 ## 7. 삶의 질 향상

만성 조현병을 앓고 있는 사람들의 기존 치료와 비교한 연구에서 동물교감치유의 긍정적인 효과와 함께 삶의 질에 긍정적인 영향을 미친다고 보고했다(Nathans-Barel, et al.,2005).

조현병과 동물교감치유

조현병(Schizophrenia)은 젊은 연령에서 발병하며 정신적 장애 중에 가장 많은 관심을 받는 장애이다(현외성, 외 2017). 망상, 환청, 혼란스러운 사고, 와해된 언어적·정서적 둔감 등의 증상과 더불어 사회적 기능에 장애를 일으키는 질환이며, 조현병 상태에서는 현실 검증력이 저하되어 매우 비현실적인 지각과 생각을 하게 되고 혼란스러운 상태에 빠져들게 된다. 예후가 좋지 않고 만성적인 경과를 보여 환자나 가족들에게 상당한 고통을 주지만, 최근 약물요법을 포함한 치료적 접근에 뚜렷한 진보가 있어 조기진단과 치료에 적극적인 관심이 필요한 질환이다. 초기에 적절하고 집중적인 치료를 받지 못해 만성화되면 사회성이나 직업, 대인관계 등 삶이 황폐화되어 사회에 적응하기 어려워지기 때문에 사회복지사의 주요한 개입 대상이다. 우리나라는 정신분열증에 대한 부정적인 이미지를 줄이고, 사회적 관심을 불러일으키기 위해서 2011년부터 정신분열증을 '조현병(調絃病)'으로 개정하였다. 조현(調絃)이란 '현악기의 줄을 고르다'는 뜻으로, 조현병 환자의 모습이 마치 현악기가 정상적으로 조율되지 못했을 때의 모습처럼 혼란스러운 상태를 보이는 것과 같다는 데에서 비롯되었다. 그러나 조현병은 학문적인 용어로 일반화되어 사용되고 있지는 않다.

조현병의 특성을 이해하기 위해서는 중요한 증상을 이해해야 한다. 조현병의 가장 대표적인 증상은 첫째, 망상이다. 망상은 자신과 세상에 대한 잘못된 강한 믿음을 말한다. 망상의 주제는 내용에 따라 피해망상, 과대망상, 관계망상, 애정망상, 신체망상 등으로 다양하게 구분된다. 피해망상은 정보기관이나 권력기관 또는 특정 개인이 자신을 감시하거나 미행하여 피해를 주고 있다는 믿음을 말하며, 과대망상은 자신이 중요한 능력과 임무를 지닌 특별한 인물이라고 생각하는 것을 말한다. 관계망상은 일상적인 일들이 자신과 관련되어 있다는 믿음(TV나 라디오 뉴스, 지나가는 사람의 말이 자신과 관련이 있다고 생각함)

이며, 애정망상은 유명한 연예인이나 저명인사와 사랑하는 관계에 있다고 생각하는 것이고, 신체망상은 자신의 몸에 심각한 질병이나 증상이 있다고 여기는 것이다. 둘째, 환각이다. 환각은 외부 자극이 없는데도 어떤 소리나 형상을 지각하거나 외부 자극을 현저히 왜곡되게 지각하는 경우이다. 환각은 감각의 종류에 따라 환청, 환시, 환후, 환촉, 환미로 구분한다. 셋째, 혼란스러운 언어와 행동이다. 조현병 환자는 상황과 목적에 맞지 않는 엉뚱한 언어와 행동을 보이는데, 이는 이들이 표현하고자 하는 것을 논리적으로 진행시키지 못하고 초점을 잃거나 다른 생각의 침투로 엉뚱한 방향으로 흘러가기 때문에 나타난다. 그리고 마치 근육이 굳은 것처럼 어떤 특정한 자세를 몇 시간 동안 꼼짝하지 않고 유지하는 긴장증적 행동(Catatonic Behavior)을 보이기도 한다. 넷째, 다양한 음성 증상, 즉 감소된 정서 표현이나 무의욕증이다. 감소된 정서 표현은 외부 자극에 대한 정서적 반응성이 둔화된 상태로 얼굴, 눈 맞춤, 억양, 손이나 머리의 움직임을 통한 정서적 표현이 감소된 것을 말한다. 무의욕증은 마치 아무런 욕망이 없는 듯 어떠한 행동도 하지 않고 무관심한 채로 오랜 시간을 보내는 것을 뜻한다. 조현병은 생물학적으로 취약성이 있는 사람이 극복하기 힘든 스트레스를 받을 때 걸리는 것으로 본다. 20대 전후에 발생이 많은 것은 입시 압박, 구직 및 업무 스트레스, 실연, 군 입대 때문인 것으로 추정된다. 입시나 구직에 실패한 사람은 물론 새로운 직장에서 스트레스를 받거나 대학 입학 후 새로운 인간관계에서 좌절을 느끼는 이들도 조현병에 걸릴 가능성이 크며, 조현병 환자는 일반인에 비해 자살을 시도하는 경우가 흔하고(20~40%), 자살 시도자 중에서 약 10%는 사망에 이르게 된다. 또한, 증상 때문에 생활 습관 관리가 어려워 당뇨, 심혈관계 질환의 위험성도 높아진다. 범위로는 조현병과 유사한 증상을 보이지만 심각도나 지속 기간이 다른 다양한 장애들이 있다. 최근에는 이러한 장애들이 조현병과 공통의 유전적 또는 신경생물학적 기반을 지닌다는 연구 결과에 근거하여 조현병과 유사한 증상을 나타낼 뿐만 아니라 공통의 원인 요인을 지닌 것으로 추정되는 다양한 정신장애를 정신분열 스펙트럼 장애(Schizophrenia Spectrum Disorders)라고 지칭한다(Tandon & Carpenter, 2013). 정신분열 스펙트럼 장애는 현실을 왜곡하는 기괴한 사고와 혼란스러운 언어를 특징으로 하는 다양한 장애를 의미하며 증상과 심각도에 따라서 스펙트럼상에 배열할 수 있다. 조현병과 분열정동장애가 가장 심각한 증상을 나타내며 다음으로 정신분열형 장애, 단기 정신증적 장애, 망상장애, 가장 경미한 증상을 나타내는 장애로는 분열형 성격 장애와 약화된 정신증 증후군이 있다. 『DSM-5』에서는 이러한 견해를 받아들여 정신분열 스펙트럼 및 기타 정신증적 장애(Schizophrenia Spectrum and Other Psychotic Disorders)라는 장애 범주에 다양한 장애를 포함시키고 있다.

조현병의 유병률은 지리적·문화적 차이와 관계없이 전 세계적으로 인구의 1% 정도로 일정하게 나타나며, 한국에서도 약 50만 명 정도의 인구가 조현병을 앓고 있을 것으로 추정된다. 그러나 이 중 병원을 찾아 진료를 받는 환자는 5명 중 1명꼴로 매우 적은 편이다. 조현병의 발병시기는 대부분 20대 전후로 남성은 15~25세, 여성은 25~35세이며, 여성은 중년에 다시 한 번 발병이 늘어나 3~10%의 환자는 40대에 발병하기도 한다. 그러나 10세 이전이나 60세 이후에는 거의 발병하지 않는다. 조현병에 걸린 사람들은 인생에서 가장 활동성이 높은 시기에 여러 증상을 겪기 때문에 불안이나 좌절을 심하게 겪는다. 초기 치료가 제대로 이뤄지지 않으면 만성화되어 장기 입원이 필요할 수 있다. 실제로 정신병원에 입원한 환자 가운데 56%가 조현병 환자이기도 하다. 조현병은 지능이나 인격에 문제가 생기는 질환은 아니므로 스트레스의 근본 원인을 찾는 정신과 치료와 심리상담, 약물치료 등 초기 치료를 잘하면 정상적인 사회생활이 가능하다.

 # 1. 음성 증상 감소

조현병 진단은 받은 성인 20명을 대상으로 주 1회 1시간씩 총 10회 동물교감치유를 실시했다(Nathans-Barel et al., 2005). 동물교감치유 집단은 치유를 받은 후 무쾌감증이 현저하게 개선되었으며 통제 집단에 비해 시간이 경과함에 따라 선형 개선이 현저하게 증가하였다. 연구자들은 동물교감치유 집단 내에서 환자의 경험과 관련된 다른 내용을 발견하였다. 예를 들어, 다른 치유 활동과는 다르게 환자들은 치유 보조견에 대한 애착을 보고했고, 회기 사이에 치유 보조견을 보고 싶어 했으며, 동물교감치유에 대한 기대감으로 회기를 기대했다. 또한, 환자들은 임상적으로 중요한 행동 변화의 증거를 보여주었다. 이전에 사회적으로 고립되고 위축된 것으로 확인된 환자들이 치유 보조견과 밀접한 관계를 맺을 수 있었다. 흥미롭게도, 환자들은 동물교감치유 회기(예: 목욕, 손질)를 위해 사회적으로 적절한 준비를 하는 것을 관찰하였고, 적절하게 자신을 표현하고자 하는 욕구와 관련하여 직원들에게 말했다.

조현병 진단을 받은 성인 입원환자 22명을 대상으로 주당 1시간, 2회기의 동물교감치유를 실시한 결과 무관심, 무사회성, 무쾌감증 및 무감동과 같은 정신분열증의 음성 증상이 유의미하게 개선되었다(Fortuny, et al., 2016). 조현병의 음성 증상은 약리학적 치료에 상대적으로 둔감하고 만성적인 경과와 높은 수준의 사회적 장애와 관련이 있기 때문에 표준 치료 과정에 추가할 수 있는 효과적인 대안적 개입을 찾는 것이 매우 중요하다(Hammer, Katsanis, & Iacono, 1995; Liddle, 2000; Growe, & Levander, 2001).

동물교감치유 후 코티솔의 현저한 감소와 결합된 알파-아밀라아제(Alpha-amylase)의 증가 경향은 환자가 개와 가진 상호 작용이 매력적일 뿐만 아니라 이완되는 것으로 인식되었음을 시사한다. 알파 아밀라아제의 증가와 교감신경계의 활성화는 긍정적인 감정 상태에서 발생할 수 있으며(Fortunato, et al., 2008; Payne, et al., 2014), 연구에 의하면 조현병 환자가 교감신경계 신호의 조절 장애를 경험할 수 있다(Monteleone ,et al., 2015).

 ## 2. 인지, 감정, 행동 수정

동물교감치유는 인지, 감정 및 행동 수정을 용이하게 하는 데 도움이 될 수 있다. 조현병을 앓고 있는 제도화된 중년의 환자에 대한 동물교감치유의 영향을 평가하기 위한 연구가 있다(Kovacs, et al., 2004). 이 연구의 목표는 적응 기능을 향상시키고 동물교감치유의 도입을 통해 비적응 기능을 감소시키는 것이었다. 참가자는 헝가리 부다페스트에 있는 정신질환자 사회연구소에서 7년간 생활하는 환자 7명(남성 3명, 여성 4명)이었다. 동물교감치유는 9개월 동안 매주 50분 동안 진행되었으며, 참가자의 중도 탈락은 없었다. 연구 결과 실내 활동과 레저 영역이 크게 개선되었다. 흥미롭게도, 연구자들은 환자의 활동과 기술이 치료 과정에서 긍정적으로 변화하여 일상생활로 일반화되었다는 것을 발견했다. 연구원들은 이러한 현상이 동물교감치유 동안 환자들의 정서적 반응성이 향상되었기 때문일 수 있으며, 아마도 인간-동물 유대의 결과로 인해 치료가 더 효율적이기 때문일 것이라고 추측했다. 정상적인 일상 활동에 지속성이 결여된 환자들의 전형적인 이력은 동물교감치유에서 발생하지 않았다. 대신, 참가자들은 9개월 프로그램 내내 일관성을 유지하며 좋은 치료법을 준수했음을 보여주었다. 이러한 중증 장애 환자들은 치유 보조견과 강한 유대감을 형성할 수 있었고, 이는 치유 보조견 회기에 참여하려는 동기에 기여했다.

3. 무쾌감 증상 개선

조현병 환자들의 치유 보조 동물과의 상호 작용은 무쾌감(Anhedonia) 증상에 긍정적인 영향을 미친다. 무쾌감 증상은 보통 그것을 유발하는 상황과 활동에서 즐거움을 경험할 능력이 부족하다는 것과 관련된 질병으로 인한 증상이다. 정신과에 상주하는 조현병 환자를 대상으로 동물교감치유 프로그램을 실시하는 것은 다른 치료 모델에 비해 환자에 대한 선호도가 높은데, 그 이유는 참여자의 무관심과 질병에 대한 부작용의 징후가 감소하기 때문이다. 또한, 대만에서 실시된 결과에 의하면 프로그램의 종료 시 환자의 코티솔 수치가 감소하였으며, 이는 조현병 환자의 불안과 스트레스 감소를 나타낸다 (Chu, et al., 2009; Rossetti, & King, 2010). 동물과 상호 작용의 치료적 사용은 환자에게 삶의 질을 전반적으로 향상시킬 수 있는 동기와 기회를 제공한다. 많은 연구에서 질병의 부정적인 증상의 감소뿐만 아니라 일상적인 활동과 환자들의 돌봄과 관련된 긍정적인 행동의 시작도 보여주었다. 환자들은 생활 기술 프로파일(철회, 반사회적 행동 및 준수)과 사회관계와 관련된 삶의 질에서 상당한 향상을 보였다. 동물과의 정기적인 접촉과 자기 관리 등의 활동을 통해 환자들은 자부심을 높이고 개인의 생활에서 보다 적극적이고 책임감 있게 된다(Villalta-Gil et al., 2009, Davidson, 2014). 또 다른 연구는 감정적 증상 및 자기 관점과 자아 이미지의 다양한 측정에서 개선을 보고했다(Virués-Ortega, et al., 2012). 가장 중요한 요소는 특히 환자의 일상생활의 질에 큰 영향을 미치는 무쾌감증 등 전통적 치료가 부적절해 보이는 분야에서 실질적인 이익을 창출할 수 있다는 점이다(Davidson, 2014).

4. 기타

면역체계는 조현병과 조울증 증상에 중요한 역할을 할 수 있는 유전적, 환경적 요인 통제의 통로 확인되었다(Dickerson, Severance, & Yolken, 2017). 인간과 동물 모델에 대한 연구에 따르면 뇌 발달의 조절자로서 어린 시절에 면역체계의 역할이 매우 중요하다(Knuesel, et al., 2014). 선진국에서는 고양이와 개와 같은 가정용 반려동물에 대한 조기 노출이 유아와 아동들의 염증을 변화시킬 수 있는 일반적인 환경 요인으로 확인되었다. 면역 조절에 관련된 메커니즘은 알레르기항원에 대한 알레르기 반응에 대한 조절(Aichbhaumik, et al., 2008), 동물성 미생물 물질에 대한 노출(Pintar, et al., 2015), 미생물군 유전체의 변경(Konya, et al., 2014), 반려동물 접촉과 관련된 스트레스 감소의 신경내분비 효과(Fecteau, et al., 2017)를 포함한다. 연구는 1,371명으로 구성됐으며 이 중 조현병 진단을 받은 사람은 396명, 조울증 진단을 받은 사람은 381명, 정신적 장애가 없는 사람은 594명이었다. 생후 12년 동안 반려견에 대한 노출은 후속 조현병 진단을 받을 위험이 약 25% 감소된 것과 관련이 있다. 가정용 반려견에 대한 노출의 명백한 보호 효과는 출생 시에 존재하거나 생후 2년이 이내에 가정에 포함되었을 때 가장 명백했다. 이 시점의 노출은 조현병 진단에 대한 상대적 위험의 약 50% 감소와 관련된다. 개에 대한 노출과 이후 조현병이나 조울증 위험 사이의 연관성은 광범위하게 연구되지 않았다. 조사 방법에 의거한 연구에서 산모가 임신 중에 반려견과 지낼 경우 조현병, 조울증 또는 분열증 진단을 받을 비율이 낮은 추세를 보인다(Fuller, et al., 2000). 추후 조현병 또는 양극성 장애의 진단과 관련하여 유아기 및 유년기에 반려견과 반려 고양이와 함께 지냈을 때의 효과를 조사한 연구가 있다(Yolken, et al., 2019). 생후 12년 동안 반려견에 노출되면 추후 조현병 진단의 위험이 약 25% 감소한다. 반려견에 대한 노출의 명백한 보호 효과는 반려견이 아이가 태어날 때 또는 생후 2년이 되기 전에 가정에 존재할 때 가장 명확하게 나타난다. 이 기간 동안의 노출은 조현병 진단의 상대적 위험이 약 50% 감소한다. 그러나 반려견의 노출은 양극성 장애 진단의 위험에는 큰 영향을 미치지 않는다. 반려견에 대한 노출은 4~7세 아이들의 우울증과 불안감 감소와 관련이 있다(Gadomski, et al., 2015). 또한 반려견에 노출되면 개 미생물과의 접촉을 통해 가족 구성원의 장내 미생물군이 변화할 수 있다는 것이 밝혀졌으며, 반려견에 노출되면 뇌-면역-장 축(Severance, et al., 2016)이나 정신-면역-신경 내분비 네트워크(Stapelberg, et al., 2018)의 변화를 통해 장 염증에 영향을 미치고 조현병의 위험을 조절할 수 있음을 시사한다. 조현병 진단률이 낮다는 것은 임신 중 자궁 내 노출 또는 생후 처음 3년 동안 가정에 반려견이 있는 것과 관련이 있다는 것으로 이러한 기간은 신경 발달 변화 및 정신 질환의 위험 증가와 관련된 면역 활성화 기간에 해당한다(Guma, Plitman, & Chakravarty, 2019).

조현병은 직장 및 대인관계와 같은 삶의 주요 영역에 부정적인 영향을 미친다(Tandon, et al., 2013). 인구의 약 1%가 조현병의 영향을 받으며(Akira, & Solomon, 2002), 그 중 25% 이상이 곧 중장년층(Smart, et al., 2020; Cohen, et al., 2008)이 될 것이다. 조현병은 중장년층 연령대에서 특히 어려운데, 그 이유는 이들 개인이 더 심각한 정신병적 증상을 갖고 더 열악한 심리사회적 기능을 갖는 경향이 있기 때문이다(Elbaz-Haddad, & Savaya, 2011). 병원에 거주하는 조현병 환자의 약 60%는 중년 이상(Nakamura, et al., 2019)이며, 일반 인구(Labbate, 2010)보다 10~15년 일찍 사망한다. 그들의 음성 증상과 인지 장애는 젊은 환자보다 훨씬 더 심각하며(Davidson, et al., 1995) 정신과 치료에 상당한 어려움을 준다(Smart, et al., 2020).

6장

유아와 동물교감치유

유아기 발달 과정 (박희순, 강민희, 2021)

 그림 6-1 유아 발달

 1. 신체 및 운동

유아기에는 영아기에 비해 발달의 속도는 조금 느려지나 키와 몸무게는 꾸준히 자라면서 근육의 양이 늘어 팔다리, 몸통의 모양이 영아기와 달리 단단해지고 신체 비율이 더욱 성인에 가까워지나 개인차도 크게 나타난다. 뇌는 계속해서 성장하여 5세가 되면 성인 크기의 90%에 해당한다. 3~6세에는 전두엽 피질이 가장 빠르게 성장하고 6세부터 사춘기까지는 측두엽과 두정엽이 빠르게 발달한다. 유아기에는 다양한 활동을 할 수 있게 되어 끊임없이 움직이면서 자신의 운동 능력을 시험해 보는 시도를 한다.

만 3세~6세의 유아기 동안 신장과 체중은 증가하나 유아기는 영아기에 비해 키와 몸무게의 성장 속도가 점차 완만해진다. 생후 첫 6개월 동안에 3~8.5kg까지 늘던 몸무게는 2세 이후부터는 건강한 유아의 경우 몸무게는 해마다 약 1.5~2.5kg씩 늘어난다. 키는 2~5세까지 해마다 거의 7cm씩 증가하여 5세 무렵에는 키는 출생 시의 2배, 몸무게는 5배 정도가 된다(김신옥 외, 2014).

생후 2~3년 동안 뇌는 급격히 발달한다. 뉴런의 수는 출생 전후 가장 많은 뉴런을 갖고 있다가 발달과정을 통해 필요한 만큼의 뉴런과 시냅스를 만들어가면서 불필요한 것들을 버리는 '과잉 생성 후 선택적 소멸 과정'을 거쳐 감소하지만 유아의 적극적인 탐색 활동을 통해 시냅스가 급속도로 만들어지면서 두뇌의 무게가 현저하게 증가하게 된다. 유아기에는 일생 중 뇌신경 회로가 가장 활발하게 발달하고 대뇌피질이 역동적으로 변화한다. 특히 대뇌피질 중 전두엽이 점차 효과적으로 작용하고 성장한다. 전두엽의 발달에 따라 인성이 형성되고 판단력 및 조절 능력, 종합적 사고가 발달하게 되며 브로카(Broca) 영역의 발달로 인해 언어의 이해력이 증가하여 복잡한 언어생활이 가능해진다. 사태를 전체적으로 처리하고 리듬, 동작 및 정서를 담당하는 우뇌의 발달이 주를 이루며 뇌량의 급격한 발달을 통해 유아기 성장이 고조된 우뇌와 좌뇌를 연결시키게 된다(김신옥 외, 2014).

유아기에는 다양한 대근육 운동이 활발하게 발달한다. 만 3~4세에는 팔을 흔들면서 걷기, 발을 번갈아 가면서 계단을 오르내리기, 더 부드럽게 달리고 출발과 멈춤을 더 잘 조절하기, 때에 따라 두 발로 뛰어오르고 한 발을 먼저 들어 올려서 사물을 뛰어넘기, 사다리나 정글짐, 미끄럼틀, 나무를 오르내리기 등이 가능하다. 만 4~5세에는 발을 번갈아 가며 계단을 오르내리기, 성인처럼 걷기, 한 발로 뛰기 등을 할 수 있게 된다. 이와같이 유아기에는 운동 발달이 빠르게 진행되지만 자기중심적 경향으로 인해 위험 상황을 판단하거나 결과를 예측하는 능력이 부족해 사고를 당하는 경우가 발생하기도 하여 어른들의 주의가 필요하다.

유아기에는 대근육과 함께 소근육도 발달하게 된다. 3세경에는 눈과 손의 협응력이 증진되어 옷의 단추를 풀 수 있고, 신발을 신을 수 있으며, 엄지와 집게손가락을 사용하여 숟가락이나 크레파스를 쥘 수 있다. 4세경에는 혼자서 옷을 입고 벗을 수 있으나, 복잡한 구조의 옷은 잘 입지 못한다. 스스로 손발을 씻고 양치질을 하며, 신발을 신을 수 있고 신발을 벗으면 짝지어 나란히 놓을 수 있으며 신발 끈을 맬 수 있게 된다. 젓

가락을 사용하며 도형의 윤곽을 따라 가위질을 할 수 있다. 5세경에는 사각형과 삼각형을 그리며, 숫자를 모방해서 그릴 수 있다. 6세경에는 글자 및 숫자, 다양한 형태의 도형을 모방하여 그릴 수 있다.

 ## 2. 인지

유아기는 피아제의 인지발달 단계 중 전조작기에 해당하는데, 이 시기에는 언어와 놀이에서 상징적 사용 능력이 발달한다. 또한 전조작기는 자기중심성, 물활론, 중심화 같은 비논리적인 사고를 가진다. 감각운동기에서 전조작기로 발달하는 가장 뚜렷한 이정표는 상징과 심상을 사용하는 것이다. 전조작기 유아는 사물에 대한 상징과 심상을 머릿속에서 사용할 수 있는 표상능력을 가지게 된다. 유아의 상징 사용은 그림이나 언어 또는 놀이에서 나타난다. 특히 상징놀이에서는 '~인척' 하는 가장의 요소를 역할, 사물, 장소, 행동에 적용시킨다. 전조작기는 다시 전개념적 사고(Preconceptual Period)와 직관적 사고기(Intuitive Period)로 나누어진다. 전개념적 사고기(Preconceptual Period)는 전조작기의 초기단계인 2~4세경을 말하며 상징적 기능이나 추론을 보이기 시작하는 시기이다. 이 시기에는 언어, 그림 등 여러 가지 기호적 기능을 사용할 수 있다. 이 시기 상징놀이(Symbolic Play)는 전조작기 상징적 사고의 특성이 잘 드러난다. 상징놀이는 실제 상황이나 사물을 가상적인 상황이나 사물로 상징화하는 놀이로, 소꿉놀이, 기차놀이, 병원놀이, 시장놀이, 학교놀이 등 전조작기 유아들 대부분의 놀이가 이에 해당된다.

직관적 사고기(Intuitive Period)는 4세 이후 시작되는 전조작기의 후반부이다. 유아들의 사고는 한순간 상황의 한 측면에 제한되고 그 순간 물체가 보이는 것에 강하게 영향을 받게 된다. 자기중심성, 물활론, 중심화가 비가역적 사고, 실재론은 이 시기 대표적인 인지 특성이다. 자기중심성(Eocentrism)은 유아가 타인의 생각, 관점이나 감정을 이해하지 못하고 자신의 입장에서만 세계를 바라보는 경향을 말한다(최경숙, 2006). 지금의 자기 이외의 입장에서 생각하는 것이 어렵고 자기 자신과 타인과의 구별도 명확하지 않다. 따라서 이러한 경향으로 인해 유아들은 주위 세계에 대해 이해하는 데 한계를 가지게 된다. 예를 들어 유아에게 산의 모형을 보여주고 유아가 앉은 자리에서 보이는 산의 그림을 고르게 한 후 맞은편에 앉은 인형이 보는 산의 모습을 그림으로 고르라고 하면 여전히 자신이 본 모습의 산 그림을 고르게 된다. 이처럼 자기중심적인 시각 조망을 가지게 되어 자신의 입장에서만 사물을 이해할 뿐 타인의 관점을 추론하지 못한다. 그리고 자기중심적인 언어를 사용하기에 대화할 때 듣는 사람을 고려한 내용으로 이어나가지 않고 자신이 하고 싶은 이야기를 위주로 대화를 하게 된다. 물활론(Animism)은 무생물도 생명과 의식이 있는 존재라는 생각이다(최경숙, 2006). 구름, 해, 달, 시계, 자동차 등은 무생물임에도 불구하고 모두 움직이기에 살아 있다고 믿는다. 또한 자신들처럼 생각할 수 있고 감정도 느낄 수 있다고 생각한다. 유아들은 인형들도 살아 있다고 생각하여 이불을 덮어주거나 음식을 먹여주기도 한다. 중심화(Centration)는 여러 요소들이 관련되어 있는 데도 불구하고 물체의 한 요소에만 집중하는 경향이다(최경숙, 2006). 중심화 사고로 인해 유아는 보존개념(사물의 성질인 수, 부피, 질량 등이 형태나 모양이 달라져도 바뀌지 않는다는 개념)이나 유목화(개체들의 상위 집단과 하위 집단으로 나누고 그것들의 상호관계를 이해하는 능력) 같은 논리적 조작이 불가능하다. 예를 들어 액체량 보존실험에서 유아에게 같은 양의 액체가 들어 있는 두 개의 동일한 컵을 제시한다. 이후 한 컵의 액체를 모양이 다른 컵에 옮겨 붓고 액체의 양이 같은지 물어보면 7세 이전 유아들은 대부분 양이 다르다고 대답한다. 유아들은 컵의 높이가 넓이 두 가지 차원을 동시에 고려하지 못하고 컵의 '높이' 혹은 '밑변의 넓이' 한 가지만을 고려하여 판단하므로 보존과제에 실패하게 되는 것이다. 비가역적 사고(Reversibility)는 어떤 변화가 일어나면 머릿속에서 정신적으로 조작을 거꾸로 수행할 수 있는 능력이다(최경숙, 2006). 유아들은 가역성을 획득하지 못했기에 직관적 사고를 하게 되며 액체량 보존실험에서 머릿속으로 컵의 물을 같은 컵이었을 때의 상태로 되돌려 보지 못하여 실패하게 된다. 유아들에게 가역성이 부족함을 보여주는 또 다른 예로, 유아들은 유아 자신에게 형제가 있다는 것을 알고 있어도 그 형제에게 자기 자신이 형제가 될 수 있다는 것을 알지 못한다. 실재론(Realism)은 마음속에 생각한 것이 현실에 존재한다고 믿는 것이다(최경숙, 2006). 어떤 물체의 이름을 그 물건의 성질의 일부로 보거나 꿈이 실제 현상이라고 믿는 것도 실재론의 반영이다. 유아들은 꿈에서 보았던 사람이나 사건 또는 현상들이 정말 있었으며 깨어나면서 사라졌다고 생각한다. 다른 사람들도 유아 자신의 꿈을 볼 수 있으며 꿈을 꾸는 동안 그 꿈의 내용이 실제로 일어난 것이라고 믿는다.

유아기 동안 표상 능력이 진보하여 주의를 기울이고 정보를 조작하고, 기억하고 문제를 해결하는 데 보다 효율적이 되도록 한다. 또한 자신의 정신적 과잉을 점점 더 정확히 인식하게 되어 학업 성취에 중요한 지식을 획득해 나가기 시작한다. 유아기에는 아동기에 비해 과제에 집중하는 시간이 상대적으로 짧고 쉽게 주의가 분산된다. 특정한 과제에 주의를 유지하는 능력은 영아기에 시작하여 유아기까지 계속 발달하게 된다. 즉, 주의를 다른 데로 돌리고 싶은 충동을 억누르고 목표에 의식을 모으는 능력은 유아기를 거쳐 꾸준히 증가한다. 또한 먼저 행동의 순서를 생각하고 목표에 도달하기까지 주의를 할당하는 계획을 세우는 능력도 늘게 된다. 과제가 너무 친숙하거나 너무 복잡하지만 않으면 유아들도 계획을 세우고 이에 따른 수행이 가능하다(Berk 2007; 2009).

유아기에는 기억 능력이 크게 발달한다. 이는 몇 가지 측면에서 이유가 있다(김신옥 외, 2014). 첫째, 연령에 따른 변화가 없는 감각기억과 장기기억 용량보다는 단기기억 용량의 증가로 인한 것이다. 이로 인해 활용할 수 있는 지적 공간이 늘어나 주위 정보를 더 많이 다룰 수 있게 된다. 둘째, 정보를 체계적으로 저장하고 인출할 수 있는 기억 책략이 점차 발달하게 된다. 그러나 유아기 기억 책략의 사용은 아주 초보적이어서 아동기에 들어서야 본격적으로 기억 책략을 성공적으로 사용할 수 있다. 셋째, 기억과 기억 과정에 대한 지식인 상위 기억이 발달한다. 즉, 자신이 지금 정보를 기억하는 데 한계가 있기에 이 과제에는 어떤 기억 책략이 효과적인지에 대한 지식 등을 말한다. 그러나 대부분 유아는 자신의 기억 능력을 과대 평가 하는 등 정확히 파악하지 못한다. 아동기에 들어서면 상위 기억 능력이 더욱 증가하게 된다. 네 번째, 지식 기반의 확대이다. 어떤 주제에 대해 많이 알고 있을수록 학습과 기억이 쉬워진다. 유아기는 점차적으로 지식 기반이 확정되어 정보처리에 증가를 돕게 된다.

또한 사람에게 눈으로 볼 수 없는 마음이 있다는 것을 알게 되며 2~3세경에 욕구나 정서, 정신적 상태, 그리고 의도적인 행위를 나타내는 단어를 사용할 수 있게 된다. 또 3세경에는 안다, 기억한다, 생각한다와 같은 인지적 용어를 사용할 수 있게 되고, 그 후 추측하는 것과 아는 것, 믿는 것과 상상하는 것, 의도한 것과 그렇지 않은 것을 더 잘 구분할 수 있게 된다(Santrock, 2003).

3. 언어

언어 규칙 체계에 대한 많은 지식의 발달과 더불어 어휘 습득량과 문법 발달이 비약적으로 이루어진다. 언어 사용에서 자신이 습득한 문법적 형태소를 적용시킬 수 없는 상황에까지 확대 적용시키는 과잉일반화, 그리고 반복, 혼잣말, 집단적 혼잣말과 같은 자기중심적 언어가 나타난다. 유아기의 언어발달에 있어 환경은 매우 중요한데, 특히 부모의 상호 작용 방법과 언어적 모델로서의 역할이 중요시된다.

유아기 초기에는 알고 있는 단어의 수가 약 200~300개 정도이나 5세경 단어의 수는 약 2,500개에 이를 정도로 증가하게 된다. 유아들이 빨리 어휘를 학습하게 되는 이유는 새 단어들과 그 기본 개념을 연결하는 빠른 대응(Fast-mapping)이라는 처리 과정 덕분이다. 즉, 짧은 순간 어떤 단어를 한 번만 듣고도 그 단어의 의미를 습득하는 것이다. 예를 들어 유아들은 단어를 들으면 그 단어가 대상의 부분을 지칭하는 것이 아니라 완전한 하나의 대상을 지칭하는 것으로 간주하여 망설이지 않고 대상의 명칭을 빠르게 익힐 수 있다(Berk 2007; 2009). 또한 이 시기에는 단어의 의미를 정의할 수 있으며, 접사나 어미, 조사 등을 적절히 사용할 수 있다.

어문의 단순한 의미에 기초한 표현들에서 유아의 문장이 길어지면서 문법적 요소들과 연계되면서 어순의 사용이 보다 문법적으로 되어 간다. 다양한 문법적 형태소가 나타나며 여러 시제의 동사가 문장에 사용되어 성인 언어와 아주 유사해진다. 문법적 형태소(Grammatical Morphemes)는 의미를 나타내는 형태소에 결합하여 문법적 관계를 지시하는 형태소이다. 한글의 경우에는 여러 가지 격조사가 나타나기 시작하는데 예를 들어, 공존(랑, 하고, 도, 같이), 장소(에, 로, 한테), 과거(었), 미래(ㄹ), 주격(가), 목적(을, 를), 도구(로) 등이다(조명한, 1982). 그러나 유아가 문법을 사용할 때 처음에는 성인과 다른 방식으로 사용하는 경향이 있고, 문법적 형태소 사용에 있어 주격조사인 '가'를 행위자 뒤에 붙인다는 규칙을 알게 되면 이 규칙을 모든 명사, '동생가 나빠', '수박가 맛있어' 등과 같이 과잉 일반화하여 적용시킨다. 또한 부정문에서도 유아는 처음에는 단순히 '안'을 문장 앞에 첨가하며 '안 계란 먹어'와 같이 부정문을 만든다. 즉, 부정 형태소인 '안'을 문장 앞에 배치하는 오류를 범하게 된다. 유아기는 알고 싶은 욕구와 호기심이 최고조에 도달하여 '이게 뭐야?'라는 질문을 끊임없이 하면서 의문을 제기한다. 점차 의문형 어미와 의문사를 사용하여 의문문을 만든다. 한국어의 경우, 지(이게 뭐지?), 까(이게 뭘까?), 니(이게 뭐니?), 냐(이게 뭐냐?) 등과 같은 의문형 어미와 '뭐, 어디, 누가, 언제, 왜, 어디서, 어떻게'와 같은 의문사를 모두 사용하여 의문문을 만들게 된다(이화도, 2009).

2세경이 되면 유아들은 교대로 말해야 한다는 것과 상대방을 바라보면서 말해야 한다는 등 상황이나 사람에 대한 요인들을 인식하여 효율적인 의사소통을 추구하기 시작한다(최경숙, 2006). 그러나 전조작기 인지적 특성의 영향으로 자기중심적인 언어를 보게 된다. 예를 들어 유아들끼리 서로 번갈아가며 말을 하나, 의미의 전달이 아닌, 단어를 단순히 반복하거나 혼잣말을 하는 집단적 독백의 형태를 나타내게 된다(Piaget, 1926). 성인이 유아의 언어발달을 촉진해 주는 언어적 환경은 특히 결정적인 영향을 미칠 수 있다. 예를 들어 유아의 말에 구체적으로 반응해 주거나 질문하는 방법이다. 이때 폐쇄형 질문보다는 개방형 질문이 사고, 감정, 의견을 좀 더 명백하게 표현할 수 있게 한다. 그리고 유아 언어 확장을 위해 성인의 민감한 반응이 요구되는데 그 방법으로는 확장, 확대, 촉진의 방법이 있다. 먼저, 확장(Expansion)은 문법적으로 불완전한 유아의 문장을 완성된 문장으로 반응하는 것이다. 예를 들면, 유아가 "배 부서졌어."라고 말하면 성인은 "배가 부서졌어."라고 덧붙여 준다. 확대(Extension)는 의미적으로 문장을 넓혀 주는 것이다. 예를 들면 유아가 "곰이다."라고 말하면 성인이 "엄마 곰이네."라고 말해 준다. 촉진(Stimulation)은 유아의 말이 완전한 문장이 되기까지 질문을 하면서 언어를 자극하는 방법이다. 예를 들어, "배가 왜 부서졌니?"라고 질문하면 유아가 "파도 때문이에요."라고 말하고 "언제 배가 부서졌지?"라고 말하면 "아침에 파도 때문에 배가 부서졌어요."라고 말하는 등 유아는 점차 긴 문장으로 완성해 간다. 또한 언어 모델로서의 역할 및 적절한 읽기, 자료들의 제공을 포함하여 다양한 경험을 함께 하도록 한다(이하원 등, 2016). 이외에도 좋은 언어 모델로서 역할을 하며 유아들과 함께 놀이하며 책을 읽어주며 언어 자극들을 제공해야 한다.

4. 사회 정서

유아기의 정서는 자주 변화하고 반응도 강하다. 정서 이해 능력이 증가하여 상황에 따른 정서의 차이를 이해하게 된다. 정서 조절은 부모나 타인의 조절로부터 자신이 스스로 조절해 나가는 방향으로 변화한다. 주도성 발달과 함께 자신에 대한 이해가 향상되나 자신의 신체적 특성이나 소유물로 자신을 기술한다. 성역할의 발달은 남녀 성차, 염색체와 호르몬 같은 생물학적 요인, 성정체성의 발달 및 성도식의 형성, 그리고 부모, 또래, 교사와 대중매체 등 유아의 사회적 관계가 영향을 미친다. 유아기 초기에는 놀이 친구에 대한 신체적 공격이 증가하나 점차 언어적 공격이 나타나고 7세 이후에는 공격성이 점차 감소한다. 강압적 가정환경 내 가족의 구성원 상호 작용이 공격성을 조장하는 기반이 된다. 독립성을 격려하고 온정적이고 합리적인 설명을 통해 아동을 통제하는 양육 방법은 자녀를 유능하고 안정감 있으며 자제력이 있는 유아로 키운다.

유아기의 표상, 언어, 자기 개념의 획득은 정서발달을 촉진하게 된다. 정서를 표현하는 능력과 이를 이해하는 능력이 증가하게 된다. 유아들은 정서의 이해가 증가해 감정에 대해 더 잘 이야기 나눌 수 있고 타인의 정서적 신호에 더 적절하게 반응할 수 있게 된다. 또한 정서의 자기조절, 특히 강한 부정적 정서에 대처하는 능력이 높아진다. 그리고 자의식적인 정서와 공감을 자주 경험하게 되며 이는 도덕성 발달에도 영향을 주게 된다(Berk, 2007; 2009).

언어발달은 유아들의 정서적 자기조절 향상에 도움을 주게 된다. 따라서 예를 들어 불쾌한 장면이나 소리를 차단하기 위해 눈이나 귀를 막거나 스스로에게 "이제 곧 가게 될 거야"와 같이 말을 하며 책략을 사용하게 된다(Thompson, 1990).

유아들은 성인이 감정을 다루는 것을 관찰함으로써 자신의 정서를 통제하는 전략을 얻는다. 감정을 통제하는 책략을 제시하고 설명해주는 부모는 아동의 스트레스 관리 능력을 강화시키는 반면 부모가 긍정적인 정서를 거의 표현하지 않거나 유아의 감정을 중요하지 않은 것으로 치부해 버리거나 부모 자신의 분노를 통제하는 것에 어려움을 보이면 유아는 이후 계속적으로 정서를 다루는 데 어려움을 가지게 된다(Berk, 2007; 2009). 유아의 기질도 정서적 자기 조절에 영향을 미쳐 부정적인 정서를 강렬하게 경험하는 경우 혼란스러운 사건으로부터 주의를 전환하거나 감정을 억제하는 데 어려움을 가지게 된다. 이 경우 짜증이나 공격적 반응으로 대처하게 되어 또래나 교사 등과 좋은 관계를 맺지 못하게 된다.

유아들은 주로 구체적이고 신체적인 것, 즉 자신이 갖고 있는 것이나 자신이 잘하는 일회성 활동에 한정하여 자아개념을 가지나 "유치원에서 나는 혼자 놀기를 좋아해요."와 같이 여러 상황이나 반복적인 상황에서 흔히 하는 행동들을 인식하여 표현할 수 있다고 한다. 이러한 서술은 이후 아동기에 자신의 심리적인 특징을 서술할 수 있는 기초로 작용할 수 있다(최경숙, 2006).

또한 4세경이 되면 자신이 바라는 것과 믿는 것은 동일하지 않을 수 있고 두 가지 모두 사람의 행동에 영향을 줄 수 있음을 이해한다. 사람들이 틀린 믿음을 가질 수 있고 이에 따라서 잘못된 행동을 하게 되는 것을 이해하는지 측정하는 틀린 믿음 과제(False-belief Task)를 4세 정도가 되면 이해할 수 있게 된다. 유아에게 두 개의 닫혀 있는 작은 상자(친숙한 과자 상자와 상표 없는 상자)를 보여 주면서 "과자가 들어 있을 것 같은 상자를 골라 봐!"라고 말한다. 유아들은 거의 항상 상표가 있는 상자를 고른다. 그런 다음 두 상자를 열어 유아의 믿음과는 반대로 상표가 있는 것은 비었고 상표가 없는 상자에 과자가 들어 있음을 보여준다. 그 다음 손가락 인형을 아동에게 소개하면서, "얘는 ○○이야. 얘는 과자가 먹고 싶어. ○○가 어디에서 과자를 찾을 거라고 생각하니? 왜 거기서 찾아볼 거라고 생각하니?"라고 물어본다(Bartsch & Wellman, 1995). 3세 이전 유아들은 대부분 인형이 상표 없는 상자에서 과자를 찾을 거라고 답하는 데 반해, 4세 유아들은 사람들이 잘못된 믿음을 가질 수 있음을 이해하여 과자가 상표 없는 상자에 있던 것을 봤음에도 불구하고 인형은 상표가 있는 상자에서 과자를 찾을 것이라고 대답하고 이를 설명할 수 있었다.

성역할의 기준은 특정한 성에 적합하다고 생각되는 가치관과 행동양식 등이다. 이 기준은 그 사회에서 남자와 여자가 어떻게 행동하기를 기대하는가에 달려 있고 이것을 바탕으로 성별에 대한 고정관념을 만든다. 일반적으로는 많은 문화에서 여아에게 표현적 역할(친절하고 협동적이고 애정적이고 타인의 요구에 민감한 성향)을 지향하도록 가르치고, 남아들에게 도구적인 역할(지배적이고 독립적이고 경쟁적이고 자기주장적인 성향)을 강조하는데, 현대 사회에서는 아들, 딸 모두에게 똑같이 성취를 강조하며 부드러움과 높은 적응력을 강조한다, 따라서 양성성(Androgyny)은 한 개인이 남성성과 여성성을 모두 동시에 소유할 수 있다는 것을 시사하는 개념이다(Bem, 1974). 이러한 양성성이 높은 유형은 보다 유연하고 유능하며, 심리적으로 건강하며, 양성적 특징을 가진 유아들이 자아존중감이 높고, 또래에게 인기가 많으며, 더 잘 적응하였다(Allgood-Merten & Stockard, 1991). 부모는 적극적인 역할을 하며 자신의 성에 맞는 놀이는 물론 반대 성의 아동들이 흔히 노는 놀이로도 놀게 하고 가사 일에도 남자 일, 여자 일 나누지 않고 가족이 함께함으로써 성 고정관념에 노출되지 않도록 하여 양성성을 키울 수 있다(최경숙, 2006).

유아 장애와 동물교감치유

동물교감치유는 장애가 있는 유아들과 장애가 없는 유아들의 다양한 기술을 자극하고 향상시키기 위해 자주 사용된다. 동물교감치유는 유아의 신체적, 생리학적, 심리 사회적, 언어 능력에 긍정적인 영향을 미칠 수 있다(Lavín-Pérez, et al., 2023). 이러한 개선은 건강한 유아와 지적 장애, 뇌성마비, 자폐증, 다운 증후군과 같은 다른 건강 상태를 가진 유아 모두에게서 관찰되고 있다.

 ## 1. 신체기능 개선

유아에게 진행하는 동물교감치유의 주요 이점 중 하나는 신체 기능의 개선이다. 이와 관련하여 말교감치유는 보행, 이동성, 대운동 기능, 균형, 내전근 경직 및 내전근 운동 범위를 개선한다(Champagne, & Dugas, 2010; Hamill, et al., 2007; Hemachithra, et al., 2020; Kraft, et al., 2019; Mi, et al., 2019; Moriello, et al., 2020). 이것은 말에 의해 유도된 움직임 때문일 수 있는데, 이는 양측적, 연속적, 대칭적이며 자발적 및 비자발적 근육 활동을 자극하고 적절한 자세와 균형을 유지하는 데 도움이 된다(Garner, & Rigby, 2015). 따라서 말을 이용한 치료는 뇌성마비와 같은 신경계 질환에 도움이 되며(Funakoshi, et al., 2018), 승마가 균형을 개선하고 몸통과 머리의 안정성을 높이며 기능적 개선을 달성할 수 있게 해준다(de Araújo, et al. , 2013; Encheff, 2008; Kim, et al., 2014; Shurtleff, et al., 2009). 또한 개교감치유도 운동 기능, 균형 및 통증의 개선에 도움이 되는데(Gee, et al., 2009; Lima, et al., 2014), 이는 높은 신체적 요소가 있는 개교감치유의 특성 때문이다.

동물들은 또한 정서적 지원을 제공하고 대화 상대, 놀이 친구, 친구 또는 가족 구성원과 같은 아이들에게 중요한 기능을 한다(McNicholas, & Collis, 2000; Triebenbacher, 1998). 이와 관련하여 심리사회적 결과, 사회적 기능(Kraft, et al., 2019), 협력(Beetz, et al., 2015) 또는 웃는 행동(Lima, et al., 2014) 등이 개선된다. 이것은 동물이 다른 사람과 상호 작용하는 과정을 촉진하는 사회적 촉매(Social Catalysts) 역할을 할 수 있다는 것을 의미한다(Hart, 2006; McNicholas, & Collis, 2000). 게다가 웃는 행동은 장애가 있는 사람들의 편안함이나 행복의 지표이다(Green, & Reid, 1996). 이러한 개선 사항 외에도 동물교감치유는 인식 정확도 점수, 작업 수행 행동, 목표 달성 또는 아동 협력과 같은 다른 심리 사회적 결과에 유익한 효과를 가지고 있다(Beetz, et al., 2015; Gee, Belcher, et al., 2012; Hill, et al., 2020). 이것은 아이들이 이 시기에 산술, 마음 이론 또는 문해력에서 몇 가지 인지적 발전을 이루고(Hughes, & Ensor, 2005; Shaffer, 1996), 자아 개념 형성 및 사회적 관점 수용(Marsh, et al., 2002; Pieng, & Okamoto, 2020; Walgermo, et al., 2018) 및 공감(Conte, et al., 2018 ; Ornaghi, et al., 2017)에서 중요한 사회-정서적 개선을 이루기 때문에 관련이 있다. 또한 공감은 언어 습득과 관련이 있다. 동물교감치유는 공감을 향상시키고(Brelsford, et al., 2017; Daly, & Suggs, 2010; Ornaghi, et al., 2017; Tissen, et al., 2007) 재범을 감소시킨다(Villafaina-Domínguez, et al., 2020).

 ## 2. 신경 장애 및 발달 지연 개선

세계보건기구(WHO)는 신경 장애 및 관련 장애가 전 세계적으로 10억 명 이상에게 영향을 미치는 것으로 추정한다(World Health Organization, 2010). 소아의 신경학적 장애는 뇌성마비(Cerebral Palsy, CP) 또는 척추이분증(Spina Bifida)과 같은 선천적 이상과 뇌 손상 또는 뇌졸중과 같은 외상성 사건을 포함하는 다양한 진단을 포함할 수 있다. 이러한 장애는 일상생활 활동의 독립성 감소뿐만 아니라 다양한 신체적 제한으로 이어질 수 있다. 지연이 확인된 소아의 경우 치료사는 운동 성능, 동료들과 보조를 맞추는 능력 및 일상 활동 수행 능력을 향상시키기 위해 노력한다. 말교감치유(Hippotherapy, HPOT)는 특별한 도움이 필요한 사람들의 조정, 힘 및 균형을 촉진하기 위해 말의 움직임을 사용하는 치료법이다. 임상 기반 치료사는 종종 원하는 움직임 형태를 활성화하기 위해 장비에 의존하나, 말교감치유는 말을 여러 시스템에 참여시키기 위한 유연한 치료 도구로 사용한다. 영유아는 전정, 청각, 시각 및 체성신경계의 정보를 결합하여 말 위에서 자세를 조정하고 안정된 위치를 유지함으로써 도움을 받을 수 있다. 이는 앉은 자세 개선을 위한 앞먹임(Feed Forward, 어떠한 동작이나 부하를 미리 예상하고 근육이 활성화 되는 것) 신경근 반응을 개선할 수 있으며, 이는 보행 중 자세 제어가 증가함을 의미한다(Echeff, et al., 2012). 말교감치유 후, 다양한 장애가 있는 아동은 목표 달성 척도(Goal Attainment Scale, GAS)를 기반으로 기능적 결과(Murphy, Kahn-D'Angelo, & Gleason, 2008), 뇌성마비를 가진 아동들의 총운동 기능 측정에서 보행 운동학 및 기능적 운동 성능에 상당한 향상을 보였다(Encheff, et al., 2012; McGibbon, et al., 1998; Kwon, et al., 2015; McGee, & Reese, 2009; McGibbon, Benda, & Duncan, 2009). 자세와 안정성의 개선은 영유아들이 걷는 것을 배우는 것을 포함하여 안정성에 따라 기동성을 발달시키는 것을 배우기 위해 필요하다. 말교감치유가 뇌성마비를 가진 아동의 이동성과 걸음걸이를 개선할 수 있으며, 영유아의 이러한 영역에 영향을 미칠 가능성이 있다(Zadnikar, & Kastrin, 2011).

발달 중인 아동의 신경 발달 진행은 일반적으로 아동이 구르고, 앉고, 기어가고, 일어서고, 결국 걷는 법을 배우는 생후 첫 15개월 동안 빠르게 일어난다. 이러한 발달 순서는 신경학적 장애를 가진 소아에서 지연될 수 있다. 구체적으로, 척추이분증을 가진 영유아는 평균적으로 2년 2개월~5년 2개월 사이에 걷는 것을 배운다(Williams, Broughton, & Menelaus, 1999). 2세~3.5세 사이에 아직 걷지 않는 뇌성마비 소아는 2세까지 독립적으로 앉고 잡아당겨 서 있을 수 있는 경우 6세까지 독립적인 걷기를 할 수 있다(Wu, et al., 2004; Rosenbaum, et al., 2002). 뇌성마비가 있는 4세 미만의 소아가 중재 후 소아장애평가척도(Pediatric Evaluation of Disability Inventory, PEDI)에서 이동성 점수의 더 큰 기능적 변화를 보였기 때문에 소아에 초점을 맞추면 운동 학습의 이 중요한 단계를 포착하는 데 도움이 될 수 있다(Ko, 2014).

다양한 신경 장애가 있는 2~5세 아동의 기능적 이동성을 개선하기 위한 말교감치유의 실행 가능성을 평가하였다(Kraft, et al., 2019). 말교감치유는 $37m \times 27m$(120ft × 90ft) 및 $61m \times 27m$(200ft × 88ft) 크기의 밀폐된 난방 승마 경기장 또는 다양한 지형의 외부에서 수행되었다. 각 참가자의 말과 마구는 각 아동 전용 패드를 포함하여 물리 치료사가 결정했다. 치료 집단은 외부 분산을 줄이고 향후 연구 복제를 허용하는 프로토콜을 기반으로 말교감치유를 받았다. 프로토콜은 기존 프로토콜을 수정하여 주요 구성 요소와 목표 범주를 모든 치료 과정에 통합하면서 각 참가자의 개별 능력과 치료 요구를 충족하는 유연성을 수용하도록 설계되었다(표 6-1)(McGibbon, et al., 1998).

 표 6-1 말교감치유 절차

치료 구성요소	시간(분)	목표	진행방법
근육 이완/활성화	5	근육 이완 및 신장 또는 근육 활성화 증가	제자리에서 진행 말은 직선과 완만한 곡선에서 안정적으로 편안하거나 높은 보행을 유지
머리, 몸통, 하지 및 독립적으로 앉기(가능한 경우)의 최적의 자세 정렬을 유지	15-20	최적의 정렬, 이동성, 중심 자세, 균형 및 대칭	A. 모양: 원, 8자 모양, 구불구불한 모양 B. 소아에게 전달되는 움직임의 진폭을 더 크게 하기 위해 말의 보폭을 늘림 C. 저속에서 고속으로 가속/감속 D. 평지에서 언덕까지
활동적인 운동	15-20	스트레칭, 근력 강화, 동적균형, 자세조절	목적 지향적 운동/활동의 진행, 정지 상태에서 수행한 다음 걷기 상태로 수행 모양(A)을 추가하거나 보행 에너지(B)를 증가시켜 도전 과제를 높일 수 있음 수준 1: 자세 정렬을 촉진함 - 뒤로 앉기; 반듯이 눕기; 무릎과 발목을 뻗기; 체중을 지탱하는 말에 손을 얹고 걷기 수준 2: 앉은 자세 제어에 대한 도전력이 증가 - 팔 외전 및 거상; 물체와 말의 일부를 향해 손을 뻗기; 고르지 않은 지형에서 타기 수준 3: 평지 보행, 말에 타기 위해 계단 및 경사로 오르기; 깊은 스쿼트 및 말에게 먹이를 주거나 손질하기 위해 지속적으로 서 있기

참가자들은 사전 벤치마킹 성과를 바탕으로 프로토콜을 진행했다. 말을 보조하는 활동을 통해 참가자 개개인의 체력, 안정성, 균형 반응, 걷기, 과도기적 이동성을 향상시킬 수 있는 관리방안을 개발하였다. 치료 회기는 수동 지원을 줄이고 참가자의 신경근육 시스템에 대한 내부 및 외부 문제를 증가시키는 방향으로 진행되었다. 각 참가자는 3명의 직원과 함께 활동했다: 말 핸들러는 말을 홀터와 리드 라인으로 이끌었고, 위

치와 안전을 보조하는 치료 보조자, 물리 치료사는 치료 보조자의 반대편에서 걸어 유아에게 편의를 제공하고 가장 효과적인 치료 회기를 보장하기 위해 모든 직원에게 원하는 걸음걸이, 속도 및 말의 방향 이동성에 대한 지침을 제공했다. 이 연구의 통제 집단은 표준 외래환자 물리치료가 가능한 3개의 외래진료소에서 제공되는 숙련된 소아과 물리치료 서비스가 포함되었다. 각 참가자의 근력, 안정성, 균형 반응, 보행 및 전환 이동성을 향상시키기 위한 치료 계획을 수립하고 다양한 치료 전략이 수립되었다. 치료적 강화(하체 및 코어 강화), 신경근 재활(균형 훈련 및 특정 핸들링 기술), 치료적 활동(전환 이동을 위한 기능적 움직임 훈련) 및 보행 훈련은 유아의 기능적 한계에 기초하여 사용되었다. 말교감치유는 정지, 이동 및 물체 조작 기술을 향상시킬 수 있는 다양한 기술을 결합한다는 점에서 표준 물리치료와 다르다. 유아들이 말에게 적절한 명령을 내리는 것을 배우는 동안, 자세를 조정하고 말 위에서 안정된 위치를 유지하는 것을 도와주면서, 전정, 청각, 시각 및 체성감각계의 정보를 결합할 수 있도록 하였다. 전체 치료 시간 동안 유아에게 제공되는 이러한 증가된 도전 과제는 총 운동 기능 개선으로 이어질 수 있다. 이 연구 결과는 말교감치유가 같은 연령의 또래에 비해 신경학적 손상과 대근육 운동 지연이 있는 2~5세 유아에게 실행 가능한 치료 전략이 될 수 있음을 시사한다.

 ## 3. 언어 장애 개선

동물교감치유는 언어 장애가 있는 유아와 개인을 위한 교육 및 재활 프로그램의 효과를 향상시킬 수 있는 잠재적인 도구이다. 언어 지연이 있는 유아들을 위한 치료 프로그램에 통합되었을 때 가장 일반적인 목표 중 하나는 언어 생성의 빈도와 복잡성을 증가시키는 것이다. 심각한 언어 지연의 경우, 유아들이 이해할 수 있는 단어가 없을 때, 초기 목표는 언어 시도를 증가시키고 모든 종류의 발성을 장려하는 것일 수 있다. 동물교감치유는 발성 또는 언어화를 촉진하고 치료 활동에 대한 참여를 증가시키는 수단으로 동물교감치유 팀을 집단 및 개별 회기에 참여시킴으로써 중재에 통합될 수 있다.

동물교감치유는 언어 치료에 사용되었을 때 유아 참가자들 사이에서 언어 치료에 참여하려는 동기가 증가한다(Macauley, & Guitierrez,, 2004). 언어 지연이 심한 단일 유아 참가자의 발성 양에 대한 동물교감치유의 효과와 소아 집단 언어 치료에서 최적의 동물교감치유의 실행을 확인하기 위한 연구가 있다. 동물교감치유 절차는 다음과 같다 (Anderson, Hayes, & Smith, 2019).

- 치유 보조견과 함께 방에 들어가서 치유 보조견을 소개한다. 그런 다음 치유 보조견과 바닥에 앉는다.
- 브러시(손잡이가 있는 욕조 스펀지)를 사용하여 치유 보조견을 쓰다듬는 방법을 시연한다. 손질하는 방법을 시연하고 아동들에게 브러시를 제공한다.
- 만약 아동들이 치유 보조견에게 접근한다면, 어떻게 손으로 부드럽게 쓰다듬을 수 있는지 보여주고 그들이 치유 보조견을 쓰다듬을 수 있도록 한다. 필요하면 구두 수정과 시연을 보여 준다.
- 치유 대상 아동을 포함하여 어떤 아동이라도 치유 보조견에게 접근하지 않으면 아동이 방의 다른 영역에서 원하는 장난감을 가지고 놀 수 있도록 한다. 그 시간 동안 치유사는 회기 중 일반적인 상호 작용 방식에 따라 아동이 무엇을 하고 있는지에 대해 이야기하고 아동을 놀이에 참여시키려고 시도한다. 몇 분 후, 치유 보조견과 교감하지 않은 아동에게 치유 보조견을 쓰다듬고 싶은지 물어본다.
- 치유 보조견과 아동들이 무엇을 하고 있는지에 대해 이야기한다(예: "치유 보조견을 쓰다듬어 주세요", "치유 보조견이 좋아해요", "부드럽게 쓰다듬어 주세요").
- 치유 대상 아동을 선택하지 말고, 치유 대상 아동이나 다른 아동의 말이나 상호 작용 시도에 반응해야 한다.
- 15분 후 상호 작용을 종료하라는 신호가 제공된다. 브러시를 모아 아동들에게 치유 보조견이 떠나야 할 시간이라고 말하고 방에서 나간다.

　　동물교감치유 개입 단계에서 발성 횟수가 눈에 띄게 증가했고, 그 효과는 영구적이었다. 참가자는 또한 개입 단계에서 과제와 활동에 대한 관심이 증가했다. 10분 후에 참가자와 다른 아동의 예측할 수 없는 강력한 움직임의 증가가 관찰되었다. 동물교감치유가 모든 아동에게 동일한 정도의 발성 증가가 예상되지는 않지만, 동물교감치유가 의사소통 기술에 심각한 지연이 있는 아동을 치료하는 언어 병리학자에게 잠재적으로 유용한 도구임을 시사한다.

4. 불안 장애 개선

　역학 연구에 따르면 유병률인 5~17%인 불안은 아동기의 주요 심리적 장애 중 하나이다. 불안 장애는 어린 시절에 흔히 볼 수 있는 장애 중 하나로 다른 장애로 이어질 수 있다. 이러한 장애는 다른 분야의 기능에 개입하며, 보통 우울증이나 통제할 수 없는 행동 장애와 같은 다른 장애와 함께 나타난다. 불안 장애 아동은 청소년이나 성인이 되면 자살 및 심리장애 위험이 높다(Matin, 2009). 불안은 "걱정", "두려움", "패닉"과 같은 용어로 표현되는 불쾌한 감정을 말한다. 모든 사람은 삶 동안 다른 수준의 불안감을 경험한다. 이것은 어린 시절에 없어서는 안 될 부분이며 아동들의 정상적인 성장의 신호이다. 실제로, 이것은 아동에게 대처 전략을 개발하고 미래에 스트레스 요인과 불안 요인을 다룰 기회를 주기 때문에 아동의 성장에 긍정적인 영향을 미칠 수 있다(Hughes, 1996). 또한 불안은 아이들이 다른 사람들의 세계에 적응하도록 돕는다. 정상적인 수준의 불안은 조절기능을 가지고 있고 아동들이 사회적, 교육적, 문화적 기대에 그들의 행동을 적응하도록 돕는다. 반면에, 너무 낮고 너무 높은 불안감은 부적응의 원인이 될 수 있다. 반사회적 행동이나 행동 장애와 관련된 행동을 보이는 사람들은 보통 불안감을 느끼지 않는다. 지속적이고 과도한 불안은 또한 부적응을 유발하며, 이는 고통과 발달 과정의 중단을 초래한다. 발달 과정의 일부로서 두려움과 걱정의 경험은 많은 아동들에게 일시적이지만, 그들 중 일부는 일상적인 기능을 방해할 정도로 더 오랜 시간 동안 그리고 높은 강도로 이러한 경험을 한다(Silverman, 2011). 아동에게서 진단되는 불안 장애의 유형에 공통적인 측면은 특별하고 비연속적인 반응, 인지 기관 반응(생리학적) 및 행동 반응으로 나타난다는 것이다(권준수 2015). 불안과 그로 인한 장애는 아동의 능력을 현저하게 저하시키고 일상 활동, 대인 관계, 사회적 기술, 또래와의 관계, 교육 수행에 문제를 초래한다(Barrett, 1998; Dweck, & Wortman, 1982). 특히 불안은 다른 장애 및 불안 관련 장애의 위험 요인이다(Cole, et al., 1998; Tahan, Taheri, & Saleem, 2021). 사고 후 외상을 치료하기 위해 동물교감치유를 사용하였는데, 이 방법이 불안을 완화하는 데 사용될 수 있고, 동물들이 동반자로서 사회적 촉진자 역할을 한다는 것을 보여준다(Altschuler, 2017; Pandzic, 2016).

　33명의 불안한 5~7세 아동을 대상으로 실험집단과 통제집단으로 나누어 실험을 진행하였다. 실험집단은 매회 90분씩 총 8회의 동물교감치유를 진행하였다(Tahan, et al., 2022).

회기	내용
1	소개, 기본 평가 및 코스 소개
2	치유 보조 동물과 그들의 특성에 대해 소개하기
3	치유 보조 동물들이 있는 곳으로 아이들을 데리고 가기
4	치유 보조 동물이 사육된 장소에서 시간을 보내며 치유 보조 동물에 대해 이야기하고 동물과 소통
5	아동들이 가까이 와서 만지고 쓰다듬도록 설득
6	치유 보조 동물과 놀고 먹이주기
7	치유 보조 동물을 씻기고 먹이를 주는 것과 같은 활동에 참여
8	요약, 피드백, 사후 평가

연구 결과 동물교감치유가 아동의 불안을 완화시키는 데 효과적이라는 결론을 내렸다.

 # 5. 학습 장애 개선

학습 장애가 있는 학생은 종종 문해 기술을 습득하는 데 어려움을 겪는다. 학습장애 학생 9명이 치유 보조견 앞에서 치유사-교사와 함께 구술 읽기를 연습하였다(Treat, 2013). 각각 10 ~ 15분 정도 10번의 읽기 회기를 진행하였다. 학습 장애가 확인된 학생 8명으로 구성된 통제 집단은 연구자-교사와 함께 안내 구술 읽기를 연습했지만 읽기 시간에는 치유 보조견이 상주하지 않았다. 치유 보조견 집단에 참여한 학생들이 읽기 능력에서 통계적으로 유의미한 증가를 보였으며, 치유 보조견과 함께 있을 때 독서는 자기효능감을 높이고 불안감을 줄여주며 학생들의 독서 의욕을 높였다.

유아와 동물교감치유

동물교감치유는 더 나은 정신 운동 효율성에 기여한다(Piek, et al., 2013). 연구에 따르면 아동이 자신의 운동 능력에 대해 자신감을 가질 경우 자신감이 부족한 아동에 비해 춤이나 스포츠와 같은 신체 활동에 더 자주 참여하는 것으로 나타났다(Hay, et al., 2004, Mandich, et al., 2003). 이는 운동 능력 개발을 목표로 하는 것이 비만과 심혈관 질환 예방에 중요한 것으로 알려진 아동의 신체 활동 참여를 증가시키는 데 적합한 접근법일 수 있음을 시사한다(Biddle, Gorely, & Stensel, 2004). 개입은 건강 결과를 개선하기 위한 노력의 일환으로 신체 활동 참여를 목표로 한다(Marcus, et al., 2006). 신체 활동에 대한 참여가 증가하면 운동 능력 개발에 필수적인 연습이 된다. 그것은 또한 놀이 상황에서 다른 아동들과 상호 작용할 수 있는 기회를 제공함으로써 사회적 기술 발달로 이어진다. 슈메이커와 칼버보어는 6세 아동의 운동 조정 문제와 사회적, 정서적 문제 사이의 연관성을 확립했다(Schoemaker, & Kalverboer, 1994). 유치원 아동의 운동 조정 수준이 어머니가 보고한 불안/우울 행동과 부정적인 관련이 있음을 발견했으며(Piek, et al., 2008), 이는 더 나이가 많은 아동들에 대한 연구 결과와 일치한다(Pearsall-Jones, et al., 2011, Rigoli, et al., 2012). 이 아동들은 겨우 4~5살 사이였기 때문에 이것은 심각한 문제이다. 또한 유치원 5세 아동의 운동 능력과 1년 후 학교 1학년 때 학업, 사회, 정서발달 사이의 관계를 발견하였다(Bart, Hajami, & Bar-Haim, 2007). 아동들이 학교에 들어가기 전에 운동 능력 개발을 목표로 하는 것은 아동들에게 많은 유익한 결과를 가져올 수 있는 것으로 보인다. 어린이집이나 유치원에서 초등학교 1학년으로의 전환이 발달 측면에서 중요한 시기라는 증거에도 불구하고 학령전 아동을 대상으로 한 체육활동 프로그램은 거의 없었다(Entwisle, & Alexander, 1998; La Paro, et al., 2000). 기본운동기술(Fundamental Movement Skills, FMS) 프로그램은 학령 전기 아동을 포함하여 신체 관리, 운동 기술 및 물체 제어를 목표로 한다(Hands, & Martin, 2003). 그러나, 이 프로그램은 그 효능에 대한 어떠한 공개된 검토가 없다. 이 프로그램은 "적절한 제약 조건(과제 및 환경) 하에서 주어진 과제에 반복적으로 노출되는 것"(Wilson, 2005)을 주장하는 과제별 접근방식(Revie, & Larkin, 1993)을 기반으로 한다. 아동이 성숙하고 생체역학적 발달 측면에서 준비가 되어 있다면, 안정적인 움직임 형태가 나타날 것이다. 이 접근법은 동적 시스템 이론(Dynamical System Theory)을 기반으로 하며, 운동 조정 연구에 광범위하게 적용되어 왔다(Thelen, 1995).

동물 놀이 프로그램(Animal Fun Program)은 4~6세 아동의 운동 조정과 사회적 기술을 증진하기 위해 연구자와 보건 실무자로 구성된 다학제 팀이 재미있고 포괄적인 환경에서 동물의 움직임을 모방하여 설계했다(Piek, et al., 2010).

 표 6-2 동물 놀이 프로그램 모듈

구분	모듈명	내용
1	신체 관리 1 : 몸통과 하지	정적 균형, 동적 균형, 오르기
2	운동	걷기(Walking), 두 발 뛰기(Jumping), 한발 뛰기(Hopping), 번갈아 뛰기(Skipping)
3	물체 제어 1	던지기(Throwing), 받기(Catching), 차기(Kicking)
4	신체 순서(Body Sequencing)	몸통과 하지
5	신체 관리 2 : 몸통과 상지	몸통 및 안정성: 어깨, 팔꿈치, 손목, 손 근육 강화
6	소근육 운동 계획	소근육 운동 활동 순서
7	물체 제어 2	가위 기술, 도구 조작, 직접 조작
8	손기술	연필, 가위, 키보드, 마우스의 기능적 사용
9	사회적/정서적	웃음, 감정 식별 및 분류, 호흡, 휴식

동물 놀이 프로그램은 운동 및 사회성 발달을 촉진하기 위해 개발된 예비 초등학교 프로그램이다. 여기에는 대근육 발달에 초점을 맞춘 4개의 모듈, 소근육 발달에 초점을 맞춘 4개의 모듈, 사회/정서 발달에 대한 모듈이 포함되어 있다. 대근육 운동 모

듈은 좋은 정적 및 동적 균형을 촉진하고, 하지 근육의 강도를 증가시키며, 달리기, 번 갈아 뛰기, 두 발 뛰기, 오르기 및 한 발 뛰기, 던지기, 받기 및 차기의 올바른 기술, 움 직임을 결합하여 더 복잡한 움직임을 만드는 것 같은 운동 활동에 대한 관심을 개발하 도록 설계되었다. 미세 운동 모듈에는 자세 안정성을 기르고 어깨, 팔꿈치, 손목 및 손 근육을 강화하는 활동이 포함된다. 또한 미세 운동 활동의 순서를 개발하고 선 가위 및 선 쓰기 기술을 촉진하도록 설계되었다. 고급 기술에는 도구 조작과 연필, 가위, 키보 드, 마우스 및 조이스틱의 성공적이고 성숙하며 기능적인 사용 개발이 포함된다. 사회 적/정서적 모듈에는 아이들이 자신의 감정을 정확하게 식별하고 분류하고 모니터링하 도록 가르치는 활동이 포함된다. 학령전기 아동들을 위해 웃음, 감정 식별 및 구분, 호 흡, 그리고 휴식에 초점을 맞추었다. 이 프로그램은 동적 시스템 이론에 기초한 과제별 접근법을 사용하며, 종합적인 교육 후 유치원 교사에 의해 관리된다. 동물 놀이 프로그 램은 학급 내 모든 아동들이 참여하는 포괄적이고 보편적인 프로그램이다. 이것은 특 정한 아동들이 '특별한' 프로그램에 선택됨으로써 발생할 수 있는 오명을 줄여주며, 사 회적, 정서적 발달과 함께 전체 및 미세 운동 기술 훈련을 촉진한다. 이 프로그램은 운 동 능력 개발과 관련된 몇 가지 핵심 원칙에 기초한다. 첫째, 아동은 특정 활동을 수행 할 수 있는 능력에 대해 유능하고 자신감을 가질 필요가 있다(Sugden, & Chambers, 2003). 다음으로, 적절한 기술이 중요하고 프로그램의 일부를 형성하지만, 더 중요한 것은 아 동들이 자신이 하고 있는 것을 즐기고 연습을 계속하고 기술을 향상시켜야 한다는 것이 다(Chambers, & Sugden, 2006). 그들이 하고 있는 일도 의미가 있어야 한다. 아동들은 흉 내내기를 좋아하고, 아동들과 친숙한 동물들을 모방함으로써 재미와 즐거움을 줄 뿐만 아니라 활동에 의미를 부여한다(Piek, et al., 2010). 이 프로그램의 효과를 조사하기 위하 여 4년 10개월~6년 2개월 사이의 유아 511명을 대상으로 진행되었다(Piek, et al., 2013). 6개월 후 통제 집단 학교 6곳과 실험 집단 학교 6곳을 비교한 후, 아이들이 첫 학년일 때 최초 검사 후 18개월 후에 다시 비교하였다. 연구 결과 동물 놀이 집단이 균형 기술 에서 향상된 반면 운동 능력이 떨어지는 아동들에게는 던지기 기술이 향상되었다는 것 을 발견했다. 두 집단 모두 잡기 능력이 향상되었다.

1. 동물교감상담(Jalongo, & Guth, 2022)

① 유아 상담의 목적

어른들은 때때로 어린 아동들에게 영향을 미치는 정신 건강 문제를 인식하지 못한다. 아주 어린 아동들은 성숙한 성인들이 불안해 할 만한 상황과 경험에 매우 탄력적이고, 영향을 받지 않거나, 인식하지 못하는 것으로 잘못 간주될 수 있다(Young-Bruehl, 2013). 아동을 위한 상담에 대해 논의하기 전에 어린 아동은 연장자만큼 예리하게 감정을 느끼지 못하거나 정신 건강 전문가의 지원이 필요하기에는 "너무 작다"는 오해를 불식시키는 것이 중요하다. 어린 아동들과 함께 일하는 상담사는 다음을 지원해야 한다.

- 아동의 강한 감정을 인식하고, 감정을 식별하도록 돕고, 이러한 감정을 통해 작업할 때 아동을 돕는다.
- 두려움, 혼란, 불안, 상실 또는 트라우마를 다루는 아동을 지원하여 이러한 문제가 해결되지 않은 상태로 남아 있거나 정상적이고 건강한 기능을 방해하지 않도록 한다.
- 어린 아동들에게 정신 건강 문제를 완화하는 유용하고 적합한 대처 전략을 제공한다.

일반적으로 상담사는 개인 내 문제, 대인 관계 갈등, 다양한 발달 문제에 대처하는 능력이 부족한 아동을 돕는다(Springer, et al., 2019). 상담사는 또한 사회적 또는 정서적 고통을 겪고 있는 아동을 지원하고 이혼, 슬픔 및 상실, 충격적인 사건 목격, 정신 건강 상태 및 심리적 고통, 신경 발달 문제, 따돌림, 방치 및 학대, 이주 문제 및 가족 약물 남용과 같은 것들을 포함하여 삶에 영향을 미치는 정신 건강 상태에서 아동들과 함께 활동한다(Kress, et al., 2019; Van Velsor, 2018).

유아 교육자는 관찰력이 있어야 하며 아동이 심리적 고통을 겪고 있다는 징후를 인식해야 한다. 표 6-3은 아주 어린 시절의 정신 건강 문제와 관련된 몇 가지 행동을 식별할 수 있게 해준다.

표 6-3 어린 아이들의 심리적 고통 지표

1. 어린 아동의 장난기 부족 및 비정상적으로 차분하고 침울하며 심각한 태도
2. 의료 전문가의 건강에 문제가 없다는 보고에도 불구하고 신체적 불만(예: 두통, 복통), 빈번한 조퇴 요청 또는 등교 거부
3. 같은 또래의 특징이 아닌 행동을 지속함(예: 4세 아동의 엄지손가락 빨기)
4. 말이나 행동을 통해 의도적으로 다른 사람에게 상처를 입히는 것으로 정의되는 부당한 공격
5. 이전 형태의 행동으로 회귀(예: 화장실을 다녀온 아동이 속옷을 적시거나 더럽히기 시작함)
6. 사회적 상황에 적응하기 어려움 또는 새로운 상황을 회피함
7. 자발적인 사회적 고립(또래가 아동을 초대하는 경우에도)
8. 반복되는 악몽, 야경증 또는 수면 장애
9. 급격한 학업 저하 및 집중력 유지 어려움
10. 환경 모니터링에 대한 지속적인 걱정/불안 및 과잉 경계
11. 아동이 이전에 즐겼던 활동에 대한 관심 또는 참여 동기 부족
12. 눈에 띄거나 갑작스러운 식욕 부진 또는 극심한 체중 감소
13. 손 씻기와 같은 의식과 일과를 반복적으로 수행
14. 불안, 두려움, 갈등, 도움을 청하는 외침을 묘사한 놀이 행동과 그림
15. 자신이 통제할 수 없는 사건에 대해 자신을 탓함(예: 행동이 더 좋았더라면 이혼하지 않았을 것이라고 믿는 것)

이러한 행동 형태는 정신 건강 전문가의 추가 지원이 필요할 수 있음을 나타낸다 (Ener, & Ray, 2018).

동물교감상담은 훈련된 상담사가 상담 과정의 일부인 목표 지향적 개입에서 인간-동물 유대를 사용하는 동물교감치유의 하위 전문 분야이다(Stewart, et al., 2016). 동물교감치유와 동물교감상담은 자폐 스펙트럼 장애(London, et. al, 2020), 아동 성적 학대(Dietz, et al., 2012), 트라우마(Tedeschi, & Jenkins, 2019), 주의력 결핍 및 과잉 행동 장애(Schuck, et al., 2018)를 비롯한 다양한 상담 문제가 있는 아동을 돕는 데 사용되었다. 동물교감치유와 동물교감상담은 정신역학, 게슈탈트, 인지 행동 치료와 같은 이론적 접근을 사용하여 적용될 수도 있다(Bachi, & Parish-Plass, 2017).

② 유아 동물교감상담 사례

 표 6-4 **동물교감상담의 예**

구분	내용
효과	스트레스 감소 및 심리적 웰빙 촉진(Gee, 2021) 새로운 상황에 대한 불안 감소(Friedmann, 2019 ; McCune, et al., 2014)
예	5세 아동은 유치원생으로 처음 학교에 다닐 때 분리불안을 겪는다. 학교 상담사는 교실에서 훈련된 토끼 상자를 가지고 있는 교사와 함께 활동한다. 토끼와 상호 작용할 수 있는 기회는 아동이 학교에 가고 더 긍정적인 태도를 갖도록 동기를 부여한다.
교육 자원	교실의 토끼 (Molinar, et al., 2020)
동물 복지	토끼의 복지 (Royal Society for the Prevention of Cruelty to Animals, 2019)

구분	내용
효과	소리내어 읽기(Levinson, et al., 2017)와 같은 학습 활동(Gee, et al., 2017)에 대한 참여를 장려
예	중간에 새 학교로 전학 온 1학년 학생은 소리 내어 읽기를 거부하거나 마지못해 책을 읽는다. 학교 상담사는 그것을 읽기 불안의 사례로 간주한다. 1학년을 유급하거나 여름 학교에 다니는 것 중 하나를 선택하면 가족은 후자를 선택하지만 아동은 단지 읽기를 "잘하지 못하기" 때문이라고 저항한다. 아동은 치유 보조견들이 그곳에 있을 것이라는 것을 알고 나서야 열심히 참석하고, 큰 소리로 읽는 연습을 하며, 읽는 능력을 향상시킨다.
교육 자원	읽기 불안(Jalongo, 2005; Jalongo, & Hirsh, 2010; Piccolo, et al., 2017) 독서능력과 독서태도에 미치는 영향(Linder, et al., 2018)
동물 복지	치유 보조견의 복지(Fry, 2021; Glenk, & Foltin, 2021; McConnell, & Fine, 2019; Mills, et al., 2019)

구분	내용
효과	일반적으로 발달하는 아동과 특별한 도움이 필요한 아동을 위한 교실 내 행동 및 사회적 기능 개선(Kirnan, et al., 2020; O'Haire, 2013; O'Haire, et al., 2014)

예	부모가 대학원 과정에 등록한 중국의 한 유치원생은 또래들이 아직 자신을 받아들이지 않는다고 느낀다. 학교에 대해 물었을 때 "점심을 같이 먹을 친구가 있었으면 좋겠다." 고 말한다. 상담사와 교사는 아동이 교실 기니피그에 관심이 있음을 알아차리고 아동을 다른 학생들과 짝을 지어 동물을 돌보고 관찰 일지를 작성하도록 한다. 우정이 형성되고 점심 시간 동반자에 대한 아동의 소망이 이루어진다.
교육 자원	교실에서의 동물 보조 요법(Brelsford, et al., 2017) 교실의 기니피그(O'Haire, et al., 2015; Todd, 2018) 상담사가 회기에 포함시키는 작고 털이 많은 "주머니 애완동물"(Flom, 2005)
동물 복지	동물교감치유에 대한 실행 표준(Pet Partners, 2021) 활동 장소에서의 반려동물(Pet Partners, 2022)

구분	내용
효과	신체적 통제를 연습하고 자신감과 유능감을 촉진(White-Lewis, 2020)
예	상담사는 거동이 불편하고 자존감이 낮은 8세 소녀와 함께 활동하고 있다. 아동은 말에 매료되어 어머니는 치료 승마에 참여시키고 싶어한다. 상담사는 엄마에게 평판이 좋은 지역 프로그램을 소개하고 아동은 열정적으로 참여한다. 특히 한 마리의 말과 유대감을 가지고 있으며, 그렇게 강력한 동물을 조종할 수 있는 자신의 능력에 자부심을 가지고 있다.
교육 자원	말 보조 치료(Lattella, & Abrams, 2019; VanFleet, & Faa-Thompson, 2017)
동물 복지	치료적 맥락에서 말의 복지(Fry, 2021)

구분	내용
효과	집중력과 작업 지속성 향상(Diamond, & Lee, 2011; Schuck, et al., 2018)
예	학업 성적이 좋았던 아동은 부모가 이혼한 뒤 학업에 집중하기 어렵다. 반려견과 함께 있으면 집중력이 좋아지기 때문에 학교에서 소유하고 관리하는 반려견을 상담사의 치료계획에 포함한다.
교육 자원	상황에 맞는 종 선택(MacNamarra, et al., 2019)
동물 복지	치료 동물에 대한 복지 고려 사항(Ng, 2021)

3 유아 동물교감상담의 이점

만약 아동들이 인도적인 교육 개념을 습득하기를 기대한다면, 동물의 복지에 대한 관심은 먼저 어른들에 의한 모델이 되어야 한다. 예를 들어, 교실에서 기니피그를 애완동물로 키우는 한 유치원 교사는 아동들이나 가족들이 주말 동안 그들의 집에서 교실의 기니피그를 데려가 돌보는 것이 유익할 것이라고 결정했다. 가족들은 무력한 동물을 지각 있는 존재라기보다는 빌려야 할 도서관 책처럼 다루었다. 주말의 어느 날 한 가족이 기르는 반려견이 기니피그의 울타리에 들어가서 기니피그를 죽였다. 아동은 사랑하는 반려견의 입에 죽은 기니피그가 축 늘어져 있는 끔찍한 사건을 목격했다. 설상가상으로, 부모는 그녀가 자신의 말을 들었어야 했고 침실 문을 닫아야 했다고 아동을 비난했다. 부모들이 선생님과 이야기를 나눌 때, 딸이 힘든 교훈을 배웠다고 하였다. 하지만, 만약 선생님이 기니피그에 대해 진정으로 동정심을 가졌다면, 기니피그가 돌아다니고 의도하지 않은 해를 입거나 심지어 고의적인 방치 및 학대에 취약하도록 허락하지 않았을 것이다. 만약 부모들이 그 동물에 대한 모든 책임을 받아들였다면, 기니피그를 돌보는 데 있어 아동이 아무 잘못도 없을 것이라고 기대하지 않았을 것이다. 이제 선생님은 기니피그가 학교로 돌아오지 않을 것이라고 반 학생들에게 말해야 했고 아동들은 무슨 일이 일어났는지 크게 궁금해했다. 이러한 상황에서 동물복지는 무시되었기 때문에 인간교육의 목표는 하나도 달성되지 않았다. 동물들이 상담 노력의 일부일 때 유사한 고려 사항이 적용된다. 동물 지원 상담을 구현하고자 하는 전문가들은 인권, 동물보호, 환경 지속 가능성의 상호 연결이라는 인도적 조직의 원칙을 수용할 필요가 있다(Jalongo, 2013). 반대로 동물 지원 상담 및 정신 건강 서비스가 적절하게 구현되면 다음과 같은 이점을 제공할 수 있다(VanFleet, & Faa-Thompson, 2017).

1. 아동들이 동물에 대해 갖고 있는 자연스러운 관심은 종종 아동들의 마음이 빨리 열리도록 도와준다.
2. 아동들은 동물뿐만 아니라 치료사 및 다른 사람들과 건강한 애착 관계를 형성할 수 있다.
3. 아동들은 동물과 함께, 그리고 결과적으로 다른 아동들 및 사람들과 함께 적절한 행동을 배운다. 두 가지 모두 인간적인 교육의 목표를 지지한다.
4. 동물은 무조건적인 수용을 제공하고 다가가거나, 관심을 구하거나, 애정을 표현하는 등 아동이 이해할 수 있는 구체적인 방식으로 의사소통하는 경향이 있다.
5. 치료사의 감독하에 엄선된 동물들과 함께 활동하는 것은 아동들의 공감, 공유 및 돌보기 능력을 발달시킬 수 있다.
6. 동물과 함께 활동하면서 다양한 기술을 습득하고 아동들의 자신감을 키워줄 수 있다.
7. 동물은 학업 과제, 신체 활동 및 중재 전략 또는 프로그램에 대한 아동의 참여에 동기를 부여할 수 있다.
8. 예의 바른 동물의 존재는 아동들을 정서적, 생리적으로 안정시킬 뿐만 아니라 불안 및 공포를 줄이는 데 도움이 될 수 있다.
9. 동물을 사회적 지원으로 사용하면 아동들은 걱정이나 충격적인 경험을 공유하는 것이 더 안전하다고 느낄 수 있다.
10. 특별한 동물들의 회복력과 부드러운 방식은 학대, 방치, 거부당한 아동들이 새로운 희망을 찾을 수 있도록 지원할 수 있다.

④ 유아 동물교감상담의 주의사항

정신 건강 전문가와 어린 아동들 사이의 치료 동맹에 동물을 성공적으로 통합하려면 사전 숙고, 계획, 준비 및 신중한 구현이 필요하다. 또한 개별 아동 또는 가족, 전문가, 프로그램과 관련된 기타 성인(예: 치유 보조견 훈련사), 특정 종 또는 동물 등 모든 이해관계자를 고려해야 한다. 다음은 동물을 어린 아동들과 치료 동맹에 포함시키려는 정신 건강 전문가에게 권장 사항이다.

(1) 치료 목표

동물을 정신 건강 서비스에 데려오는 데는 명확하게 정의된 근거가 있어야 한다. 동물교감치유를 위해서는 아동을 위한 계획에 동물이 치료에 통합되는 방법을 지정해야 한다. 동물은 상담 목표를 손상시키기보다는 치료 과정을 향상시켜야 한다(Dietz, et al., 2012). 엄선된 동물의 존재가 상담사와 아동 사이의 상호 작용을 대신하지 않는다.

오히려 동물교감상담은 개별 아동 또는 아동 집단에 적합할 때 상담사가 선택하는 보완적인 치료 개입으로 분류된다.

(2) 동물 복지

동물교감치유를 실행하려는 전문가들은 동물의 필요를 인식하고 항상 동물의 안전과 복지에 대한 전적인 책임을 받아들여야 한다. 여기에는 정기적이고 충분한 휴식과 과도한 취급을 피하기 위한 계획이 포함된다. 또한 동물의 요구 사항 및 특정 동물과 상호 작용하는 적절한 방법에 대해 다른 사람에게 가르치는 것도 포함된다. 동물이 학교에 상주하는 경우 학교가 폐쇄되었을 때 동물을 적절하게 돌보기 위한 계획이 있어야 한다.

(3) 재정

동물에 대한 책임 있는 보살핌을 제공하는 데 비용이 많이 들 수 있다. 일상적인 필요 외에도 보호자는 정기 검진, 예방 접종, 기생충 통제 및 기타 유형의 수의사 치료를 위한 예산을 책정해야 한다.

(4) 동물 선택

동물교감치유에 참여하는 동물은 여러 면에서 예외적이다(MacNamarra, et al., 2019). 그들은 특별히 선택되고, 훈련되고, 아동들 주위에서 편안하고, 과도한 스트레스 없이 여행할 수 있고, 종에 적합한 환경이 필요하다. 정신 건강 전문가와 함께 활동하는 동물은 또한 건강해야 하며(수의사가 확인함) 보호자 또는 훈련사와 파트너 관계를 맺을 때 복지에 대한 요구 사항을 충족해야 한다. 또한 아동과 특정 종 간의 "일치"를 신중하게 고려해야 한다. 일부 어린 아동들은 큰 동물에 겁을 먹거나 특정 종에 대해 불쾌한 경험을 했을 수 있다.

(5) 알레르기 반응

아동 참가자는 사전에 동물 관련 알레르기를 검사해야 한다. 아동의 주치의와 상의하면 반응의 심각성과 이를 예방하기 위해 할 수 있는 조치에 대한 지침을 제공할 수 있다. 각 자녀에 대해 서명된 부모 동의서를 사전에 받아야 한다.

(6) 위생 및 질병 통제

철저한 손 씻기는 동물에서 사람으로 전염되는 질병의 위험을 줄이는 가장 좋은 방법이다. 항균 펌프, 스프레이 및 물티슈는 유용하고 더 편리하지만 효과적이지는 않다.

(7) 준비

아동는 일반적으로 종, 특히 동물과 적절하게 상호 작용하는 방법을 배워야 한다. 이를 위해서는 아동들이 방문하는 동물의 요구 사항을 존중하고 주의를 기울여 동물을 대하는 방법에 대해 배워야 한다. 동물을 아동이 다루어야 하는 경우 취급의 종류와 양은 동물의 복지를 고려해야 한다. 아동과 동물 사이의 모든 접촉은 면밀히 감독되어야 한다.

(8) 지역 사회 교육 및 준비

아동을 위한 동물교감치유는 학교 및 지역사회 기관을 포함한 다양한 환경에서 이루어질 수 있다. 이 서비스 제공 방법을 구현하기 전에 관리자의 승인을 받고 현장에서 이러한 유형의 치료를 포함하는 목적 또는 이점을 직원에게 알리는 것이 중요하다. 환경은 또한 동물을 수용하는 데 도움이 되어야 하며 그에 따라 사무실이 준비되어야 한다.

(9) 최선의 전달 방식 선택

관련된 아동의 치료 목표와 필요에 따라 상담사는 개인 상담, 집단 상담 또는 가족 상담과 같은 서비스에 대한 최선의 전달 방법을 결정해야 한다. 예를 들어, 아동들이 효과적인 대인 관계를 강화하기 위해 노력하고 있다면 집단 상담이 개별 상담보다 더 유익할 수 있다.

(10) 동물교감치유 효과

동물교감치유의 효과를 평가하는 것은 아동에 대한 개입의 효과를 보여주기 위해 필수적이다. 카즈딘(Kazdin, 2017)은 다양한 방법론을 활용하는 보다 잘 설계된 연구를 수행하고 동물교감치유 연구를 위한 전략 계획을 개발하는 것을 포함하여 동물 지원 연구의 증거 기반을 강화하기 위한 권장 사항을 제공했다.

5 동물교감상담의 아동 지원

(1) 상호 작용 시작

동물을 동반하는 사람들이 더 접근하기 쉽고, 친근하고, 호감이 가는 것으로 인식된다(Bould, et al., 2018; Rossbach, & Wilson, 1992). 아동 중심 심리치료의 창시자로 널리 평가받는 보리스 레빈슨(Boris Levinson)은 동물을 '사회적 윤활유'라고 지칭했다(Levinson, 1997). 동물이 관심과 대화의 초점이 되고 인간들 사이의 대인 관계와 관련될 수 있는 압력의 일부를 완화시킨다.

(2) 추가적인 사회적 지원 제공

동물과의 유대는 사회적 지원의 대안적 형태로 기능할 수 있다. 예를 들어, COVID-19 봉쇄 기간 동안 많은 사람들이 감정적인 지원을 위해 가족이 기르는 반려동물에게 의지했다(Jalongo, 2021). 특히 어린 아동들은 동물을 의인화하여 또래, 놀이 친구, 친구로 여긴다(Melson, & Fine, 2019). 따라서 아동이 부정적인 감정(예: 불안 또는 두려움)을 경험하거나, 처음으로 무언가를 시도하거나, 어려운 작업을 하는 경우, 동물은 그러한 강한 감정의 일부를 완충시킬 수 있다(Gee, et al., 2021; Kertes, et al., 2017).

(3) 위기 상황에 따른 개입

화재, 홍수, 허리케인, 폭발, 학교 총격 또는 학생의 사망과 같은 재난 이후에, 훈련된 치유견을 상담사에 의해 데려올 수 있다(Greenbaum, 2006; VanFleet, 2018). 예를 들어, 희망(HOPE Animal-Assisted Crisis Response, 2020) 및 개 응급 처치요원(K9 First Responders, 2022)과 같은 조직은 재난, 위기, 재앙 또는 폭력 사건이 발생한 후 훈련된 핸들러 또는 동물교감치유팀을 무료로 학교에 파견한다. 코로나 기간 동안, 그들은 온라인으로 가상 방문을 제공했다.

(4) 정신 건강 전문가와 공동 치료사 역할

상담자와 동물의 최고 수준의 협업에서 동물은 치료계획에 완전히 통합된다(Van-Fleet, et al., 2019). 예를 들어, 자존감으로 어려움을 겪고 있는 아동은 신중하게 선택되고 훈련된 개나 말과 함께 놀이 치료사와 활동을 할 수 있다. 동물이 아동의 신호에 반응하는 것은 아동의 자신감을 키우는 데 도움이 된다. 동물 보조 놀이 치유(Animal Assisted Play Therapy, AAPT)를 하는 동안, 영국에서 진행된 프로그램에서 부드러운 견인용 말의 행동을 지시할 수 있는 기회는 동물들이 공동 치료사로 기능하는 동안 아동들에게 힘과 통제력을 제공했다(VanFleet, & Faa-Thompson, 2017).

7장

아동과 동물교감치유

01 아동기 발달 과정 (박희순, 강민희, 2021)

그림 7-1 아동 발달

 1. 신체 및 운동

유아기가 끝나고 아동기에 들어서면서 뇌가 성인 크기의 90%에 달하고 신체가 계속 성장한다. 아동기 신체 성장은 천천히, 일정한 속도로 진행된다. 여아들은 아동기 초기에 남아들보다 키가 약간 작고 체중도 가볍지만 약 9세가 되면 이런 경향이 역전된다. 여아들의 성장 급등이 남아들보다 2년 정도 일찍 시작된다. 하체가 빨리 자라기에 남아, 여아 모두 다리가 더 길어 보인다. 여아들은 남아들보다 체지방을 약간 더 많이 가지며 남아들은 근육이 약간 더 많다. 아동기 중기가 되면 뼈가 더 길어지고 넓어진다. 뼈에 인대가 확실히 붙지는 않았지만 점차 인대가 뼈에 붙으면서 근력이 증가하고 유연성이 커져 옆으로 재주넘거나 물구나무서기를 할 수 있다. 신체가 강해지면서 신체운동의 욕구가 더욱 커진다. 뼈가 성장하면서 그에 따라 근육도 늘어나야 하기에 밤에 다리가 뻣뻣해지고 고통이 수반되는 성장통을 경험하게 된다(Berk, 2007;2009). 아동기에는 20개의 유치가 모두 빠지고 영구치로 대체되며 이 변화는 여아에게서 조금 빠르게 진행된다. 턱과 턱 끝이 점차 자라고 얼굴이 길어지면서 새로 나온 영구치들이 자리를 잡게 된다. 아동기 동안 달리기, 점프하기, 뛰기와 공을 다루는 기술이 더 발달한다. 운동장을 가로질러 전속력으로 달리기, 빨리 줄넘기를 뛰어넘기, 축구공을 차거나 드리블하기, 친구가 던진 공을 야구 방망이로 맞히고, 발꿈치를 들고 균형을 잡을 수 있다. 이러한 운동 기술은 신체적 유연함과 탄력성, 갑자기 방향을 바꾸고도 안정감 있는 균형성, 민첩성, 공을 세게 던지거나 멀리 달리거나 높이 뛰어오를 수 있는 힘에 의해 가능해진다. 소근육도 아동기 동안 발달하여 상당히 정교한 근육의 통제가 필요한 악기 연주도 가능해진다. 아동기가 되면 글자의 크기와 간격이 일정해지고 더 정확히 쓸 수 있게 되어 아동의 글자를 알아보기 쉬워진다. 아동기의 그림도 더 발전한다. 입체적으로 그리기, 깊이 단서를 이용한 원근법, 삼차원을 표현하기 위한 중첩되게 그리기, 상세히 그리기 등의 기술을 자유롭게 사용한다(Braine, et al., 1993).

 ## 2. 인지

피아제의 인지발달 단계에서 아동기는 구체적 조작기(Concrete Operational Stage)에 해당된다. 전조작기의 자기중심성이나 중심화 특성이 점차 사라지며 유연한 정신활동이 이루어지기에 논리적 사고가 가능해지고 보존, 포함, 서열, 수, 공간 등 다양한 개념들을 정확하게 이해할 수 있다. 정보처리의 속도는 빨라지고 여러 가지 효율적인 기억과 인출 책략을 자발적으로 사용할 수 있기에 효율성이 더해진다. 상위인지와 상위 기억을 활용하며 어휘력이 증가하고 다양한 구조의 문장을 구사할 수 있고 의사소통 기술이 정교해진다. 구체적 조작기에는 전조작기에서보다 더 성숙한 인지구조가 형성된다.

그러나 다음 단계인 형식적 조작기만큼 추상적이거나 복잡한 수준에는 도달하지 못하고 관찰될 수 있는 구체적 사물을 다루는 데는 논리를 가지고 접근하나, 가설적이고 추상적이거나 순전히 언어만을 가지고 다루는 문제에는 아직 미숙하다(최경숙, 2006). 아동의 사회적 경험이 증가함에 따라 가족들, 또래들과의 경험 속에서 언어 사용이 활발해지면서 생각을 비교하며 평가하게 된다. 이 과정에서 자신의 생각 중 잘못된 점을 발견하는 등 자기중심성을 감소시키고 사고의 폭을 넓히게 된다. 따라서 다른 요소들을 보지 못하고 한 요소에만 집중하는 중심화 경향에서 벗어나 탈중심화를 이루게 된다. 구체적 조작기의 논리적 조작은 가역성을 통해 이루어진다. 가역성은 어떤 현상을 확인한 후 머릿속에서 이전의 상태로 전환시킬 수 있는 정신활동이다. 구체적 조작기의 논리적 조작은 대표적으로 분류, 보존 및 서열 등에서 나타난다. 사물들을 하나 이상의 특정 차원에 의해 나눌 수 있는 인지 능력(최경숙, 2006)인 분류개념에서 아동은 전체와 부분과의 관계, 상위유목과 하위유목과의 유목 포함 관계를 완전히 이해할 수 있게 된다. 또한 아동들은 눈에 보이는 지각적 특성에 의해서가 아니라 논리적 조작에 근거하여 보존 문제를 쉽게 풀 수 있다. 액체량 보존과제를 예를 들어보면 모양이 변화했더라도 변화하기 이전과 같은 대상이기에 질량이 변화하지 않음(동일성의 원리), 머릿속에서 거꾸로 조작할 수 있어 양의 변화가 없다는 것(가역성), 높이나 넓이 등 한 차원으로 잃어버린 것은 다른 차원으로 보상될 수 있다는 것(보상성) 중 하나 이상을 이해함으로써 해결한다. 전조작기에는 같은 과제를 가지고 시행 착오적 조작을 반복했다면 구체적 조작기에 오면 전체 중 가장 작은 것을 고른 후 다시 나머지 중 가작 작은 것을 고르는 방식으로 구성할 수 있다. 수평과 수직 개념을 포함하는 공간개념은 수평과 수직의 참조기준을 찾아가는 방식으로 발달 된다.

아동기에는 사고의 속도가 증가하고 뇌의 수초화와 시냅스 가지치기와 같은 생물학적인 변화에 의해 다양한 인지 과제에서 정보를 처리하는 것이 증가하게 된다. 작업기억 내에 정보를 더 많이 저장하고 많은 정보를 조작할 수 있어 정보처리의 효율성이 높아져 더 복잡하고 효과적인 사고를 할 수 있다. 지금 하고 있는 과제나 작업에 방해되는 자극을 통제하는 능력인 억제력도 발달하게 된다. 또한 주의는 더욱 선택적이고 적응적이며 계획적이 되어 학교에서 성공하는 데 작용한다. 시연, 조직화, 정교화의 기억책략이 발달하게 되어 의도적인 정신활동이 자발적으로 활용하게 된다. 지식 기반이 성장하여 점점 더 정교하고 위계적으로 구조화되어 네트워크를 이루게 된다. 이러한 지식 기반은 또한 책략 사용과 기억에 도움을 준다. 즉, 어떤 주제에 대해 더 많이 알면 새로운 정보가 더 의미 있고 친숙해지기에 관련 정보를 더 쉽게 자동화하고 저장하고 인출하게 된다(Berk, 2007;2009).

 ## 3. 언어

아동기 어휘, 문법, 의사소통은 유아기처럼 눈에 띄지는 않으나 계속 발달한다. 어휘는 유아기에 비해 약 4배 이상 증가하는데, 평균 하루에 약 20개 단어를 새로 배우게 된다. 음성언어의 경우 특히 말을 더 잘하는 사람과의 대화를 통해 도움을 받는데, 예를 들어 부모가 복잡한 단어를 사용하고 그 뜻을 설명해주면 더욱 도움이 된다고 한다(Weizman, & Snow, 2001). 문자언어는 음성언어보다 훨씬 더 다양하고 복잡한 어휘들이 포함되기에 아동기부터 청소년기에 이르기까지 읽기 경험이 어휘 발달에 크게 영향을 미친다. 아동기 동안 복잡한 문법을 완전하게 구성하고 다루게 된다. 수동형, 비교법, 가정문의 의미 사용이나 부정문의 활용을 숙달할 수 있게 된다. 언어의 의사소통 측면도 발달한다. 점차 자신이 뜻한 바를 말로 잘 표현하게 되며 어른에게는 더 정중하게 부탁을 할 수 있게 된다. 아동기의 기억력과 다른 사람의 입장을 이해하는 능력이 발달하면서 이야기는 더욱 조직화되고 더 상세하며 표현이 풍부해진다. 이렇게 음성언어로 이야기를 분명하게 만드는 능력은 독해 능력을 도와줄 뿐만 아니라 장차 더 길고, 분명한 이야기를 쓸 수 있게 돕는 역할을 한다.

 ## 4. 사회정서

아동기 자기 인식과 사회적 민감성이 발달하면서 정서 능력도 발달하게 된다. 자의식적 정서와 정서 이해, 정서적 자기조절 등이 일어난다. 자의식적 정서는 긍지, 자긍심, 혹은 죄책감 같은 정서로서 개인적인 책임감에 의해 통제된다. 즉, 성인의 통제가 없어도 성취로 인해 긍지를 느끼게 되고 거짓말 등 의도적인 잘못을 하면 죄책감을 느끼게 된다(Ferguson, Stegge, & Damhuis, 1991). 긍지는 더 큰 도전을 하게 되고 죄책감은 반성하도록 하기에 특히 부모나 성인이 과도하게 비난을 하면 자아존중감이 떨어진다. 아동기에는 자신의 정신활동을 이해할 수 있게 되면서 행복함이나 슬픔 등에 근거한 내적 상태를 표현할 수 있게 된다. 또한 '시원섭섭함', '웃기면서 슬픈' 등 한 번에 하나 이상의 정서를 가질 수 있음을 이해한다. 이러한 정서 이해는 인지발달과 사회적 경험, 특히 성인들이 아동의 감정에 민감하고 정서에 관한 이야기를 나누는 분위기가 자주 이루어질수록 발달하고 이를 바탕으로 공감 능력을 발전시키게 된다. 정서적 자기조절은 여러 비교 상황 속에서 자아존중감을 위협하는 부정적 정서를 스스로 관리하는 방법으로 작용하게 한다. 변화될 수 있는 상황이라면 문제를 확인하고 무엇을 할지 계획하여 이를 수행하는 문제 중심 대처를 하게 되고, 결과를 바꿀 수 없는 상황에서는 고통을 줄이는 방법으로 정서 중심 대처를 하게 된다. 이러한 정서적 자기조절 능력은 점차 정서적 자기효능감으로 이어져 어떠한 정서적 경험도 자신이 통제할 수 있다는 신념을 갖도록 한다. 정서를 잘 조절하는 아동은 기분이 명랑하고 공감 능력이 높고 친사회적인 특징을 갖는 반면, 정서를 잘 조절하지 못하면 충동적으로 부정적 감정을 자주 폭발시키기에 친사회적이지 못하고 또래들에게 거부당한다(Brek, 2007; 2009).

사회성 발달의 측면에서는 조망 수용 능력이 크게 발달한다. 이것은 다른 사람들이 어떻게 생각하고 느낄지를 추론해 보는 능력이다. 조망 수용 능력은 자기 개념, 자아존중감, 타인 이해 및 다양한 사회적 기술들을 가능하도록 한다. 조망 수용 능력을 증진시키면 주위의 성인과 또래들이 자신의 입장을 잘 이해하고 표현하며 사회적 문제 상황에 잘 대처할 수 있게 된다. 자주 화를 내거나 공격적인 아동은 공감 능력을 포함한 조망 수용에 어려움이 있을 수 있다.

10~11세경이 되면 대부분의 아동들은 자율적 도덕 단계에 도달한다. 이 단계의 아동들은 사회적 규칙은 그 사회 사람들의 합의에 의한 것으로써, 변경할 수도 있다는 것을 알게 된다. 옳고 그름에 대한 판단도 이제는 행위의 객관적인 결과만을 보지 않고, 행위자가 속이려 했다거나 규칙을 위반하려 한 의도에 더 비중을 두게 된다. 초등학교 고학년 이후부터는 도덕 추리와 도덕 행동의 일관성이 나타나기 시작한다. 도덕성이 중요한 지표 중 하나는 유혹에 넘어가지 않고 얼마나 저항할 수 있는가인데, 이러한 능력을 고취시키기 위해 금지된 행동과 대체되는 행동을 강화해줌으로써 도덕적 통제를

가르칠 수 있다. 문제행동을 고치기 위해 어쩔 수 없이 벌을 주게 될 때에는, 아동이 자아 통제를 내면화하도록 도와주기 위해 금지된 행동을 하는 것이 왜 나쁘며 왜 죄책감을 느껴야 하는지에 대한 적절한 근거를 성명해 주어야만 한다(Hoffman, 1981). 또한 아동 자신을 착하고 정직하게 생각하도록 하면 유혹에 저항할 수 있는 가능성을 높이며 동시에 죄책감과 양심의 가책을 느끼게 할 수 있다. 모델링 또한 아동의 도덕 발달에 중요한 역할을 하기 때문에, 주위의 성인들이 올바른 행동을 보여주는 것이 효과가 있다. 마지막으로는 부모의 양육 태도에 있어서, 아동이 잘못했을 때 무조건 화를 내거나, 더 이상 사랑해주지 않겠노라 하며 애정을 담보하여 협박하는 방식을 사용하거나, 권력을 행사하는 것은 좋지 않다. 행동이 왜 잘못되었는지, 다른 사람에게 어떠한 영향을 미칠지, 어떻게 그러한 손상이나 상해를 되돌릴 수 있는지를 설명하고 함께 이야기해 보는 '귀납적 훈육의 방법'을 사용할 때 아동으로 하여금 인지, 정서, 행동적 차원 모두를 통합하여 도덕성 성숙에 이르도록 도와줄 수 있다(최경숙, 2000). 아동기에는 또래와 상호 작용하는 빈도와 시간이 증가한다. 부모의 양육 방법, 신체 특성, 인지 능력은 아동이 또래에게 받아들여지고 호감을 주는 데 영향을 주는 요인이 되고 우정은 친밀감과 유사성에 기초한 상호호혜적인 관계로서 또래와 우정을 나누면서 아동은 긍정적인 자아 존중감을 발달시키고 또래로부터 지지를 얻게 되어 학교에서 잘 적응할 수 있게 된다.

아동과 동물교감치유 활동 시 유의사항(Tucker, 2005)

02

아동들 곁에는 조용하고 온화한 동물이 있어야 한다. 동물교감치유사는 치유 보조 동물과 연관된 다양한 보조 활동들을 구성해 볼 수 있다. 아동들은 동물들에 관한 재미있는 이야기를 좋아한다. 또한 동물이 있는 사진을 보는 것도 좋아한다. 심지어 아동들은 동물과 함께 하는 아주 단순한 활동에서도 흥미를 갖고 좋아하는데, 간단한 활동에는 치유 보조 동물을 바르게 만지는 방법을 배우는 것도 포함된다. 정서적으로 문제가 있는 아동들은 대다수가 동물에게도 사람에게도 매우 공격적인 성향이 있다. 치유 보조 동물이 언제나 그런 위험으로부터 안전한지 매번 확인해야한다.

 ## 1. 소아 환자(Barker, Vokes, & Barker, 2019)

소아 환경은 복잡하고 역동적일 수 있으며 소아 환자를 위한 동물교감치유 프로그램을 개발할 때 많은 요소를 고려해야 한다. 소아과에서는 환자마다 가족 및 사회적 환경이 다를 수 있으므로 소아과 전문의 또는 기타 지정 전문가와의 상담이 필수적이다. 소아과는 치유 보조견에게 매우 자극적이며, 소아과에 참여하는 모든 치유 보조견이 그러한 환경에서 편안하고 적절한지 확인하기 위해 추가적인 기질과 훈련 요건이 권고된다. 모든 동물교감치유팀이 매우 아픈 아동이나 말기 질환을 가진 아동을 편안하게 방문하는 것은 아니다. 동물교감치유 프로그램은 아동 생활 전문가 또는 기타 지정된 연락 담당자가 해당 부서에서 봉사하는 각 동물교감치유팀을 승인, 안내 및 지원하는 데 관여하도록 해야 한다. 오리엔테이션은 동물교감치유팀이 의료 시설의 일반 환자 집단을 방문하도록 준비할 수 있지만 동물교감치유팀이 소아과의 고유한 환경과 기대에 익숙해지도록 지정된 소아과 연락 담당자와 함께 소아과 부서에서 추가 오리엔테이션을 실시해야 한다.

소아 환자는 동물교감치유팀과 상호 작용하는 방식이 다른 집단과 다를 수 있다. 첫째, 연령대가 다른 아동은 신체적, 인지적 발달 단계가 다르기 때문에 치유 보조견에 대해 성인 환자와 다르게 반응할 수 있다는 점에 유의해야 한다. 예를 들어, 사람의 손을 냄새 맡는 것과 같은 정상적인 개의 행동은 성인이나 나이가 많은 아동에게 완벽하게 받아들여질 수 있지만 어린 아동은 동물의 이러한 행동에 놀랄 수 있다. 아동이 예기치 않게 울거나 비슷한 분출을 일으키거나, 아동이 동물을 적절하게 쓰다듬고 다루는 데 어려움을 겪을 수 있다. 또한 4세 아동은 개의 머리를 쓰다듬는 힘이나 포옹하는 힘, 개를 매우 거칠게 쓰다듬는 힘에 대한 통제력이 제한적일 수 있다. 동물교감치유팀은 소아과 병동에서 활동하는 동안 이러한 유형의 일반적인 행동에 대해 적절하게 준비해야 하며, 어린 아동들과 안전하게 상호 작용하기 위해 소아과 환경에서 흔히 볼 수 있는 시뮬레이션 환경에서 개들의 기질 평가를 받아야 한다.

소아 환자는 또한 자신의 상태에 대한 중요한 정보를 말로 표현하는 능력이 제한될 수 있다. 이것은 환자를 위험에 빠뜨리는 상황으로 이어질 수 있다. 예를 들어, 아동이 침대에 누워 있고 시트로 덮인 경우 동물교감치유팀은 아동의 다리 부상을 인지하지 못할 수 있다. 아동은 동물교감치유팀에 전달하는 데 중요한 자신의 상태에 대한 정보를 말하거나 이해하지 못할 수 있다. 따라서 동물교감치유팀은 모든 상호 작용 전에 소아 환자 및 의료팀을 담당하는 성인과 의사 소통하는 것이 중요하다. 상호 작용 전후에 개와 상호 작용하는 모든 사람의 손 위생은 필수이다. 여기에는 동물교감치유사가 포함된다. 아동의 손에 소독제를 사용하는 경우 아동에 대한 적절한 감독이 이루어지지 않으면 섭취할 위험이 있다. 손 위생 절차도 상호 작용에 앞서 아동 생활 전문가와 논의해야 한다. 아동과 함께 있는 보호자 또는 돌봄팀 구성원의 재량에 따라 방문 전후에 위생 절차를 수행하는 것이 좋다. 다시 말하지만, 소아 환자와 그 가족에 대한 동물교감치유의 안전과 즐거움을 유지하기 위해 아동 생활 전문가 또는 지정된 소아과 연락 담당자, 동물교감치유 프로그램 직원 및 동물교감치유팀 간의 의사소통을 계속 열어 두는 것이 중요하다.

🏵 1 사례(Phillips, & BcQuarrie, 2010)

미국의 동물보호단체인 아메리칸 휴메인(American Humane)의 동물교감치유팀 중 하나인 맥쿼리(Diana McQuarrie)와 그녀의 치유 보조견 리고(Rigo, 5세 검은색 래브라도 리트리버)와 관련된 사례의 실제 예이다. 그들은 몇 달에 걸쳐 아동과 동물교감치유사가 정기적인 주간 활동을 하였다. 애비(Abby)는 성적 학대의 역사를 가진 치료를 받으러 온 위탁 양육에 있는 10세 소녀였다. 그녀의 초기 문제에는 거짓말, 과잉 행동, 동료와의 부적절한 사회적 행동, 화를 잘 내는 성격, 침착하고 이완되지 않는 능력 등이 포함되었다. 그녀의 이력에는 생모의 동거 남자친구에 의한 성적 학대, 방치, 악몽, 자신을 폭행한 사람처럼 보이는 남자를 볼 때의 공황, 과잉 경계, 집중력 부족, 과잉 행동 및 감정 마비가 포함된다. 이러한 행동은 외상 후 스트레스 장애 및 반응성 애착 장애에 대한 기준을 충족한다. 애비의 초기 치료 목표는 다음과 같다.

- 동료 관계를 개선한다.
- 경계를 가르치고 안전감을 제공한다.
- 적절한 사회적 기술을 사용하여 연습한다.
- 신뢰를 쌓는다.
- 분노를 관리한다.
- 공감 능력을 키운다.

애비는 아동들이 리고를 일대일로 만나 청진기로 마음을 듣고 귀에 비밀을 속삭이는 것을 선택할 수 있는 발렌타인데이 모임에서 리고를 처음 만났다. 애비는 천천히 리고에게 다가갔고, 리고가 자신과 같은 심장을 가지고 있다는 사실에 기분 좋게 놀랐다. 비밀을 지켜줄 거라 믿었던 애비는 리고 옆에 무릎을 꿇고 귀에 속삭였다. 이 경험에 깊은 인상을 받은 애비는 이후 매일 리고에 대해 물었고 언제 그를 다시 볼 수 있을지 궁금했다. 이러한 관심, 애비의 치료 목표 및 리고의 아동들에 대한 온화한 기질을 감안할 때 동물교감치유와 완벽히 일치하였다. 애비의 목표는 경계를 배우고 적절한 사회적 기술을 사용하여 연습하는 것이었기 때문에 동물교감치유 회기의 전제 조건은 리고와의 상호 작용 규칙을 이해하고 리고를 만나기로 예정된 주 동안 좋은 행동을 기록하는 것이었다. 이것은 애비의 안전감, 규칙을 준수하는 능력 및 적절한 사회적 기술의 중요성을 강화하기 위해 수행되었다. 애비는 규칙 준수를 보여주었고 리고와의 상호 작용을 긍정적인 결과로 보았기 때문에 또래들과 최선의 행동을 하도록 동기를 부여받았다.

리고와의 첫 번째 회기는 다음과 같이 구성되었다. 리고와의 상호 작용에 대한 규칙을 검토하고, 구두로 동의를 한 후, 리고와의 다시 만남이 이루어지고 리고에 대한 이야기를 들었으며, 리고를 쓰다듬고 긴장을 풀고 부드럽게 이야기하고 작별 인사를 하였다.

리고와 상호 작용하기 위한 규칙은 다음과 같다.

• 리고가 공손하게 앉아 눈을 마주칠 때까지 기다렸다가 동물교감치유사에게 접근 허가를 요청한 다음 천천히 움직여 머리 대신 옆구리를 쓰다듬어 부드럽게 인사한다.
• 리고 주변에서는 항상 침착한다.
• 허가를 받지 않은 경우 리고에게 명령을 내리지 않는다. 동물교감치유사만 리고에게 명령을 한다.
• 항상 온화한다.
• 먼저 리고의 주의를 끌고 그와 대화하기 전에 눈을 마주치도록 한다.

애비가 리고와의 회기 중에 적용한 동물교감치유 상호 작용 기술:

- 유사점 공유:

시각장애인 안내견으로 자란 리고의 과거 때문에 그는 위탁 가정에서 자랐고 때때로 단기 보호를 위해 다양한 위탁 가정을 경험했다. 시각장애인 안내견이 되기 위해서 사회적 기술, 경계, 다른 개와 잘 지내는 방법을 배워야 했다. 리고에게는 사람, 위탁 가족, 안내견 강사, 특히 시각 장애가 있는 사람을 신뢰하는 법을 배우는 것이 중요했다. 그의 모든 정식 시각장애인 안내견 훈련에도 불구하고 지침이 되는 것은 리고가 완전히 편안하게 할 수 있는 직업이 아니었기 때문에 맥쿼리에게 입양되었다. 리고의 훈련 목표는 여러 수준에서 애비의 치료 목표를 반영했다. 공유된 유사성은 애비가 효과적인 치료에 중추적인 리고와의 유대감과 신뢰 수준을 발전시키는 데 도움이 되었다.

- 안전 경계:

리고는 매우 사랑스러운 개이며 일부 사람들에게 혀로 핥아 애정을 보일 수 있다. 훈련을 통해 그는 "그만!"이라는 명령을 알고 있다. 리고가 애비를 혀로 핥았을 때, 리고가 멈추기를 원할 때 단호하게 "그만!"이라고 말하는 법을 배웠다. 애비가 혀로 핥는 것을 멈추라고 할 때 항상 순종하여 애비의 자신감과 자부심을 키웠기 때문에 리고는 이를 긍정적으로 강화했다.

- 건강한 접촉:

애비는 만지는 것에 대해 외상을 가지고 있었기 때문에 물리적인 친밀감과 접촉의 경계에 대해 혼란스러워했다. 애비는 리고를 적절하게 쓰다듬고, 만지고, 손질하는 방법을 배웠다. 애비는 리고가 이러한 유형의 접촉을 분명히 즐기고 안전하다고 느끼는 것을 관찰했을 때 부드럽고 친절한 행동에 대해 긍정적으로 강화되었다.

- 공감 격려:

리고는 특히 사람의 몸짓 언어를 읽는 데 주의를 기울이고 그에 따라 행동을 조정한다. 예를 들어, 다시 걷는 법을 배우는 재활 환자와 함께 일할 때 리고는 자신의 속도를 조정한다. 이 특성은 애비가 다른 사람의 감정을 이해하는 데 도움이 되도록 효과적으로 전달되었다. 애비는 리고가 자신의 감정(예: 행복, 만족, 흥분, 복종)에 대해 반응하기를 원했다. 목표는 애비가 다른 사람들이 어떻게 느끼는지 생각하도록 동기를 부여하는 것이었고, 이는 그녀의 사회적 기술과 또래 관계를 개선하는 데 도움이 되었을 수 있다.

리고가 도입되기 전 치유 회기 중 애비의 행동은 다음과 같다.

리고 도입 전에:

• 방을 돌아다니고 모든 것을 만지는 것을 포함하는 지속적인 신체 움직임
• 한 가지 주제에 집중하지 못하고 이야기하기
• 분노 관리의 어려움
• 침착하고 균형을 유지하는 데 어려움
• 둔감하게 행동한 또래에 대해 감정을 식별하거나 공감을 나타내지 못함
• 경계나 개인 공간을 존중하지 않음

리고와의 회기 동안 애비에서 다음과 같은 행동이 관찰되었다.

- 리고가 옆에 누워 있는 상태로 바닥에 조용히 앉았다.
- 리고에 대한 이야기를 듣고 사회적으로 적절한 반응을 사용하여 대화했다.
- 리고와 관련된 모든 규칙을 따랐다.
- 근육 이완을 나타낸다.
- 생모에 대한 생각과 느낌을 공유한다.
- 리고에게 온화하고 돌보는 사람이 되었다.
- 개인적인 경계를 존중하고 적절하게 리고를 만졌다.

리고와의 후속 회기에서 애비는 자신의 성적 학대에 대한 세부 정보를 공개할 수 있을 만큼 안전하다고 느꼈다. 그 이후로 그녀의 위탁 가정과 학교에서의 행동은 개선되었다고 한다. 애비는 리고의 사진과 그녀의 "작은 리고"(작은 검은색 라브라도 리트리버 장난감 인형)를 소중히 여긴다. 이 물건들은 그녀가 리고에게서 느끼는 신뢰할 수 있고 안전하며 차분한 친구를 상기시켜준다. 애비가 분노를 느끼거나 외상에 대한 기억을 다루는 데 어려움을 겪을 때 이러한 물건은 애비에게 위안을 주고 평온함을 불러일으킨다. 애비의 동물교감치유 회기는 다른 학제 간 치료 팀의 작업과 결합되어 애비가 치료 목표를 향해 긍정적으로 나아갈 수 있도록 했다. 애비는 이제 편안하게 지원하는 위탁 가정에 있다. 그녀는 공립 학교 시스템에 다시 돌아갔으며 곧 영원한 가정에 입양되기를 희망한다.

2. 아동이 치유 보조 동물에게 작별 인사를 할 수 있도록 돕기(Phillips, & BcQuarrie, 2010)

때때로 아동들은 치유 보조 동물과 의미 있는 관계를 형성하여 헤어지기 어려울 수 있다. 그러나 아동과 동물교감치유팀 모두 유대 관계의 끝을 공식화하고 절차의 성공을 마무리하고 앞으로 나아가는 중요한 단계이다. 공식적인 종결은 계획되거나 계획되지 않을 수 있다. 계획되지 않은 종결은 아동이 더 이상 참여하지 않는 경우 동물교감치유사 또는 치유 보조 동물이 더 이상 활동할 수 없는 경우, 사건이 발생하거나 치유 보조 동물이 갑자기 사망한 경우에 발생할 수 있다. 계획되지 않은 종결로 적절한 종료가 이루어지지 않으면 아동 또는 조력자에게 거부감, 수치심, 심지어 분노의 잔류 감정을 초래할 수 있다. 계획된 종결은 아동이 동물교감치유를 원하지 않는 경우, 아동의 요구가 충족되지 않거나 아동이 준수하지 않는 경우와 같이 예상 결과가 달성되지 않을 때 발생할 수 있다. 그러나 이상적으로는 목표를 성공적으로 달성했을 때 계획된 종결이 발생한다. 이러한 경우 효과적인 종결 단계에는 아동이 자신이 얻은 대처 기술을 결합하도록 권한을 부여하는 것이 포함된다. 종료 단계는 몇 개의 회기가 남아 있을 때 시작될 수 있다. 부모나 보호자, 동물교감치유사 및 아동의 사건과 관련된 다른 사람들, 심지어 아동의 형제자매나 또래 중 일부를 초대하는 마무리 "종료" 회기를 계획할 수 있다. 이 회기 동안 아동은 역할극을 통해 동물교감치유를 통해 배운 대처 기술을 보여줄 수 있다. 예를 들어, 아동은 복종 훈련을 통해 치유 보조견을 가르쳐 볼 수 있다. 이것은 인내심, 자제력, 적극적인 목소리의 적절한 사용 및 부드러운 취급을 통한 공감과 같은 삶의 기술을 보여준다. 이 마지막 회기에서 아동과 치유 보조 동물이 있는 사진 앨범을 아동에게 제시하는 것이 바람직하다. 일부 동물교감치유사는 아동에게 "동물에게서 온" 작별 편지와 모피 자물쇠 또는 아동이 위안을 구하거나 동물교감치유 동안 배운 대처 기술을 사용하도록 상기시킬 수 있는 작은 동물인형을 선물한다. 동물교감치유팀이 없는 후속 회기가 아동 치료의 일부인 경우 치료사는 치유 보조 동물과 작별을 고하면서 남아 있는 어려움을 식별하고 도움과 안내를 제공할 수 있는 기회를 제공한다. 이렇게 하면 아동을 위한 팀과의 이별의 영향을 줄일 수 있으며 동물교감치유 통합의 영향을 평가할 수 있는 추가 방법을 제공할 수 있다.

3. 의료 검사실에서의 치유 보조 동물
(Phillips, & BcQuarrie, 2010)

아동이 병원에서 신체검사를 받는 경우 치유 보조 동물을 진료실에 허용하기 전에 특별한 고려 사항을 평가해야 한다. 신체검사를 할 때에 치유 보조 동물이 존재하는 것과 관련된 문제는 병원 전문가와 상의해야 한다. 치유 보조 동물과 동물교감활동사를 법의학 면담에 사용할 수 있도록 하는 경우와 마찬가지로 신체검사 중에 치유 보조 동물과 동물교감활동사가 함께 있을 수 있는지 아동에게 물어보도록 한다. 아동이 방에 있는 다른 어른과 함께 추가적인 불편함을 느끼지 않도록 동물교감활동사와 아동 사이에 시야 차단막을 설치해야 한다. 이것은 동물교감활동사가 목줄을 잡고 치유 보조 동물이 보이도록 하는 동안 동물교감활동사를 차단막 뒤에 배치하거나 동물교감활동사가 아동에게 등을 대고 앉게 함으로써 해결할 수 있으며, 치유 보조 동물을 관찰하도록 한다. 동물교감활동사는 이 과정에서 아동과 말하거나 상호 작용해서는 안 된다. 치유 보조 동물은 바닥의 탁자 위에 머리를 두어야 하며, 동물이 작은 경우에는 의자 위에 놓아야 한다. 아동들은 신체검사를 하는 동안 침대 옆에 손을 올려놓고 동물을 쓰다듬으로써 편안함을 느낄 수 있다. 치유 보조 동물을 건강 진단 과정에 포함시키기 전에 신체검사 의료진과 반드시 상의하도록 한다. 의료진은 현장에 치유 보조 동물을 동반하기 위해 따라야 하는 추가 건강 및 안전 규칙이 있을 수 있다.

❶ 진료실 내 치유 보조 동물의 이점

명백한 이점은 성적 학대 사건 관련하여 진료실에서 진료를 받는 동안 아동이 치유 보조 동물에 의해 안전하고 위안을 받는다는 것이다. 치유 보조 동물이 아동의 주의를 산만하게 할 수 있다면 아동을 편안한 마음으로 더 빠른 검사를 받을 수 있다. 동물은 또한 성적 학대 사건과 관련된 신체 부위에 대한 신체검사의 결과로 아동이 다시 외상을 입는 것을 방지하는 데 도움이 될 수 있다.

❷ 진료실 내 치유 보조 동물에 대한 우려

의료진은 의료 시설의 치유 보조 동물에 관한 정책을 시행할 수 있으며 이러한 정책은 아동의 최선의 이익과 상충될 수 있다. 또한 진료실에 있는 치유 보조 동물이 증거 샘플을 오염시킬 수 있는지 여부를 확인하기 위해 범죄 연구소와 상의해야 한다. 정책이 치유 보조 동물을 금지하지만 비합리적으로 보인다면 의료진과 상의하여 정책을 재고하도록 격려할 수 있다.

4. 신경발달 장애 대상자와 동물교감치유 활동 시 유의사항

　　마치 어린 아동처럼 말하고 행동하고 생각하지만 사실은 성인인 사람들을 만나게 될 수도 있다. 친근함을 유지하는 것이 중요하고, 안정된 자세를 유지하면서 눈 맞춤을 하여야 한다. 직접적인 눈 맞춤은 자폐 스펙트럼 장애가 있는 아동들에게 두려움을 줄 수도 있다. 또한 자폐 스펙트럼 장애가 있는 아동들은 극도로 동물에 대해 두려움을 가지고 있기도 한다. 동물교감치유사는 시설관계자나 보호자들과 가까운 관계를 유지하며, 아동이 갖는 두려움을 최소화할 수 있도록 함께 노력해야 한다. 자폐 스펙트럼 장애가 있는 아동 또는 성인이 치유 보조 동물을 적절하게 만질 수 있는 방법을 정확히 알고 있다고 생각해서는 안 된다. 자폐 스펙트럼 장애가 있는 아동 또는 성인은 활기가 넘치고 집중력은 좋으나, 안전을 위해 동물교감치유사가 도와줘야 할 필요성이 있는 아동과 같은 존재라고 생각하면 이해하기 더 쉬울 것이다. 동물교감치유사가 만나는 대상자들 중 일부는 매우 극한 두려움을 가지고 있는 것처럼 보이기도 할 것이다. 그들의 행동과 감정은 매우 극단적인데, 이는 사회 구성원이 되기 위한 필수 요소인 억제력을 배우지 못했기 때문이다.

　　신경발달 장애를 가지고 있는 사람들이 이해할 수 있는 언어와 지시사항을 사용해야 한다. 그들은 동물과 접촉해 볼 기회가 없었을지도 모른다. 동물교감치유사는 치유 보조 동물의 안전을 위하여 항상 관심을 가지고 지켜봐야 한다. 특히 동물교감치유 대상자의 행동이 매우 극적이고, 통제 불가능하다면 더욱더 주의를 기울일 필요가 있다. 치유 보조 동물의 눈과 신체의 중요 부분 등을 동물교감치유사의 손이나 신체를 이용해서 보호해 주거나 또는 치유 보조 동물의 위치를 다른 곳으로 옮겨서 치유 보조 동물의 안전을 보장해 주어야 한다. 동물교감치유사가 동물교감치유 대상자에게 간단한 지시사항을 주고, 요구했던 행동을 잘 수행한 경우에는 칭찬을 해주도록 한다. 예를 들면, "좋아요! 천천히 쓰다듬어 주세요! 강아지가 만져주는 것을 너무 좋아하겠네요!". 동물교감치유는 정확하고, 간결하고, 그리고 대상자에게 무엇을 요청하고 있는가를 구체적으로 지시해주어야 한다. 만약 대상자가 무엇을 해야 할지 이해하지 못할 경우, 동물교감치유사는 시범을 직접 보여줄 수 있어야 한다. 예를 들면, "저를 보세요, 이렇게 빗을 잡고

요. 이렇게 빗질하는 겁니다."

　　주의력 결핍 및 과잉행동 장애를 가지고 있는 아동들에게 각 단계를 다시 반복하거나 업무 수행을 위해 활동 규칙을 반복해서 실행할 수 있도록 소리 내서 말하도록 요청해야 한다. 처음에는 활동 시간을 짧게 하고, 점차적으로 시간을 늘리면 아동들이 좀 더 집중할 수 있게 된다. 따라서 동물교감치유를 할 때마다 동물교감치유사는 수행할 활동을 계속적으로 바꿀 필요가 있다. 비명을 지르거나 갑자기 이상한 행동을 하는 등 비정상적 행동을 보이는 사람과 동물교감치유를 할 때에는 치유 보조 동물에게 나타날 수 있는 스트레스 증상 등을 면밀하게 파악해야 한다.

주의력결핍 과잉행동 장애와
동물교감치유

🐾 그림 7-4 주의력결핍 과잉행동 장애

　　주의력결핍 과잉행동 장애(ADHD)는 어린 시절에 명백하게 나타나 성인까지 지속될 수 있는 신경발달 장애이다. 이는 개인의 발달 수준과 일치하지 않는 지속적인 부주의, 과잉행동 및 충동성 형태로 나타난다(American Psychiatric Association, 2013). 정신 장애의 진단 및 통계 편람 5판(DSM-V)에 기술된 감별 진단 기준에 따라 적절한 전문 임상의가 아동기 정신 건강 장애에 대해 진단을 내린다. 개인은 주로 부주의하고 과잉 활동적이며 충동적이거나 이 증상들의 결합된 형태로 진단된다. 전 세계적으로 인구의 약 7.2%가 영향을 받는 가장 흔한 아동기 장애 중 하나이다(Thomas, et al., 2015). 주의력결핍 과잉행동 장애는 여성보다 남성이 2배 더 많이 진단되며, 진단된 아동의 60~100%에서 자폐스펙트럼장애, 적대적 반항 장애, 품행 장애, 특정 학습 장애 및 기타 성격 장애 및 반사회적 장애와 같은 하나 이상의 질환이 동반된다. 핵심 행동 지표 외에도 주의력결핍 과잉행동장애와 관련된 증상은 다양한 방식으로 표출될 수 있다. 심리적 증상에는 우울증, 불안 및 자존감 문제가 포함될 수 있다. 주의력결핍 과잉행동 장애가 있는 개인은 과도한 운동 활동과 대근육 및 미세 운동 작업을 모두 수행하는 데 어려움을 나타내는 신체 기능 장애를 경험할 수 있다(American Psychiatric Association, 2013; Kaiser, et al., 2015; Spencer, et al., 2007). 이러한 표출은 학업 성취도 감소, 수면 장애, 가족 및 동료 상호 작용 저하를 초래할 수 있으며 궁극적으로 실업률 증가, 약물 남용 장애 및 감금 위험 증가, 삶의 질 저하로 이어질 수 있다(American Psychiatric Association, 2013; National Collaborating Centre for Mental Health, 2018).

주의력결핍 과잉행동 장애의 행동 정의에는 충동성, 부주의, 안절부절 못하는 활동이 포함되며, 이는 고립의 가능성과 타인으로부터의 거부감을 증가시켜 종종 공격성, 사회적 어려움 및 고통으로 이어질 수 있다(Ferrin, & Taylor, 2011). 분명히, 이러한 어려움을 처리하는 것은 학교에 입학한 후 아동들뿐만 아니라 부모, 교사, 또래들에게도 문제가 될 수 있다. 자폐스펙트럼장애 또는 주의력결핍 과잉행동 장애와 같은 신경 발달 장애가 있는 사람들은 장애 지원 프로그램(교육건강돌봄계획– EHCP, Education, Health and Care Plan)이 없는 젊은이들에 비해 주류 학교에서 제외될 가능성이 8~20배 더 높다(Goodall, 2015, p. 307).

주의력결핍 과잉행동 장애 아동의 일차 치료 접근 방식은 주의력 및 과잉행동 측면에서 단기 행동 개선을 보여줄 수 있는 약물이다(Danielson, et al. 2018; Duric, et al., 2012; Leuzinger-Bohleber, 2010). 각성제를 사용한 치료는 주의력결핍 과잉행동 장애의 증상을 감소시키는 것으로 밝혀졌다(Faraone, & Buitelaar, 2010; MTA Cooperative Group, 1999). 그러나 수십 년간의 연구와 약물 치료의 즉각적인 효과가 규명되었음에도 불구하고, 약물의 장기적인 영향에 대한 연구는 부족하다(Susan, & Myers, 2008). 문헌에 따르면 약물 치료의 평균 기간은 1~3년 사이이며, 바람직하지 않은 부작용과 상당수의 아동에서 반응이 부족하다(Barbaresi, et al., 2006; Van der Oord, et al., 2008). 더욱이 약물치료는 학문적 성과(Langberg & Becker, 2012), 인지(Swanson, Baler & Volkow, 2011), 사회적 관계(Mrug, et al., 2012), 기능적 손상 및 적응적 행동에 대한 긍정적인 장기 효과를 아직 확립하지 못하였다(Epstein, et al., 2011). 또한 주의력결핍 과잉행동 장애 청소년들은 어린 아동이었을 때 각성제 치료의 효과가 보고되었음에도 불구하고 일반적인 또래들보다 조기 불법 약물 사용과 약물 남용의 위험이 더 크다(Molina, et al., 2013). 각성제로 치료된 아동을 대상으로 한 대규모 표본에서 증상은 감소되었지만 기능적 손상은 여전히 남아있다(Epstein, 2011). 그 결과, 사회적, 직업적 기능을 향상시키기 위한 참신하고 비약리적 개입에 관심이 높아지고 있다. 많은 부모들과 교사들은 아동들의 주의력결핍 과잉행동장애 증상을 관리하기 위한 몇 가지 대안적인 방법을 찾고 있다(Susan, & Myers, 2008).

신경영상기술의 발전은 주의력결핍 과잉행동 장애 아동들에게 흥분과 자기조절에서 결함을 초래하는 대뇌 측좌핵의 분명한 결함을 보여준다(Phelps, & LeDoux, 2005). 충분한 수준의 카테콜아민(Catecholamine)이 부족하면 집행 기능, 주의 및 정서 조절이 잘 이어질 수 없다. 정서, 동기, 주의 또는 학습 과정 사이의 관계는 실증적으로 지지된다(Phelps, Ling, & Carrasco, 2006; Kilpatrick, & Cahill, 2003). 주의와 정서는 본질적으로 뒤엉켜 있다. 주의력결핍 과잉행동 장애는 일반적으로 주의력과 행동 조절의 일차적 결함의 장애로 인식되고 있지만, 또한 주의력결핍 과잉행동 장애가 카테콜아민 시스템의 저각성(Under Arousal)에 의한 동기 부여의 결함을 수반한다(Luman, Oosterlaan & Horse, 2005; Sonuga-Barke, 2002). 동기 부여에서 상대적 결함은 주의력결핍 과잉행동 장애를 가진 개인이 사회적 환경에 관심을 갖고, 자기조절을 하며, 차분한 업무에 참여할 수 있는 충분한 동기를 유지하는 것이 더 어렵다는 것을 시사한다(Sonuga-Barke, 2002). 이 "동기 유발 가설"은 관심을 높이고 아동들이 새로운 개념을 학습하는데 도움을 주기 위한 정서를 높여야 한다는 것이다. "건강한" 불안의 상대적 부족은 사회적 참여나 환경에 대한 감수성이 부족해지고, 신기성 욕구(Novelty Seeking)나 무모한 행동으로 이어질 수 있다. 이론적으로, 새로운 자극으로서 인간과 동물의 상호 작용은 치료 환경에서 흥분, 정서, 주의 및 참여를 높임으로써 치료를 위한 아동들에게 도화선이 될 수 있다. 치유 보조 동물과의 상호 작용은 치료 과정에 따르도록 동기 부여가 되고, 치료사와 생산적으로 참여하도록 하며, 치료 시간 이후에 참여할 동기를 유지하는 데 도움이 될 수 있다.

학습에 있어 감정의 중요한 역할을 고려할 때, 동물을 주의력결핍 과잉행동 장애에 대한 전통적인 정신사회적 치료법으로 통합하면 학습에 이로운 감정적 반응을 일으킬 수 있다. 이것은 이후 특히 적응적인 행동의 증가에 대한 치료의 효과를 증가시킬 수 있다. 예를 들어 주의력결핍 과잉행동 장애 아동의 행동치료는 주의력결핍 과잉

행동 장애 아동의 경우 일반적으로 사회적 기술이 저개발되어 있기 때문에 공감과 조망수용(Perspective Taking)을 촉진하는 것을 목표로 한다. 치료 훈련을 받은 개와의 정기적인 상호 작용은 전통적인 인지 행동 중재와 행동 수정 중재 시 감정 반응을 자극하고 주의력 네트워크를 활성화하여 치료 중에 발생하는 학습을 증가시킴으로써 이러한 과정에 영향을 미칠 수 있다. 따라서 치료에 동물을 도입하는 것은 사회 학습의 촉매 역할을 할 수 있다.

아동 집단에 대한 동물교감치유 연구에 의하면 공격성 및 과잉 행동 감소(Garcia-Gomez, et al., 2014) 및 사회적 기능(Bass, Duchowny, & Llabre, 2009), 적응 기능(Gabriels, et al., 2012), 과민성, 과잉행동, 사회적 인지 및 의사소통, 대인 관계 및 사회적 통합, 학습에 대한 태도(Beetz, 2013)가 향상된다고 한다. 검토된 연구의 대부분은 주의력결핍 과잉행동 장애 이외의 표본을 기반으로 하지만 동물교감치유의 긍정적인 효과는 주의력결핍 과잉행동 장애의 많은 핵심 증상에도 도움이 된다(Busch, et al., 2016).

주의력결핍 과잉행동 장애 아동이 집중할 수 있도록 개를 사용하는 방법을 개척한 연구가 있다(Schuck, et al, 2015). 24명의 주의력결핍 과잉행동 장애 아동을 대상으로 개교감치유를 하는 집단과 통제 집단으로 무작위 배정한 후 12주간의 인지 행동 개입을 수행하였다. 12주 동안 각 아동 참가자는 주 2회, 평일 저녁 2시간, 토요일 2시간 30분에 걸쳐 집단 회기에 참석하여 일주일에 총 4시간 30분의 치유를 받았다. 부모들은 자녀의 주간 저녁 시간 동안 일주일에 한 번 2시간의 집단 기반 행동 부모 교육(BPT, Group-based Behavioral Parent Training)을 받았다. 두 집단의 아동 부모는 매주 부모 집단 치료 회기에 동시에 참여했다. 연구 결과 두 치료 집단 모두에서 부모는 아동의 사회적 기술, 친사회적 행동 및 문제 행동이 개선되었다고 보고했다. 두 집단 모두 치료 과정에서 주의력결핍 과잉행동 장애 증상의 중증도가 감소했다. 그러나 개교감치유 집단의 아동은 개교감치유 없이 인지 행동 치료를 받은 아동보다 주의력결핍 과잉행동장애 증상의 심각도가 크게 감소했다. 이는 개교감치유가 주의력결핍 과잉행동 장애 아동의 인지 행동 개입을 향상시킬 수 있는 새로운 치료 전략임을 시사한다.

1. 자존감 향상

자존감의 개념은 "개인으로서 자신에 대해 갖는 전반적인 관심의 수준"으로 정의된다(Harter, 1993). 일반적으로 발달 단계에 있는 아동에게 자존감은 작업 지속성, 성취도 및 전반적인 결과와 관련이 있다. 낮은 자존감은 나쁜 결과, 우울증 및 기타 정신 건강 장애와 관련이 있다(Harter, 1993). 주의력결핍 과잉행동 장애 아동이 발달 단계 전반에 걸쳐 경험할 가능성이 있는 빈번한 부정적인 사회적 피드백을 고려할 때 이러한 경험이 낮은 자존감에 기여할 수 있다.

동물교감치유가 주의력결핍 과잉행동 장애 아동의 자아존중감에 도움이 되는지를 확인하기 위하여 주의력결핍 과잉행동 장애가 있는 7~9세 아동 80명을 대상으로 진행되었다(Schuck, et al., 2018). 분석 결과 행동적 행위, 사회적 및 학업 능력 영역에서 동물교감치유 집단이 자기 인식 점수가 유의미하게 증가했다. 반면에 동물교감치유를 하지 않은 통제 집단의 아동들에게는 자기 인식 점수의 차이는 발견되지 않았다. 이는 동물교감치유가 주의력결핍 과잉행동 장애 아동의 자존감을 개선하기 위한 실행 가능한 전략임을 시사한다. 프로그램은 미국인도주의협회(American Humane Association)의 American Humane KIDS: Kids Interacting with Dogs Safely™라는 교육과정과 ITA(Intermountain Therapy Animals)의 독서교육 보조견 프로그램을 활용하였다. American Humane KIDS: Kids Interacting with Dogs Safely™는 아동들에게 개 주변의 안전에 대해 가르치기 위한 프로그램으로 개에게 물릴 가능성이 가장 높은 연령대인 4~7세 어린이를 위한 교육과정 세트이다. 이 세트에는 수업 계획, 게임, 활동, 워크시트, 노래, 12분 분량의 DVD 및 안전하고 인도적으로 개와 상호 작용하는 방법을 아동들에게 가르치는 교육용 컬러링 북이 포함되어 있다. 동물교감치유 집단에는 각 회기 동안 치유사(파트너)의 도움을 받아 인증된 치유 보조견 3마리가 참여했으며(그림 7-2), 통제 집단은 동일한 표준 치료 커리큘럼이 진행되었지만 살아있는 개 대신 장난감 개(인형)를 사용했다(그림 7-3).

그림 7-2 인증된 치유 보조견과 동물교감치유

 그림 7-3 개를 주제로 한 전통적인 심리사회적 기술 훈련

출처: Schuck, et al., 2018

2. 생리 및 진정 효과

개의 존재는 스트레스가 많은 신체검사 중에 아동이 경험하는 행동적 고통을 현저하게 감소시킨다(Nagengast, et al., 1997; Hansen, et al., 1999). 개 없이 동일한 검사를 받는 아동에 비해 개를 동반한 아동에서 신체적 각성(예: 혈압 또는 심박수)이 더 크게 감소한다(Nagengast, et al., 1997). 또한, 사회적 스트레스 시험에 직면한 애착 문제가 있는 아동(Beetz, et al., 2012)과 가족에게 치유 보조견을 배치한 경우와 자폐스펙트럼 장애가 있는 아동(Burrows, Adams, & Spiers, 2008; Viau, et al., 2010)에게 장난감 개나 사람이 있을 때보다 치유 보조견이 있을 때 코르티솔 수치(즉, 스트레스 감소 지표)가 더 낮다. 여기서 설명한 대부분의 연구는 주의력결핍 과잉행동 장애 아닌 대상을 기반으로 하지만 동물교감치유가 주의력결핍 과잉행동 장애로 고통받는 아동의 진정 및 각성 효과를 촉진할 수 있다는 타당한 가정을 할 수 있다. 충동성과 과잉행동이 둘 다 개인이 충동을 제한할 수 없고, 자신의 움직임을 억제하지 못하고, 다양한 상황에서 자신의 행동을 통제할 수 없는 것을 특징으로 하는 주의력결핍 과잉행동장애의 핵심 증상으로 인식되기 때문에 이러한 효과로부터 혜택을 받을 가능성이 높다(Lahey, et al., 1998; Barkley, 2006). 따라서 과잉활동과 동요를 목표로 하는 개입은 주의력결핍 과잉행동 장애의 기능 개선에 가장 유익할 수 있다(Rapport, et al., 2001).

 ## 3. 사회화 효과

인간-동물 상호 작용에 의한 사회화 효과는 주의력결핍 과잉행동 장애 아동의 치료와 관련이 있다. 왜냐하면 이러한 아동은 자기조절에 어려움을 보이고 사회적 단서에 대한 주의력 장애를 보이기 때문이다(Hoza, et al., 2005; Schuck, et al., 2015). 따라서 주의력결핍 과잉행동 장애는 일반적으로 부모와 자녀 사이의 문제와 관련이 있으며, 자녀의 관계는 비순응 및 과도한 감정 행동과 같은 자녀의 주의력결핍 과잉행동장애 증상에 의해 영향을 받는다(Fischer, 1990; Mash, & Johnston, 1990). 그 결과, 이러한 가족은 종종 다른 일반적인 가족보다 더 많은 스트레스와 가족 갈등을 경험하게 된다(Danforth, Barkley, & Stokes, 1991; Johnston, & Mash, 2001; Smith, et al., 2002). 또한 파괴적이고 공격적인 의사소통이 주의력결핍 과잉행동 장애 아동과 교사의 상호 작용에서 나타나기도 한다(Whalen, Henker, & Dotemoto, 1980; DuPaul, et al., 2001). 또한 많은 주의력결핍 과잉행동 장애 아동이 사회적 상호 작용 및 또래와의 관계에서 상당한 어려움을 겪는다는 사실도 확인되었다(Pelham, & Bender, 1982). 이러한 사회적 손상은 아동의 낮은 좌절감, 조바심, 충동적이고 파괴적이며 보다 공격적인 행동에서 비롯된 것으로 보인다(Fischer, 1990; Mash, & Johnston, 1990; Hoza, et al., 2005). 일반적으로 발달 단계에 있는 아동은 과잉행동 아동과 청소년들이 거슬리고 비협조적이며 시끄럽다고 여기는 경우가 많으며, 이는 종종 다른 사람들로부터 사회적 거부를 초래한다(Johnston, Pelham, & Murphy, 1985; Pope, Bierman, & Mumma, 1989; Bagwell, et al., 2001). 예를 들어, 주의력결핍 과잉행동 장애 아동 165명 중 86명(52%)이 또래에게 거부당하는 것으로 나타났다(Hoza, et al., 2005). 주의력결핍 과잉행동 장애 아동의 이러한 사회적 장애를 고려할 때, 동물이 사회적 촉매 역할을 하고 사회화 효과가 있음이 입증되었기 때문에 동물교감치유는 이러한 어려움을 해결하는 데 기여할 수 있다(Wilson, & Netting, 1983; Gunter, 1999; Kruger, & Serpell, 2010, Esposito, McCune, Griffin, & Maholmes, 2011, O'Haire, 2013). 특히 개는 사회적 상호 작용의 기회와 사회적 학습을 촉진하여 사회정서적 발달과 사회적 기능을 향상시킨다(Melson, 2001). 예를 들어, 잘 훈련된 개가 있는 상태에서 5일 동안 일상생활을 하는 것이 개가 없는 상태에서 일상생활을 하는 것과 비교할 때 특히 낯선 사람과의 사회적 상호 작용의 빈도를 증가시킨다(McNicholas, & Colis, 2000). 동물들은 사회적 촉진자로서의 역할 외에도 종종 사회적 지지와 편안함을 제공할 수 있을 뿐만 아니라 스트레스를 완화하는 데 도움을 줄 수 있는 중요한 애착의 대상으로 역할을 수행한다(Bowlby, 1969; Melson, 2001). 이 개념을 뒷받침하기 위해 실제 개로부터 지원을 받을 때 장난감 개나 사람의 존재에 비해 개가 있는 것이 스트레스가 많은 사회적 상황에서 불안정한 애착을 가진 아동에게 가장 큰 유익한 영향을 미친다(Beetz, et al., 2012).

또한 동물은 종종 아동들에게 책임감(Salmon, & Salmon, 1983), 인도적 가치(Zasloff, Hart, & DeArmond, 1999)를 가르치고 공감, 관점 수용, 친사회적 행동(Daly, & Suggs, 2010; Schuck et al., 2015)을 증가시키는 데 사용된다. 예를 들어, 동물과의 상호 작용은 자폐 아동의 친사회적 행동을 증가시키며(Grandgeorge, et al., 2012) 초등학생의 공감과 사회정서적 발달을 향상시킨다(Daly, & Sugs, 2010). 마찬가지로 반려동물에 대한 애착이 강한 아동은 반려동물에 대한 애착이 적거나 소유하지 않은 아동에 비해 공감 능력과 친사회적 행동을 보일 가능성이 높으며, 가족 환경이 온전하다(Vidovic, Stetic, & Bratko, 1999). 또한 동물의 존재하에서 아동의 공격적 행동과 과잉행동은 감소하였으며, 협동적으로 행동해야 하는 상황에서 공격적 아동의 적대감이 감소하고 사회적 역량이 더 커진다(Katcher, & Wilkins, 2000; Hergovich, et al., 2002; Kotrschal, & Ortbauer, 2003; Tissen, Hergovich, & Spiel, 2007).

 ## 4. 동기 부여 효과

주의력결핍 과잉행동 장애는 동기 부여 과정의 기능 장애를 수반한다(Haenlein, & Caul, 1987; Sergeant, Oosterlaan, & van der Meere, 1999). 이러한 동기 부여 부족은 종종 행동, 인지 수행 및 사회적 상호 작용에 부정적인 영향을 미친다(Haenlein, & Caul, 1987; Sonuga-Barke, 2002; Volkow, et al., 2011). 또한 주의력결핍 과잉행동 장애 사람들은 강화에 둔감한 것으로 나타나는데, 이는 동기 부여와 높은 연관성을 갖는 개념이다(Haenlein, & Caul, 1987; Luman, Oosterlaan, & Sergeant, 2005). 높은 보상 임계값은 장애를 겪고 있는 사람들에 대한 더 높은 강화 필요성을 의미한다(Haenlein, & Caul, 1987). 주의력결핍 과잉행동 장애 아동이 강화가 거의 없거나 전혀 없는 조건에서 실험실 과제의 수행 중 노력을 유지하는 데 어려움을 보인다는 것을 입증한 연구를 통해 동기 부여 자체의 조절에 문제가 있다는 증거를 제공했다(Barber, Milich, & Welsh, 1996; Solanto, Wender, & Bartell, 1997; Luman, Oosterlaan, & Sergeant, 2005; Barkley, 2006). 실제로 여러 연구에서 즉각적이고 일관된 강화(고강도 강화)의 사용이 지속적인 동기뿐만 아니라 과제 성과를 개선하는 데 효과적이라고 보고했다(Sergeant, et al., 1999; Luman, et al., 2005). 신경생물학적 수준에서, 주의력결핍 과잉행동 장애에 존재하는 명백한 동기 결핍을 설명하기 위해 이중 경로 모델(Dual-pathway Model)이 사용되었다(Sonuga-Barke, 2002). 일반적으로 뇌의 도파민 보상 경로의 기능 장애와 카테콜아민 시스템의 각성 부족이 이러한 결핍을 설명할 수 있다고 주장한다(Sonuga-Barke, 2002; Luman, et al., 2005; Volkow, et al., 2011). 또한, 성인과 소아 주의력결핍 과잉행동 장애가 인지와 동기를 조절하는 뇌의 전두엽 영역의 이상과 관련이 있음을 보여주었다(Cubillo, et al., 2012). 이러한 결과를 뒷받침하기 위해 주의력결핍 과잉행동 장애 아동에서 동기 부여 강화가 인지 수행과 기능을 향상시키는 것으로 나타났다(Slusarek, et al., 2001; Luman, et al., 2005; Gut, et al., 2012). 예를 들어, 동기 부여가 높은 아동들은 언어 및 수학적 사고와 관련된 과제에서 정상적인 아동과 비교하였을 때 동등하게 잘 수행하였다(Gut, et al., 2012). 이와 유사하게 주의력결핍 과잉행동 장애 사람에서도 동기 부여를 적용함으로써 행동이 정상화되고 인지적 통제가 강화되는 것으로 나타났다(Slusarek, et al., 2001).

동물교감치유는 주의력결핍 과잉행동 장애의 동기 부여 결핍을 해결하는 데 유용할 수 있다. 사실, 다양한 연구의 결과는 동물의 존재가 여러 가지 방법으로 동기 부여를 촉진할 수 있다는 것을 보여준다. 예를 들어, 개가 있을 때 향상된 집중력과 과제 인내력을 보여준 것처럼 다중 장애가 있는 아동들에게 흥미를 유발하고 동기를 증가시킨다(Heimlich, 2001). 마찬가지로, 돌고래교감치유를 사용하여 중증(학습) 장애가 있는 사람들의 학습 활동 동기와 집중력이 향상되었으며, 결과적으로 운동 및 언어 습득을 모두 촉진시켰다(Nathanson, et al., 1997).

 ## 5. 인지 및 학업 효과

동물교감치유는 인지 기능(예: 주의력)에 긍정적인 영향을 미치고 아동의 학업을 지원할 수 있다. 예를 들어, 10주간의 동물 보조 읽기 프로그램이 아동의 읽기 속도, 정확성 및 이해력에 미치는 영향을 조사했다(LeRoux, Swartz, & Swart, 2014). 아동들은 무작위로 3개의 실험 집단(즉, 성인 앞에서 개에게 책 읽기, 성인 앞에서 직접 책 읽기, 또는 성인 앞에서 곰인형에게 책 읽기)과 프로그램에 참여하지 않은 통제 집단에 배정되었다. 독서율은 곰인형 집단보다 개 집단에서 유의미하게 높았으며, 읽기 정확도와 이해도는 개 집단이 가장 높게 나타났다. 또한 동물이 학습에 미치는 영향을 보다 일반적으로 분석한 결과 초등학생에서 학교와 학습에 대한 긍정적 태도가 증가하였으며(Beetz, 2013), 아동들은 개가 교실에 있을 때 교사에게 더 많은 관심을 기울이는 것으로 나타났다(Kotrschal & Ortbauer, 2003). 따라서 동물의 존재는 아동들이 주변 환경에 집중하고 주의를 유지하는 데 도움을 줄 수 있으며, 이는 집중력과 과제 지속성을 향상시킬 수 있다(Schuck, et al., 2015). 이는 전반적 발달 장애를 가진 아동들이 동물이 있을 때 더 집중하고 사회적 환경에 대해 더 잘 인식하고 언어 사용이 더 크게 나타난 연구에서 입증되었다(Martin, & Farnum, 2002; Sams, et al., 2006). 표준화된 부모 및 교사 평가 설문지를 사용하여 평가한 결과 말을 타는 것은 자폐 아동의 부주의와 산만함을 감소시켰다(Bass, et al., 2009). 유사하게, 개교감치유가 다중 장애를 가진 아동에게 주의력 범위의 개선이 입증되었다(Heimlich, 2001). 또 다른 일련의 실험에서도 개가 있을 때 아동들이 인지적 과제에 주의를 더 잘 집중할 수 있고 사물 분류 및 인식을 향상시킬 수 있다는 증거를 제공했다(Gee, Church, & Altobelli, 2010; Gee, Crist, & Carr, 2010; Gee, et al., 2012). 예를 들어, 아동들에게 산만한 환경에서 물체를 보여준 후 살아있는 개, 개 인형 또는 인간이 함께 있을 때 이전에 보여졌던 물건을 식별하도록 지시받았다. 결과는 아동들이 살아있는 개와 함께 있을 때 집중력을 증가시키는 것을 의미하는 교육적 재촉이 덜 필요하다는 것을 보여주었고, 그 다음으로 개 인형과 함께 있는 환경이 뒤따랐다. 인간과 함께 있는 환경에서 가장 많은 재촉이 필요했다(Gee, Crist, & Carr, 2010). 이러한 결과는 살아있는 개의 존재가 개 인형이나 인간의 존재 이상으로 인지 작업 수행과 주의력을 향상시킬 수 있음을 의미한다.

개의 존재가 인지 과제를 수행하는 동안 아동들에게 주의를 산만하게 할 수 있다는 일반적인 가정과 달리, 개가 적절한 행동을 위한 매우 두드러진 자극 및 모델 역할을 하여 아동들이 행동을 제한하도록 자극하여 특정 과제 요구 사항에 주의를 기울이도록 한다. 또한 개는 아동들에게 더 집중하고 과제 수행에 더 많은 노력을 기울이도록 격려하는 동기 부여의 원천이다. 마지막으로 개의 존재는 아동들이 스트레스를 덜 받고 더 편안해지는 데 도움이 된다(Allen, et al., 2002). 따라서 개의 진정 효과로 인해 아동들이 과제 요구 사항에 더 잘 집중하고 수행 능력을 향상시킬 수 있다. 전반적으로, 이러한 결과들은 동물들이 아동의 인지 기능과 학습을 지원한다는 것을 나타내는 것처럼 보인다. 그러나 이러한 효과의 기초가 되는 메커니즘은 잘 이해되지 않고 있으며, 보고된 효과 중 일부는 개 상태에서 개를 다루는 실험자에 대한 사회적 관심 증가에서 비롯될 수 있다. 또한 개의 존재가 인지적 과제 수행에 미치는 긍정적 효과의 한계를 설정해야 한다. 예를 들어, 과제의 난이도나 복잡성이 증가함에 따라 개의 존재가 아동들의 주의를 산만하게 할 가능성이 있다(Gee, Church, & Altobelli, 2010; Gee, Crist, & Carr, 2010; Gee, et al., 2012).

학습 촉진자로서의 동물의 역할과 주의력 향상 능력은 주의력결핍 과잉행동 장애로 고통받는 아동의 치료와 지원에 적용될 수 있다. 주의력결핍 과잉행동 장애 아동은 주의력과 학업 성취도 모두에서 결함을 보이기 때문이다(Frazier, Demaree, & Youngstrom, 2004; Barkley, 2006; American Psychiatric Association, 2013). 구성으로서 주의의 정의는 다차원적이며 주의력, 지속적인 주의력, 선택성 및 산만함을 포함할 수 있다(Barkley, & Murphy, 1998; Strauss, Thompson, et al., 2000). 이는 부주의한 아동의 표본에서 문제된 것으로 나타났다(Rosenthal & Allen, 1980; Swaab-Barneveld, et al., 2000; Newcorn, et al., 2001; Marzocchi, Lucangeli, & De Meo, 2002). 앞서 논의한 바와 같이 이러한 모든 행동은 동물의 존재 또는 동물과의 상호 작용을 통해 개선될 수 있다(Wilson, 1984; Bass, et al., 2009; Gee, et al., 2012). 주의력 결핍 외에도 주의력결핍 과잉행동 장애는 낮은 학업 성취도와 관련이 있으며(Frazier, et al., 2004; Barkley, 2006), 읽기, 맞춤법, 수학의 학습 장애 위험도 높다(Barkley, DuPaul, & McMurray, 1990; Frick, et al., 1991; Brock & Knapp, 1996). 실제로 주의력결핍 과잉행동 장애와 학습 장애의 동반이환율을 조사한 17개 연구 결과 평균 동반이환율은 45%에 달하는 것으로 나타났다(DuPaul, Gormley, & Laracy, 2013). 주의력결핍 과잉행동 장애 아동과 청소년의 낮은 학업 성취도와 학업 중단 및 감소는 부분적으로 부주의하고 충동적이며 과잉행동 등에서 간접적으로 기인하는 것으로 설명될 수 있는데, 이는 예를 들어 숙제 관리와 수업 수행에 부정적인 영향을 미친다(Langberg, et al., 2011). 동물과의 능동적이고 목표 지향적인 상호 작용이 학습을 자극하고 동기 부여를 촉진하기 때문에, 동물은 주의력결핍 과잉행동 장애 아동의 장기적인 인지 및 학업 발달을 지원하는 귀중한 접근법이 될 수 있다.

신경발달 장애와 동물교감치유

과거 발달 장애로 알려졌던 신경발달 장애(Neurodevelopmental Disorders)는 발달 시기에 시작되며 개인적, 사회적, 학업적 또는 직업적 기능의 손상을 유발하는 발달 결함을 특징으로 하는 질환군이다. 지적 장애, 의사소통 장애, 자폐스펙트럼 장애, 주의력결핍 과잉행동 장애, 운동 장애, 학습 장애로 구성된다. 발생 빈도, 증상의 가변성 및 동반 질환이 증가함에 따라 의료 종사자는 상당한 개선을 제공하거나 이러한 조건의 부담을 줄이는 데 도움이 되는 치료 접근법에 대한 지식을 최신화하는 것이 매우 중요하다(Wigal, et al., 2010). 약물치료의 부작용과 다양한 치료 시간에 발생하는 비용을 고려하여, 동물교감치유와 같은 보완적인 치료법은 환자들이 그들의 상태를 개선할 뿐만 아니라 치료 과정을 고수하도록 동기를 부여하는 것이 인기를 끌고 있다.

1. 지적 장애

치유 보조 동물은 아동과 청소년들에게 사회화 혜택을 제공할 수 있다. 많은 연구에 의하면 동물교감치유는 다양한 발달 장애를 가진 아동들에게 긍정적인 결과를 가져오고, 집중력과 일에 대한 동기 부여에 기여 한다(Widmar, & Feuillan, 2000; Maber-Aleksandrowicz, et al., 2016; Silkwood-Sherer, et al., 2012) 지적 장애 아동을 위한 치료는 집중적이고 다차원적이어야 하며, 아동의 지적 기능 발달을 촉진하고 강화하여 독립성을 높일 수 있다. 이 때문에 뇌의 지각 관련 기능, 집중력 및 주의력을 자극하고 운동기능을 개선하며 언어 및 의사소통 기술의 발달을 촉진하도록 설계해야 한다(Boguszewski, et al., 2013).

동물교감치유는 지적 장애를 가진 개인 간의 의사소통과 사회적 상호 작용에 긍정적인 영향을 미친다(Silkwood-Sherer, et al., 2012). 동물교감치유는 의사소통과 일상생활의 기본적인 활동에만 도움이 되는 것이 아니다. 지적 장애가 있는 아동의 경우 운동에 대한 동기 부여를 효과적으로 향상시킬 수 있기 때문에 대근육 운동 기술에 유익한 영향을 미칠 수 있다(Tseng, Cheng, & Tam, 2013).

치유 보조견은 운동 및 지적 장애 환자의 재활에 사용된다(Zadnikar, & Kastrin, 2011). 개와 관련된 접촉 요법은 재활과 회복 과정을 촉진하기 위해 사용될 수 있는 방법 중 하나이다. 개는 정신물리학적, 사회-물리적 영역에 긍정적으로 영향을 미치기 때문에 장애나 집중력 및 주의력 장애를 가진 사람들의 치료에 효과적으로 사용된다. 이러한 동물과의 상호 작용은 불안을 줄이고, 감각 기관을 시뮬레이션하며, 어휘 자원을 증가시키며, 환경과의 접촉을 개선한다(Shuck, et al., 2015; Kwon, et al., 2011). 동물교감치유는 아동들이 대근육 운동 기술, 자기 신체 인식 및 소근육 운동 기술을 향상시킬 수 있게 해준다. 그것은 집중력, 지각력, 의사결정 능력, 주어진 상황을 적절하게 인식하고 대응하는 능력과 같은 인지 능력에 긍정적으로 영향을 미친다. 동물교감치유 중에 발생하는 게임과 재미있는 활동은 색, 크기, 숫자, 차이점 및 유사성과 같은 개념의 학습과 통합을 용이하게 한다. 또한, 동물교감치유는 더 나은 정신 운동 효율성에 기여한다(Lundqvist, et al., 2017; Muñoz Lasaa, et al., 2015; Piek, et al., 2013).

아동의 운동 발달, 특히 균형, 운동계획 및 공간 방향에서 동물교감치유가 긍정적인 영향을 제공한다(Jorge, et al., 2019). 동물교감치유는 지적 장애를 가진 사람들을 돕고 그들의 정신 운동 효율성을 향상시키는 성공적인 방법으로 보인다. 동물과의 상호 작용은 인간의 신경전달을 증진시켜 혈압의 감소를 유발하고 이완을 유도한다. 이러한 연관성은 신체적, 정신적 장애를 포함한 만성 질환의 심리적 증상뿐만 아니라 각성을 감소시키는 데 도움이 될 수 있다(Richeson, 2003; Kongable, Buckwalter, & Stolley, 1989).

10~13세의 경미한 지적 장애 60명의 아동을 대상으로 10개월간 동물교감치유를 실험집단과 통제집단으로 나누어 진행하였다(Wolan-Nieroda, 2021). 동물교감치유는 주 1회 45분 회기로 10개월 동안 지속되었다. 이 회기는 6명씩 5개의 집단으로 나누어 진행되었으며 기억력 및 주의력 과정의 기능 향상, 적절한 수준의 동기 부여 보장, 개가 있을 때 안정감과 자신감 증가, 대처 능력 향상을 목표로 진행되었다. 어려운 감정과 함

께 운동기능과 균형감각을 향상시키고 치유사와 반려견과의 접촉을 통해 불안감과 외로움을 줄여주었다. 원래 계획된 회기 중 일부는 환자 또는 치유사의 질병으로 인해 취소되어야 했다. 모든 동물교감치유 회기는 시설 내 치료실에서 진행되었으며, 어떤 치료 회기도 더 일찍 중단할 필요가 없었고 원하지 않는 사건도 발생하지 않았다. 5개의 집단 각각의 회기는 표 7-1과 같이 동일한 동물교감치유 프로그램을 따랐다. 통제 집단은 재활(자세 및 호흡, 근육의 강화뿐만 아니라 지구력, 교정, 균형에 중점을 둔 개별 연습), 언어 치료, 교육, 예술 및 음악 활동을 포함한 기존의 치료 프로그램에 참여하였다.

표 7-1 지적 장애 아동을 위한 동물교감치유 활동 프로그램 1

월	주	입문 활동, 개와 접촉하기, 개 손질 및 돌보기	대근육 기능, 균형 및 운동 협응 연습	소근육 운동 기술 연습	기억력, 주의력, 집중력과 관련된 운동	햅틱 지각을 자극하는 운동 근긴장도의 정상화	신체 도식 및 공간적 방향성 개선	주당 시간
I	I	10	10	15		10		45
	II	10	10		15		10	45
	III	10	10	15		10		45
	IV	10	10		15		10	45
	소개	40분	40분	30분	30분	20분	20분	
II	I	5	10	15		10	5	45
	II	5	10		15	10	5	45
	III	5	10	15		10	5	45
	IV	5	10		15	10	5	45
	소개	20분	40분	30분	30분	40분	20분	
III	I	5	10	15		10	5	45
	II	5	10		15	10	5	45
	III	5	10	15		10	5	45
	IV	5	10		15	10	5	45
	소개	20분	40분	30분	30분	40분	20분	

IV	I	5	10	15		10	5	45
	II	5	10		15	10	5	45
	III	5	10	15		10	5	45
	IV	5	10		15	10	5	45
	소개	20분	40분	30분	30분	40분	20분	
V	I	5	10	15		10	5	45
	II	5	10		15	10	5	45
	III	5	10	15		10	5	45
	IV	5	10		15	10	5	45
	소개	20분	40분	30분	30분	40분	20분	
VI	I	5	10	15		10	5	45
	II	5	10		15	10	5	45
	III	5	10	15		10	5	45
	IV	5	10		15	10	5	45
	소개	20분	40분	30분	30분	40분	20분	
VII	I	5	10	15		10	5	45
	II	5	10		15	10	5	45
	III	5	10	15		10	5	45
	IV	5	10		15	10	5	45
	소개	20분	40분	30분	30분	40분	20분	
VIII	I	5	10	15		10	5	45
	II	5	10		15	10	5	45
	III	5	10	15		10	5	45
	IV	5	10		15	10	5	45
	소개	20분	40분	30분	30분	40분	20분	
IX	I	5	10	15		10	5	45
	II	5	10		15	10	5	45
	III	5	10	15		10	5	45
	IV	5	10		15	10	5	45
	소개	20분	40분	30분	30분	40분	20분	

X	I	5	10	15		10	5	45
	II	5	10		15	10	5	45
	III	5	10	15		10	5	45
	IV	5	10		15	10	5	45
소개		20분	40분	30분	30분	40분	20분	
총 기간		3시간 40분	6시간 40분	5시간	5시간	6시간 20분	3시간 20분	

　　동물교감치유가 종료된 이후 두 집단 간의 유의미한 차이가 보이지는 않았지만 2개월 추적 조사에서 동물교감치유 집단이 통제 집단에 비해서 운동계획 및 촉각, 주의력 및 집중력에서 더 큰 향상을 보였다.

　　또 다른 연구로 지적 장애 아동의 정서적 안녕에 대한 동물교감치유 효과를 확인하기 위해 평균 나이 12세인 12명의 아동을 대상으로 12주간 동물교감치유가 진행되었다(Rodrigo-Claverol, 2018). 연구 내용은 관심, 행복, 여유, 순번 존중이었으며 이 4가지가 전반적으로 개선되었으며, 또한 상승적이고 점진적인 방식으로 진화하였다. 회기 내내 관심과 순번 존중으로 개선된 활동 역학이 달성되었다. 개가 치료의 촉진자 역할을 하면서 정서적 행복을 반영하는 행복과 휴식은 높은 수준에서 유지되었다. 1차 의료 서비스는 지역사회 개입을 통해 특별한 요구가 있고 사회적 배제의 위험이 있는 아동의 삶의 질을 향상시키는 데 기여할 수 있다. 집단당 6명의 아동들이 참여한 12개의 집단 회기가 진행되었다. 각 회기의 지속 시간은 60분으로, 학교 내에서 수행되었으며, 두 회기는 같은 날 학교의 두 개의 다른 교실에서 진행되었다. 아동들이 치유 보조견을 맞이하고 쓰다듬고 물을 길어오는 일상을 가졌다. 매일 다른 운동을 하는 회기와 아동들이 치유 보조견을 다시 빗질하고 돌보는 마무리 일정을 수행했다. 회기가 진행되는 동안 두 마리의 치유 보조견이 참여했는데, 이는 교대 근무를 존중하는 데 있어 모범이 되었다. 회기 내내 물체나 이미지의 인식, 쌍 구성 또는 분류, 색상과 모양 분류, 크기 정렬 및 정신 운동 연습을 위한 과제가 수행되었다. 치유 보조견이 중재자 역할을 했고 전문가들이 아동에게 과제를 설명해달라고 요청해 아동의 이해도를 확인할 수 있었다.

표 7-2 지적 장애 아동을 위한 동물교감치유 활동 프로그램 2

회기	내용
주제	우리는 친구를 사귄다.
목표	• 새로운 활동을 제시한다. • 사회적 기술을 연마하고 의사소통을 촉진한다. • 기억을 자극하다. • 집단 활동과 팀워크를 촉진한다. • 정신 운동과 운동 협응 활동을 한다. • 순번을 존중한다.
1 절차	1. 활동 시작 및 역할 할당 　인사를 하고 회기는 자신을 소개하는 것으로 시작된다. 각 아동이 안부 인사를 하고 개를 개별적으로 만져 신뢰를 쌓도록 한다. 　치유 보조견을 돌보기 위해 수행해야 하는 활동(목걸이와 하네스 착용, 물 주기, 빗질, 보상, 공 등)을 설명한다. 　치유 보조견을 돌보는 것을 도와달라고 요청하고 각 아동에게 과제를 할당한다. 2. 활동 1 　치유사는 각각의 개에 대해 소개하고 이름을 말하고 이력을 알려준다. 　각 아동에게 자신의 치유 보조견을 소개하도록 요청한다. 　목표는 기억을 자극하기 위해 이후 몇 일 동안 치유 보조견의 삶을 살펴볼 수 있도록 하는 것이다. 3. 활동 2 　방 주위에 후프, 원뿔, 울타리 및 터널이 배치된 장애물 코스를 함께 설정한다. 　아동이 치유 보조견을 데리고 장애물을 통과하거나 건너게 한다. 4. 마무리 활동 　치유 보조견에게 공을 던지면 치유 보조견들이 번갈아 가며 공을 돌려줘야 한다.
준비물	후프, 원뿔, 울타리, 터널, 공

회기		내용
	주제	손수건 기억 게임
2	목표	• 선택 능력과 자존감을 강화한다. • 기억력을 강화하고 주의 지속 시간을 강화한다. • 순서를 정하고 기다리는 것을 존중한다. • 체형 및 측면 인식(손놀림)을 향상한다. • 미세 운동 활동을 한다.
	절차	1. 활동 시작 2. 치유사는 다양한 색깔의 손수건으로 가득 찬 가방을 가져온다. 　아동들은 짝을 짓고 그중 한 명은 손수건을 치유 보조견의 특정 부분(목, 발, 꼬리)에 놓고 다른 한 명은 손수건의 위치를 외우고 다른 치유 보조견에게 똑같이 해야 한다. 　나머지 집단은 손수건이 올바른 위치에 있는지 결정하는 데 도움을 준다. 　치유사는 그들에게 정확한 손수건의 수와 같은 수의 상품으로 보상한다. 그러면 그 치유 보조견은 아동들이 선택한 묘기(묘기의 수 = 그들이 받은 상의 수)를 수행하도록 요청받을 수 있다. 3. 치유 보조견과 농구를 한다. 4. 마무리 활동
	준비물	색색의 손수건, 농구 네트와 공

회기		내용
	주제	모방 게임을 하자
3	목표	• 조정과 정신 운동 활동을 한다. • 모방 능력을 자극한다. • 주의력 범위와 기억력을 강화한다. • 자발성과 선택 능력을 향상시킨다.
	절차	1. 활동 시작 및 역할 할당 2. 모두 치유 보조견을 중심으로 원을 그리며 똑바로 선다. 　치유사는 치유 보조견이 하는 모든 것을 따라한다. 앉기, 눕기, 절하기, 뒹굴기, 발(다리) 흔들기, 목에 후프를 두르기 등. 　다음에는 한 아동이 치유 보조견과 함께 원의 한가운데로 들어가고 모든 사람(치유 보조견 포함)은 그 아동이 하는 모든 것을 모방해야 한다. 3. 활동 　치유사는 강아지 장난감 3개가 들어있는 가방을 집어 들고, 장난감이 무엇인지 알려준다. 　치유 보조견은 장난감 중 하나를 가져가서 숨긴다. 　아동들은 어떤 것이 없어졌는지 말해야 한다. 4. 마무리 활동
	준비물	개 장난감 3개와 가방

회기		내용
4	주제	양말을 맞추자
	목표	• 색상과 크기를 인식한다. • 주의력을 강화하고 자극한다. • 순서를 준수한다. • 순번을 지킨다. • 선택 능력을 향상한다.
	절차	1. 활동 시작 및 역할 할당 2. 다양한 양말의 색상과 형태를 인식한다. 3. 활동 1 　양말 하나가 바닥에 있고 짝을 이루어야 하는 양말은 못이 달린 끈에 매달려 있다. 치유 보조견들은 끈에 매달린 양말과 일치해야 할 양말을 바닥에서 가져온다. 4. 활동 2 　모든 양말이 바닥에 있고 치유 보조견이 각 아동에게 양말을 하나씩 가져다 준다. 짝이 맞는 양말을 가지고 있는 아동은 양말을 나란히 놓아야 한다. 　모든 짝을 맞춘 후에, 각 짝은 치유 보조견에게 가장 좋아하는 묘기를 하도록 요청한다(이에 대해 합의에 도달하고 함께 하나를 선택해야 한다). 　치유 보조견이 양말을 가져오면 아동은 치유 보조견에게 보상을 준다. 5. 마무리 활동
	준비물	다양한 색상의 양말, 유연한 끈과 못, 치유 보조견을 위한 상품

회기		내용
5	주제	치유 보조견과 우리의 차이점을 찾아보자
	목표	• 측면 인식 및 신체 구조 활동 • 자신의 신체에 대한 인식을 촉진한다. • 유사점과 차이점을 찾을 때 주의를 자극한다. • 기억을 강화한다.
	절차	1. 활동 시작 및 역할 할당 2. 각각의 아동들은 자신의 신체의 한 부분(각각의 아동들은 다른 부분)에 이름을 붙인다; 그리고 나서 우리는 다른 친구가 기억과 주의력을 집중하기 위해 말한 부분에 대해 물어본다. 3. "왼쪽"과 "오른쪽"이라는 용어의 사용을 장려하는 것이 중요하다. 우리가 두 개의 면(팔 2개, 귀 2개, 눈 2개 등)을 가지고 있다는 것을 관찰한다. 4. 우리는 치유 보조견들을 중심으로 원을 형성하는데, 모든 아동들은 치유 보조견들에게서 자신이 말한 신체의 부분을 찾아 그들의 유사점과 차이점을 확인해야 한다. 5. 동물의 부위(피부, 손톱, 코 등)를 만질 때의 감각을 설명할 수 있는 기회를 가질 수 있다. 6. 우리는 치유 보조견과 축구를 한다(치유 보조견은 골키퍼가 될 것이다). 7. 마무리 활동
	준비물	원볼, 축구공

회기		내용
	주제	팀 활동
	목표	• 신체 운동을 강화한다. • 역동적인 조화와 균형을 위해 노력한다. • 팀워크를 촉진한다. • 색상을 인식한다. • 순서를 정하고 기다리는 것을 존중한다.
6	절차	1. 활동 시작 및 역할 할당 2. 아동들을 두 집단으로 나눈다. 각 집단에는 치유 보조견 한 마리가 포함된다. 방의 다른 쪽 끝에는 서로 다른 색상의 공으로 가득 찬 두 개의 후프를 준비한다. 치유 보조견과 함께 있는 아동은 공을 찾아 다른 아동이 있는 곳으로 가져오기 위해 달려야 한다. 그런 다음 아동은 팀의 다음 아동에게 치유 보조견을 넘겨주고 릴레이 경기처럼 그 아동은 차례로 같은 작업을 수행한다. 이기는 팀은 모든 공을 먼저 가져오는 팀이다. 이 활동은 뒤로 또는 옆으로 이동하면서 반복될 수 있다. 회기를 종료하고 공의 색상을 확인한 후 치유 보조견에게 던진다. 3. 마무리 활동
	준비물	색색의 후프, 공

회기		내용
	주제	물체 식별 놀이
	목표	• 촉감을 자극한다. • 다양한 물체를 인식한다. • 의사소통과 대화를 강화한다. • 신체 운동을 강화한다. • 순서를 정하고 기다리는 것을 존중한다.
7	절차	1. 활동 시작 2. 치유 보조견은 일상 용품(칫솔, 유리잔, 숟가락, 포크, 신발, 쿠션, 냅킨, 물병, 시계 등)과 치유 보조견의 개인용품(목걸이, 브러쉬, 공, 벙어리 장갑 등)을 가져온다. 눈을 감고 식별하고 설명해야 한다. 3. 치유 보조견이 통과할 수 있도록 다리로 터널을 만든다. 4. 마무리 활동
	준비물	다양한 물건

회기		내용
	주제	짝 만들기
	목표	• 인지 수준에서의 활동: 이미지의 이해와 인식 • 추상적인 생각 • 주의력과 기억력을 향상한다. • 순번을 정하고 기다리는 것을 존중한다.

8	절차	1. 활동 시작 및 역할 할당
		2. 사물의 그림이나 사진이 있는 다양한 카드가 바닥에 있다.
		3. 활동 1
		  치유 보조견이 아동들에게 플래시 카드를 가져다 주면, 아동들은 카드에 있는 그림을 식별하고 일치하는 카드(예: 나이프와 포크, 양말과 신발, 연필과 종이, 장갑과 스카프, 비와 우산 등)를 찾아야 한다.
		  아동에게 왜 카드가 짝을 이룬다고 생각하는지 설명해달라고 요청한다.
		4. 활동 2
		  짝을 이룬 아동들은 방 한가운데로 가서 치유 보조견에게 묘기를 부리게 한다.
		5. 마무리 활동

	준비물	그림이나 사진이 포함된 플래시 카드

회기		내용
	주제	숫자 카페트
	목표	• 주의력과 기억력을 향상시킨다. • 소근육 운동을 한다. • 숫자를 인식하고 일치하는 모양의 쌍을 형성한다. • 숫자 시리즈를 따른다.

9	절차	1. 활동 시작 및 역할 할당
		2. 독립 학습 활동
		  테이블 위에 숫자의 윤곽선을 배치한다.
		  치유 보조견이 바닥에서 하나의 숫자를 가져오면 아동은 색을 식별하고 숫자를 말한다.
		  숫자가 확인되면 해당 번호와 일치하는 윤곽선을 찾아 배치해야 한다.
		  아동들에게 큰 것부터 작은 것까지 순서대로 놓으라고 요청한다.
		3. 재미있는 활동
		  치유 보조견들이 후각을 사용하는 게임의 일부로 음식을 숨긴다.
		4. 마무리 활동
		  치유 보조견을 빗질하고 쓰다듬어주고 보상을 주고 작별인사한다.

	준비물	숫자 카페트, 치유 보조견의 후각 게임

회기		내용
	주제	장난감을 분류하자
10	목표	• 인지 자극 • 객체의 인식과 분류 작업을 수행한다. • 주의력과 집중력을 향상시킨다. • 순서를 정하고 기다리는 것을 존중한다. • 선택 능력을 자극한다.

	절차	1. 활동 시작 및 역할 할당
		2. 독립 학습 활동
		   고무 동물과 플라스틱 과일이 담긴 바구니를 바닥에 놓는다.
		   각 아동은 차례로 치유 보조견에게 바구니에서 물건을 가져오라고 요청한다.
		   아동은 물체를 인식하고 그것이 동물인지 과일인지 말해야 한다.
		   색깔에 대해 물어보고 그것이 동물이라면 어떤 소리를 내는지 물어본다.
		3. 재미있는 활동
		   치유 보조견들이 점프하게 할 색상의 후프를 설치하고 치유 보조견이 통과할 후프의 터널을 형성하여 마무리한다.
		4. 마무리 활동
		   치유 보조견을 빗질하고 쓰다듬어주고 보상을 주고 작별인사를 한다.

	준비물	바구니, 고무 또는 플라스틱 동물과 과일, 접을 수 있는 원과 색상 후프

회기		내용
	주제	기하학적 도형
11	목표	• 인지 수준: 도형에 대한 이해와 인식을 향상한다. • 색상을 인식한다. • 짝 만든다. • 관심을 자극한다. • 순서를 정하고 기다리는 것을 존중한다.

	절차	1. 활동 시작 및 역할 할당
		2. 독립 학습 활동
		   노란색, 녹색, 파란색 및 빨간색(각각 2개)의 다양한 색상으로 된 여러 가지 기하학적 모양(삼각형, 원 및 사각형)이 있는 플래시 카드를 준비한다.
		   치유 보조견이 아동들에게 그것을 전달할 수 있도록 각 짝에서 한 장의 카드를 테이블 위에 놓고 다른 한 장을 바닥에 놓는다.
		   치유 보조견이 카드를 주면 색상, 기하학적 모양을 인식하고 일치하는 카드를 찾는다.
		   클로버에 삼각형, 원, 사각형을 그린다.
		3. 재미있는 활동
		   치유 보조견과 함께 축구를 한다. 치유 보조견이 골키퍼가 되고 아동들은 번갈아 가며 줄지어 있는 공을 차게 된다(차례 존중).
		4. 마무리 활동
		   치유 보조견을 빗질하고 쓰다듬어주고 보상을 주고 작별인사를 한다.

	준비물	다양한 기하학적 모양으로 치유 보조견에 맞게 제작된 카드, 그림을 그리기 위한 종이와 색, 골대용 원뿔 2개와 공

회기	내용
주제	작별
목표	• 창의성을 자극한다. • 소근육 운동성 활동을 한다. • 선택 능력을 자극한다. • 팀워크를 촉진한다.

절차	1. 활동 시작 및 역할 할당
	2. 독립 학습 활동
	   각 아동을 위한 의상을 만들 수 있는 접착식 종이 봉투를 갖도록 한다.
	   먼저 의상을 만들기 위해 가방에 붙일 조각을 그리고 잘라야 한다.
	   EVA 인공고무 시트를 사용하여 볼을 만들 것이고, 이것은 각각의 아동들을
	   위해 판지 조각에 스테이플러로 고정시킨다.
	3. 재미있는 활동
	   함께 일하면서 강아지를 위해 같은 의상을 만든다.
	4. 기념사진을 촬영한다.
	5. 마무리 활동
	   치유 보조견을 빗질하고 쓰다듬어주고 보상을 주고 작별인사를 한다.

준비물	의상을 만드는 데 필요한 잡다한 재료들

(회기 12)

2. 전반적 발달 장애

전반적 발달 장애로 진단된 3~13세 사이의 10명의 아동들을 대상으로 개와의 상호 작용이 친사회적 행동과 비사회적 상호 작용에 미치는 영향을 평가하기 위해 진행되었다(Martin, & Farnum, 2002). 각 주제에 대해서 매주 45분씩 15회기 동안 참가를 3가지 조건(비사회적 장난감(공)을 활용한 개입, 개 인형을 활용한 개입, 살이 있는 개를 데리고 활동하는 개입)에 모두 노출시켰다. 연구 결과, 참여자들은 살아 있는 치유 보조견이 있는 상황에서 보다 놀이적이고 집중적이며, 사회적 환경을 잘 인식하는 것으로 나타났다. 예를 들어, 개 인형에 비하여 살아있는 개에게 간식을 더 주려고 했다. 개 인형과 장난감 활동보다 살아 있는 개에 노출된 아동들은 더 자주 웃고, 개를 더 자주 보고, 치유 보조견을 바라보는 데 더 많은 시간을 보내고, 방을 둘러보는 데 더 적은 시간을 보냈다. 참가자들은 또한 살아있는 개가 있는 환경에서 "예"라고 말함으로써 치유사의 요청을 준수할 가능성이 더 컸다. 흥미롭게도, 치유 보조견이 있는 상태에서 참가자들은 치유사의 질문을 무시하고 관련이 없는 진술을 따르는 경향이 적었다. 이러한 발견은 전반적 발달 장애가 있는 아동이 종종 그러한 행동을 보여 주므로 특히 중요하다. 이는 동물이 친사회적 행동을 촉진하는 데 유용할 수 있음을 의미한다. 예상치 못한 결과로는 참가자들이 살아있는 개 앞에서 바람직하지 않은 행동으로 간주되는 더 많은 손 퍼덕이기(핸드 플래핑, Hand Flapping)를 보여 주었다는 것이다. 그러나 연구자들은 손 퍼덕이기가 살아있는 개에 대한 흥분의 표현으로 일어났을 수도 있다고 추측했다. 결론적으로 동물교감치유가 전반적 발달 장애 아동에게 특별한 혜택을 제공할 수 있으며, 특히 친사회적 행동이 증가하고 비사회적 상호 작용이 감소할 수 있음을 시사한다.

 ## 3. 동물 보조 작업치료

동물 보조 작업치료는 발달 장애 아동의 언어 사용(Sams, et al., 2006), 작업 참여(Llambias, et al., 2016) 및 사회적 동기 향상에 도움이 된다. 12명을 대상으로 동물 보조 작업치료가 진행되었다(Winsor, et al., 2022). 전형적인 동물 보조 작업치료 회기에는 작업 완료를 위한 강화로 치료 회기 동안 치유 보조견의 도움을 활용하는 것이 포함되었다. 예를 들면, 아동들이 치료사가 지시하는 작업에 참여하도록 동기를 부여하고, 치료사 지시 준수(예: 5개의 퍼즐 조각을 더 할 때 개를 안거나 쓰다듬을 수 있다.) 또는 아동과 함께 작업에 적극적으로 참여(즉, 치료사가 지시한 활동의 일부로 아동이 개에게 물건을 가져오거나 가져가게 하거나 개가 착용한 조끼의 물건을 조작하여 미세 운동 기술을 연습) 등 이다. 참가자는 테이블 활동이 끝난 후 개와 놀 시간을 확보하기 위해 노력하고, 또는 참가자가 개를 위해 고안된 활동에 참여했다(예: 종이에 그림 만들기, 개의 이름 쓰기, 구슬을 함께 묶어 개를 위한 목줄이나 목걸이 만들기 등). 아동들의 작업 외 행동은 조건에 따라 유의미한 상관관계가 있었고, 아동들은 개가 없을 때보다 교육 중에 개가 있을 때 평균적으로 작업 외 행동이 훨씬 적었다.

자폐스펙트럼장애(ASD)와
동물교감치유

05

🐾 그림 7-5 **자폐스펙트럼장애 아동**

일반적으로 자폐증으로 알려진 자폐스펙트럼장애(ASD)는 타인과의 의사소통 및 사회화에 어려움이 있고, 반복적이며 제한적인 패턴을 보이는 개인을 포괄하는 용어이다(American Psychiatric Association, 2013). 증상의 정도는 다르지만 심각도에 따라 말이 부족하고, 눈맞춤이 제한되거나, 혼자 있기를 좋아하고, 다른 사람의 감정을 읽는 데 어려움을 겪으며, 단어나 문구를 반복한다. 또한 팔을 휘젓거나, 몸을 흔들며, 제한된 관심사를 가지고 있으며, 환경 변화 또는 일상의 변화에 저항적인 성향을 보이는 경우가 많고, 유난히 섬세한 감각 시스템을 가지고 있다(de Schipper, et al., 2016). 자폐스펙트럼장애 진단을 받은 많은 사람들은 임상 증상 외에도 불안, 주의력 결핍 장애(Factor, et al., 2017)

및 우울증(Juraszek, et al., 2019)과 같은 여러 복합 질환을 가지고 있다. 다른 복합 질환으로는 뇌전증, 수면 장애, 감각 처리 장애, 강박 장애, 섭식 장애 등이 있다(American Psychiatric Association, 2013). 평균적으로 자폐스펙트럼장애 진단을 받은 개인의 60~70%가 학습 장애도 가지고 있다(Emerson, & Baines, 2010). 전 세계적으로, 약 250명의 아기들이 매 분마다 태어나는데, 이것은 1년에 1억 3,000만 명 이상의 아기들에 해당한다. 이들 1억 3,000만 명의 신생아 중 160명 중 1명이 자폐스펙트럼장애 진단을 받는다. 전 세계적으로 약 6,700만 명이 자폐스펙트럼장애의 영향을 받는 것으로 추정된다(Mazurek, et al., 2020). 자폐스펙트럼장애는 원인을 알 수 없는 평생 신경 발달 상태로 확인되며(de Schipper, et al., 2016), 이는 "애정이 없는 엄마(Refrigerator Mothers)"와 그 주변의 사회화의 결과로 생각되었다(Douglas, 2014). 즉, 자폐스펙트럼장애는 아동들에게 애정이나 사랑을 보이지 않는 엄마의 차가움이 원인이라고 믿어졌다. 그러나 이러한 개념은 신경심리학적 연구가 진행됨에 따라 아니라는 것이 확인되었다(Schmidt, 2019). 자폐스펙트럼장애는 또한 과거에 백신 접종과 잘못 연관되어 왔다. 이 주장은 허위 과학에 근거했을 뿐만 아니라 심각한 공중 보건 결과를 초래했다(Flaherty, 2011). 자폐스펙트럼장애에 대한 또 다른 설명은 "극한 남성 뇌 이론(Extreme Male Brain Theory)"으로 언급되는 이론으로 여성과 남성의 뇌는 다르다고 제안했다(Baron-Cohen, 2002). 여성의 뇌는 다른 사람들의 감정을 더 잘 이해하고 사회화 행동으로 알려진 사회적 신호에 더 공감할 가능성이 있는 반면, 남성의 뇌는 체계화 행동으로도 알려진 패턴을 더 잘 인식한다. 자폐스펙트럼장애 환자들은 극도로 남성적인 뇌를 통해 세상을 보는 것으로 생각되었다. 그러나 이 이론을 검증하기 위해 사용된 설문지는 성별 고정관념과 성별 차이를 바탕으로 개발된 것으로 알려져 그 적용 가능성은 여전히 추측의 여지가 있다. 자폐스펙트럼장애가 뇌 기능과 구조의 차이의 결과라는 것은 이제 널리 받아들여지고 있다. 자기공명영상(MRI)을 이용하여 자폐스펙트럼장애가 있는 사람과 없는 사람 사이의 뇌를 조사한 연구는 자폐스펙트럼장애를 가진 사람들이 편도체, 소뇌 및 많은 다른 영역을 포함한 뇌의 일부 영역에서 회색과 흰색 물질에 이상이 있다는 것을 발견했다(Williams, & Minshew, 2007). 연구에 따르면 자폐스펙트럼장애는 신경계 질환일 가능성이 높으며, 이는 증상이 개별 뇌 영역이 아닌 지역적으로 분산된 피질 네트워크의 이상으로 인해 발생한다는 것을 의미한다(Ha, et al., 2015).

자폐스펙트럼장애를 가진 아동들은 종종 사람들보다 동물들과 더 잘 지낸다. 치유사들은 동물들이 있을 때 치유적 연결을 만들고 그들과 함께 발전할 수 있다(Braun, et al., 2009). 자폐스펙트럼장애를 가진 아동들은 치유 보조 동물의 존재에 더 많이 상호 작용하고 참여한다(Chandler, 2017). 동물을 안고 있거나 쓰다듬을 때 아동에게 진정 효과가 있다(Koukourikos, et al., 2019). 따라서 치유 보조 동물의 존재는 아동이 개입에 주의를 기울이게 하는 방법이 될 수 있다(Marcus, 2013). 치유 보조 동물과의 관계는 더 나은 의사소통 기술과 친사회적 행동으로 이어진다(Enders-Slegers, et al., 2019). 개는 사회적이고 애정이 넘치는 특성 때문에 치료 환경에서 가장 많이 사용되는 동물이다. 자폐스펙트럼장애를 가진 아동들은 훈련된 치유 보조견과 함께 시간을 보내는 것으로부터 이익을 얻을 수 있다(Turner, 2011). 치유사들은 치유 보조견들을 대상자의 세계관을 이용하기 위한 감정의 다리(Emotional Bridge)로 활용할 수 있다. 개와 노는 것은 자폐스펙트럼장애를 가진 아동이 스스로 진정하는 데 도움이 될 수 있으며, 이것은 통제 불능에 대한 훌륭한 해독제가 될 수 있다(Turner, 2011). 자폐스펙트럼장애를 가진 아동들은 치유사의 지도를 받는 동안 공, 인형 또는 치유 보조견과 함께 활동하였다(Martin, & Farnum, 2002). 아동들이 치유 보조견과 함께 활동하면서 더 많은 상호 작용, 의사소통, 그리고 관심의 징후를 보였다. 치유사와의 대화에서 더 적극적이고 수용적인데, 이것은 치유 보조견의 존재가 유쾌하다는 것을 나타낸다. 치유 보조견과의 신뢰 관계와 의미 있는 관계를 구축하면 치유를 벗어나 외부의 관계로 이어질 수 있다(Katcher, 2000). 메타분석 연구에서 승마는 자폐스펙트럼장애를 가진 아동들에게 유용한 치료 형태임이 밝혀졌고(Trzmiel, et al., 2019), 참가자들의 자신감을 형성함으로써 우울증 개선에 도움이 되었다(Kern, et al., 2011). 자폐스펙트럼장애를 가진 아동들은 말을 조종함으로써 운동능력을 발달시키고 성취감을 얻을 수 있었다(Chandler, 2017; Trzmiel, et al., 2019).

치료용 승마 외에도, 가축을 이용한 치료는 자폐스펙트럼장애를 가진 아동들에게 또 다른 형태의 치료방법이다. 안전하고 구조적인 맥락에서 이러한 친근한 네 발 동물과 치유사 주도의 상호 작용은 사회적 및 의사소통 기술에 유익한 것으로 입증된다. 자폐스펙트럼장애가 있는 개인의 어려움에는 의사소통 및 사회적 결합, 제한적이고 반복적인 경향, 감각 민감도 증가가 포함될 수 있다(Shephard, et al., 2019). 자폐스펙트럼장애를 가진 아동은 사회성이 부족하며 개와 유대감을 가질 수 있고 상호 작용은 자폐스펙트럼장애를 가진 아동의 사회성을 향상시킨다(Carlisle, 2015).

1. 보호자 스트레스 감소

반려견은 자폐스펙트럼장애가 있는 아동의 주요 보호자의 스트레스를 줄일 수 있다(Wright, et al., 2015a). 자폐스펙트럼장애와 같은 발달 장애가 있는 아동을 양육하는 것은 일반적으로 발달 단계에 있는 아동 또는 다른 비발달 장애가 있는 아동을 양육하는 것과 비교할 때 더 높은 수준의 스트레스, 불안 및 부정적인 결과(우울증 및 사회적 고립과 같은)를 갖는다(Dunn, et al. 2001, Koegel, et al. 1992, Weiss, et al. 2013, Wolff et al. 1989). 높은 수준의 스트레스는 보호자 자신의 건강과 안녕에 영향을 미칠 뿐만 아니라 자폐스펙트럼장애 중재 결과의 효과를 제한할 수도 있다(Robbins, et al. 1991; Osborne, et al. 2008). 사회적 지원의 가용성과 경험된 스트레스 수준은 보호자의 성공적인 적응과 관련이 있다(Koegel et al. 1992; Weiss et al. 2013). 사회적 지원 유형은 스트레스 완충의 효과와 관련이 있을 수 있으며, 공식 또는 구조화된 사회적 지원(예: 양육 지원 집단)에 비해 비공식적인 사회적 지원(예: 배우자, 가족, 친구)이 더 효과적인 스트레스 완충제로 작용한다(Boyd, 2002). 보호자들이 이미 높은 수준의 신체적, 정서적 요구를 경험하고 있기 때문에, 스트레스를 줄이기보다는 반려동물을 기르는 것에 대한 요구가 증가할 수 있다고 제안될 수 있다. 가족의 자유 증진(Burrows, et al. 2008), 아동 스트레스 감소(Viau, et al. 2010) 및 치료 회기의 효과 개선(Silva, et al. 2011)과 같은 이점을 가진 자폐스펙트럼장애 아동을 위한 치료법으로서 훈련된 보조견의 효용을 뒷받침하는 증거가 있다(Solomon, 2010; Berry, et al. 2013). 이러한 효과는 자폐스펙트럼장애가 있는 아동에게 제공하는 혜택에 대해 그 자체로 주목할 만하지만, 특히 구조화된 치료 회기의 일부가 아닌 가족의 일부로 개가 사는 상황에서는 부모의 스트레스 수준에 더 많은 긍정적인 영향을 미칠 수 있다. 실제로, 훈련받은 보조견과 함께 사는 가족에서 보호자 역량이 증가했다(Burgoyne, et al., 2014). 보조견은 자폐 스펙트럼 장애 아동의 가족 기능을 개선하고 불안을 감소시킨다(Wright, et al., 2015). 가족 기능에 대한 점수는 개를 소유하지 않은 집단과 비교하여 개를 소유한 집단에서 상당한 개선(가족 약점 감소, 강점 증가)을 보여주었다. 개를 키우지 않는 집단과 비교하여 개를 키우는 집단의 불안 점수는 더 큰 비율로 감소했으며, 특히 강박 장애(26% 더 크게 감소), 공황 발작 및 광장 공포증(24%), 사회 공포증(22%) 및 분리 불안(22%)의 영역에서 두드러졌다. 결과는 보조견이 가족 전체의 기능과 자폐스펙트럼장애 아동의 불안을 개선할 수 있는 가능성을 보여준다.

2. 적응성

행동과 사고 패턴의 경직성은 자폐증과 관련된 특징적인 증상일 뿐만 아니라 이러한 증상들이 가족 구성원 전체에 영향을 미쳐 다양한 활동에 참여하고 즐기는 능력을 감소시킬 수 있다(American Psychiatric Association, 2013). 실제로, 비록 이것이 유전적 특성인지 학습된 특성인지를 분리하는 것은 논쟁의 여지가 있지만, 1촌 친척들도 관련된 문제를 보일 수 있다고 제안되었다(Hurley, 2007). 가족 기반 자폐스펙트럼장애 개입의 효과를 결정하는 데 적응력이 중요하다는 것을 시사한다(Baker, Seltzer, & Greenberg, 2011). 따라서 적응력을 향상시키기 위한 효과적인 도구로서 개 소유 가능성을 개발하기 위해서는 어떤 환경(즉, 개인의 차이)에서 개가 적응력을 향상시키는 데 가장 효과적인지 살펴보는 것이 중요하다. 아동이 말과 더 자주 접촉할 경우 개가 있을 때 적응력(자폐증을 가진 아동들과 가족 모두에 대한 질문)이 향상된다. 적응력의 증가가 수컷이 아닌 암컷을 소유하는 것과 관련이 있다는 것을 시사하는 증거가 있었지만, 임상적으로 관련이 없다면, 가족이 자신에게 적합하다고 느끼는 개를 갖는 것이 더 중요할 것이다. 적응성은 가족 요인의 개인 차이나 개를 가족에 통합하는 훈련과 유의미하게 연관되지 않았다. 일반적으로 사회적 비인간 종에 대한 노출은 적응력에 특별한 어려움을 겪는 아동(또는 가족 단위)에게 유익할 수 있으며, 다른 종에 대한 노출의 효과가 상승할 수 있다. 말을 이용한 활동이 아동의 사회적 행동과 기능(Bass, Duchowny, & Llabre, 2009; Lanning, et al., 2014), 감각 처리 및 탐색(Bass, Duchowny, & Llabre, 2009; Ward, et al., 2013), 주의 및 자기 조절 행동(Bass, Duchowny, & Llabre, 2009; Gabriels, et al., 2012)의 개선과 함께 자폐스펙트럼장애 아동에게 유익할 수 있음을 시사하는 일부 증거가 있다. 그러나 이러한 결론은 소규모 연구로 많은 설계와 분석상의 차이 때문에 말의 효과를 강조하는 연구와 자폐스펙트럼장애를 가진 아동을 개의 영향을 보고하는 연구를 연관시키는 것은 어렵다. 그럼에도 불구하고, 개 소유권과 결합하면, 말과의 접촉이 자폐스펙트럼장애를 가진 아동들의 적응력을 향상시키는데 도움이 될 수 있다. 연구에 사용된 광범위한 정의(말과의 정기적인 접촉) 때문에, 말과의 접촉의 어떤 측면이 중요할 수 있는지, 그리고 이것이 개가 있는 것과 어떤 관련이 있는지 정의하는 것은 불가능하다. 더군다나 말과의 접촉에 아동이 적극적으로 말 교감치유에 참여해야 하는지, 아니면 말의 쓰다듬기 또는 존재 여부가 중요한지 해독할 수 없다. 이러한 동물들은 자극적인 산만과 강박관념의 주기를 끊음으로써 아동들의 반복적인 행동을 줄이는 데 도움을 준다는 추측이 있을 수 있다. 또한 새로운 과제 완료에 대한 자신감을 높이는 아동을 진정시키고 안심시키는 데 도움이 될 수 있다(Gabriels, et al., 2012). 말의 불안 감소 효과는 잘 연구되지 않았지만, 개의 존재로 인한 불안 감소 효과는 과학적 관심이 높아지고 있어 더 연구할 필요가 있다. 많은 보고에 따르면 개는 인간의 흥분(Beetz, et al., 2012; Friedmann, et al., 1983; O'Haire, et al., 2015; Viau, et al., 2010)에 진정 효과를 가져올 수 있지만, 일부 증거는 개가 흥분 효과가 있거나 효과가 없음을 나타낸다(Gee, et al., 2014). 또 다른 가능성은 동물의 존재가 가족의 자유를 높이고 아동의 안전을 보장함으로써 적응력을 향상시키는 데 도움을 줄 수 있다는 것이다. 훈련된 보조견은 앵커 포인트와 진정 효과를 제공함으로써 가족이 새로운 활동과 공공 외출에 안전하게 참여할 수 있도록 돕는다(Burrows, Adams, & Spiers, 2008). 따라서, 개의 존재가 아동이 말과 교감할 수 있도록 도와줄 수 있다.

3. 사회적 기술

사회적 기술은 학업 성취도, 사회적 실패, 불안, 우울증, 자살 및 약물 남용을 포함한 결과에 광범위한 영향을 미친다(Bellini, 2006; La Greca, & Lopez, 1998; Tantam, 2000; Welsh, et al., 2001). 따라서, 반려견을 소유하는 것이 사회적 기술을 향상시키는 데 가장 효과적일 수 있는 개별적인 환경을 정의하는 것이 중요하다. 반려견 훈련 강좌에 참석한 사람들이 더 나은 사회성을 보였다는 것을 주목해야 한다. 이는 훈련된 보조견을 획득하는 것과 관련된 사회성 향상이 개의 부수적인 특성 때문이 아니라, 대신 개의 존재의 편익을 극대화하기 위해 개와 보호자(부모) 모두를 훈련시켜야 한다(Burrows, Adams, & Spiers, 2008).

4. 갈등 관리

자폐스펙트럼장애는 빈번한 아동 분노발작(Tantrums)과 관련이 있으며(Konst, Mat-son, & Turygin, 2013), 가족 갈등과 자폐스펙트럼장애 증상의 심각도 사이에는 관계가 있다(Kelly, et al., 2008). 자폐스펙트럼장애를 가진 아동은 감각 민감도와 관점에 대한 문제로 인해 갈등에 특히 민감할 수 있다(Kelly, et al., 2008). 아동이 나이가 더 많고 언어 능력이 더 뛰어나고 장애가 덜하고 이전에 개를 키운 적이 있는 경우 개와 함께 있을 때 갈등 관리가 향상된다. 아동들이 나이가 들면서 갈등 관리가 개선되는 것은 아마도 부모들이 갈등을 피하는 가장 효과적인 방법을 배우거나, 어떤 갈등이 발생하더라도 해결하는 것을 통해서일 것이다. 또한 이전 연구에서는 가족 갈등과 자폐스펙트럼장애 증상학 사이의 관계를 확인했으며, 자녀가 더 높은 기능을 하고 더 나은 언어 능력을 보이는 가정이 더 나은 갈등 관리를 보인다는 결과를 뒷받침한다(Kelly, et al., 2008). 개를 오래 기르고 나이든 개를 소유하는 것에 대한 효과는 개 보호자로서의 경험이 개가 있을 때 갈등 행동을 효과적으로 해결하는 데 중요할 수 있다. 어떤 경우든 보호자들이 장기간 성공적으로 개를 소유하는 것과 관련된 필요한 전문지식을 얻도록 돕는 것은 항상 장려되어야 한다.

5. 신체 활동 증가

신체 활동(Physical activity, PA)은 신체적, 정신적, 인지적, 사회적 건강을 포함하여 아동의 건강을 결정하는 필수 요소이다(Janssen, & LeBlanc, 2010; Poitras, et al., 2016). 자폐스펙트럼장애가 있는 아동은 신체 활동에서 보내는 시간이 적고 일반적으로 발달하는 아동과 비교할 때 신체 활동 지침을 충족할 가능성이 적다(Jones, et al., 2017; Rostami Haji Abadi, et al., 2021). 부적절한 신체 활동은 비만율 증가 및 골결손과 같은 자폐스펙트럼장애 아동에서 보고된 건강 문제에 기여할 수 있다(Matheson, & Douglas, 2017; Rostami Haji Abadi, et al., 2021). 6~10세 아동 18명을 대상으로 개 보조 신체 활동 프로그램을 4주 동안 진행하였다(Rostami Haji Abadi, et al., 2022). 신체 활동은 약 60분 진행되었으며 프로그램 다음과 같다.

표 7-3 치유 보조견과 함께하는 신체 활동 프로그램

운동회기 계획	시간(분)	내용
준비 활동	15	치유 보조견을 주제로 한 준비 활동 게임에는 달리기 활동이 포함된다(예: 참가자는 체육관의 특정 지점으로 달려가 강사의 부름에 따라 추가 활동을 완료하도록 지시받았다).
본 활동	30	활동에는 달리기, 걷기, 개처럼 4발로 걷기, 어질리티 사다리를 사용한 점프, 허들, 체육관 매트리스, 후프 및 꼬깔을 사용하여 점프하는 것이 포함된다. 일부 경쟁적인 신체 활동 게임도 진행한다.
마무리 활동	10	약 10분 동안 치유 보조견을 주제로 한 마무리 게임과 5분 동안 주요 근육군의 스트레칭을 진행한다.

연구결과 회기 참석률은 92%였으며 유지율은 90%였다. 참가자들은 치유 보조견과의 회기에서 가벼운 신체 활동 시간이 13% 더 많았고, 앉아 있는 시간이 22% 더 적었다. 치유 보조견을 신체 활동 회기에 통합하는 것이 가능하며 자폐스펙트럼장애가 있는 아동의 가벼운 신체 활동을 증가시키고 앉아 있는 시간을 감소시킨다.

 6. 친사회적 행동 증가

동물은 사람들 사이의 상호 작용에 긍정적인 영향을 미치는 사회적 촉매제이다(McNicholas, & Collis, 2006). 자폐스펙트럼장애가 있는 아동이 사람이나 장난감에 비해 동물이 있는 동안 더 자주 그리고 더 긴 사회적 상호 작용에 참여한다(Prothmann, Ettrich, & Prothmann, 2009). 사회적 촉매제 역할을 하는 동물의 능력은 기니피그 대 장난감이 있는 학령기 아동 간의 소집단 상호 작용을 비교하는 연구에서 알 수 있다(O'Haire, et al., 2013). 기니피그 조건에서 자폐스펙트럼장애를 가진 아동은 일반적으로 정상 발달단계에 있는 또래에 대해 훨씬 더 많은 사회적 접근 행동을 보였다. 같은 연구에서 자폐스펙트럼장애가 있는 아동은 눈맞춤과 긍정적인 영향(예: 미소, 웃음)도 크게 증가했으며, 부정적인 영향은 상당히 감소했다. 긍정적인 사회적 행동의 증가는 동물의 존재가 자폐스펙트럼장애를 가진 아동들의 사회적 행동의 질에 영향을 미치는 것처럼 보인다. 자폐스펙트럼장애를 가진 아동들은 동물이 없는 회기에 비해 동물을 통합하는 작업 치료 회기에서 훨씬 더 많은 언어를 사용한다(Sams, Fortney, & Willenbring, 2006). 그리고 개 인형 또는 장난감을 가지고 활동할 때보다 살아있는 개와 함께 하는 치료 회기에서 더 많은 미소와 사회적 참여를 보여준다(Martin, & Farnum, 2002; Silva, et al., 2011). 측정 정확도를 높이기 위해 개, 치료사, 부모와 함께하는 회기 중 근전도 장치와 영상 녹화를 이용하여 자폐스펙트럼장애를 가진 아동의 미소와 사회적 행동을 평가하였다(Funahashi, et al., 2014). 첫 번째 회기를 네 번째 회기와 비교했을 때, 긍정적인 사회적 행동(예: 웃음, 개 관찰, 개/다른 사람들과의 언어적 의사소통)이 3배 증가했고, 부정적 행동(예: 분노, 불안, 도피)이 현저하게 감소했다. 이러한 연구는 동물교감치유가 자폐스펙트럼장애와 관련된 두 가지 주요 결함인 언어 및 비언어적 의사소통을 모두 사용하여 사회적 상호 작용의 시작과 유지를 촉진하는 데 도움이 될 수 있음을 나타낸다. 동물이 제공하는 비판단적 사회적 지원은 동물교감치유의 고유한 이점으로 자주 강조된다(Friesen, 2009). 사회적 지원과 스트레스 감소를 제공하는 능력으로 치유 보조 동물은 독서 교정 프로그램(Briggs Newlin, 2003), 법정 절차(Ng, 2011) 및 발달 장애를 가진 정서적으로 조절되지 않는 아동을 위한 중재에 포함되었다(Greene, 2012).

인간과 동물이 상호 작용을 하는 동안 친사회적 행동의 증가는 참가자들에게 발생하는 바람직한 생리적 변화 때문일 수 있다. 동물과의 상호 작용은 심박수 감소(Polheber, & Matchock, 2014)와 코르티솔 수치 감소(Beetz, et al., 2011)를 포함하여 스트레스 감소와 관련된 다양한 생리적 과정에 영향을 미친다. 자폐스펙트럼장애를 가진 아동들의 생리학적 변화에 대한 연구는 드물지만 자폐스펙트럼장애를 가진 아동들이 가정에 보조견을 도입한 후 코티솔 수준이 현저히 감소하고 개가 없으면 코티솔 수준이 증가함을 보여주었다(Viau, et al., 2011). 8~14세의 31명의 자폐스펙트럼장애 아동을 대상으로 12주간 개를 사회기술훈련에 통합하여 진행하였다. 교육과정의 형식과 내용은 자폐스펙트럼장애를 가진 아동을 위해 출판된 사회적 기술 교육과정을 모델로 하였으며, 친해지기, 친구 사귀기, 대화하기, 놀이 기술, 공감, 자기조절, 갈등 관리에 관한 회기를 포함하였다(Baker, et al., 2003; Bareket, 2006). 모든 집단은 매주 동일한 목표 기술을 가지고 있었고 (a) 이전 기술의 검토, (b) 회기 목표 및 활동 소개, (c) 모델링 및 연습, (d) 목표 기술의 검토를 포함하여 동일한 일정을 따랐다. 사회적 기술 교육 집단은 직접 교육, 모델링, 역할극, 형태 형성, 피드백 및 긍정적 상호 작용 강화를 포함한 다수의 교육 기법이 사용되었다(Cappadocia, & Weiss, 2011). 회기별 교육내용의 개요는 표 7-4를 참조하기 바란다.

 표 7-4 사회적 기술 교육의 목적 및 목표

모듈 I		타인의 의도 파악 및 마음 이론
1	목표	비언어적 단서 학습 및 해독
	회기 1	측정 가능한 목표: 아동은 신체 언어를 관찰 및 식별하고 다른 사람의 행동을 경청하고 주의를 기울이고 관찰할 수 있다.
	회기 2	측정 가능한 목표: 아동은 비언어적 단서를 감정에 연결하고 감정이 어떤 것인지 이해할 수 있다.
2	목표	다른 사람의 정보 상태를 추론하기 위해 비언어적 신호 사용
	회기 3	측정 가능한 목표: 아동은 다른 사람의 정보 및 감정 상태를 추론하기 위해 마음의 기본 이론을 적용할 수 있다.
모듈 II		효과적인 사회적 상호 작용을 위한 전략
3	목표	실용적인 기술 개발
	회기 4	측정 가능한 목표: 아동은 "보기" 및 "도움"과 같은 키워드를 사용하여 의사소통을 시작한다.
	회기 5	측정 가능한 목표: 아동은 적절한 방법으로 음역, 톤 및 볼륨을 변경할 수 있을 뿐만 아니라 상황에 따라 개인 공간을 변경할 수 있다.
	회기 6	측정 가능한 목표: 아동은 다양한 관계를 식별하고 상황과 역할에 적합한 실용적인 기술을 구현할 수 있다(예: 리더, 추종자, 놀이 친구).
	회기 7	측정 가능한 목표: 아동은 주어진 주제에 대해 토론하기 위해 내레이션을 사용할 수 있다. 아동은 다른 사람의 말을 듣고 주제에 대한 의견을 말할 수 있다.
	회기 8	측정 가능한 목표: 아동은 다양한 주제에 대해 토론하고 한 주제를 종료하여 다른 주제로 전환할 수 있다.

	목표	협력 놀이
4	회기 9	측정 가능한 목표: 아동은 동료들과 함께 목표 지향적인 활동을 수행하고 함께 활동하는 방법을 이해할 수 있다.
	회기 10	측정 가능한 목표: 아동이 재촉하지 않고 번갈아 가며 할 수 있다.
	회기 11	측정 가능한 목표: 아동은 다른 사람에게 놀이를 요청하고 또래와 효과적으로 관계를 맺을 수 있다.
	회기 12	측정 가능한 목표: 아동은 놀이와 차례차례 진행 시 자기 조절을 통해 좌절감을 관리할 수 있다.

실험 조건에서 치유 보조견과의 상호 작용은 회기의 단계와 목표 기술에 따라 다양했다. 만나고 헤어지는 단계 동안, 각각의 아동들은 치유 보조견을 개별적으로 쓰다듬을 기회를 가졌다. 참가자들은 치유 보조견에게 인사한 후, 동물교감치유팀이 활동을 시연했다. 활동을 위해, 아동들은 치유사 한 명, 어린이 네 명, 그리고 동물교감치유 한 팀으로 구성된 작은 활동 집단으로 나뉘었다. 활동에는 아동들이 치유 보조견을 치유사와 함께 이끌도록 하는 것(즉, 치유사와 아동이 모두 목줄을 잡도록 두 개의 목줄을 사용하는 것), 치유 보조견에게 기본적인 명령을 수행하도록 요청하는 연습, 손질 연습, 그리고 치유 보조견에게 접근하고 참여하는 적절한 방법을 연습하는 것이 포함되었다. 최종 검토 단계에서, 동물교감치유 집단의 회기 목표는 아동들이 집단의 구성원들에게 말을 하거나 기술을 보여주도록 요청함으로써 검토되었다. 두 집단 모두 자폐스펙트럼장애 아동을 위한 구조화된 사회 기술 훈련 교육과정에서 채택된 활동을 사용했다(Coucouvanis, 2005; Gutstein, & Sheely, 2002). 전통적인 회기 목표는 동물 회기와 정확히 일치했으며 가능할 때마다 동물 회기 내용을 반영했다. 연구를 통해 동물 보조 사회 기술 훈련이 전통적인 훈련 모델보다 사회 기술을 개선하고 관련 정서 증상을 줄이는 데 더 유익할 수 있음을 알 수 있다.

아동학대와 동물교감치유

06

 그림 7-6 **가정폭력**

　　가정폭력의 정의는 그 대상 범주와 폭력의 기능 및 가해자의 행동에 따라 다르게 정의된다(현외성 등 2017). 「가정폭력범죄의 처벌 등에 관한 특례법」에 따른 법적 정의는 가정폭력에 대해 포괄적으로 개념을 정의하고 있다. 같은 법 제2조 제1항에서는 가정폭력을 "가정 구성원 사이의 신체적, 정신적 또는 재산상 피해를 수반하는 행위"로 규정하고, 가정 구성원의 범위(같은 법 제2항)를 배우자(사실상 혼인 관계에 있는 자를 포함) 또는 배우자 관계에 있었던 사람, 자기 또는 배우자와 직계 존비속 관계(사실상의 양친자관계를 포함)에 있었거나 있었던 사람, 계부모와 자의 관계 또는 적모와 서자의 관계에 있거나 있었던

사람, 동거하는 친족관계에 있는 사람으로 규정한다. 가정폭력을 난폭한 언어나 신체적 폭력을 사용하여 가족의 한 사람이 가족의 다른 구성원에게 가하는 폭력행위라고 정의하였다(Kashani & Allan, 1998). 또한 가정폭력을 청소년이나 성인이 그들의 애인, 배우자로부터 경제적인 위협뿐만 아니라 신체적, 성적, 심리적인 공격을 포함한 폭행과 위협 행동 중 한 가지를 가하는 것으로 규정(Schecter & Ganley, 1995)한 학자도 있다. 따라서 가정폭력은 배우자 학대, 아동학대, 노인학대 등을 포함해 가족 구성원의 한 사람이 타 구성원에게 의도적으로 행하는 신체적, 심리·정서적, 경제적 가해행위라고 할 수 있다.

가정폭력에 노출된 아동은 가정폭력의 원인이나 책임 소재를 왜곡되게 인식하는 경향이 있다. 예를 들면, 어린 아동은 그 발달단계의 자기중심적 특성상 자기 잘못으로 폭력이 발생했다고 믿는다. 또 성장하면서 폭력의 원인을 어머니에게 돌리는 경우도 있다. 이는 아동이 자신에게 폭력을 행사할 위험이 있는 아버지보다 어머니를 비난하는 것이 상대적으로 안전할 것으로 여기기 때문이다. 또한, 가정폭력 노출 아동은 위급한 가정폭력 상황에 적절히 대처하지 못하는 경우가 많다. 자신의 안전을 지키기 위해 피신하거나, 경찰과 이웃 등 적절한 대상에게 도움을 요청하는 등의 바람직한 행동을 취하지 못한다는 것이다. 이는 적절한 대처 행동에 관한 지식이나 기술이 부족하기 때문이기도 하고, 가정폭력을 가정사로 여기는 사회 분위기나 가정폭력을 비밀로 하도록 강요하는 가해자의 압력이나 요구가 작용하기 때문이기도 하다. 쉼터는 가정폭력 노출 아동에게 보호와 지지를 제공하지만 스트레스를 유발하는 환경이 되기도 한다. 쉼터에 입소한 아동은 이미 가정에서 가정폭력을 경험한 상황이다. 친구와 아버지 등, 익숙한 환경으로부터 갑작스럽게 분리되어 혼란을 겪기도 한다. 또한, 쉼터에서 새로운 사람과 학교 등 낯선 환경에 적응해야 하는 부담이 있으며, 시설에 따라 쉼터의 열악한 생활환경이 스트레스의 원인이 될 수도 있다. 심지어 이 모든 어려움을 정서적으로 도와주어야 할 아동의 어머니가 자신의 정서적 혼란이나 쉼터 퇴소 이후의 생활에 대해 부담으로 아동을 보살필 수 없는 경우도 있다. 이러한 요인은 아동의 쉼터 적응을 더욱 어렵게 만드는 장애 요인이 되기도 한다. 언어 발달 전 단계에서 학대 또는 방치로 고통받은 많은 아동들은 상징화에 어려움을 보일 수 있다(Thompson, 1999). 이러한 어려움은 아동들이 선호하는 치료법인 놀이 치료에 문제를 일으킬 수 있으며, 이는 종종 아동의 내면세계에 도달하기 위해 상징화에 의존한다. 심각한 학대 또는 방치의 아동 피해자는 종종 불안정한 애착으로 고통받고 가족의 맥락 내에서 적응적이고 보호적 가치가 있는 전략이 특징지어진다(Crittenden, 1999). 그러나 다른 아동 및 성인(학대하는 부모의 반응 형태와 다른 반응 형태를 가짐)과의 규범적 상황에서는 부적응하며 아동을 위험에 빠뜨릴 수도 있다(Marvin, 1992). 또한, 이러한 아동들은 종종 다른 사람들과 공감하는 능력이 낮다(Crockenberg, 1985; Feshbach, 1989). 이러한 요인들은 아동이 성인이 되어 다른 사람들과 부적절하고 부적응한 관계에 참여하는 결과를 초래할 가능성이 있으며, 특히 성인-자녀 관계와 관련하여 그렇다. 많은 치료 학교의 일반적인 목표인 감정 표현은 통찰력, 변화, 삶의 질 향상으로 이어지는 것 외에도, 이 아동들을 위한 전반적인 목표는 학대받는 아동들이 자라서 학대받는 부모가 될 수 있는 학대의 가능성을 낮추는 것이다. 아동학대와 방치의 기원에 대한 연구에 기반한 생태학적 모델에 따르면, 위험과 보호 요인의 시스템은 네 가지 수준에서 상호 작용한다: 개인, 가족, 공동체, 사회.

개별적 요인 중 하나는 아동학대를 경험한 부모의 학대이다(Bethea, 1999). 많은 연구들은 학대받고 방치된 아동들이 학대받는 부모가 될 위험이 있다는 것을 발견했다(Egeland Jacobvitz, & Papatola, 1987; Kaufman, & Zigler, 1987; Kim, 2006; Lyons-Ruth, & Block, 1996). 이러한 주기의 요인은 자신의 학대/방임 부모와의 경험과 상호 작용을 통해 어린 시절에 획득한 부모를 학대하고 방치하는 문제적인 정신적 표현과 관련이 있을 수 있다. 안전한 애착은 부모-자녀 관계의 적절한 정신적 표현 또는 내부 작업 모델의 개발에 달려 있다(Bowlby, 1969). 이러한 내부 작업 모델의 첫 번째 구성 요소는 관계에서 다른 개인의 행동에 대한 정보, 기대 및 영향으로 특징지어지는 반면, 두 번째 구성 요소는 다른 개인과의 관계에서 자신의 역할 및 행동에 대한 표현을 포함한다. 이러한 내부 작업 모델은 유사한 관계에서 경험을 인식하고, 기억하고, 해석하고, 반응하는 방식에 영향을 미친다. 학대받는 아동들은 부모와의 경험에 반응하여 불안정한 애착을 형성하고 부모와의 관계에서 적응할 수 있는 내부 작업 모델을 개발한다. 그러나 이러한 모델은 다른 사람과의 관계, 특히 자신의 자녀를 양육할 때 부적응적이 된다. 학대받지 않은 아동들은 친사회적 행동을 하는 또래의 정서적 고통에 반응하는 반면, 신체적으로 학대받는 아동은 공격적으로 그 고통에 반응한다는 것을 발견했다(Howes, & Eldredge 1985). 학대받는 아동들이 이러한 부정적인 모델을 분리함으로써 자신이나 다른 사람의 고통스러운 표현 모델과 관련된 고통과 위협의 감정을 경험하는 것으로부터 자신을 방어한다고 제안한다(Mueller, & Silverman, 1989). 학대받은 아동은 (a) 아동의 감정 언어의 결함과 (b) 아동의 감정 표현을 해독하는 능력의 결함을 가진다(Cicchetti, 1990). 거부되거나 사회적으로 부적응된 소년들이 전형적인 수준의 공격성을 보이는 경우 의도-단서 감지에 종종 결함을 보인다는 것을 발견했다(Price, & Dodge, 1989). 즉, 의도가 모호하다면, 이 소년들은 적대적인 의도를 또래들의 자연스러운 행동으로 돌릴 가능성이 더 높을 것이다. 내부 작업 모델에 대한 논의에서, 애착 관련 행동을 거부하고 무시하는 부모의 작업 모델을 가진 아동들이 평가절하되고 무능한 자신의 작업 모델로 고통을 받는다고 지적한다(Bretherton, & Munholland, 1999).

부모의 낮은 자존감은 아동학대 위험을 증가시키는 요인으로 나타났다(Bethea, 1999). 따라서 자존감은 아동학대와 방치에 대한 세대간 전염의 요인으로 볼 수 있다. 많은 연구들이 공감, 사회적 행동, 그리고 내부 작업 모델 사이의 관계를 다루면서, 학대받는 사람들을 학대자로 만드는 메커니즘을 밝혀냈다. 아동들의 더 높은 수준의 공감은 더 큰 친사회적 행동과 관련이 있다(Strayer, & Roberts, 1984). 아동들은 자신의 행동이 가져올 잠재적인 해로운 결과를 인식함으로써 다른 사람들을 다치게 하는 것을 금지할 수 있다. 억제는 그들의 공격성에 의해 유발되는 심리적·육체적 고통에 대한 인지적, 감정적 이해를 가질 때 발생한다(Pearce, & Pezzot-Pearce, 1997, p. 291). 그렇다면 공감할 수 있는 능력의 부족이 학대 행위의 가능성을 증가시킬 것이라고 가정하는 것이 논리적이다. 실제로 감정이입 결핍이 공격성의 출현과 관련이 있다(Feshbach, et al., 1983). 학대하는 부모는 학대하지 않는 부모보다 타인의 감정적 고통에 더 무관심한 것으로 보인다. 아동의 공감 능력 발달이 부모의 사회화 관행과 밀접한 관련이 있다(Zahn-Waxler, Hollenbeck, & Radke-Yarrow, 1984). 부모의 낮은 공감 능력은 자녀의 낮은 공감 능력과 관련이 있는 것으로 밝혀졌다(Feshbach, 1989). 엄마의 분노에 자주 노출된 유아는 타인의 고통을 목격했을 때 공감 능력이 떨어진다(Crockenberg, 1985). 낮은 모성 공감 능력과 신체적 아동학대 사이에는 강력한 관계가 있다(Letourneau, 1981). 중요한 타인으로부터 민감하고 적절하며 일관된 보살핌을 받는 아동은 안전하게 애착을 갖게 되며 사랑하고 신뢰하며 공감하는 관계를 맺을 수 있다. 이 아동들은 고통의 징후를 성공적으로 인식하고 따라서 자녀에게 지원적인 보살핌을 제공한다. 반면에 방치되고 학대받는 아동들은 불안정한 애착에 시달릴 가능성이 높고, 공감 능력이 부족하며, 고통의 징후를 인식하지 못하거나 무시하거나 공격적이 될 것이며, 따라서 아동들에게 적절한 보살핌을 제공하는 데 어려움을 겪을 것이다. 즉, 아동이 부모에게 학대를 당한 경험을 통해 개발된 내적 작동 모델은 학대 피해자가 아동에게 제공하는 낮은 질의 보육에 역할을 한다

(Egeland, Jacobvitz, & Sroufe, 1988).

부모 학대의 세대 간 전이를 설명하는 데 사용되는 모델이 있다(Fonagy, 1999). 간단히 말해서, 어머니는 좌절감을 처리하고 그 과정에서 성장할 수 있는 자녀의 능력에 적절한 수준에서 점진적인 방식으로 환경 자극이 자녀에게 도달하도록 허용한다. 어머니가 아동의 자기표현을 담고 반영하여 아동의 자기 지식과 자기 통합을 촉진(Winnicott, 1965)하는 것과 함께, 이 과정은 아동의 양가감정에 대한 관용, 관심의 출현, 책임의 수용으로 이어진다. 그러나 위험하거나 좌절감을 주는 자극(어머니 또는 환경에서 발생)이 아동의 발달단계에 부적절하여 엄마가 제공하는 환경의 부족과 함께 아동을 위협하는 경우, 그 결과는 충분히 좋은 엄마의 아이보다 더 높은 수준의 공격성과 반사회적 행동으로 발전할 수 있다(Winnicott, 1992). 그러한 아동은 좌절, 충동성, 현실을 경험하거나 느끼기 위해 환경에 있는 사람들이 계속 반대해야 할 필요성, 물리적 힘의 형태로 자기표현(Winnicott, 1992), 타인에 대한 걱정 부족(Winnicott, 1965), 개인적 책임의 상실(Winnicott, 1992)을 특징으로 한다. 이것들은 모두 충돌에 대한 반응으로 간주 된다. 변화가 없는 상황에서, 부모 역할의 좌절에 직면했을 때, 한 가지 가능한 결과는 그러한 아동이 학대하는 부모로 자랄 수 있다는 것이다. 충돌로 인해 아동이 정서적 단절과 위축으로 이어진다면 아동은 방치된 부모로 성장할 수 있다. 이후 이론적 구성은 불안정한 애착과 아동학대 및 방치의 세대 간 전이 사이의 연결에 대한 이해를 심화시킨다. 애착 이론은 안전보다는 위험으로부터 보호하는 것에 더 가깝고, 결과적으로 안전을 촉진할 자기 보호 전략에 인지와 행동 조직화의 필요성을 창출하는 영향을 초래한다(Crittenden, 1999). 그렇게 하는 데 성공한 전략은 적응형으로 간주될 수 있다.

1. 임상 사례(Parish-Plass, 2008)

치유사는 학대(심리적, 신체적 또는 성적 학대) 또는 심각한 방치를 경험하고 가족으로부터 격리된 5-13세 아동을 대상으로 동물교감치유 분야에 종사하고 있다. 이 아동들 중 일부는 현재 비상 보호소에 거주하며, 보육 직원은 체류 기간(평균 6개월) 동안 안정적인 돌봄과 필요한 치료 환경을 제공한다. 동시에 치료 담당자는 아동과 가족 모두를 평가하고 치료를 실시하며, 아동복지를 위해 관공서에 건의한다. 치유사는 또한 학대 또는 방치로 인해 가족으로부터 영구히 격리된 아동들을 위한 단체 가정에서 일한다. 게다가, 치유사는 치유 보조 동물들의 존재가 이전에 인식되지 않았던 학대 사례를 감지하는 데 도움이 되었던 부유한 교외 지역에 위치한 초등학교에서 치료사로 일했다.

1 치유 접근

동물교감치유에 대한 접근 방식은 비방향성 놀이 치료법(Axline, 1969)이다. 비방향성 놀이 치료법에서 아동은 활동, 재료, 장난감 및 주제를 선택하고, 치료사는 아동과 함께 주의 깊고 상호 작용적인 방식으로 활동한다. 치유사는 아동의 행동, 감정, 과정을 반영하여 통찰력을 장려할 뿐만 아니라 놀이 맥락 내에서 주제의 발전을 촉진한다. 역할극 과정에서 치유사는 아동의 의도에 대한 명확한 설명을 요구할 수 있으며 아동에게 어떻게 행동하거나 반응해야 하는지에 대한 지침을 요청하거나 받을 수 있다. 이것은 학대받는 아동을 치료할 때 특히 중요하다. 치유사는 아동의 상황과 능력에 따라 의도, 감정, 기억, 생각 등에 대해 아동과 논의를 할 수 있다. 이 논의는 종종 어떤 아동들이 동물교감치유에 참여해야 되는지 또는 참여해서는 안 되는지에 대해 알기 위한 과정이다. 치유사는 보호소에서 비언어적이거나 비협조적인 치료를 받거나 일반적으로 어른들과의 상호 작용을 피한 아동들을 대상으로 했을 때, 많은 성공을 거두었다. 높은 수준의 불안이 있는 아동들은 동물의 존재가 주는 진정 효과로부터 이익을 얻을 수 있다. 구체적으로 표현하는 능력이 부족한 아동이나 정서적 표현 능력이 부족한 아동은 치료 환경에서 동물과의 상호 작용을 통해 이익을 얻을 수 있다. 동물 학대의 역사는 동물교감치유에 대한 금기사항이 아니다. 이러한 행동은 아동이 학대를 당했다는 신호이며, 동물과의 상호 작용과 존재를 통해 자신의 대인관계 문제와 과거 경험을 통해 해결할 수 있는 능력과 동기를 보여준다. 치료사의 존재와 중재는 아동과 관련된 외상 후 스트레스 장애 문제를 통해 더 적응적인 방법으로 치유하도록 장려할 것이다. 치유사는 치유의 명시적인 목표가 동물 공포증을 완화하는 것이 아니라면 동물 공포증이 있는 아동들에게 동물교감치유를 추천하지 않는다.

② 치유 환경

방에는 놀이 치료에 사용되는 전형적인 물품들(예: 인형의 집, 인형과 부속품, 장난감 무기, 플라스틱 캐릭터와 동물, 의상, 주방 장난감, 건물 장난감, 보드게임, 카드 게임, 투사적 이야기를 자극하는 그림, 장난감 자동차와 트럭, 그리고 다양한 예술 용품)이 있다. 또한 목줄, 씹은 장난감, 강아지 브러시와 머리띠, 그릇, 사료와 같은 액세서리와 함께 여러 치유 보조 동물이 있다. 치유 보조 동물들은 모두 집에서 길러져서 사람들과의 상호 작용에 익숙하고, 흐르는 물이 있는 싱크대를 이용할 수 있다. 각 회기에는 다음과 같은 동물이 있다.

(1) 길고 푹신한 털을 가진 다양한 색깔의 암컷 티베탄 테리어(Tibetan Terrier)인 무슈(Mushu)는 다정하고 부드러운 성격을 가지고 있으며, 보통 아동을 매우 흥분하여 맞이하지만 놀아주지 않을 때는 대부분의 잠을 잔다. 무슈는 '마음이 내킬 때' 다양한 명령을 따르고, 아동으로부터 공격성을 느낄 때(아동이 장난감 총을 겨누는 것처럼) 회피한다. 많은 아동들에게, 무슈는 수용, 따뜻함, 편안함, 그리고 안전의 원천이다.

(2) 암컷 왕관앵무인 말리(보호소에 있음)는 일반적으로 사교적이지만 때때로 수줍음이 많다. 말리는 만지는 것을 좋아하지 않는다. 말리는 "나를 만지지 마세요"라고 말할 수 있다. 우리는 건드리지 않으려는 말리의 욕구를 존중한다. 이것은 신체적 또는 성적으로 학대를 당한 아동에게 중요한 메시지이다.

(3) 커들리(그룹 홈과 학교에 있음)는 마사지와 키스를 좋아하지만, 때로는 물어뜯으며 심술쟁이로 '변하는' 수컷 왕관앵무이다. 아동은 커들리에게 물리지 않으려면 커들리의 신체 언어를 배워야 한다.

(4) 3마리의 실험용 쥐 - Peek-A-Boo(검은색), Snowy(흰색), Squicky(검은색과 흰색) - 는 매우 사회적이고 활동적이며, 자신만의 개성을 가지고 있다(좀 더 적극적이고, 사람들과 다소 상호 작용적이며, 다소 수줍고 용감하다). 매우 사교적이고 서로 협력적이다. 특히 사람들과 함께하면, 호기심이 많고, 상호 작용적이고, 껴안고, 장난기가 있다. 언뜻 보기에, 일부 아동들은 두려움을 느낄 수도 있다. 하지만 대부분의 아동들은 쥐들에 대한 이런 고정관념을 가질 자격이 없다는 것을 알게 된다.

(5) 시베리아 햄스터 2마리는 부드럽고 귀여워 보이지만, 사회적 상호 작용을 피하

여 숨는 경향이 있고 무는 등의 위협을 가하기도 한다. 때때로 그들 사이에 싸움이 벌어지기도 한다. 수컷 햄스터는 암컷과 그 새끼로부터 분리되어야 한다. 수컷 햄스터가 새끼를 먹을 수 있기 때문이다. 이것은 종종 가정 폭력, 이혼, 그리고 기능하지 않는 가족 역학에 대한 아동들의 놀이의 주제를 제공한다.

모든 치유 보조 동물들(무슈를 제외한)은 회기가 시작될 때 우리(케이지) 안에 있다. 아동은 어떤 치유 보조견 동물을 언제 꺼내야 할지 결정한다. 아동들의 선택은 치유 보조 동물들 사이의 상호 작용 때문에 회기에서 복잡한 사회적 상황을 만들 수도 있다. 무슈는 방 안에 있는 다른 치유 보조 동물들에 대해 친근한 관심과 호기심을 보이고, 절대로 위협하지 않지만, 햄스터들에게는 꽤 성가신 존재이다. 무슈는 쥐들 중 한 마리와 특별하고 장난스러운 관계를 맺는 경향이 있다. 쥐들은 아동들과 무슈에게 매우 친절하지만, 새와 햄스터를 먹이로 본다. 이것은 긴급상황에 대처해야 할 실제적인 위험 요소이다. 새와 햄스터는 서로에게 위협을 가하지 않지만 서로 상호 작용을 하지는 않는다. 이러한 복잡한 사회적 상황은 놀이 치료 상황에서 특정 주제가 표면화될 수 있는 비옥한 기반이다. 동물과 동물 또는 사람과 동물 간의 상호 작용에서 발생하는 위험 대 안전, 위협 대 보호, 타인의 요구에 대한 존중 대 무시의 문제(아동들이 의제에 따라 설정하는 단계)는 학대받는 아동에게 특히 두드러지고 아동의 과거 문제뿐만 아니라 내부 작동 모델에 대해 활동할 수 있는 많은 기회를 제공한다.

심지어 우리(케이지)의 존재 자체가 문제를 제기하기도 한다. 일부 아동들에게 케이지는 집이나 위험으로부터 피난처를 나타내는 반면, 다른 아동들에게는 감옥이나 함정으로 인식될 수 있다. 위험의 대상이 발생하여 이를 통해 활동할 수 있도록 하는 치료실(최적의 안전을 보장하고, 아동이 정서적으로 대처할 수 있는 능력에 적합하도록 실내의 동물과 동물 또는 아동과 동물 상호 작용을 조절하고, 아동의 반응을 반영하고 포함하는 '충분한 치료사'가 있는 경우)은 대안적이고 더 정교한 표현과 전략을 만들기 위한 실험실 역할을 한다. 이것은 앞서 언급한 민감한 육아 이론을 연상시킨다. 아동의 투사 놀이에서 발생하는 공격적이고 때로는 폭력적인 주제에도 불구하고 동물에 대한 감정적 또는 신체적 폭력과 방에 있는 물건의 파괴는 엄격히 금지된다는 점을 강조하는 것이 중요하다. 방에 있는 모든 사람과 모든 것이 안전해야 한다는 메시지가 있어야 한다. 치료실은 설정의 일부일 뿐이다. 치유사는 무슈와 함께 외출하기 위해 방을 나가는 것을 아동이 선택하도록 허용한다. 이러한 외출 시간 동안 치료실 내에서 발생할 수 있는 많은 문제가 제기되었다. 인근에 있는 만져볼 수 있는 동물원에서는 치유적 환경이 더욱 넓어졌다. 치료실의 친밀감 외에도 아동은 동물원을 돌아다니는 선택권을 가졌다. 동물원 동물에는 염소, 너구리, 흰 족제비, 호저, 다양한 종류의 새, 여우, 거북이, 뱀, 물고기, 기니피그, 토끼, 실험용 쥐, 생쥐, 햄스터 및 송아지와 같은 우리에 갇힌 동물과 울타리가 쳐진 동물이 있다. 공작새, 닭, 오리, 거위, 비둘기가 자유롭게 돌아다녔다. 아동들에게 중요한 인물은 21살의 젊은 동물원 사육사였다. 그와 동물들과의 관계는 치료에서 자주 언급되었다. 아동들은 종종 사육사에게 양육자, 방임자 또는 학대자의 역할을 투영했다.

3 미키

미키(10세)는 잔인하게 학대하는 가정에서 왔으며 보호소 내에서 폭력적인 행동을 보였다. 치료에서 무슈와의 상호 작용을 통해 보호자로써 안아주면서 일상적인 경험을 통해 활동할 수 있었다. 네 번의 회기 동안 미키는 무슈를 안는 자의 의도를 이해하기 위해 안고 있는 경험을 하였다. 이전에 미키는 보호자가 자신에 대해 공격적인 의도가 있다고 생각했다. 이 과정의 끝에서 미키는 보호자의 긍정적인 의도를 이해하게 되었다. "나는 무슈가 자신이나 다른 사람을 해치는 것을 원하지 않는다. 나는 무슈를 사랑하고 무슈를 돕기 위해 안고 있다!"

4 대니

대니(6세)는 마약 중독에 걸린 미혼모에게서 태어났다. 엄마는 대니를 정서적으로나 육체적으로 심각하게 무시하고 지속적으로 거부했고(어린 시절 그는 종종 한 번에 몇 시간 동안 집에 갇혀있었다), 대니의 필요보다 엄마 자신의 욕구를 충족시키는 것이 우선이었다. 보호소 내에서 대니의 행동은 관심을 끌기 위한 끊임없는 울부짖음과 보호자 및 아동에게 공격적, 종종 폭력적인 행동을 보였다. 치료 환경에서 대니는 극도로 충동적이었고 방에 있는 모든 동물과 물건을 힘들게 하여 자신의 욕구를 충족시키고자 하였다. 치유 보조 동물에 대한 학대와 기물 파괴의 위험은 항상 존재했다. 한 회기 동안 대니는 치유 보조견 동물들에게 극도로 위협적이었으며 치유사는 그들을 보호할 수 있을지 확신할 수 없었다. 치유사는 보통 그러한 상황에서 아동을 제외시키지만 대니는 이것이 다른 사람의 요구에 찬성하는 또 하나의 거부로 이해될 것이라고 생각했다. 따라서 치유사는 안전을 위해 치유 보조 동물들을 치료실에서 내보내고, 나머지 회기 동안 다른 치유사의 보살핌에 맡겼다. 대니는 모든 사람의 욕구가 충족되는 동안 여전히 특별한 관심을 받을 자격이 있음을 확인하기 위하여 회기의 중심에 있고 싶어 했다. 나중 회기에서 대니는 숨바꼭질의 끝없는 게임을 하며 치유사가 자신을 찾을 만큼 관심이 있는지, 나중에 자신이 치유사에게서 사라질 것인지에 대해 끊임없이 질문을 하였다. 한편 대니의 동물 학대 시도는 계속되었지만 그 정도는 조금 더 온화해졌다. 치료를 받는 동안 대니는 햄스터와 자신을 동일시하는 것 같았다. 자신과 햄스터는 모두 작고 끊임없이 움직였다. 대니는 햄스터에게 끊임없는 관심을 보였다. 대니의 치료에서 전환점이 된 회기에서 햄스터에게 학대적이라고 생각했지만 실제로는 즐거운 행동을 했다. 치유사는 대니를 꾸짖는 대신, 대니 햄스터를 기분 좋게 해준 것에 대해 그를 축하했다(대니는 햄스터를 아주 작은 용기에 싸놓았고, 햄스터는 작고 어두운 곳에서 행복하고 안전하다고 느낀다고 설명했다). 대니는 마치 제자리에 얼어붙어 있는 모습으로 물었다. "내가 기분 좋게 했다고요?, 또 무엇이 기분 좋게 하나요?" 대니는 자신이 유익한 행동을 할 수 있다는 것과 치유사가 자신을 인정했다는 사실에 놀랐다. 대니는 방에 있는 다양한 치유 보조 동물들을 '기분 좋게' 만드는 방법을 찾기 위해 다음 몇 번의 회기 동안 노력했다. 대니는 천천히 덜 충동적이고, 더 체계적이고, 치료에 더 집중하게 되었다. 대니가 어머니와 함께 한 경험 때문에 다른 사람과의 성인-아동 상호 작용에 대한 그의 표현은 문제가 있었다. 그는 자신에 대한 타인의 행동이나 의도를 이해하지도 신뢰하지도 않았고, 자신의 행동이 타인에게 미치는 영향도 이해하지 못했다. 그는 인생에서 공감을 거의 받지 못했기 때문에 다른 사람들에게 공감을 느낄 수 없었을 뿐만 아니라 다른 사람들에게 공감하는 행동을 인식할 수 없었다. 대니는 치유사와 치료적인 관계를 통해 공감과 수용을 경험할 수 있었다. 햄스터와의 동일시를 통해 대니는 자신의 행동을 학대에서 공감하고 배려하는 태도로 서서히 변화시켰다.

5 레이첼

레이첼(치료 시작 당시 11세)은 아버지로부터 신체적, 정서적 학대를 받았고 어머니로부터 심한 정서적 거부를 당했다. 그룹 홈에서 레이첼은 잦은 기분 변화를 보였고, '엄마가 나에게 관심이 없어서' 자살 의도를 표명했으며, 그룹 홈과 학교생활에서 다양한 어른들과의 관계에서 때로는 집착하고 때로는 화를 냈다. 그녀는 현실적으로 일관된 방식으로 공감하는 모습을 보이지 않는 보모에 대해 엄청난 분노를 표출해 자신을 거부한 어머니에 대한 분노를 보모에게 전가했다. 치료에서 레이첼은 지속적으로 부모-자녀 관계에 관한 주제에 몰두했다. 가족에 대한 대화에서는 어머니와 이혼한 아버지에게 쉽게 분노를 표출했지만 어머니를 이상화하는 경향이 있었다. 레이첼이 사육사를 동물원에 있는 모든 동물들의 이상적인 엄마라고 묘사한 것에서 전이는 분명했다. 동물들과 교류하는 동안 적절한 보살핌과 동물과 관계 맺는 방법에 대해 많은 토론을 했으며 이는 레이첼에게 매우 중요했다. 레이첼의 여동생이 곧 태어나기 직전, 레이첼의 어머니는 레이첼에게 집으로 돌아가자고 제안했다. 어머니의 의도는 어머니가 직장으로 돌아갈 수 있도록 레이첼이 아기를 돌보는 것이었다.

사회복지사는 즉시 레이첼에게 집으로 돌아가는 것을 허락하지 않을 것임을 분명히 했고, 치유사는 레이첼의 어머니가 딸로서가 아니라 베이비시터로서 그녀에게 관심이 있다는 것을 인식하는 것과 대조적으로 집으로 돌아가고 싶은 욕망에 대한 감정을 해결하는 것을 도왔다. 지금 감정적으로 처한 어려운 상황에 대한 반응으로, 레이첼은 동물들과 그들의 필요에 대해 우리가 보여준 보살핌과 존중, 그리고 레이첼이 어머니로부터 받은 보살핌과 존경 사이의 불일치를 서서히 알아차리기 시작했고, 이것은 레이첼이 어머니에게 정제된 분노를 표현하기 시작하는 계기가 되었다. 레이첼은 다른 어느 곳에서도 받아들여지지 않는다고 느꼈기 때문에, 동물원에 와서 살고 싶다고 말했다. 치료실은 레이첼의 침실이 될 것이고 동물원 가족과 함께 노암과 동물들을 돌보는 것을 도울 것이다. 그녀가 우리와 함께 할 수 있는 유일한 방법은 동물들을 돌봐주는 것이라고 생각했기 때문이다. 다음해, 레이첼은 학교에 있는 작은 동물원에서 일주일에 몇 시간을 보내기 시작했다. 레이첼은 두 '동물원 엄마' 사이에서 갈등했다. 이미 레이첼을 거부하고 있는 자신의 어머니에게 느끼는 엄청난 슬픔과 분노를 레이첼이 인식하고 표현하기에는 너무나 위협적인 일이었다. 하지만 이 시점에서 우리가 레이첼을 거부하지 않을 것이라는 것을 알고 있었기 때문에 동물원에서 그녀의 위치를 확신하고 있었다. 이것은 레이첼이 좋은 엄마로서 학교 동물원 사육사로 선택되었고, 노암과 나를 '부적합한 부모'로 볼 수 있게 했다. 레이첼은 동물원의 동물들을 방치하고 학대한다고 우리를 비난하면서 부모님에 대해 느끼는 모든 강렬한 분노와 거부를 우리에게 표현했다. 레이첼은 치료를 그만두고 다시는 동물원으로 돌아오지 않겠다고 위협했지만, 그녀는 모임에 빠지지 않았다. 세 번째 해에 레이첼은 치유사와 함께 치료를 계속 받거나 학교에서 미술 치료를 받을 수 있는 선택권이 주어졌다. 레이첼은 최종적으로 치유사와 함께 치료를 끝내는 것을 선택했다. 하지만, 우리는 그룹 홈에 있는 사무실 근처에서 매주 계속해서 마주쳤다. 그녀의 초기 불안에도 불구하고, 레이첼은 치유사에 대한 그녀의 분노가 내가 그녀를 거부하는 결과를 가져오는 것이 아니라 오히려 내가 그녀에 대한 지속적인 수용과 관심을 갖게 된다는 것을 알게 되었다. 길에서 나눈 짧은 대화에서 레이첼은 이제 치유사와 학교 동물원 사육사에 대한 긍정적인 감정과 부정적인 감정을 모두 인정할 수 있게 되었고, 치유사를 잃지 않고 치유사와 헤어질 수 있다는 것을 알게 되었다. 동물원에서 '가족'에 대한 그녀의 투영을 통해 레이첼은 거부 문제와 이후의 분노를 해결했으며 마침내 더 건강한 가족 내 관계에 대한 그녀의 표현이 크게 개선되었다. 레이첼의 자살 경향은 치료 시작 후 3개월 이내에 가라앉았는데, 아마도 레이첼이 '돌보는 엄마'의 역할을 치유사에게 전이했기 때문일 것이다.

 벤

벤(치료 시작 당시 6세)은 유아기에 어머니(정신과 병원에 입원한 직후)에게 버림받았고 폭력적인 아버지로부터 지속적인 거부를 경험했다. 3살 때, 벤은 집에서 쫓겨났고, 그 이후로 그룹 홈에서 거주하고 있다. 벤은 감정을 표현하는 것뿐만 아니라 감정에 대해 이야기하는 것조차 매우 어려워했다. 벤은 사소한 좌절에도 어른과 다른 아동들 모두를 향해 폭력적이고 분노를 폭발했다. 어미와 분리된 송아지와의 교감과 대체 어미의 역할에 대한 투사('낸시 – 울고 있어요. 간호해 주세요!' – 송아지의 답답한 빨기 본능을 만족시키기 위해 내 손가락을 송아지 입에 젖꼭지로 넣어 주겠다는 의도)와 그리고 버려진 알을 발견한 그의 반응('우리는 알을 위한 깨끗하고 따뜻하고 안전한 새장을 준비해야 한다. 알의 어미는 다시는 돌아오지 않을 것이기 때문이다.')을 통해서 벤은 유아가 마땅히 받아야 할 보살핌에 대한 보다 규범적인 표현에 대해 활동할 수 있었다. 치료의 후반부에서 벤은 어미 염소와 어미로부터 버림 받은 아기 염소에게 매료되었다. 이 둘을 강제로 함께 지내게 했고, 이 노력은 헛된 것으로 판명되었다. 아동의 고통과 욕구를 표현하는 것과 함께, 그는 또한 어머니에 대한 깊은 분노를 표현했는데, 이것은 그가 아직 그의 부모에게 표현할 수 없는 분노였다.

7 조나단

　　조나단의 아버지는 조나단의 어머니가 조나단을 임신하고 있을 때 그 앞에서 살해 당했다. 조나단(치료 시작 당시 9세)은 노숙자였던 마약 중독자 어머니와 함께 자랐다. 그는 공황 발작으로 고통받는 어머니에게 종종 숨을 쉴 수 있도록 가방을 건네면서 어머니를 책임졌다. 그의 어머니는 두 번이나 조나단의 앞에서 자살시도를 했다. 긴급 보호소에서 치료를 받는 동안 조나단은 어머니를 양육하는 부적절한 경험과 어머니의 정서적 안녕에 대한 책임감을 극복하기 위해 동물과 함께하는 놀이 요법에 참여했다. 예를 들어, 한 회기 내내 조나단은 수의사인 척하면서 의사 키트를 가져갔다. 그는 치유사에게 매우 아팠거나 심지어 죽은 동물을 데려오라고 말했다. 그러면서 그는 "상황이 매우 심각하다. 제가 할 수 있는 일이 있을지 모르겠지만, 노력해 보겠습니다. 내일 다시 오세요." 치유사는 그때 '내일까지'를 표현하기 위하여 방의 반대쪽 구석으로 가야 했다. 그런 다음, 그는 무대에서 행복하게 속삭였다, '그녀가 내일 돌아와서 그 동물이 살아있고 건강하다는 것을 발견하면 그녀는 매우 행복할 것이다!' 그런 다음 치유사는 그에게 돌아가서 죽은 줄 알았던 내 동물을 되찾은 것을 보고 전율을 느끼는 것처럼 행동했다. 그런 다음 각 동물과 함께 같은 장면을 하나씩 반복해야 했다. 조나단은 아마도 사랑하는 사람을 되살려 어머니의 고통을 덜어줌으로써 어머니를 행복하게 하고자 하는 소망을 실천하고 있었을 것이다. 이후 조나단은 생후 2주 된 햄스터들의 어미가 죽는 상황을 마주하게 된다. 햄스터 가족의 죽음을 둘러싼 그의 생각을 통해, 그는 가족 구성원들이 반드시 죽어야 한다는 자신의 생각 때문에 고통스러워했고 남은 유일한 문제는 누가, 얼마나 많이, 언제인가였다. 조나단은 햄스터 가족에 대한 투사를 통해 어머니를 구하기 위해 자신의 죽음을 어머니의 죽음으로 대체할 수도 있다는 환상으로 괴로워했다. 나중에, 그는 엄마의 죽음에 대한 책임뿐만 아니라 햄스터 가족 전체의 죽음에 대한 책임을 치유사에게 투영했고, 그로 인해 다른 사람의 운명에 대한 자신의 책임에서 벗어났다. 조나단은 어머니의 자살 시도와 가족의 해체에 책임이 없다는 것을 알고 있었지만, 여전히 죽음이 불가피하다는 것을 느끼고 있었다. 그는 마침내 가족 구성원들의 생사에 대해 자신도 치유사도 책임질 필요가 없다는 결론에 도달하게 되었다.

8 데이비드

데이비드(치료 시작 당시 8살)는 치유사에게 치료를 받으러 오기 전에 두 형과 함께 3년 동안 그룹 홈에 거주했다. 데이비드의 부모는 가정 폭력으로 이혼했고, 데이비드에게 따뜻한 사랑과 보살핌을 주는 유일한 존재였던 큰형은 다른 그룹 홈으로 이동하였다. 주요 보호자인 데이비드의 아버지는 범죄 활동으로 인한 약물 남용과 구금 경력이 있으며, 데이비드에게 감정적인 관심을 거의 보이지 않고, 폭력을 행사하였다. 그의 어머니는 범죄 활동으로 인한 약물 남용과 구금 경력이 있으며, 데이비드와 접촉을 원하지 않았으며, 강제적인 상황에서만 데이비드를 만났다. 데이비드는 매우 지적인 아이이며, 버림과 불확실성에 대한 두려움 그리고 어른들과의 관계에 대한 혐오감을 가지고 있다. 데이비드는 쉽게 좌절을 느끼며, 어른과 아동들 모두에게 극도로 폭력적인 행동을 일으키고 위험한 존재로 여겨지고 있으며, 그룹 홈이나 학교에서 어떠한 어른과도 의미 있는 관계를 거부해 왔다. 데이비드와의 치료에서 초기 목표는 연결을 형성하는 것이었다. 첫해, 데이비드는 동물원 주변 지역에서 끝없이 숨바꼭질을 하는 것은 물론, 무슈를 통해 치유사와 연결을 형성하였다. 무슈는 치유사가 데이비드를 찾는 것을 도와주었으며, 무슈는 또한 데이비드가 치유사를 찾는 것을 도와주기도 했다. 데이비드를 찾는 데 어려움이 있으면, 무슈는 항상 힌트를 주었다. 두 번째 해에도 게임은 계속되었지만, 친구, 가족, 감정, 가치관, 다양한 삶의 문제에 대한 조용한 토론도 진행되었다. 이러한 많은 토론은 데이비드가 무슈를 조용히 끌어안을 때 주로 일어났다. 두려움과 불신이 데이비드에게 문제라는 것은 금세 분명해졌지만, 가장 강하게 나타난 것은 존중받지 못하고, 들어주지 않고, 믿지 않는 것에 대한 분노였다. 데이비드는 치료에서 자신이 존중받고, 들어주고, 믿어진다는 생각에 흥미를 갖게 되었다. 데이비드가 종종 다른 사람의 의도를 잘못 해석하는 점(종종 데이비드를 도우려는 다른 사람의 시도를 위협적인 것으로 오해함)에 비추어 볼 때, 데이비드와 커들리 사이의 매혹적인 관계의 발전을 살펴보는 것은 흥미로운 일이다. 커들리는 자신이 신뢰하는 사람들에게 매우 달콤하고 따뜻하며 진한 포옹을 할 수 있지만 위협을 느낄 때는 매우 공격적일 수 있는 왕관앵무이다. 커들리의 이러한 두 가지 특성이 데이비드에게서도 발견되었다. 데이비드와 커들리는 거의 아무도 신뢰하지 않기 때문에 첫 번째 특성을 거의 보여주지 않았다. 데이비드는 커들리가 물어뜯으려는 의도 없이 위협적인 모습으로 놀기를 원하는 유일한 아동이었다. 데이비드는 커들리와 함께 게임에 참여할 수 있었고, 가끔씩 긁힐지라도 절대 화를 내지 않았다. 그들은 서로를 이해하고 신뢰하게 되었다. 이러한 이해는 데이비드를 커들리와 동일시하게 만들었다. 이 동일시로 인한 한 가지 역할극은 세 번의 회기 동안 계속되었다. 데이비드는 치유사에게 여러 차례 '전화'를 걸었지만, 그냥 끊어버렸다. 다음 회기에서도 전화는 계속되었다. 치유사에게 전화한 '그 사람'의 의도에 대해 데이비드에게 조언을 구했을 때, 데이비드는 자신도 모른다는 듯이 어깨를 으쓱할 뿐이었다. 치유사는 '누군가가 나를 괴롭히려고 하거나 도움을 구하려는 걸지도 모른다'라고 말했다. '그 사람'은 동물보호소에서 전화한 것이라고 다시 전화했다. '그 사람'은 버려진 왕관앵무 새끼가 있고, 치유사가 버려진 왕관앵무 새끼를 아주 잘 돌볼 줄 안다는 소문을 듣고 치유사가 와서 아기 완관앵무 새끼를 구해 주기를 바란다고 했다. 치유사는 자세한 사항을 물었고, '그 사람'은 왕관앵무 새끼가 기다리고 있다며 그룹 홈 주소와 데이비드의 양모 이름을 알려주었다. 치유사는 '그 새끼 왕관앵무는 정말 구해야 할 필요가 있다고 느껴!'라고 생각했다. 다음 만남에서 '그 사람'은 새끼 왕관앵무를 구하러 오지 않아서 그 새가 죽었다고 극도로 화가 나서 다시 전화를 걸었다. 그런 다음 데이비드는 즉시 공격적이고 폭력적인 내용의 역할극을 시작했다. 데이비드는 아버지로서 세 남자 형제 역할을 하는 인형 세 개를 사용하여 이야기를 전달했으며, 아버지는 계속해서 세 아들을 신체적, 정서적으로 학대했다. 치유사는 어머니가 어디에 있는지 물었다. 데이비드는 '엄마는 막내아들을 낳고 돌아가셨지만 어차피 돌보지 않을 것이니 상관없다'라고 말했다. 데이비드는 치유사에게 아들들을 돕기 위해 노력하는 사회복지사 역할을 맡겼지만 결국 치유사는 무력했다고 말했다. 결국 데이비드는 아들들이 아버지를 사랑하는 이유는 그가 가진 유일한 것이기 때문이라고 말했다. 이전에 데이비드와의 회기에서 치유사는 그의 아버지와의 관계에 대한 약간의 정보를 들었지만(그의 아버지가 그를 10층 아파트 창문 밖으로 던질 위협을 한 기억을 포함하여) 커들리와 데이비드의 동일시를 통해 '구조되지 않은 버려진 새끼 왕관앵무'에 대한 실망감에 데이비드는 처음으로 가족에 대한 자신의 생각을 이야기했다. 데이비드의 사회 복지사는 아버지의 아동 학대를 의심했지만 데이비드는 치유사와 함께 치료를 받는 경우를 제외하고 어떤 자리에서도 아버지에 대해 이야기하기를 거부했다. 데이비드와의 이야기는 치유사가 하는 치료 회기에서만 가능했다. 데이비드가 동물교감치유를 통해 자신을 표현할 수 있었던 것은 분명하다. 무슈가 제공하는 안전감, 따뜻함 및 수용, 커들리와의 상호 이해를 구축한 경험과 함께 데이비드의 커들리와의 동일시, 쥐와 햄스터와의 놀이 및 보살핌, 그리고 마지막으로 치유사는 따뜻하고 수용적이며 신뢰하고 존중하는 세계의 일부로 인식되어 데이비드가 치유사를 신뢰하게 되었다. 이러한 신뢰를 바탕으로 데이비드는 다양한 문제에 대해 치료를 받으면서 긍정적인 아동-성인 관계에 대한 인식을 변화시킬 수 있었다.

한나

한나(7세)는 사회적으로 고립된 우울한 아동으로 그녀의 초등학교 심리선생님으로부터 의뢰되었다. 한나는 가정에서의 행동 문제 때문에 2년 전에 1년 정도 행동 치료를 받은 적이 있다. 부모는 한나를 극도로 불안한 아이로 묘사했다. 치료실에서 한나는 첫 번째 회기부터 치유사에게 적절하지 않는 행동을 했으며, 치유사를 껴안고 사랑스러운 미소를 지으며 불안정한 애착의 징후를 보였다. 한나의 불안감은 치료실의 문이 닫히는 것에 대한 두려움과 쥐들이 커들리에게 위협적으로 다가간다는 생각으로부터 시작되었다. 한나는 커들리에게 큰 관심을 보였다. 초기 회기 중에 치유사는 한나가 커틀러의 우리 창살을 찌르고 겁을 주는 것처럼 누군가 한나를 겁준 적이 있는지 물었다. 한나는 울음을 터뜨리며 "네! 오늘 아침 아빠가 내 엉덩이를 애무했을 때처럼요. 나는 아빠가 그렇게 하는 것을 좋아하지 않아요. 아빠는 가끔 나에게 그렇게 해요."라고 대답했다. 치유사는 "그만하라고 말하지 그랬니!"라고 물었다. 한나는 "아니, 못 해요!"라고 대답했다. 다시 치유사는 "왜 하지 못했니?"라고 물었다. 한나는 "잠을 자고 있어서 움직일 수가 없었어요!"라고 대답했다. 한나는 아버지의 성적 학대 상황으로 인한 정서적 마비감을 묘사하고 있었던 것 같았다. 한나는 위협받고 무서워하는 커들리와 자신을 동일시하면서 자신의 경험에 대해 이야기할 수 있었다. 이후 회기에서 한나는 자신이 아닌 부모님을 대표하기 위해 커들리를 활용하기 시작했다. 한나는 가끔 부모의 사랑스러운 행동에 대해 기쁘게 이야기했지만, 커들리가 위협적인 행동으로 심술꾸러기로 변했을 때 한나는 그러한 커들리의 모습이 한나의 온몸을 때리는 부모의 폭력적인 모습과 유사하다고 말했다. 아버지가 한나의 목을 조르는 모습을 재연해 보여주기도 했다. 한나의 부모도 커들리와 마찬가지로 양면성을 가지고 있었다. 한나, 한나의 남동생, 그리고 부모에 대한 대화 내용에서 한나가 아주 어렸을 때부터 지속적인 학대 상황이 벌어졌음을 알 수 있었다. 치유사가 한나의 이전 심리선생님과 이야기를 나눈 결과, 이전 심리선생님과 한나와의 치료 동안 가정에서 학대가 일어나고 있음을 알지 못했다고 말했다. 치유사와의 초기 치료에서 한나는 가족의 비밀에 대해 이야기했다. 커들리가 위협받고 불안정한 행동에 대한 한나의 관심을 통해 한나는 자신의 경험과 감정을 표현할 수 있었으며, 가족의 비밀을 폭로하고 가족 내에서의 변화를 이끌게 되었다.

❿ 사이먼

주의력결핍 과잉행동 장애 증상을 앓고 있지만 매우 지적이고 말이 능숙한 아동인 사이먼(8세)은 교육이라는 이유로 어머니로부터 신체적, 정서적 학대를 당한 후 보호소로 보내졌다. 어머니는 아들을 더 이상 상처입히지 않기 위해 스스로 경찰에 신고했다. 부모는 마약에 중독된 아버지가 어머니에게 신체적 폭력을 행사한 이유로 3년 전 이혼했다. 사이먼도 아버지의 폭력적인 행동의 희생자였는지는 아직 확실하지 않다. 사이먼은 3살 때부터 모든 환경에서 폭력적이고 통제할 수 없는 행동을 보였다. 사이먼은 극심한 기분 변화, 충동성, 갑작스러운 움직임이나 소리에 예민한 특징을 가지고 있는 불안한 아동이다. 치료 초기에 사이먼은 동물, 특히 무슈와 쥐에 대해 자연스러운 친화력을 보였고 부드럽게 놀고 껴안는 것을 즐겼다. 부주의한 움직임으로 동물을 다치게 할 뻔한 경우가 많지만 매번 후회하는 모습을 보였고, 치유사는 그것이 진심이라고 느꼈다. 그럼에도 불구하고 길고양이를 '재미로' 학대하는 습관을 거리낌 없이 털어놨다. 얼마 후 사이먼은 큰 사랑을 표현한 쥐와 무슈를 기쁜 마음으로 쫓아가 놀라게 하는 새로운 단계로 접어들었다. 사이먼은 쥐와 무슈를 매우 사랑하면서도 쫓기는 느낌을 잘 알고, 외부에서 어떻게 보이는지 보는 것을 즐겼다고 설명했다. 이것은 사이먼이 보호소의 개를 사랑하면서도 해치려는 그의 시도와 유사한 양상을 보였다. 왜 사랑하는 사람에게 상처를 주고 싶었느냐는 치유사의 질문에 사이먼은 '무슨 상관이 있느냐'고 답했다. 사이먼의 대답은 그가 처한 배경을 고려했을 때 놀라운 것이 아니었다. 그 시기에 4마리의 햄스터가 태어났고, 사이먼은 어미 햄스터가 새끼들을 우리 안의 다른 장소로 옮기는 것을 지켜보았다. 사이먼은 어미 햄스터의 행동을 학대하는 것으로 인식했고(어미 햄스터는 새끼를 입으로 잡고 끌고 다닌다), 이러한 인식은 한 새끼의 배에 긁힌 상처를 보았을 때 더욱 강해졌다. 이 행동에 대한 사이먼의 생각과 느낌을 치유사가 물었을 때 사이먼은 '별거 아니다, 어미가 새끼를 해치고 있는 거다. 그것이 부모가 하는 일이다'라고 대답했다. 한편 치유사는 동물들이 위협을 느낄 때마다 치유사에게 달려와서 보호받을 수 있다는 사실을 사이먼에게 보여주었다. 한번은 치유사가 동물을 위협하는 사이먼을 막을 것이기 때문에 사이먼에게 동물들을 놀라게 하는 것을 허용했다고 말했을 때, 사이먼은 치유사가 그것을 알아차리는 것에 매우 기뻐했다. 사이먼은 자신도 어머니가 자기를 때렸을 때 어머니로부터 도망칠 수 있었다고 말했다. 치유사가 동물에 대한 사이먼의 행동에 제한을 두지 않으면 어떻게 되느냐고 물었을 때, 사이먼은 매우 화가 나서 "끔찍한 상황이 될 거예요!"라고 말했다. 사이먼은 학대와 보호에 대한 문제를 직면하고 있으며, 행동 변화에 대한 새로운 가능성이 보였다. 사이먼의 행동에서 실제로 변화가 나타난 것은 동물들이 사이먼의 위협적인 행동 때문에 함께 있고 싶어하지 않는다는 점을 치유사가 설명했을 때였다. 사이먼은 사랑했던 동물들이 자신과 함께 있고 싶어하지 않는다는 사실에 낙담했다. 그 이후 사이먼은 동물들이 두려워하는 모습을 보는 것으로 충분하고, 더 이상 동물을 놀라게 할 필요는 없다고 말했다. 우리는 사이먼이 어떻게 동물과 편안하게 지낼 수 있는지 논의한 후, 동물들에 대한 사이먼의 공격적인 행동은 사라졌다. 이제 처음으로 사이먼은 학대한 부모의 행동에 분노를 표출하기 시작했다. 한번은 사이먼이 어미 햄스터에게 "또 새끼를 다치게 하면 죽여버릴거야!"라고 소리지르며 말했다. 이때까지 사이먼은 상상의 역할극을 할 수 없었다. 사이먼이 장난감 중 하나를 살펴보면서 부드럽게 역할극에 들어갈 때마다 화를 내며 "그만해!"라고 소리쳤다. 이 부분에서도 사이먼은 변화를 보였다. 한번은 사이먼이 플라스틱 칼을 집어들고 쥐 우리를 찌르기 시작했다. 치유사는 "오, 안돼!, 쥐들에게 무슨 짓을 하는 거야?"라고 물었다. 사이먼은 "죽일거야!"라고 대답했다. 치유사는 "너는 누구니?"라고 사이먼에게 물었다. 사이먼은 "그들의 아들이다!"라고 대답했다. 이것은 사이먼이 그룹 홈으로 옮겨지기 전두 번째 만남에서 일어난 일이다. 마지막 만남에서 사이먼은 더 이상 길고양이를 학대하지 않을 것 같다고 말했다. 사이먼은 지속적인 과민상태와 트라우마가 있는 가족 현실을 계속해서 재연하는 사이클에 사로잡혀 있다는 사실로 인해 외상후 스트레스 장애의 징후를 보였다. 사이먼은 공포를 쥐들에게, 어머니로부터 받은 학대를 새끼 햄스터들에게 투영함으로써 자신의 두려움을 외부로 표출했고, 치유사는 사이먼의 생각과 감정을 지속적으로 반영함으로써 사이먼이 많은 생각과 감정을 표현할 수 있도록 도왔다. 이것은 사이먼이 지난 경험, 생각, 감정 및 행동을 탐구하고 처리하는 데 기여했을 뿐만 아니라, 행동하는 것에서 토론하는 것으로 전환할 수 있도록 도왔다. 치료 과정이 시작될 때부터 사이먼은 자신과 타인에 대한 잠재적인 위험을 감지했다. 치유사가 치료실에 있는 모든 사람들에 대한 안전을 강조함으로써 사이먼은 (a) 안전하다고 느낄 수 있었고, (b) 자신의 위험한 행동의 결과로부터 보호받았다고 느낄 수 있게 했으며, (c) 상황과 자신의 역할에 대해서 숙고하고 문제를 해결할 수 있는 '여유'를 가질 수 있게 했다. 치유사의 반영과 점차적인 안전감의 형성은 사이먼이 상처받은 부모에 대한 분노를 처리하기 위해 상상력 있는 역할 놀이에 참여할 수 있는 능력에 영향을 미쳤다. 안전하고 지지적인 치료 환경을 조성함으로써 치유사는 사이먼이 외상 경험을 다루고 감정을 처리하며 대안적인 대처 방식을 개발하는 데 도움을 주었다. 이 과정은 사이먼이 이전에 알고 있던 것과는 다른 대안적인 모델 또는 방법을 인식하고 연습할 수 있게 해주었을 것이다. 사이먼은 자신이 나쁘게 대하는 경우 사랑하는 사람들을 잃을 수 있다는 것을 깨달았으며, 사랑과 보호를 나누는 사람들은 자신과 가까이 머무르고자 할 것이라는 것을 알게 되었다. 사이먼은 대인관계의 질과 연결 사이의 관계에 대한 일반적인 방법을 발견했으며, 이 모델은 사이먼을 더 표준적인 상황에서 도움을 줄 것이다. 사이먼의 치료과정은 불가피하게 그룹 홈으로의 이전으로 종료되었다. 기존의 전통적인 놀이치료 환경에서는 이루기 어려웠을 것으로 생각되는 과정과 통찰력이 짧은 기간 내에 시작되고 얻어졌다. 다른 모든 심리치료와 마찬가지로, 사이먼이 변화를 내면화하고 유지하기 위해서는 추가적인 시간이 필요할 것이다. 이는 상호 작용에 대한 정신적 표상의 변화를 내면화하고, 다양한 상황에서 다른 사람들과의 상호 작용에 변화를 가져올 것이다. 그룹 홈은 사이먼과의 회기에서 이루어진 과정과 통찰력을 고려하여 현재의 치료에 활용하고 있다. 치유사의 권고에 따라, 사이먼은 곧 집단 홈의 애완동물 농장에서 집단 치료에 참여할 예정이며, 이는 사이먼에게 이전의 동물들과 함께 경험한 내용을 이어받아 계속된 변화를 이루어낼 수 있기를 희망한다.

아동 인성교육을 위한 동물교감치유

국어사전에서 제시하는 인성(人性)의 의미는 '사람의 성품', '각 개인이 가지는 사고와 태도 및 행동 특성'을 가리킨다. 즉, 인성(Personality)은 개인이 가지고 있는 성품, 기질, 개성, 인격 등 여러 가지를 포함하는 행동양식을 개념으로 표현할 수 있다. 교육부에서 추구하는 인성의 의미는 '인간다운 바람직한 삶을 영위하는 데 필요한 도덕성과 시민윤리를 바탕으로, 인간의 참된 본성과 전인성의 토대 위에 미래 사회를 위한 도덕적, 사회적, 감성적인 소양을 일상생활 속에서 실천해 낼 수 있는 역량을 갖춘 상태'를 말한다. 정리하면, 인성이란 한 개인의 품성을 나타내는 것으로 개인적, 사회적으로 바람직한 삶을 위한 마음과 행동을 의미하며, 그것은 불변의 것이 아니라 교육이나 환경 등에 의해 변화될 수 있는 것임을 알 수 있다. 인성교육(人性教育, Caracter Education)이란, 마음의 발달을 도모하고, 자아실현을 가능하게 하며, 더불어 살기 위해 알아야 할 것을 가르치는 것으로서, 정서의 이해와 표현을 교육하는 정서교육, 인, 의, 예, 지 등 인간사회의 기초가 되는 건전한 가치관을 함양하는 가치교육, 그리고 더불어 사는 사회에서 지켜야할 규범과 원리에 대한 도덕교육으로 나누어 생각할 수 있다(남궁달화, 1999).

초등학교 교육에서 인성교육은 주로 도덕 교과를 통해 실행되고 있으나, 아동들 간의 신체적, 언어적 폭력, 집단따돌림, 인터넷 및 게임 중독, 자살 등 적응적 문제 발생은 점점 그 빈도를 더해 가고 있어, 학교 교육 내에서 자아 존중감, 타인에 대한 배려, 도덕의식이나 공동체 의식을 효과적으로 가르치고 있는지에 대한 의문과 염려가 사회적으로 팽배하고 있다. 인성교육은 비단 극단적인 문제 발생의 예방을 위해서뿐만 아니라 미래 사회가 요구하는 인재의 능력을 갖추는 데 있어 핵심적인 역할을 할 것으로 기대된다. 즉, 자기 자신의 일상생활에 잘 적응하고, 과업을 효과적으로 수행하는 과정에서 다른 사람과 부딪혀 겪게 되는 문제를 효과적으로 해결하고, 바람직한 결정을 내릴 수 있도록 스스로 이끌고 안내하는 생활 습관을 형성해야 할 때, 학업적 성취만으로는 이룰 수 없는 바람직한 인간상으로 자라날 수 있는 것이다. 성인기의 성공적인 삶을 위해서는 남을 배려하고 이해하는 능력, 친절한 태도, 옳고 그름을 판단하는 능력, 감정을 조절하고 욕구 충족을 미룰 줄 아는 능력이 필요하며, 이에 기초가 되는 친사회적 능력, 공감 능력, 정서 지능, 자기 정서 이해와 조절 등의 발달은 유아기부터 적절한 활동과 교육을 통해 이루어진다는 것이다(Lee, & Lee, 2000; Oh, & Lee, 2002).

초등학생을 대상으로 한 동물교감교육은 정서적·심리적 안정과 함께 자아 존중감, 사회성 향상 등에 긍정적인 효과를 보이는 것으로 알려져 있다. 농촌진흥청 발표 자료에 의하면 동물교감교육을 받은 초등학생의 경우, 생명존중의식은 8.2%, 인성은 13.4%, 사회성은 14.5%, 자아 존중감은 15% 각각 높아진 것으로 나타났으며 부정적 정서는 17.0% 낮아진 것으로 조사되었다.

국립축산과학원(2019a)은 생명의 소중함과 바른 인성 함양의 신장을 위하여 2017년부터 '동물교감교육 시범사업'을 추진하고 있으며, '중소가축 활용 동물농장 모델 시범사업' 컨설팅과 동물교감교육 프로그램을 '학교멍멍', '학교꼬꼬', '학교깡총', '학교음메'라는 이름으로 수행하였다. 프로그램 적용 결과, '학교멍멍(국립축산과학원, 2019a)'에 참여한 학생은 인성과 자아존중감이 15% 향상되고, 부정적 정서 중에 공격성이 21.5% 감소되었다. '학교깡총(유지현 외, 2019)' 에 참여한 학생도 인성과 사회성이 13.2% 향상되고, 부정적 정서는 14% 감소되었다. 동물교감교육 프로그램은 현재 교육부에서 인성 프로그램으로 인증하여 교육을 희망하는 학교는 한국교육개발원 인성교육지원센터(http://insung.kedi.re.kr)를 통해 이용할 수 있게 되어 있으며, 2017년에 연구과제로 수행된 일반 아동의 인성 향상을 위한 동물교감교육은 인성 교육 프로그램으로 개발되었다(이시종 외, 2019).

이 프로그램은 동물을 주제로 한 최초의 교육부 인성교육 프로그램으로 인증받았다(교육부, 2020). 초등학교 일선 교사들이 학교 현장에서 직접 동물교감교육을 진행할 수 있도록 일반 초등학교와 특수학교에서 활용할 수 있는 프로그램 매뉴얼을 제작하여 배포하였다(국립축산과학원, 2020).

그림 7-7 동물을 활용한 인성교육 프로그램

출처: http://insung.kedi.re.kr

1. 개를 활용한 인성교육 프로그램

단계	차시	주제	교육 내용	기대 효과
새로운 친구	1	학교멍멍은 무엇일까요?	학교멍멍이 무엇인지 알아보고, 우리 학교에 오는 멍멍이를 돌보면서 꼭 알아야 되는 내용(음식, 위생관리, 주의사항 등)에 대해 사전교육을 한다.	• 사전교육 • 친밀감 형성 • 생명존중의식 • 인성 함양
	2	멍멍 이름을 지어주세요 (이름 짓기)	반려견에게 어울리는 이름을 지어주고, 멍멍이의 이름을 정해 학생들이 부르도록 한다.	• 친밀감 형성 • 생명존중의식 • 사회참여도 증진 • 자신감 향상
	3	학교멍멍 입학식을 축하해요 (입학식)	학교멍멍 입학식을 하고 우리학교에 오는 멍멍이를 반갑게 맞이한 후, 멍멍 집을 예쁘게 꾸며준다.	• 생명존중의식 • 친밀감 형성 • 인성 함양 • 사회참여도 증진
	4	멍멍 함께 노래해요 (노래 짓기)	좋아하는 노래를 개사하여 학교멍멍에 어울리는 노래를 지어 불러본다(1~2곡을 골라 학교 멍멍송으로 정하여 학생들이 부르도록 한다)	• 친밀감 형성 • 자신감 향상 • 사회참여도 증진 • 사교성 증진

	번호	제목	내용	기대효과
멍멍이와 성장하는 나	5	멍멍이와 교감해요	반려견 쓰다듬기, 빗질하기, 안아주기 등 올바른 접근 방법에 대해 배운다.	• 생명존중의식 • 친밀감 형성 • 인성 함양 • 정서적 안정
	6	멍멍 목걸이를 만들어요 (인식표 만들기)	반려견 인식표와 보호자 인식표(매듭팔찌)를 만들어 멍멍이에게 걸어준 후, 리드줄 종류와 사용법에 대해 배운다.	• 생명존중의식 • 인성 함양 • 성취감 향상 • 자신감 향상
	7	멍멍이와 산책해요	반려견과의 산책예절에 대해 알아보고, 2인 1조로 리드줄을 잡고 반려견과 함께 호흡을 맞추며 산책을 한다.	• 생명존중의식 • 인성 함양 • 사회참여도 증진 • 사교성 증진
	8	멍멍 깨끗하고 건강해요 (위생관리 및 마사지)	반려견 건강을 위한 위생관리(목욕, 양치, 발톱 깎는 법)와 마사지 하는 법에 대해 알아보고 반려견을 마사지해준다.	• 생명존중의식 • 친밀감 형성 • 자신감 향상 • 정서적 안정
	9	멍멍 내 말을 들어주세요 (카밍시그널)	반려견의 몸짓이 무엇을 의미하는지 퀴즈로 풀어 본 후(카밍시그널), 반려견의 감정을 이해하고 알아본다.	• 생명존중의식 • 인성 함양 • 정서적 안정 • 사교성 증진
	10	멍멍이와 감정을 나눠요	동물그림을 활용한 감정카드 게임을 하고, 최근 나의 감정, 버리고 싶은 감정, 앞으로 희망하는 감정에 대해 나눈다.	• 인성 함양 • 정서적 안정 • 사회참여도 증진 • 사교성 증진
	11	멍멍 우리는 통해요	반려견과 눈을 맞추고 간단한 기본훈련(앉아, 일어나, 기다려, 엎드려 등)을 하며 서로 얼마나 마음이 통하는지 느껴본다.	• 생명존중의식 • 인성 함양 • 사회참여도 증진 • 사교성 증진
	12	멍멍 스토리텔링을 만들어요	우리 학교 멍멍이의 상황을 생각해보고 스토리텔링을 하여 연극대본을 만든다.	• 생명존중의식 • 인성 함양 • 사회참여도 증진 • 사교성 증진
	13	멍멍 연극으로 느껴봐요 (연극놀이)	연극을 한 후, 멍멍이가 어려움에 처했을 때 올바른 대처 방법에 대하여 알아본다.	• 생명존중의식 • 인성 함양 • 사회참여도 증진 • 사교성 증진
	14	멍멍 꿈의 집을 선물해요	아이클레이를 이용해 내가 꿈꾸는 멍멍이의 예쁜 집 모형을 만든다.	• 성취감 향상 • 자아존중감 향상 • 생명존중의식
	15	멍멍 피크닉 가요!	멍멍이가 좋아하는 간식을 가지고 산책을 한 후, 그동안 배웠던 기본훈련을 함께 해보고 얼마나 늘었는지 서로 칭찬해준다.	• 생명존중의식 • 인성 함양 • 사회참여도 증진 • 사교성 증진

변화하는 나	16	멍멍 참 잘했어요!	그동안 함께한 친구들과 서로의 장점에 대해 이야기하고, 여러 가지 장점 중 자기가 원하는 한 가지를 선택해 스스로 상의 제목을 정하고 트로피를 꾸며서 자신에게 상을 준다.	• 인성 함양 • 사회참여도 증진 • 사교성 증진 • 자신감 향상 • 성취감 향상
	17	멍멍화보를 만들어요	그 동안 학교멍멍 활동, 교육에 참여했던 사진들을 붙이고 멍멍 기념화보를 만든다.	• 생명존중의식 • 인성 함양 • 사회참여도 증진 • 자신감 향상
	18	멍멍 퀴즈 왕이 되어요	그동안 멍멍이에 대해 배운 내용에 대해 멍멍 골든벨 대회를 한 후, 전원 상장을 수여한다.	• 생명존중의식 • 인성 함양 • 사회참여도 증진 • 자신감 향상 • 성취감 향상

2. 닭을 활용한 인성교육 프로그램(국립축산과학원, 2018)

백신접종이 모두 끝난 성계로 황갈색, 회갈색, 백색 등의 재래종 닭을 적게는 3마리에서 많게는 10마리까지 분양하여 운영하였다.

단계	차시	주제	활동 내용	기대 효과
초기	1	우리 학교 꼬꼬송 만들기	학교꼬꼬란 무엇인지 알아보고 우리 학교 꼬꼬송을 만든다.	• 친밀감 형성 • 사회참여도 증진
	2	꼬꼬 집을 예쁘게 꾸며요	꼬꼬 집을 색연필로 색칠하여 예쁘게 꾸며준다.	• 생명존중의식 향상 • 사회참여도 증진
	3	우리 학교 꼬꼬 이름 짓기	우리 학교에 오게 된 꼬꼬의 이름을 짓고 부르도록 한다.	• 주도성 증진 • 사회참여도 증진 • 자신감 향상
	4	우리들의 친구가 된 꼬꼬	아이클레이로 꼬꼬를 만들고, 꼬꼬와 내 친구들에게 어떻게 대해 주어야 하는지 이야기를 나눈다.	• 생명존중의식 향상 • 사교성 증진 • 정서적 안정

	5	나는 누구일까요?	사포 8장을 붙여서 꼬꼬를 그리고 각자 1장씩 완성하여 합체한 후, 누구인지 알아맞힌다.	• 생명존중의식 • 집단응집력 증진 • 대인적응성 향상
	6	꼬꼬와 여름을 시원하게~	부채에 꼬꼬와 함께 찍은 사진을 붙이고 스티커와 색칠도구를 이용해 부채를 예쁘게 꾸민다.	• 생명존중의식 • 자신감 향상 • 정서적 안정
	7	꼬꼬의 몸에 대해 알아봐요	꼬꼬의 부위별 명칭을 알아보고, 꼬꼬 퍼즐을 맞춰본다.	• 자신감 향상 • 대인적응성향상 • 사회참여도 증진
	8	꼬꼬를 돌봐 주어요	꼬꼬 몸에 좋은 간식그림을 오려서 붙이고 꼬꼬에게 주고 싶은 간식을 준다.	• 자신감 향상 • 사회참여도 증진 • 정서적 안정
	9	꼬꼬 분변으로 텃밭퇴비를 만들어요	꼬꼬 분변으로 퇴비를 만들고, 달걀 껍질을 부셔서 텃밭에 준다. 달걀껍질 영양분에 대해 알아본다.	• 자신감 향상 • 성취감 향상 • 사회참여도 증진
중 기	10	꼬꼬도 감정이 있을까요?	꼬꼬의 감정에 대해 알아보고, 최근 나의 감정에 대해 이야기를 나눈다.	• 생명존중의식 향상 • 정서적 안정 • 사교성 증진
	11	꼬꼬가 아프면 어떻게 하나요?	꼬꼬를 색종이로 꾸미고 꼬꼬가 아플 때 어떻게 해주어야 하는지 적어본다.	• 생명존중의식 • 사교성 증진 • 정서적 안정
	12	우와! 꼬꼬가 알을 낳았어요	알에서 병아리로 태어나는 데 필요한 것과 우리가 소중히 여겨야 할 생명에 대해서 표현한다.	• 생명존중의식 • 정서적 안정
	13	꼬꼬 알의 촉감을 느껴요	꼬꼬가 낳은 알을 만져보고, 촉감에 대해 이야기를 나눈 후, 알과 병아리를 만들어 본다.	• 생명존중의식 • 사교성 증진 • 정서적 안정
	14	꼬꼬 알을 예쁘게 꾸며요	삶은 달걀을 꾸미고, 먹어본 후에 달걀의 영양소에 대해 알아본다.	• 생명존중의식 • 정서 안정 • 자신감 향상
	15	드디어 꼬꼬가 태 어났어요	생일카드에 꼬꼬의 탄생을 축하하는 편지를 쓰고, 아기 꼬꼬와 엄마 꼬꼬에게 읽어준다.	• 생명존중의식 • 사교성 증진
	16	꼬꼬의 한 살이 (역할극)	꼬꼬의 한 살이를 모둠별 역할극으로 표현한다.	• 대인적응성 향상 • 사회참여도 증진 • 자신감 향상

단계	차시	주제	활동 내용	기대 효과
후기	17	내가 만든 꼬꼬 만화	학교꼬꼬를 주제로 하여 6~8컷 만화를 그리고 색칠한다.	• 자신감 향상 • 성취감 향상 • 주도성 향상
	18	꼬꼬 화보 만들기	그동안 꼬꼬를 돌보면서 활동한 사진들을 붙이고, 꼬꼬 기념화보를 만든다.	• 자신감 향상 • 성취감 향상 • 사회참여도 증진
	19	꼬꼬와 우리들의 꿈	손을 본뜨고 앞으로 이루고 싶은 나의 꿈, 꼬꼬 그림에는 꼬꼬에게 하고 싶은 말을 적은 후, 오려서 전지에 붙인다.	• 사교성 증진 • 주도성 향상 • 긍정적 미래상
	20	도전 꼬꼬 골든벨	꼬꼬 골든벨 대회를 하고, 학교꼬꼬 돌보기 봉사단 전원에게 상장을 수여한 후 소감문을 쓰게 한다.	• 생명존중의식 • 사회참여도 증진 • 자아존중감 향상

 ## 3. 토끼를 활용한 인성교육 프로그램(국립축산과학원, 2019b)

초등학교 아동들이 토끼와 정서적으로 교감하는 교육적, 치유적인 가치를 도입한 유·무형적인 공간으로 토끼를 돌보는 활동과 토끼를 주제로 하는 동물교감교육으로 구성된다. 모유를 떼는 시기인 8주 이후의 토끼를 학교여건에 맞게 품종과 수량을 달리하여 입양하였다. 품종은 홀랜드 롭(Holland Lop), 라이언 헤드(Lion Head), 드워프(Dwarf), 렉스(Rex), 더치(Dutch) 등이다.

단계	차시	주제	활동 내용	기대 효과
새로운 친구	1	깡총 새친구 (맞이할 준비)	우리학교에 오는 토끼를 돌보면서 꼭알아야 되는 내용 (토끼의 생태, 토끼에게 주면 좋은 음식, 주면 안 되는 음식, 돌보면서 주의할 사항, 토끼가 하루에 먹는 먹이의 양, 토끼 집 위생관리 등)에 대해 사전교육을 한다.	• 친밀감 형성 • 생명존중의식 • 인성 함양
	2	깡총 이름 정하기	우리 학교에 온 토끼 이름을 정하고 토기 이름표를 만들어 토끼집에 달아준다.	• 친밀감 형성 • 생명존중의식 향상 • 인성 함양

	3	깡총 노래 만들기	모둠별로 개사한 후 투표를 통해 우리학교 학교깡총 노래를 정하고 모두 함께 부른다.
	4	내 친구 깡총이	토끼를 관찰한 후 아이클레이로 토끼를 만들고 새로 온 토끼와 친구들에게 어떻게 대해야하는지 이야기를 나눈다.
	5	깡총이와 교감하기	토끼가 좋아하는 식물을 알아보고, 씀바귀 모종을 학교 텃밭에 심어 본다.
깡총이와 성장하는 나	6	깡총 간식 만들기	토끼가 좋아하는 간식을 만들어 간식 주머니에 담아 토끼에게 먹이로 준다.
	7	깡총 분변 알아보기	토끼 변 성분 및 모양을 알아보고, 토끼 집을 청소한다.
	8	신비로운 깡총이의 몸	토끼 신체 부위 특징과 기능을 알아보고, 도화지에 토끼를 협동하여 그린다.
	9	깡총 가면 만들기	"토끼와 거북이" 역할극에 쓸 가면을 만든다.
	10	깡총이와 감정 나누기	토끼의 감정에 대해 알아보고, 동물그림을 활용한 감정 카드로 최근 나의 감정, 평상시 감정에 대해 표현하고 친구들의 감정을 이해한다.
	11	깡총 역할극	"토끼와 거북이" 대본을 연습한 후 동물 가면을 쓰고 역할극을 한다.

3 깡총 노래 만들기
- 주도성 증진
- 사교성 증진
- 사회참여도 증진
- 자신감 향상

4 내 친구 깡총이
- 생명존중의식 향상
- 인성 함양
- 정서적 안정
- 대인적응성 향상

5 깡총이와 교감하기
- 생명존중의식
- 인성 함양
- 사교성 증진
- 주도성 증진

6 깡총 간식 만들기
- 생명존중의식
- 인성 함양
- 사회참여도 증진
- 사교성 증진

7 깡총 분변 알아보기
- 생명존중의식
- 사회참여도 증진
- 주도성 증진
- 성취감 향상

8 신비로운 깡총이의 몸
- 생명존중의식
- 인성 함양
- 사회참여도 증진
- 집단응집력 향상

9 깡총 가면 만들기
- 자신감 향상
- 주도성 증진
- 성취감 향상

10 깡총이와 감정 나누기
- 생명존중의식 향상
- 인성 함양
- 사교성 증진
- 정서적 안정

11 깡총 역할극
- 사회참여도 증진
- 자신감 향상
- 주도성 향상
- 대인적응성 향상

변화하는나	12	깡총에게 주는 선물	• 그동안 함께 해 준 깡총이에 대한 고마운 마음을 생각하며 아이클레이로 깡총이를 만든다. • 깡총이의 이름을 부르고 선물을 보여주며 고마운 마음을 전달한다.	• 생명존중의식 • 인성 함양 • 정서적 안정 • 대인적응성 향상
	12	깡총이와 나의 꿈	북아트 재료에 토끼와 나의 사진을 붙이고 토끼에게 하고 싶은 말, 토끼에게 바라는 것, 나의 꿈에 대해 적는다.	• 생명존중의식 • 정서적 안정 • 자신감 향상 • 성취감 향상
	13	깡총 골든벨	그동안 토끼에 대해 배운 내용에 대해 토끼 골든벨 대회를 한다.	• 생명존중의식 • 인성 함양 • 사회참여도 증진

4. 염소를 활용한 인성교육 프로그램(국립축산과학원, 2019c)

초등학교 아동들이 염소와 정서적으로 교감하는 교육적, 치유적인 가치를 도입한 유·무형적인 공간으로 염소를 돌보는 활동과 염소를 주제로 하는 동물교감교육으로 구성된다. 농장주와 교감을 해왔고 친화력이 좋은 염소를 선발하여 초등학교에 입양하였다. 품종은 보어종(Boer)으로 학교별로 2마리 입양하였다. 프로그램은 12~14주차시로 구성하였으며, 염소를 맞을 준비부터 염소와 교감하는 방법, 염소와의 경험이 반영된 작품 활동까지 염소를 주제로 한 통합접근 교육으로 진행된다. 다음은 2개의 초등학교에서 시행된 프로그램을 간단히 소개한다.

단계	차시	주제	활동 내용	기대 효과
새로운 친구	1	음매 새친구 (맞이할 준비)	우리학교에 오는 음매를 돌보면서 꼭 알아야 되는 내용(음매의 생태, 음매에게 주면 좋은 음식, 주면 안 되는 음식, 돌보면서 주의할 사항, 음매가 하루에 먹는 먹이의 양, 음매 집 위생관리 등)에 대해 사전교육을 한다.	• 친밀감 형성 • 생명존중의식 향상 • 인성 향상
	2	음매 집 꾸미고 맞이하기	• 앞으로 계속 만날 음매에게 이름표를 예쁘게 꾸미고 만들어 준다. • 음매집에 해주고 싶은 말을 적은 나뭇잎 모양 종이를 나무 모양 그림에 붙이고 음매 집을 꾸며준다.	• 주도성 증진 • 사교성 및 사회참여도 증진 • 자신감 향상
	3	음매음매 동요 만들기	• 우리학교 음매송을 만든다. • 아기음매송 MR을 준비하여 가사를 개사 후 가장 호응이 좋은 노래를 선택하여 음매송으로 정하고 다 같이 불러 보도록 한다.	• 주도성 증진 • 사교성 증진 • 자신감 향상
음매와 성장하는 나	4	신비로운 음매의 몸	• 음매 몸의 신체부위와 특징에 대해 알아보고 신체부위에 해당하는 기능에 대해 적어본다. • 음매를 직접 만나서 눈으로 신체 부위를 자세히 살펴본다.	• 생명존중의식 향상 • 사회참여도 증진 • 집단응집력 향상
	5	음매와 교감하고 간식 주기	• 학교 텃밭에서 자란 식물 중 음매가 좋아하는 것을 뜯어서 음매 이름을 부르며 음매에게 준다. • 음매가 좋아하는 건초를 잘라 지퍼팩에 보관하여 평상시 음매 간식으로 사용하도록 한다.	• 생명존중의식 향상 • 사회참여도 증진 • 사교서 증진
	6	음매와 감정 나누기	• 음매의 행동을 관찰하고, 지금 어떠한 감정상태인지 확인해 본다. • 동물그림을 활용한 감정카드로 최근 나의 감정, 평상시 감정에 대해 표현하고 친구들의 감정을 이해한다.	• 생명존중의식 향상 • 정서적 안정 • 인성 향상
	7	음매 가면 만들기	• 다음 주 역할극에 활용할 음매가면을 만든다. • 음매 가면을 친구들에게 소개해주는 시간을 가진다.	• 자신감 향상 • 주도성 증진 • 성취감 향상
	8	음매 역할극	• 음매를 보면서 오늘 역할극에 대한 대본을 읽어주고 각자 역할을 분담한다. • 음매 주제인 대본을 연습한 후, 역할극을 한다.	• 사회참여도 증진 • 자신감 향상 • 주도성 증진 • 대인적응성 향상
	9	음매 집 청소하고 먹이주기	• 음매 집을 청소해하기 전 유의사항과 필요한 물품에 대해 설명을 듣는다. • 음매 집을 청소한 후 먹이를 준다.	• 사교성 증진 • 성취감 향상 • 주도성 증진

단계	차시	주제	활동 내용	기대 효과
	10	음매 꿈의 집을 선물해요	내가 꿈꾸는 음매 집 모양 저금통에 아이클레이, 사인펜, 색연필로 이쁘게 꾸미고 친구들에게 소개한다.	• 생명존중의식 향상 • 인성 향상 • 서취감 향상 • 정서적 안정
	11	음매와 나의 꿈	• 북아트 재료에 음매와 나의 사진을 붙이고 음매에게 하고 싶은 말, 음매에게 바라는 것, 나의 꿈에 대해 적는다. • 내 이름과 장래희망을 적어서 '우리들의 꿈' 판(우드락)에 붙인다.	• 생명존중의식 향상 • 정서적 안정 • 자신감 향상 • 성취감 향상
변화하는나	12	음매가 나에게 주는 상장	• PPT를 보며 함께했던 활동을 모아 만든 동영상을 본다. • 그동안 고생한 나에게 상장을 수여한다.	• 생명존중의식 향상 • 인성 함양 • 사회참여도 증진

8장

청소년과
동물교감치유

청소년기 발달 과정 (박희순, 강민희, 202

청소년기는 아동기가 종결되면서부터 성인기가 시작되기까지의 변화기이다. 청소년 발달은 생물학적으로 이차 성징이 나타나면서 시작된다. 이차 성징은 여자에게는 초경과 남자에게는 사정, 목소리 변화 등의 출현으로 알 수 있다. 청소년 시기에는 에릭슨의 심리발달 이론 8단계 중 5단계의 정체성 대 역할 혼란에 해당된다. 청소년기에는 자신이 곧 성인이 될 것임을 자각하고, 성인으로의 미래 역할에 대하여 질문하기 시작한다. 이러한 정체성과 관련된 고민은 전 생애 동안 지속해서 발생한다. 아울러 청소년기와 청년기에는 미래의 가능한 역할을 시험하게 된다. 에릭슨은 최종 정체성을 성취하기 이전에 일정 기간 자유 시험기를 가진다고 하였고 '심리 사회적 유예'라는 용어를 사용하였다. 사회학적으로 청소년기란 신체적 성장과 정서적·사회적 발달의 차이점에서 오는 사회적 현상이라 할 수 있다.

1. 신체 및 운동

사춘기는 초기 청소년기에 나타나는 골격과 성의 빠른 성숙기를 말한다. 사춘기는 갑작스러운 현상은 아니고, 점진적인 과정이라고 할 수 있다. 월경이나 수염, 몽정 등이 사춘기의 신호이긴 하나, 눈에 띄게 나타나지 않을 수도 있다. 수염이 나거나 엉덩이가 커지는 변화들은 호르몬의 분비로 이루어진다. 혈액을 통해 강력한 화학 물질이 분비되는데, 이러한 현상은 청소년기에 극적으로 집중된다. 남자에게 분비되는 테스토스테론은 고환 및 신장, 목소리의 변화 등을 생기게 하고, 여자에게 분비되는 에스트라디올은 가슴과 자궁, 골격의 변화를 가져온다. 우리나라 청소년의 평균 키와 몸무게가 세대를 거듭하면서 증가하는 것과 동시에 성의 성숙 시기도 점차 빨라지는 추세를 보이고있다. 우리나라 청소년의 사춘기 시작 연령은 여아는 11.3±1.3세이고, 남아는 12.1±1.5세로서 남녀 간 시작 시기의 차이는 약 8개월이다. 또, 성 성숙의 총 변화 기간은 여아는 평균 3.6년, 남아는 평균 3.3년이다(박미정 등, 2006).

2. 인지

피아제에 따르면 11세경부터 형식적 조작기(Formal Operational Stage)에 들어서는데, 이 시기에 추상적·체계적·과학적으로 사고하는 능력을 발달시킨다. 구체적 조작기 아동이 '현실에 대해 조작할' 수 있는 데 반해, 형식적 조작기 청소년들은 '조작에 대해 조작할' 수 있다. 더 이상 사고의 대상으로 구체적 물체나 사건을 필요로 하지 않으며 내적인 반영을 통해 새롭고 보다 더 일반적인 논리 규칙을 알아내게 된다(Inhelder, & Piaget, 1958). 가설 연역적 추론은 문제에 부딪혔을 때 가설이나 결과에 영향을 줄 수 있는 변인들을 예측하는 것으로 시작한다. 그 후 실제 세상에서 어떤 추론이 있을 수 있는지 확인해 보기 위해 변인들을 체계적으로 분리하거나 결합시키면서, 그 가설로부터 논리적이고 검증가능한 연역적 추론을 한다. 또한 실제 세계의 상황을 참조하지 않고 명제의 논리(언어적 진술)를 평가하는 명제적 사고(Propositional Thought)를 청소년의 능력이라고 할 수 있다. 피아제는 언어가 아동의 인지발달에 중심적인 역할을 한다고 보지 않았지만, 청소년기에서 언어의 중요성을 인정하였다. 형식적 조작은 언어에 기초한 고등 수학에서의 상징체계를 요구하며 추상적 개념에 대한 언어적 추론을 포함한다.

정보처리 이론가들은 뇌 발달 실험에서 청소년의 인지적 변화에 포함된 다양한 기제들을 언급하였는데(Case 1998; Kuhn & FranKlin, 2006), 주의는(적절한 정보에 집중되도록) 보다 더 선택적이 되고 변화하는 과제의 요구에 더 적응적이 된다. 추론 능력이 증가하고 책략은 더 효과적으로 사용되어 정보를 저장, 표상, 회상을 증진시킨다. 지식이 증가하여 책략 사용을 용이하게 해 준다. 상위인지(사고에 대한 자각)가 확대되어, 정보습득과 문제해결을 위한 효과적인 책략을 발견하는 새로운 통찰력을 갖게 해 준다. 인지적 자기조절이 증진되어, 사고를 매 순간 탐지하고 평가하고 새로운 방향을 제시하게 해 준다. 사고의 속도와 처리 용량이 증가한다. 그 결과로 더 많은 정보를 한 번에 작업기억에 담을 수 있고 더 복잡하고 효율적인 표상으로 결합한다.

 ## 3. 사회정서

청소년기는 자아정체성이 주요한 성격 발달의 과제가 되며 생산적이고 행복한 성인이 되기 위한 중요한 단계이다(Erikson, 1968). 진정한 자기 모습을 알기 위해서는 수많은 선택을 하여야 하는데, 도덕적·정치적·종교적인 이상형을 선택하며, 직업·대인관계·지역사회 참여·성적 지향성 등을 선택하여야 한다. 청소년기 동안 자신 삶에 대한 목표는 더욱 복잡해지고 잘 구조화되고 일관성을 갖게 된다. 어린 아동들과 비교할 때 청소년들은 자신의 여러 면에 대해 점점 더 긍정적으로 생각하게 된다. 시간이 흐르면서 그들은 자신의 장점과 단점을 절충한 통합된 표상을 형성한다. 자기 개념과 자존감의 변화는 통합된 개인 정체성을 발달시키는 출발점이 된다. 청소년들은 자신에 대해 이야기할 때 성격적 특성을 사용할 수 있다. 초기에는 '똑똑하다', '재능있다'라는 표현에서 조금 더 추상적인 '지적인'이라는 표현으로 발전시킨다(Harter, 2003). 사회관계가 넓어지면서 다양한 상황 속에서 자신의 모습을 다양하게 보여야 하는 것에 갈등을 느끼며 실제 자신의 모습에 대해 고민하게 되고 다른 사람들에게 어떻게 보이는지를 염려하면서 사회적으로 바람직한 가치 기준에 부합하는 자기를 통합하려고 노력하게 된다.

자아존중감은 청소년기에 분화되어 우정·매력·직업 수행을 위한 역량 등이 자기를 평가하는 자아존중감 요소에 첨가된다(Harter, 2003). 아동기와 마찬가지로 교사로부터의 격려와 칭찬, 부모님의 권위 있는 양육 경험은 자아존중감을 높여준다. 반면 부모에게 비판과 모욕을 받거나 수행에 대해 부정적이거나, 일관성 없는 피드백을 받는 경우 자신에 대한 확신을 갖지 못해 자아존중감을 낮추게 된다. 그러나 전반적으로 청소년은 사춘기 변화를 자랑스러워하게 되는데, 가족들은 이제 함께 자거나 함께 TV를 본다던가 안아주거나 하지는 않게 된다. 청소년들은 자신의 신체와 신체상에 대해 골몰하게 된다. 거울을 자주 보며 변화된 자신의 신체를 관찰하게 된다. 청소년기 내내 이런 행동을 보이나 특히 사춘기에 더욱 두드러진다.

정서 및 행동 장애와 동물교감치유

정서 및 행동 장애가 있는 청소년은 고등학교를 졸업하기 전에 자퇴할 위험이 가장 높은 집단 중 하나이다(Thigpen, et al., 2005). 따라서 정서 및 행동 장애가 있는 청소년은 행동 및 사회적 기술의 치료 및 관리를 목표로 하는 개별 교육 계획(Individualized Education Plan, IEP)이 필요하다. 일반적으로 정서 및 행동 장애로 확인된 청소년을 위한 치료는 시간이 많이 걸리고 서비스가 불완전하고 부적절하다(Koganet, al., 1999). 이러한 학생들을 치료하도록 배정된 전문 팀은 일반적으로 평가 책임때문에 치료나 상담에 필요한 시간을 할애하려고 하지 않는다. 그러나 동물교감치유는 정서 장애 청소년의 요구를 일부 충족하고 치료사와 정서 행동 장애 교사에게 귀중한 새로운 도구를 제공할 수 있는 유망한 잠재적 자원이다. 또한 동물은 직접적이고 능동적으로 교육 및 학생에게 반응하기 때문에 학생의 행동에 대한 피드백을 제공한다(Thigpen, et al., 2005).

정서 및 행동 장애를 가진 청소년에게 개를 훈련시키는 것을 포함한 연구에서 동물교감치유의 이점을 확인했다(Kogan, et al., 1999). 이 훈련은 청소년들의 개인 교육 계획의 일환으로 개발되었다. 동물교감치유 회기는 친밀감 구축 시간과 동물 훈련 및 발표 계획 시간의 두 가지 주요 부분으로 구성되었다. 초기 10~20분은 참가 청소년이 동물교감치유 회기에 집중하도록 하는 데 사용되었는데, 교실의 수업에서 동물교감치유에 집중하도록 초점을 전환하는 시간이다. 이 시간은 참가 청소년과 인간-동물 팀 사이에 친밀감을 형성하는 데 사용되었으며, 개를 빗질하고 쓰다듬어 주는 것뿐만 아니라 훈련사와 관련되거나 중요한 내용에 대해 논의하는 것이 포함되었다. 이러한 내용에는 지난 주 학교와 가정에서 발생한 긍정적인 경험과 부정적인 경험이 모두 포함되었다. 토론 주제에는 동물교감치유사뿐만 아니라 참가 청소년이 제공한 주제도 포함되었다. 모든 회기 전에 학교 전문가는 다음 회기에서 다루기에 잠재적으로 유익한 것으로 간주되는 모든 주제를 동물교감치유사와 논의한다. 동물교감치유사에 의해 시작된 문제가 자신의 자녀들에게 원하는 주제가 아닌 경우 삭제되고 나중에 다시 표시되도록 허용되었다. 회기가 잠재적으로 불편한 주제에 대해 논의하는 시간이었지만 동물교감치유사는 참가 청소년의 요구에 민감하고 불편한 주제를 강요하지 않았다. 전문가는 나중에 교사 또는 부모와 상담할 수 있도록 참가 청소년에게 불편한 주제를 메모했다. 잠재적으로 불편한 주제에는 싸움, 낮은 성적, 지시를 따르는 문제가 포함되었다. 동물교감치유사가 다룬 주제 중 어느 것도 참가 청소년에게 불편한 것으로 보이지 않았다. 참가 청소년과 인간-동물 팀의 두 구성원 사이의 초기 유대감 시간 후, 청소년은 개와 함께 활동하고 다양한 명령과 훈련 기술을 학습하고 적용했다. 개는 주의 깊게 선별되고 훈련되었기 때문에 몇 가지 명령을 이미 알고 있었다. 회기는 참가 청소년이 듣고 따라하는 방식으로 개에게 명령하는 방법을 가르치는 데 중점을 두었다. 일부 명령은 한 단어로 된 반면 다른 명령은 시리즈로 제공되었다. 일련의 명령의 한 예는 청소년이 개에게 앉아서 기다리라고 말할 때였다. 그런 다음 그는 공을 던지고 개에게 공을 가져오고, 공을 다시 가져오고, 떨어뜨리고, '따라, 앉아서 기다려'라고 말했다. 그런 다음 이 과정을 반복한다. 또 다른 예에는 2개의 장난감 사용이 포함된다. 개는 앉아서 기다리도록 명령을 받은 다음, 특정한 순서로 장난감 하나를 꺼낸 다음 다른 장난감을 가져오라고 지시받았다. 그것을 완료하면 개는 와서 장난감을 떨어뜨리고, '따라, 앉고, 기다려'라고 지시한다. 가능한 선택 목록 중에서 참가 청소년들은 개와 함께 활동할 명령과 요령을 결정할 수 있었다. 참가 청소년이 가장 좋아하는 묘기는 개가 후프를 뛰어넘도록 하는 것이었다. 개는 항상 긍정적 강화를 통해 훈련되었다. 참가 청소년들은 개에게 간식을 주는 방법을 배웠고, 개가 적절하게 행동했다고 생각할 때마다 간식을 줄 수 있었다. 연습을 통해 참가 청소년들은 자신이 원하는 개에게서 반응을 유도하기 위해 해야 할 일을 배웠다. 목소리 톤, 눈맞춤, 인내심, 기억력, 긍정적 강화 사용 및 집중력의 변화는 모두 개의 올바른 반응에 중요한 역할을 했다. 여러 회기 후에 참가 청소년들은 발표와 관련된 특정 활동에 대한 교육 시간에 집중했다. 참가 청소년들은 어떤 명령을 제시하고 싶은지 결정했고, 이것은 그들을 집중하게 하였다. 동물교감치유 후, 참가 청소년들은 인간-동물 팀과의 활동에 대한 구두 발표를 개인 수업과 공동 정서 행동 교실에서 진행했다. 후자의 회기는 친밀감 형성, 동물과의 훈련 시간, 구술 발표 계획에 소요되는 시간, 실제 분반 연습으로 나누어 진행되었다. 구두 발표를 계획하는 데 소요된 시간에는 참가 청소년들이 발표하고 싶은 것과 그것을 어떻게 하고 싶은지에 대해 토론하는 것이 포함되었다. 그런 다음 참가 청소년들은 인간-동물 팀과 협력하여 활동이 가능하도록 여러 회기로 나누어 매주 활동했다. 개에게 명령하는 것을 포함하여 발표를 큰 소리로 연습하는 데 여러 회기가 사용되었다. 마지막 두 회기에서 참가 청소년들은 발표를 완성하기 위해 함께 노력했다. 개들이 개입된 후, 참가 청소년들은 다음과 같이 변화되었다.

- 부정적인 의견의 감소
- 칭찬과 긍정적인 의견의 사용 증가
- 산만성의 감소
- 동료와의 관계 개선
- 사람들과의 눈을 마주치는 횟수 증가
- 사람들과의 목소리 톤의 적절성 증가
- 학습된 무력감의 감소
- 자아와 환경에 대한 통제력 향상
- 토라짐과 짜증의 감소
- 표정과 몸짓으로 나타나는 감정적 반응성의 향상
- 연령에 맞는 행동의 증가

심각한 행동 문제가 있는 두 명의 13세 청소년을 대상으로 동물교감치유의 이점을 조사했다. 참가 청소년들은 매일 45분 동안 개 훈련사와 개별적으로 활동하면서 장애인이 입양할 수 있도록 보호소 개를 재훈련했다. 한 참가 청소년은 18일 동안 활동했고 다른 참가 청소년은 시간 제약으로 인해 6일만 활동했다. 동물교감치유를 받은 참가 청소년들은 공격적(언어적 및 신체적) 및 비순응적 행동의 감소를 보였고 이러한 변화는 모든 환경에서 일반화되는 것으로 관찰되었다. 통제 집단의 청소년 목표 행동은 지속적으로 높게 유지되었다. 동물교감치유, 특히 개 훈련이 행동 문제가 있는 청소년의 공격적이고 비순응적인 행동을 줄일 수 있다. 연구자들은 사회적·인지적 관점에 맞는 역할 이론에 따라 이러한 개입을 구성했다. 청소년들이 개 훈련사의 역할을 맡게 함으로써 새로운 긍정적 자아상을 개발하고 이러한 행동을 자아개념에 동화시켜 관련 긍정적 행동을 초래한다고 설명했다(Siegel, Murdock & Colley, 1997).

대안 고등학교에 다니는 12~17세 청소년 31명을 대상으로 개인 및 집단 동물교감 치유를 실시했다(Granger, & Granger, 2004). 이 학생들은 이전에 주류 교육 환경에서 퇴학 당한 학생들이다. 이 유사 실험 연구에서 참여 청소년들은 개별 동물교감치유 집단, 소규모 동물교감치유 집단 또는 통제 집단 중 하나에 할당되었다. 회기는 개 훈련, 보살핌 및 양육과 관련된 사회적 기술, 자제력에 중점을 두었다. 실험 집단은 10주 동안 일주일에 두 번 1시간 동안 만났다. 동물교감치유 집단과 통제 집단 사이의 유일한 양적 차이는 동물교감치유 집단의 사회적 기술이 더 많이 향상되었다는 것이다. 공격성, 대인관계, 결석은 차이가 없었다. 동물교감치유 집단의 질적 결과에는 향상된 신뢰와 의사소통이 포함되었다. 교직원은 프로그램이 유익하다고 인식했고 참여 청소년들은 프로그램을 즐겼으며 인간과 동물 및 인간과 인간관계의 중요성에 대해 배웠다고 보고했다.

독서는 모든 아동이 학교에서 성공하고 성인이 되어 추가 지식에 접근하는 데 매우 중요하다(Bursuck & Damer, 2007). 또한, 중급교육협회(Association for Middle Level Education)는 초기 청소년기의 독서 중요성을 강조하고 독서가 어린 청소년이 새로운 정보를 배우고 자아실현을 촉진하는 데 도움이 될 수 있다고 지적했다(NMSA, 2010). 읽기 능력은 모든 교육 수준에서 중요하지만 중등 교사는 필요한 집중 교육을 제공할 시간 부족, 어려움을 겪고 있는 학생들을 효과적으로 가르치기 위한 중재에 대한 지식 부족, 읽기 어려움의 정의 및 평가에 대한 어려움 등 읽기 교육과 관련된 어려움을 보고한다(Moreau, 2014). 이러한 도전은 청소년들의 성취에 상당한 영향을 미칠 수 있는데, 이는 공립학교 학생들의 34%만이 읽기에 능숙하거나 그 이상의 수준으로 수행했다고 보고되었다(National Center for Education Statistics, 2014). 중등교사들은 청소년들이 유창하게 읽고 어려운 내용을 이해하기를 기대하는 반면(Alvermann, 2002), 일반적으로 중등교육 수준의 읽기 교육(Allington, 1983; Reed & Vaughn, 2010)에 대한 지도적 유창성과 이해력이 결여되어 있다. 따라서 중등 교사들은 중등 교사가 되기 전에 모든 학생들의 독해 능력을 보장할 것으로 기대되지만, 어린 청소년들이 중등 교사를 통해 시작되고 발전함에 따라 학생들의 동기부여가 문제가 되고 있다(Malaspina & Rimmer-Kaufman, 2008). 학생 동기부여는 정서적 행동 장애가 있는 젊은 청소년들과 함께 일하는 중등 교사들에게 특히 우려가 될 수 있는데, 이들 학생들은 특히 읽기 기술에 어려움을 겪는 경향이 있다(Mattison, Spitznagel, & Felix, 1998; Vaughn, et al., 2002). 그리고 학교 환경에서 학습 능력에 영향을 미치는 파괴적인 행동에 관여할 수 있다(Lane, et al., 2008; Nelson, et al., 2004).

특히, 정서 행동 장애 학생들과 함께 독서 개입을 구현할 때, 중등 교사들은 유창성, 구술, 그리고 동기부여를 다루는 개입 외에 향상된 사회적 상호 작용에 초점을 맞춘 전략을 포함하는 것이 중요하다(Landrum, Tankersley, & Kauffman, 2003). 정서 행동 장애가 있는 5학년 4명을 대상으로 교실 반려견의 존재 또는 부재가 독서 능력에 영향을 미치는지를 조사하였다(Bassette, & Taber-Doughty, 2016). 모든 참가자는 기준선에 비해 개입 조건 동안 읽기 성능이 향상되었다. 세 명의 참가자들은 동기부여 수준의 개선이 확인되었는데, 그들은 개의 존재를 즐긴 반면 네 번째 참가자들은 두 치료조건이 동일하다고 말했다.

학교폭력과 동물교감치유

03

 그림 8-1 학교폭력

「학교폭력예방 및 대책에 관한 법률」제2조에서 "학교폭력이란 학교 내외에서 학생을 대상으로 발생한 상해, 폭행, 감금, 협박, 약취, 유인, 명예훼손, 모욕, 공갈, 강요, 강제적인 심부름 및 성폭력, 따돌림, 사이버 따돌림, 정보통신망을 이용한 음란, 폭력 정보 등에 의하여 신체·정신 또는 재산상의 피해를 수반하는 행위"를 말한다. 즉, 학교 폭력은 학생 간에 일어나는 폭행, 상해, 감금, 위협, 금품갈취 등 폭력을 이용하여 정신 적 및 신체적 피해를 주거나 재산을 빼앗는 행위라고 하겠다(교육부, 2022). 최근에는 정

보통신관련 기기의 보편화로 인해 사이버폭력이 추가되었다. 「학교폭력예방 및 대책에 관한 법률」 제2조의1 제3항에 "사이버 따돌림이란 인터넷, 휴대전화 등 정보통신 기기를 이용하여 학생들이 특정 학생들을 대상으로 지속적·반복적으로 심리적 공격을 가하거나, 특정 학생과 관련된 개인정보 또는 허위 사실을 유포하여 상대방이 고통을 느끼도록 하는 일체의 행위"를 말한다. 즉, 사이버상에서의 따돌림은 시간과 장소를 구분하지 않는 행위로서, 심리적 소외감만이 아니라 극도의 불안감과 상처를 남기는 사회적, 정서적, 심리적, 관계적 폭력행위다. 학교폭력은 학교 내부나 주변에서 학생들 간에 발생되는 신체적 또는 정신적 가해 행동을 말한다. 학교폭력의 유형은 집단 괴롭힘, 금품갈취, 욕설과 협박, 신체적 폭행, 성추행 등이 이에 해당된다. 그러나 피해 당사자가 아닌 경우에는 이러한 사태에 대하여 관심의 정도가 약하고 때로는 단순히 친구들의 놀이에 치부하여 피해 학생들이 외부로 자신의 고통을 사회나 심지어 부모에게까지 노출시키지 못하여, 쌓여지는 고통을 감내하지 못해 자살이라는 극단적인 사태까지 발생하는 사례들이 언론에 보고되기도 하였다.

청소년이 학교폭력에 노출될 경우 두려움, 무력감, 분노 등이 야기되고, 낮은 자아존중감, 우울, 행복감의 좌절 등을 경험한다(Maneta, et al., 2012; Lee, et al., 2012). 그리고 학교폭력을 경험한 피해 청소년은 정신적인 부분에 심각한 피해를 입어 우울, 분노, 학대 등의 증상이 나타난다(Bánszky, et al., 2012). 낮은 자아존중감, 가해자의 욕설과 위협 그리고 공격에 적극적으로 대처하지 못한다(Farrell, et al., 2010). 이러한 학교폭력을 경험한 청소년은 낮은 자존감과 우울에 의하여 자살의 생각을 하게 되며 이러한 상태가 지속될 경우 실제로 자살을 시도하게 된다(Szombat, & François, 2012; Moutier, et a., 2012).

청소년이 학교폭력에 의하여 대인관계를 기피하고 학교에 잦은 결석과 기상과 취침이 늦어져 정상적 생활이 어려운 이들에게 반려견과 함께 생활하도록 한 결과 대인관계가 회복되고 또한 기상과 취침이 정상으로 돌아오는 결과를 가져왔다(김성천 등, 1998). 성추행 또는 집단 따돌림 등으로 고통받는 아동들에게 동물교감치유를 실시하였을 때 아동들의 회복이 증가하였다(Parish, 2008).

학교폭력을 경험하여 교사와 상담하고 있는 남학생 중에서 12명을 추천받아, 이중 6명은 실험집단으로 하고, 나머지 6명은 통제 집단에 배정하였다(박형준, 김충희, 2012). 이미 개발한 동물교감치유 프로그램을 활용하여 주 1회기, 60분씩, 12주간 총 12회기를 실시하였다(Song, et al., 2011). 동물교감치유 프로그램에 사용된 동물은 3살의 암컷 푸들

1마리, 4살의 수컷 푸들 1마리, 3살의 수컷 말티즈 1마리, 1살의 요크셔테리어 수컷 1마리 그리고 1살의 시츄 암컷 1마리 그리고 2살의 암컷 치와와 1마리로 하여 총 6마리를 사용하였다. 참여 동물은 실험보조자들이 직접 사육하는 반려동물로서 실험 6개월 전부터 동물교감치유에 적합한 훈련으로 짖기, 공격하기, 대소변 가리기, 자유롭게 신체 만지기, 기본 복종훈련, 사람에 대한 두려움의 제거 등에 대하여 훈련을 받았다. 연구의 분석은 우울과 자아존중감의 척도를 이용하였으며, 동물교감치유 프로그램을 시행하였을 때 실험집단이 비교집단에 비하여 유의미한 치료 효과를 나타내었다. 그리고 치료의 효과는 프로그램이 종료된 한 달 뒤에도 여전히 나타나고 있음을 알 수 있었다. 따라서 감성이 풍부한 청소년들 중에서 학교폭력 피해에 의하여 우울이나 자아존중감이 상실될 경우 동물교감치유 프로그램을 시행하면, 치료의 회복시간을 단축시키거나 정서적 안정에 많은 도움을 줄 수 있다.

가정폭력에 노출된 청소년 중에서 고등학생이나 중학생보다 초등학생이 피해의 경험이 많으며, 우울의 정도도 높다(윤명숙, 조혜정, 2008). 또한 학교폭력에 의한 중복적 폭력 경험을 할 경우 공격성 성향이 증가한다. 이와 같이 가정폭력에 노출된 아동들은 공격성과 우울을 동반하여 행동장애를 유발하거나 잠재적으로 유발될 가능성을 가지고 있다. 가정폭력에 의하여 아동이 부모와의 관계가 좋지 못할 경우 우울의 증세가 높아진다(조미숙, 1999). 아동이 부모의 폭력을 목격하는 것만으로도 정서적 충격을 받으며(김양순, 2009), 가정폭력에 노출된 청소년은 덜 노출된 청소년에 비하여 더 공격적이다(정기원, 서현숙, 2007). 그리고 아내나 아동을 구타하는 가정폭력은 아동·청소년의 심리정서적 발달과 밀접한 관계가 있으며 부정적인 영향을 미친다(신성인, 2008). 김재엽과 송아영(2007)은 청소년 및 아동이 가정폭력과 학교폭력에 이중으로 노출될 경우 우울의 증세가 높다고 하였다(김지엽, 송아영, 2007). 가정폭력을 경험한 여성피해자 자녀들 중 7-12세 남자 아동 8명을 대상으로 동물교감치유를 수행한 결과 공격성과 우울 모두에서 유의미한 치료 효과가 있었다(송윤오 등, 2011). 구체적인 프로그램 내용은 다음과 같다.

표 8-1 가정폭력 여성 피해자 자녀를 위한 동물교감치유 프로그램

구분	회기	내용	목표	기타
소개 하기	1	아동들과 동물의 소개 및 친근하게 지내기	• 동물의 성격 및 특성을 이해 • 동물과의 친근감 갖기	한 방에서 같이 지내기*
	2	동물과 신체 접촉하기	• 가벼운 신체적 접촉 • 접촉을 통한 동물의 순종 확인	안아보기, 다리 및 꼬리 만져보기, 빗질하기 등*
행동 치료	3	동물과 함께 놀이터에서 놀기	• 친밀감 기회 제공 • 아동의 스트레스 해소 제공	공 던져서 물고오기 함께 뛰기 등**
	4	동물 목욕 및 털 관리하기	• 동반자의 관계형성 • 집중력 증가	샴푸하기, 씻기, 건조하기**
자존감 형성	5	기본 복종훈련 시키기 Ⅰ	• 절제된 행동 훈련 • 사회성 함양	앉아, 일어서, 엎드려**
	6	기본 복종훈련 시키기 Ⅱ	• 명령과 복종에 대한 개념 이해 • 친구들과 관계개선 훈련	이리와, 기다려, 함께 걷기**
	7	동물과 함께 산책하기	• 사회성 증가를 통한 정서함양 • 혼자가 아닌 동반자의 형성	목줄을 잡고 함께 걷기**
행동 치료	8	실내에서 함께 놀기	• 사회의 일원임을 확인 시켜줌 • 부드러움과 관심의 배양	간식주기, 잠자리마련하기, 배변훈련, 청소하기 등*
	9	동물 목욕 및 털 관리하기	• 동반자의 관계형성 • 가족관계의 필요성	기본 목욕 및 털 손질하기*
	10	실내에서 함께 놀기	• 동물의 행동을 이해 • 안정된 정서의 함양	복종훈련을 통한 행동절제 경험하기*
이별 준비	11	동물과 함께 산책하기	• 이별의 아픔에 대한 준비 • 동물의 관점에서 행동이해	함께 걸으며 대화하기**
	12	함께 놀기 및 작별 인사하기	• 이별하기 • 안정된 정서를 유지하기	간식주기, 안아보기 등 작별인사하기*

* 활용된 치유 보조 동물: 프로그램에 참가한 모든 동물
** 활용된 치유 보조 동물: 프로그램에 참가한 동물 중 개(犬)만 활용함

사이버 중독과 동물교감치유

 그림 8-2 게임 중독

　사이버 중독이라는 용어는 최근 확장된 모든 IT 관련 중독을 통칭한다. 여기에는 컴퓨터와 스마트폰, TV 등의 매체를 통한 인터넷, 게임, 블로그, 트위터, 카카오톡, 페이스북, 밴드 등의 여러 가지 메신저를 포함하는 범주를 말한다(현외성 등, 2017). 인터넷 중독은 물질이 개입되지 않은 상태에서 개인이나 다른 사람에게 해가 될 수 있는 행위를 수행하려는 충동이나 욕구, 유혹에 저항하지 못하는 행동장애로 충동조절장애의 한 유형으로 본다(American Psychiatic Association, 2013). 물질 사용과 관련된 중독과 마찬가

지로 금단과 내성, 사회적 · 직업적 손상이 뒤따른다. 골드버그는 물질중독 기준을 준거로 하여 최초로 인터넷중독장애라는 용어와 개념적인 진단 준거를 만들었고, 최근에는 '병리적 컴퓨터 사용(Pathological Computer Use)'이라는 용어로 이를 대체하여 사용하고 있다(Goldberg, 1996). 또한, 과도하게 PC게임을 하면서 발생하는 게임중독도 통칭하여 인터넷중독이라 부른다. 게임중독에 대한 구체적인 진단기준은 없으나 '병적 도박'의 진단기준을 원용하면 인터넷에 대한 강박적인 사고, 내성과 금단, 과도한 인터넷 사용과 게임 몰입으로 인한 부정적인 결과 등의 특징이 있다. 그리고 임상적인 경험을 통하여 병리적인 인터넷 사용자로 구분된 사람은 학업이나 사회적, 직업적, 경제적 생활이 명백히 방해를 받고 있다. 유병률은 2~15% 정도로 파악되며, 남성의 중독률이 여성보다 높은 것으로 나타나고 있다.

사이버 중독은 우선 현실 세계와 가상 세계를 혼동하는 부작용을 만든다. 중독은 무엇이 자신의 삶에서 더 중요하고, 필요한지를 잊게 하고, 심지어는 가상 세계에서 벌이던 행동들을 현실에서 버젓이 저지르게 된다. 예를 들면, 지나치게 폭력적인 사이버 게임이 실제 범죄로 이어지는 경우이다. 이러한 중독문제는 개인과 사회에 큰 손실을 준다. 첫째, 사이버 중독으로 인한 개인적인 손실이다. 스마트폰 중독의 영향은 적게는 시력 저하, 성적하락 등에서 시작하여 크게는 폭력적 행위, 이상한 습관 형성 등으로 나타나고 있다. 특히, 우리나라는 첨단 IT 산업이 빠른 속도로 퍼지는 국가로 인터넷, 스마트폰 등의 매체에 따른 새로운 행위 중독은 전 세계적인 관심을 받고 있다. 둘째, 사이버 중독의 저연령화다. 영·유아가 TV, 스마트폰 등에 노출이 잦을수록 언어지체 가능성이 높아지고, 아이의 언어발달이 늦어진다는 연구결과가 있다(강병재, 김해진, 2009). 언어소통에서의 대화는 상호 작용인데, 사이버 게임은 일방적인 소통일 뿐이다. 조사 결과 스마트폰을 1시간 미만 사용한 아동보다 2~3시간 사용한 아동의 언어 지체가 2.7배 높게 나타난다. 더구나 시각적으로 격렬한 화면을 시청할 경우 언어 관련 전두엽은 물론 측두엽 손상까지 문제를 초래한다. 셋째, 사이버 중독으로 인한 사회적 손실은 인재양성에 부정적인 영향을 끼치는 무형의 손실이다. 하루 4시간 이상 사이버 세상에 살면 현실의 인간관계는 물론이고 생산적 활동에 소홀하게 되어, 전체 사회적 손실은 엄청날 것이라고 추정된다. 구체적으로 10명 중 1명인 68만 명의 청소년이 인터넷게임 중독에 의한 청소년의 학습기회 손실 비용은 연간 최저 4124억 원에서 최대 1조 3872억 원에 이른다(김호균·고영삼, 2011). 넷째, 청소년의 신체 건강 문제가 특징적으로 변화한다. 2015~2019년 5년간 척추측만증 환자의 40.2%가 10대 청소년이다. 척추가 '기형 (畸形)'적으로 생긴 10대가 급증하고 있다(건강보험심사평가원, 2021). 여기에 거북목, 안구충 혈 및 안구 건조, 시력 약화, 근골격계의 통증, 비만, 두통을 유발하는 VDT증후군 등을 겪기도 한다. 중요한 성장기에 불규칙한 식사, 수면, 운동 부족 등에서 빚어진 건강 문 제는 평생의 신체적 건강에 치명적일 수 있다. 인터넷 게임 장애가 있는 청소년에 대한 연구는 약물 중독과 관련된 대뇌피질-피하질 회로(Cortical-Subcortical Circuits)의 기능적 연결성이 감소한 것으로 나타났다(Weinstein, Livny, & Weizman, 2017). 또 다른 연구에서는 기억 및 학습, 실행 기능, 감각 및 운동 처리와 관련된 뇌 영역(Wee, et al., 2014)과 보상과 관련된 영역(전두엽 피질 및 선조체 회로)에서 기능적 연결성 장애가 있음을 보여주었다(Yuan, et al., 2017). 말교감치유는 불안 및 회피 애착이 개선되고 편도체 및 전두엽 이랑(Frontal Orbital Gyrus)을 포함한 정서적 네트워크의 기능적 연결성이 증가한다(Wang, et al., 2019).

온라인 게임 중독자는 외로움을 느끼고 현실 세계와 단절된 사람이다(Lee, Ko, & Lee, 2019; Zhou, & Leung, 2012). 온라인 게임 중독자들은 게임을 함으로써, 그들이 진정 으로 원하는 것을 경험할 수 있다고 믿는다. 예를 들어, 같이 놀 친구가 있고, 특정 게 임에서 이겼을 때 칭찬을 받고 특히 성취감으로써, 다른 사람들 사이에서 승자가 되는 것을 즐기는 것이다(Poels, et al., 2012). 그래서, 온라인 게임 중독을 돕는 한 가지 간단 한 기술은 그들의 일상생활, 특히 집에서 그들에게 관심, 따뜻함, 그리고 칭찬을 주는 것이다. 그런 점에서 부모와 가족의 역할이 중요하다. 음악, 춤, 이미지, 시각, 글쓰기 및 문학, 드라마, 놀이 및 유머, 동물 지원, 치료 원예, 야생 및 자연과 같은 표현적 예 술 치료를 활용한다. 이러한 활동들은 집에서 함께 간단하게 수행할 수 있고, 온라인 게 임에 대한 대안으로 활용되면 즐겁기 때문에 게임 중독자들이 지금까지 원하는 것, 즉 관심, 따뜻함, 감탄을 느낄 수 있다. 예를 들어, 음악을 연주하고 노래하고(Lee, & Bang, 2012; Situmorang, 2021a; 2021b), 틱톡 애플리케이션을 사용하여 함께 춤을 추도록 권장할 수 있다(Situmorang, 2021c). 그들은 아름다운 것들을 상상하는 것을 환영받을 수 있으며 (Lusebrink, 1990), 스케치와 색칠을 함께 하는 것을 환영할 수 있다(Forkosh, & Drake, 2017). 글쓰기와 문학을 통해 흥미로운 주제에 대해 쓰고 읽도록 권장할 수 있다(Graham, 2014). 그들은 드라마를 통해 그들의 중요한 파트너와 함께 집에서 특정 드라마를 시청하도록 장려될 수 있다(Gordon, Shenar, & Pendzik, 2018). 동물의 도움을 받아 개, 고양이, 닭, 오리, 새 등과 같은 특정 애완동물을 관리하도록 권장할 수 있다(Zents, 2017). 치료용 원예를 통해 가정에서 채소를 재배하고(Berger, & Berger, 2017), 야생 및 자연을 통해 야생으로 여행하도록 요청할 수 있다(Wilshire, 1999; Hoag, et al., 2013).

동물교감치유는 사이버 중독에 있는 청소년을 도울 수 있다. 첫째, 동물들과 교감하는 것은 마음을 진정시켜준다. 우리가 잘 알고 있듯이 중독을 극복하는 것은 결코 쉬운 일이 아니다. 회복은 종종 의지력을 시험하고, 좌절과 스트레스가 거의 견딜 수 없을 것 같은 때가 있다. 그래서 얻을 수 있는 모든 도움이 필요한 이유이다. 동물과 함께 시간을 보내면 부정적인 정신 상태에서 긍정적인 정신 상태로 전환되어 안정감, 안전 및 전반적인 웰빙 감각을 새롭게 할 수 있다. 이것은 마음을 진정시키는 데 도움이 되며, 전반적인 회복 과정에 긍정적인 영향을 미친다. 둘째, 반려동물과의 교제를 통해 다른 사람과 연결하는 능력을 향상시킬 수 있다. 동물은 또한 기분을 좋게 하고 감정 상태를 개선할 수 있다. 개와 노는 것이 뇌의 옥시토신 수치를 증가시키는 것으로 나타났다(Grimm, 2015). 옥시토신은 다른 사람들과 연결되어 있다고 느끼게 하는 역할을 하는 뇌 화학 물질이다. 이는 만족스러운 절제 생활을 위해 개발해야 할 핵심 자산이다. 셋째, 동물교감치유는 문제를 개방하고 대화하는 데 도움이 된다. 이것은 또한 치료에 매우 중요한 외부 세계에 개방하는 데 도움이 될 수 있다. 수치심은 중독에서 큰 역할을 한다(Flanagan, 2013). 중독되면 다른 사람들이 자기를 판단하는 것처럼 느껴질 때가 많다. 사람들이 자기를 내려다보고 있다고 느낄 수도 있다. 동물은 대상을 판단하지 않으며 그들의 사랑은 무조건적이다. 또한 대상자의 행동에 대한 진정한 피드백을 제공하여 신뢰를 쌓는다. 치료에 성공하려면 문제를 공개해야 한다. 그리고 연구에 따르면 동물교감치유는 중독된 친구들이 좀 더 쉽게 문제를 개방할 수 있도록 도와준다. 넷째, 동물은 신체적으로 더 활동적이 되도록 격려한다(The Edge, 2016). 개는 산책이 필요하고 말은 달리기가 필요하다. 중독 치료에서 신체 활동의 이점은 잘 입증되어 있다. 아마도 가장 주목할 만한 것은 부정적인 사고 패턴의 주기를 깨는 데 도움이 될 수 있다는 것이다. 다섯째, 주변에 반려동물이 있으면 외로움을 달랠 수 있다. 중독자 자신이 겪고 있는 일을 아무도 이해하지 못한다고 느낀다. 이것은 중독자들 사이에서 흔히 볼 수 있는 감정이다. 재활기간 동안 친구 및 가족과 떨어져 있는 것도 어려울 수 있지만 동물과의 교제를 통해 이에 대처할 수 있는 건강한 방법을 제공한다. 여섯째, 동물은 공동 의존 경향을 감소시킬 수 있다. 외롭지 않게 해줄 뿐만 아니라 주변에 동물이 있으면 다른 사람에게 덜 의존하게 될 수 있다. 공동 의존은 중독의 일반적인 주제이지만 동물은 건강하지 않은 관계를 형성할 위험에 처하지 않는 방식으로 동반자를 의지하도록 돕는다. 일곱째, 동물교감치유는 회복이 가능하다는 것을 믿도록 도와준다. 게임을 끊기 위해 이미 여러 번 시도했을 가능성이 있으며 이전에 실패한 시도로 인해 모든 희망이 사라진 것처럼 느껴질 수 있다. 그러나 이것은 확실히 사실이 아니며 동물교감치유는 개인적인 변화와 치유가 가능하다고 완전히 믿는 지점에 도달하는 데 도움이 될 수 있다.

한 연구에서 물질 의존성이 있는 231명의 사람들에 대한 동물교감치유의 효과를 조사했다(Wesley, Minatrea, & Watson, 2015). 중독자 중에는 필로폰과 대마초에 중독된 사람들도 있었다. 이 연구는 동물이 중독자들이 치료에 대해 더 긍정적이 되도록 도왔으며, 이는 치료 성공 가능성을 극적으로 높인다는 것을 발견했다.

자살과 동물교감치유

 그림 8-3 자살

  자살은 자신에게 치명적인 해를 입히는 의도적인 자해 행위이다. 전 세계 모든 연령대의 사람들에게 영향을 미치는 공중 보건 문제이다. 세계보건기구에 따르면 매년 약 70만 명이 자살로 사망한다. 또한, 자살을 목적으로 하였으나 치명적이지 않은 결과를 초래하는 자해 행위로 묘사되는 자살 시도는 자살 자체보다 20배 더 빈번하게 발생하는 것으로 보고되고 있다(Borges, et al., 2010). 자살 사망은 모든 인종, 성별 및 연령 집단에서 발생하지만 거의 모든 인구에서 남성과 청소년에게 영향을 미친다(Sumner, et al., 2021). 예를 들면, 2019년 청소년 사망 원인 4위로 보고되었다(WHO, 2021). 특히, 자살 사망은 다양한 소득 수준의 인구에서 발생하지만 사례의 77%는 저소득 및 중간 소득 국가에서 보고된다(WHO, 2021). 난민, 학대 피해자, 성적 소수자, 만성 질환 또는 정신 질환을 앓고 있는 환자와 같은 취약 계층에서 높은 자살률이 나타난다. 정신과 치료를 받는 사람과 정신 건강 상태의 영향을 받는 사람은 자살 생각과 자살을 시도할 위험이 있다(WHO, 2022). 자살 행위는 매우 복잡하며 자살 행위로 이어지는 단일 요인은 없다. 널리 받아들여지는 스트레스-체질 모델에 따르면, 자살은 체질 또는 유전자와 초기 경험 간의 상호 작용으로 인한 개인의 취약성과 스트레스나 정신 장애와 같은 근위 위험 요인 간의 상호 작용으로 인해 발생한다(Mann, & Rizk, 2020). 스트레스가 많은 기간 동안 사람은 심각한 심리적 고통을 경험할 수 있으며 최악의 경우 취약한 개인의 탈출 전략으로 자살을 선택할 수 있다(Conejero, et al., 2018). 자살의 가장 강력한 예측 인자는 이전 자살 시도의 이력이고, 평생동안 개인의 취약성의 역할을 반영하지만, 임상의와 환자의 밀접 접촉자들이 알아야 할 다른 더 근접한 경고 신호는 현재와 미래 활동에 대한 관심 상실, 갑작스러운 사회 활동 중단, 자살에 대해 이야기하거나 죽고 싶다는 의사 표현, 행동, 외모 및 수면 형태의 변화, 사랑하는 사람의 죽음, 이혼 또는 별거, 장기적인 고통 또는 말기 고통 의학적 상태, 만성 약물 남용 문제, 고립, 절망감 표현을 인식해야 한다(Jacobs, et al., 2010; Calati, et al., 2019). 자살 생각을 가진 모든 사람이 자살을 시도하는 것은 아니지만, 현재의 자살 예측 모델은 어떤 환자가 자살 시도로 발전할 것인지를 보여주지 못하기 때문에, 그 생각의 어떤 표현도 무시할 수 없다(Belsher, et al., 2019). 자살 관념은 늘었다가 쇠퇴하는 방식으로 자주 나타나므로 일반적인 경고 신호의 존재는 변동될 수 있다. 자살 시도자들은 일반적으로 의사 결정 장애와 충동성 증가를 보이기 때문에 자살은 삶의 스트레스 요인에 직면한 충동적인 행동인 경우가 많다(Conejero, et al., 2018; Rimkeviciene, et al., 2015). 그러나 자살 생각을 표현하는 개인의 경우 예방의 필요성이 분명하지만 자살 예방에 대한 전문가 간 임상 지침에 대한 체계적 검토는 자살 생각 및 시도가 있는 사람의 자살을 평가하고 예방하기 위한 표준이 없다는 결론을 내렸다(Harmer, et al., 2022). 사람마다 다른 개입 전략 및 예방 조치로부터 혜택을 받을 수 있다. 자살 환자의 예방 조치에는 빠르게 작용하는 약물을 사용한 즉각적인 위기관리 및 극도로 높은 위험에 처한 환자의 입원, 안전 계획 수립, 자해를 촉진할 수 있는 모든 수단 제거, 근본적인 정신 질환의 예비 치료, 정신 요법, 병원 1차 진료 및 정신 건강 전문가 간의 진료 연속성을 보장하는 것이다(Wasserman, et al., 2020; Lengvenyte, et al., 2021).

　　청소년 자살은 전 세계적인 공중 보건 문제이다. 세계보건기구(WHO)의 자료에 따르면 자살은 15세~29세 사이의 연령대에서 교통사고, 결핵, 대인관계 폭력으로 인한 부상에 이어 네 번째 주요 사망 원인이다. 발병 연령 및 경과에 관한 한, 자살은 아동기 및 사춘기에서 드물다. 10~14세 집단에서 대부분의 자살은 12~14세 사이에 발생한다. 사춘기 이후 자살률은 나이가 들면서 증가하다가 성인 초기에 안정된다. 청년층의 자살은 복합적이고 다중원인 현상이다(Eaton, et al., 2008). 일반적으로 스트레스가 많은 삶의 사건과 정신 건강 요인이 수렴하여 절망, 사회적 고립, 절망의 경험을 자극할 때 발생한다. 전문가들은 청소년 자살의 가장 중요한 예측 인자는 이전의 자살 시도 이력임을 확인하였다(Gvion, & Apter, 2016). 마찬가지로, 자살하지 않으려는 자해 행동(예: 자해, 화상, 때리기)에 참여하는 것은 자살 시도의 주요 예측 요인 중 하나로 간주된다(Ougrin, et al., 2015). 자살 생각과 자살하지 않는 자해 행동은 자살 시도와 관련이 있다. 그러나 자살을 생각하거나 자살 의도가 없는 상태에서 자해하는 대다수의 청소년은 자살을 시도하지 않을 것이다. 그럼에도 불구하고, 이 두 가지 요인의 조합은 젊은이가 자살 행동의 높은 위험을 보일 것임을 시사한다(Mars, et al., 2019). 실제로 연구에 따르면 자살 생각과 비자살 자해를 모두 보고한 청소년 5명 중 약 1명(21%)이 다음 달에 자살 시도를 한 반면, 이러한 행동을 보고하지 않은 청소년의 자살 시도는 1%에 불과했다(Mars, et al., 2019). 자살의 위험 요인으로 간주되는 다른 변수로는 정신 건강 장애, 정신 통증, 절망감 및 연결성 부족이 있다(Mars, et al., 2019). 이러한 이유로 자살로 인한 사망률 감소는 세계보건기구(WHO)의 최우선 목표 중 하나이다.

　　자살 행동을 예방하기 위한 14~17세 사이의 30명의 청소년을 대상으로 한 동물교감치유는 젊은이들의 자살 행동과 비자살 자해가 감소했으며 도움을 구하려는 경향이 더 커졌다(Muela, et al., 2021). 절망감이나 우울증의 증상에는 변화가 없었지만 정신적 고통은 덜했다. 이 탐색 연구의 결과는 특별히 준비되고 훈련된 동물을 포함하는 것이 고위험 인구의 자살 행동을 예방하기 위한 사회 정서적 학습을 촉진할 수 있음을 시사한다.

1. 자살 예방 동물교감치유 프로그램

　　고립 및 심리적 고통과 같은 자살 관련 요인을 목표로 하는 새로운 예방 프로그램 중 하나는 치료 효과를 위해 동물을 통합하고 전반적인 건강과 웰빙을 개선하는 동물교감치유이다(Muela, et al., 2021). "Overcome-AAI"는 동물교감치유를 통해 자살 행동을 예방하는 선구적인 프로그램이다. 이 집단 프로그램은 대인관계 및 감정 조절 기술 개발에 중점을 둔 6개의 주간 90분 회기로 구성되어있다(Muela, et al., 2021). 자살 행동을 예방하기 위한 다양한 대인관계 및 감정 조절 기술에 중점을 둔다. 매주 참가자들은 주거 요양 센터 직원의 도움을 받아 대면 회기에서 제시된 감정 조절 기법을 매일 연습한다. 표 8-2는 치유 프로그램, 달성해야 할 역량, 실행되는 감정 조절 기법을 요약한 것이다.

 표 8-2 **자살 예방을 위한 동물교감치유 프로그램**

회기	주제	역량	감정조절기법
1	자살에 대한 사실, 신념 및 신화	• 자살에 대한 신뢰할 수 있는 사실을 확인한다. • 자살에 대한 통념과 현실을 파악한다. • 자살과 자살 행동을 정의하는 것이 무엇인지 안다. • 자살을 금기시하는 주제로 취급하지 않는 법을 배운다. 자살에 대해 이야기하면 자살을 막을 수 있다.	점진적 근육 이완
2	자살의 위험요인과 보호요인	• 자살의 위험요인과 보호요인을 안다. • 자살 위험 상황을 인식하는 기술을 습득한다.	호흡 활성화
3	자살의 경고 징후	• 자살 경고 신호를 식별하고 이러한 경고 신호에 대응하고 개입하는 것의 중요성을 평가한다. • 정신적 고통을 관리하는 기술을 습득한다. • 개인적인 자기 관리를 장려한다.	횡격막 호흡
4	연결성, 자기 연민 및 부정적인 비판	• 연결성 및 삶의 감각의 개발을 통해 보호적인 자살 예방 기술을 개발한다. • 자신에 대한 적대감을 다루는 기술을 개발한다.	경험적 수용 (마음 챙김)
5	자살 위험 안전 계획	• 자살 경보 증상의 경우 안전 계획을 수립한다.	신중한 거리 (마음챙김)
6	종료 및 추가 도움 자원	• 자살 위험 상황에서 추가 자원을 식별한다. • 자살 위험이 있는 상황에서 도움을 구하고 요청하는 방법을 학습한다.	어려운 감정에 집중하기

첫 번째 회기의 목적은 청소년이 자살 행동이 무엇인지 이해하도록 돕는 것이다. 이 문제를 둘러싼 여러 사회적 신화, 오해, 잘못된 정보를 불식시키기 위해 자살과 비자살 자해에 대한 신뢰할 수 있는 정보가 제공된다. 두 번째 회기에서는 청소년기와 청소년의 자살 행동과 관련된 위험 요소(예: 왕따의 희생자, 알코올 및 약물 사용 또는 정신 건강 문제)를 연구하고 건강 증진의 중요성을 강조한다. 세 번째 회기에서는 자살 위기의 경고 신호 즉 심리적 징후(정신적 고통, 부담에 대한 인식, 자신에 대한 적개심, 우울증 등)와 신체적 및 행동적 징후(초조 또는 과민성, 근육 긴장, 피로, 수면 장애 등)을 모두 감지하는 데 필요한 기법을 탐구한다. 네 번째 회기에서는 연결성 부족과 부정적인 자기비판의 경고 신호에 특별한 주의를 기울이고, 예방 전략과 대처 능력에 대해 논의하고 적용한다. 다섯 번째 회기에서 참가자는 안전 계획을 작성한다. 즉, 자살 위기 이전이나 도중에 사용하거나 의지할 수 있는 대처 전략 및 지원 원천에 대한 개인화된 목록을 작성한다. 이 개인 맞춤형 안전 계획은 청소년이 임박한 위기와 관련된 경고 신호를 청소년들이 인지할 수 있도록 돕는 절차와 이 상황에서 사용할 수 있는 내부 대처 전략, 자살을 줄이는 데 도움이 될 수 있는 사회적 방해 요소(장소와 사람 모두)를 인식하도록 돕는 절차로 구성된다. 또한 이 계획에는 위기 상황에서 도움을 제공할 수 있는 가까운 사람과 의료 전문가 또는 조직의 연락처도 포함된다. 마지막 회기에서는 개입 프로그램을 평가하고 자살 예방 및 위기관리를 위한 공동체 자원을 설명하며 자살 시도 예방 수단으로 안전 계획을 재정립하고 통합한다. 개의 역할은 주로 사회화를 장려하고 안심을 제공하는 것이다. 그들의 존재는 의사소통을 촉진하고 참가자 사이 및 참가자와 치료사 사이의 관계를 촉진한다. 예를 들어, 참가자가 자살 위기 상황과 관련하여 표현하기 어려운 감정을 공유했을 때, 동물은 감각 중재자 역할을 하며 차분함과 신체적인 접촉을 모두 제공하여 감정 조절에 도움을 준다. 개는 또한 정서적 위기 상황에서 주의를 산만하게 하는 역할을 한다. 예를 들어, 다섯 번째 회기에서 고안된 프로그램의 안전 계획의 목표 중 하나는 젊은이들이 부정적인 생각과 감정을 통제하기 위해 스스로 사용할 수 있는 대처 기법이나 전략을 적용하는 방법과 자살 시도를 촉발하는 행동의 확대로 인해 종종 뒤따르는 보상 상실을 배워야 한다는 것이다. 이를 위해 청소년들에게 자살 위기를 유발할 수 있는 몇 가지 부정적인 생각(예: "내 문제를 해결하는 데 도움이 될 수 있는 것은 아무것도 없다")을 상상해 보라고 요청한다. 다음으로, 그들은 동물과 관련된 주의를 산만하게 하는 레크리에이션 운동(개에게 먹이를 주기, 앉거나 발을 내밀라고 명령하기, 개 산책시키기, 신뢰의 표시로 개가 다리 아래로 지나가도록 안내하기 등)을 연습한다. 이 연습들은 참가자들이 자살 위기의 경고 신호를 확인했을 때 주의를 산만하게 하는 기법들이 얼마나 효과적일 수 있는지를 보여준다. 이러한 경험을 바탕으로, 참가자들은 그들의 감정을 조절하기 위한 개인적인 산만 전략을 선택하고 활동하도록 요청한다. 또한 동물은 연민 중심 치료와 관련된 기술을 탐구하는 데 도움이 되는 부드러움과 연민의 감정을 불러일으키는 데 사용된다. 즉, 지지적이고 친절하며 타당하고 이해하는 감정을 생성하는 능력을 촉진한다. 이것은 자살 행동을 보이는 젊은이들에게 매우 중요한데, 그 이유는 그들은 자신에 대해 매우 적대감을 느끼는 경향이 있고 높은 수준의 자기비판, 수치심 및 자기 경멸을 나타내는 경향이 있기 때문이다 (Bryan, & Harris, 2019). 마지막으로 개는 정서적 지원도 제공한다. 참여한 개들은 특히 불안한 감정 상태를 나타내는 사람들에게 긍정적인 애정을 제공하도록 훈련되었다. 이를 통해 참가자는 진정한 돌봄 관계에 참여하고 치료 과정에 대한 더 큰 신뢰감을 개발할 수 있으며, 이는 자살 위기 상황에서 도움을 요청하도록 유도할 수 있다. 위에서 언급했듯이 자살 생각과 행동이 있는 젊은이들은 의료 전문가에 대한 믿음이 부족하고 일반적으로 도움을 구하는 것을 매우 꺼리기 때문에 이것은 중요한 단계이다. Overcome AAI는 자살 위험을 줄이는 데 도움이 되는 동물교감치유의 한 예이며 향후 프로그램은 이 틀을 기반으로 개발될 수 있다.

 ## 2. 말을 활용한 자살 예방 프로그램

17명의 자살 충동 소녀들을 대상으로 말교감심리치유를 실시하였다(Özdemir, 2012). 그 결과 인식과 조정 능력이 크게 향상되었고, 시간이 지남에 따라 따뜻한 감정과 이완에 작은 변화가 생겼다. 또한, 이전 승마 경험은 따뜻한 감정, 인식, 제어 및 조정과 관련이 있었다. 그러나 이 효과는 참가자가 말교감심리치유에 익숙해짐에 따라 이러한 효과는 점차 사라졌다. 마지막으로 말의 반응에 반영된 환자의 태도는 전반적인 결과에 긍정적인 영향을 미쳤다. 결론적으로 말교감심리치유 환경에 편안함을 느끼기 위해서는 더 많은 시간이 필요할 수 있다. 따라서 적절한 목표를 설정하는 것이 중요하다. 또한 환자의 동기부여는 말의 반응에 반영되어 궁극적으로 더 큰 개선으로 이어지기 때문에 치료의 성공에 중요한 요소이다. 전반적으로 결과는 환자의 승마 경험, 말 반응성 및 동기부여가 시간이 지남에 따라 자살 충동을 느끼는 소녀의 개선과 관련된 말 교감심리치유의 중요한 요소임을 시사한다.

자살 성향은 자살 생각에서부터 자살 시도, 자살에 이르기까지 자살과 관련된 모든 행동과 생각을 의미한다(Bridge, Goldstein, & Brent, 2006). 청소년(15~24세)의 자살률은 오늘날 청소년이 한 국가의 가장 위험한 집단에 속할 정도로 급격히 증가하고 있다(WHO, 2022). 자살의 비율은 일반적으로 여성보다 남성이 더 높지만 자살 생각과 시도 비율은 여성이 더 높다. 자살 생각과 시도의 경험은 후속 자살 시도에 대한 중요한 위험 요인으로 입증되었다(Bridge, Goldstein, & Brent, 2006). 따라서 여성청소년은 위험에 처해 있으며 이에 대한 예방 노력이 필요하다.

절망 이론(Abramson, et al., 1998)과 우울증 인지 이론(Beck, 2002)을 포함한 인지 취약성 이론에 따르면 부정적인 인지 도식은 중요한 위험 요소를 구성한다. 이는 부정적인 삶의 사건이 발생했을 때 자신의 무가치함, 부적절함, 실패와 같은 부정적인 결과와 자신에 대한 부정적인 특성을 추론하는 경향을 나타낸다. 또한, 부정적인 인지 도식은 자신(낮은 자존감)과 미래(희망 없음)에 대한 역기능적 사고와 관련이 있으며, 이는 결국 자살 충동에 대한 생각과 행동에 대한 두드러진 위험 요소이다(Abramson, et al., 1998). 게다가, 청소년 자살과 일관되게 관련된 다른 중요한 위험 요소들은 동반 질환, 즉 파괴적, 기분 및 약물 남용 장애의 조합, 약물 사용, 치명적인 수단의 가용성, 충동/공격성, 부모 정신 병리학, 자살의 가족력, 부모-자녀 관계의 질 및 생물학적 요인이다(Bridge, et al., 2006). 예방 노력은 조작할 수 있는 위험 및 보호 요소를 목표로 한다. 생물학적, 유전적 위험 요인을 살펴보면, 모든 종류의 자살이 예방될 수 있는 것은 아니라는 것이 슬프게도 분명하다. 반면에, 치명적인 수단의 가용성을 줄이고, 정신 질환이 있는 개인과 이전 자살 시도 기록이 있는 개인을 돌보는 것은 취할 수 있는 조치 중 일부이다. 특히, 이전에 자해를 하고 자살을 시도한 청소년을 대할 때 가능한 마지막 단계는 예방이다. 여기서 청소년들은 기본적인 욕구와 일상적인 보살핌 외에 치료 서비스를 제공받는다(Bates, English, & Kouidou-Giles, 1997). 자살 위험이 있는 청소년을 대상으로 하는 개입은 일반적으로 대처 능력, 자아 인식, 자존감, 갈등 해결 능력, 상충되는 생각의 식별, 의사소통 능력 및 부적응 행동의 변화를 개선하는 것을 목표로 한다. 일반적으로 인지 행동 치료가 이를 위해 사용된다(WHO, 2006). 그러나 이러한 청소년에게는 전통적인 치료를 넘어 사회에 재통합될 수 있도록 준비하는 도구와 경험이 필요하다. 실제로, 제도화된 형태의 돌봄은 낙인과 사회적 고립의 위험을 수반한다. 이는 치료를 시작하기 전에 발생할 뿐만 아니라 재활 과정 전반에 걸쳐 개인에게 어려움을 준다. 이러한 이유로 시설에 수용된 개인은 시설의 부정적인 측면(예: 낙인, 자해 가능성, 도주)에 대응하는 자극적이고 즐거운 활동과 함께 주거 요양 시설과 다른 환경을 경험하는 것이 필수적이다(Downs, 2012). 이러한 보완적 활동은 부정적인 사고의 고리를 끊고 회복탄력성을 촉진하며 즐거운 활동과 미래 목표를 추구하려는 의지를 재도입하는 데 도움이 된다고 가정한다. 따라서 수많은 주거 요양 프로그램에는 기존 치료에 보조적인 보완 치료가 포함된다. 보완 치유의 예로는 음악 치유, 야외 활동 및 동물교감치유가 있다. 이는 무엇보다도 청소년의 사회적 기술, 자존감 및 자신감을 향상시키는 것을 목표로 한다(Bizub, Joy, & Davidson, 2003; Burgon, 2011; Foley, 2009). 말교감심리치유는 학기 단위로 계획되며 일반적으로 한 학기에 약 7 회기가 진행된다. 말교감심리치유 회기는 내담자에 따라 크게 다를 수 있다. 일반적으로 내담자의 기술과 기분에 따라 지상 활동 또는 승마가 포함될 수 있다. 지상 활동은 손질, 안장, 갈망, 신체 인식 운동 등을 말한다. 반면에 승마 활동은 승마장과 숲에서의 승마를 말하며, 내담자의 기술에 따라 추가적인 신체 인식 운동과 다른 활동 수준이 있다. 일반적으로 신체 이완 및 조정, 인식 및 제어에 큰 중점을 둔다. 이는 정신 및 신체 기능이 일관된 방식으로 기능하는 자신에 대한 보다 완전한 이미지를 얻을 필요가 있기 때문이다(Chandler, et al., 2010).

치유사와 내담자 사이의 관계에 대한 말이 참여하는 효과를 밝히기 위하여 15~21세의 여성 자해 내담자 9명과 치유사 8명과의 심층 인터뷰를 진행했다(Carlsson, 2017). 사회 복지 실천은 치료 관계를 구축하고 시간이 지남에 따라 전개되는 요구, 목표 및 자원을 식별하여 모든 내담자에게 고유한 조합을 구성함으로써 사회적 변화와 발전을 촉진한다(Adams, et al., 2009). 이러한 관계는 종종 쌍방(dyads, 두 당사자 간의)즉, 이원적 모델이 되며 신뢰, 공감, 정직, 존중, 감수성, 책임, 인내, 적극적인 경청, 협상 능력 및 반응성을 포함한다(Hasenfeld, 2010). 그러나 말교감치유에서는 치료 관계가 말과 함께 수행되어 결과적으로 삼원적 모델이 된다. 이전 연구는 치료에서 제 3자의 역할을 포함하는 과정이 아니라 방법으로서의 말교감치유의 효능에 주로 초점을 맞추었다(Anestis, et al., 2014). 효능 연구의 결과가 내담자에 대한 결과의 불일치를 보여주었다는 점을 감안할 때, 특히 치료 또는 사회사업에서 가장 중요한 내담자와 치유사 간의 치료 관계에 관한 과정에 대한 관심이 높아졌다(Bickman, et al., 2004; Carlsson, 2016; Duncan, et al., 2003; Lundberg, et al., 2015; Kim, et al., 2007). 전문가와의 관계는 전문적일 뿐만 아니라 대인관계이다(Lundberg, et al., 2015). 따라서 전통적인 전문성의 범위를 넘어 내담자와 치유사의 기능적 역할과 말의 역할을 모두 인식하고 인정하는 것이 중요하다. 또한 이 관계의 유용한 구성 요소는 개인의 선호도, 욕구 및 희망 사항에 따라 결정된다. 내담자와 치유사는 말, 개입 및 삼각형 모델을 다르게 인식할 수 있다(Vidrine, et al., 2002). 또한 활동이 말이 없이도 동등하게 효과적일 수 있거나 치유사가 내담자보다 말과 더 많이 상호 작용한다면 치료는 말교감치유로 간주될 수 없다(Notgrass, & Pettinelli, 2014). 또한 말교감치유의 목표는 내담자와 말 사이의 과정에 참여하고 관찰하는 것이므로 내담자와 말 사이의 과정을 삼각형 모델에서도 연구하는 것은 타당하다. 이원적 모델은 하나 또는 여러 행위자의 영향을 무시한다는 점에서 제한적이다(Simmel, 1971). 제 3자를 추가하는 것은 참여자의 수를 증가시킬 뿐만 아니라 관계를 질적으로도 변화시킨다(Simmel, 1971). 삼원적 모델은 두 부분 간의 연결로 구성될 수 있지만 세 번째 부분의 역할을 고려하지 않고는 설명할 수 없다. 마찬가지로, 치료 클리닉과 관련된 낙인이 제거됨에 따라 삼원적 모델은 이원적 모델보다 덜 위협적이고 매력적으로 인식될 수 있다(Brandt, 2013). 그러나 안정성은 한 내담자에게는 친밀하고 보호적인 환경으로 인식될 수 있지만 다른 내담자에게는 위협적이거나 스트레스를 주는 것으로 인식될 수 있다(Bachi, et al., 2012; Yorke, et al., 2008). 말교감치유는 치유사와 내담자 사이의 이원적 모델의 치료적 관계에 의존하지만, 내담자가 치유 보조 말에 대한 애착에 의해 촉진될 수도 있다(Karol, 2007). 동물을 포함하는 많은 프로그램이 다른 생명체와 애착 기반을 형성할 수 있는 기회를 만들기 위해 개발되었다(Bower, & MacDonald, 2001). 그러나 말교감치유가 애착이나 돌봄과 더 관련이 있는지 여부에 대한 논쟁이 있다(Kurdek, 2009). 이 연구에 포함된 내담자는 자해 행동으로 주거 치료를 받고 있었다. 자해는 청소년기에 자주 발생한다. 알려진 원인에는 개인의 완벽주의, 높은 기준 및 낮은 자존감의 조합이 있다(Holmqvist, et al., 2007; Jablonska, et al., 2008; Lundh, & Bjärhed, 2008). 감정 조절은 내담자의 상태 관리에서 중요한 역할을 할 수 있으며(Gianini, et al., 2013) 감정적 반응의 크기나 기간을 조절하는 활동으로 정의될 수 있다(Gross, 2013). 사회적 맥락에서 감정 조절 기술은 청소년기의 안녕에 중요하다(Silvers, et al., 2012), 정서적 자기 조절을 배우지 않은 청소년은 학교와 친구 관계에서 어려움을 겪을 가능성이 더 크기 때문이다(Silvers, et al., 2012). 또한, 애착 방향

(Zegers, et al., 2006), 마음 챙김(Hill, & Updegraff, 2012) 및 감정 인식(Ben-Naim, et al., 2013; Coats, & Blanchard-Fields, 2008; Szcygiel, et al., 2012)은 감정 조절에 역할을 하는 것으로 보이는 말교감치유의 구성 요소이며, 기존 치료를 보완할 수 있다. 칼슨은 말교감치유의 본질이 내담자를 더 큰 감정 인식과 규제에 개방하여 내담자와 치유사 사이의 관계를 보다 진정성 있게 인식하도록 촉진하는 능력임을 보여주었다(Carlsson, Nilsson-Ranta, & Træen, 2014). 말은 느끼는 감정에 따라 행동하기 위해 인간의 신체 언어가 필요한 민감한 동물이다(Chamove, et al., 2002; Minero, & Canali, 2008). 말에 대한 사람의 태도는 종종 말의 행동에 직접적인 영향을 미친다(Hama, Yogo, & Matsuyama, 1996). 따라서 치유사이든 내담자이든 모든 인간은 말 앞에서 감정을 조절할 필요가 있다. 말은 즉각적이고 정직하며 명확하고 비판단적인 것으로 인식되는 신체 언어를 통해 인간의 감정에 반응한다(Carlsson, et al., 2014). 말은 치유사와 내담자가 "실시간"으로 탐색할 수 있는 투영의 기회를 제공한다. 이 "실시간" 예측은 이러한 유형의 치료에만 해당되는 고유한 것이다(Bachi, et al., 2012). 그러나 이 예측은 내담자의 안전 기지에 잠재적으로 부정적인 영향을 미칠 수도 있다(Bachi, 2013). 내담자로부터 도망치는 말은 내담자에게 싫어한다는 신호로 인식될 수 있다. 따라서 치유사의 개입은 투영을 해석하는 데 중요하다(Bachi, 2013). 말교감치유의 본질은 치유사가 내담자의 감정에 집중하고 내담자가 말을 주체로 간주함과 동시에 내담자와 치유사의 행동에 따라 말이 행동한다는 것을 이해하도록 도울 때 향상된다(Carlsson, Nilsson-Ranta, & Træen, 2015).

말교감치유의 한 가지 결과는 변화에 대한 저항 감소임을 시사한다(Carlsson, et al., 2014). 말이 내담자의 방어 기제를 끌어내지 못하게 하면 내담자는 자신의 안전지대를 더 기꺼이 넘어설 수 있다. 따라서 말이 치유사와 내담자 간의 상호 작용을 위한 틀을 설정하는 것처럼 보인다(Carlsson, et al., 2014). 그러나 내담자의 나이, 말에 대한 혐오감, 말에 대한 경험, 동기, 문제의 심각성, 말과 함께 보낸 시간 및 환경에서 다른 사람의 간섭이 삼원적 모델이 인식되는 방식에 영향을 미칠 수 있다(Hauge, et al., 2013; Schultz, Remick-Barlow, & Robbins, 2007). 연구는 승마장, 마구간 및 치료실이 있는 시설의 홈 케어 및 주택 치료 센터에서 수행되었다. 숲과 초원 등 시설 주변 지역도 활용했다. 말교감치유는 매주 1시간 동안 제공되었으며 정규 프로그램(CBT)의 보완 프로그램으로 사용되었다. 말교감치유의 주요 강조점은 신체적 장애인과 달리 치료 목적의 승마가 아니다. 오히려 들판에서 말을 돌려보내기, 손질하기(말 빗질하기, 갈기 엮기), 승마(경기장에서 또는 숲속 산책하기) 또는 안정적인 작업과 같은 난이도 있는 작업을 수행했다. 활동에 능숙하다는 것은 초점이 아니었다. 내담자는 개입하는 동안 최대한 동일한 말을 유지했다. 참가자는 참가 전에 동물이나 말에 대한 사전 경험이 필요하지 않았다. 몇몇 내담자는 처음에는 겁을 먹었지만 결국에는 말에게 고마워했다. 내담자는 말과 안전하게 상호 작용하기 위해 지속적으로 말에 대해 배웠다. 말교감치유의 주요 목표는 내담자의 일상적인 문제를 직접 해결하고 말과의 상호 작용에 주의를 기울이는 것이다. 내담자는 자신의 생각과 감정에 대한 인식을 발달시키고 자신의 감정을 조절하는 능력을 향상시키는 데 도움을 받았다. 이 치료는 또한 내담자가 애착 행동과 기술을 개발하도록 동기를 부여하는 것이다(Johansen, et al., 2014). 말교감치유는 개별 내담자의 치료 목표와 욕구에 따라 맞춤화되었다. 완벽에 대한 내담자의 요구와 이전에 집단으로 활동할 때 겪었던 불편함 때문에 개별적으로 수행되었다. 치유사는 또한 내담자와 말의 안전을 기반으로 각 회기에서 수행할 수 있는 활동에 대한 경계를 설정했다. 각 말의 기질, 행동 및 상호 작용 의지를 매일 평가했고, 내담자 평가에는 정신 상태 검사가 포함되었다. 내담자가 부정적인 감정 상태(예: 공격성의 징후)를 나타내면 안전상의 이유로 말과의 회기가 취소되었지만, 그러한 경우는 드물었다. 또한 내담자가 갑자기 회기를 종료하는 경우는 거의 없었다. 회기의 조기 종료는 일반적으로 말에 대한 내담자의 공감 문제 때문이었다. 내담자는 말이 두려움이나 분노와 같은 감정을 좋아하지 않는다는 것을 알고 치유사에게 말이 관련되지 않은 다른 운동으로 대치해 줄 것을 요청했다. 이 연구에서는 내담자 수만큼 거의 많은 유형의 삼원적 모델이 발견되었다. 말은 삼원적 모델의 기초가 되었고 치유사와 내담자 사이에 다리를 만드는 역할을 담당했다. 결과는 또한 말과 치유사가 내담자에게 동등하게 중요하다는 삼원적 모델을 보여주었다. 이 삼원적 모델에서 내담자는 치유사와 말 모두에 대한 애착을 발달시킨 것으로 보인다. 인간이 동물과 정서적 유대감을 가지게 되면 사회적 지지가 더 강하게 인식된다(Antonacopoulos, & Pychyl, 2008). 이 유대감은 이전 연구(Bachi, et al., 2012)에서 볼 수 있듯이 동물을 쓰다듬고 손질함으로써 만들어질 수 있다. 사회적 지지가 자존감과 관련될 때, 이러한 유형의 삼원적 모델은 치유사와 말 모두에게 존재하는 정서적 유대로 인해 자존감에 더 큰 영향을 미친다고 주장할 수 있다. 자존감에 관한 다양한 결과는 자존감과 관련된 자기 비판 수준이 더 높은 자해 청소년과 관련이 있다(Jablonska, et al., 2008; Lundh, & Bjärhed, 2008).

9장

성인과 동물교감치유

성인 발달 (박희준, 강민희, 2021)

 ## 1. 성인 전기 발달 과정

성인 전기는 청소년기가 끝나는 약 만 20세에서 40~45세까지의 기간이다. 성인 전기에는 공통적으로 해야 할 과업으로서, 부모와 함께 살던 집에서 떠나는 것, 교육을 마치는 것, 전일제 직업을 가지는 것, 경제적으로 독립하는 것, 그리고 성적으로 또 정서적으로 한 사람과 장기간 친밀한 관계를 형성하고 자신의 가정을 갖는 것이다. 이 시기는 인생의 다른 어떤 시기보다도 미래에 대해 결정해야 할 것이 많은 활기찬 시기이다. 성인 전기에는 청소년기를 마치고 장기적인 교육 경험 및 훈련을 위해 많은 시간을 보내게 된다. 직업을 위해 자주 거처를 옮기거나 직업을 바꾸기도 한다. 이 과정에서 결혼과 가정 꾸리는 것을 미루게 되기도 한다. 청소년기에는 자신의 정체성을 위해 고민하지만 성인기가 되면 자신의 직업적 역할과 생활양식을 위해 고민을 하며 자율적이면서도 사회에 기여하기를 바란다. 성인이 되는 가장 뚜렷한 지표는 영구적이든 아니든 간에 전업 직장을 갖는 것이다. 그러나 청소년기에서도 성인기로의 뚜렷한 구분은 없다. 경제적인 독립성이 성인의 기준선이 될 수도 있다. 그러나 이것도 오랜 시간이 걸린다. 성인 전기에 신체적 상태가 가장 최고조에 도달하게 된다. 성인 전기 건강에 관심이 증가하게 되며 특히 다이어트, 체중, 운동 및 중독 등에 특히 관심을 두게 된다.

1 신체 및 운동

아동기와 청소년기를 거치면서 신체가 더욱 크고 강해지고, 신체 협응이 향상되며, 감각기관이 정보를 더 효율적으로 받아들일 수 있다. 그러나 신체 구조가 최대 역량과 효율성에 도달하게 되면 생물학적 노화가 시작된다. 노화는 신체에 따라 다르고 개인차도 크다. 각 개인의 유전적 성향, 삶의 형태, 생활환경, 그리고 역사적 시대 배경 등의 여러 요인이 생물학적 노화에 영향을 미치고, 촉진하기도 하고 늦추기도 한다(Arking, 2006). 20~30대에는 신체적 외관의 변화와 신체기능의 감소가 서서히 진행되므로 거의 눈에 띄지 않는다. 그러나 그 이후에는 변화가 빨라진다. 많은 종류의 운동 기술은 20~35세 사이 정점에 도달하고 그 이후 서서히 쇠퇴하게 된다. 질병으로부터 보호하는 면역체계의 능력은 청소년기까지 증가하다가 20세 이후부터 감소한다. 생식 능력도 연령에 따라 쇠퇴한다. 여성의 출산 능력의 감소는 배란이 줄고 난자의 질이 떨어져 생긴다. 남성의 경우 정액의 양, 정자의 농도와 활동성이 40세 이후 점차 줄어 남성의 생식 능력이 감소한다. 또한 소득 수준, 교육, 직업 수준은 성인기 거의 모든 질병 및 건강 지표와 관계를 보인다(Adler, & Newman, 2002).

2 인지

성인기에는 아동기와 청소년기의 인지적 변화를 넘어서 질적으로 다른 새로운 방식의 사고를 하게 된다. 또한 성인기는 특정 분야의 깊은 지식을 획득하는 시기이다. 성숙하고 합리적인 사고를 하는 사람은 다른 사람의 것과는 다른 자신의 결론을 고려한다. 이러한 이유를 정당화할 수 없으면 지식을 얻기 위해 보다 균형 있고 적절한 길을 찾아 자신의 결론을 수정한다. 여러 주제에 대한 의견이 다양할 수 있음을 알고, 사고가 더 유연해지고 관대해진다. 성인기의 성숙한 인지는 서로 반대되는 두 관점 중에서 하나를 택하는 대신 관점을 통합하는 쪽으로 가게 된다. 이러한 실용적 사고는 실제적인 생활의 문제를 해결하기 위해 필요하다(Labouvie-Vief, 2003). 전문 지식을 가지고자 하는 욕구가 이러한 사고의 변화를 동기화하며 여러 대안 중 하나를 선택함으로써 일상생활의 제약 속에서 어려운 것들을 균형 맞춰가게 된다(Labouvie-Vief, et al, 1995). 이처럼 성인들은 불일치함을 인생의 한 부분으로 수용하게 되고, 불완전과 타협을 통해 다양한 사고방식을 발전시키게 된다. 또한 자신의 생각을 되돌아보면서 숙고하는 능력은 여러 다양한 정서를 경험한 후에 향상된다고 하였다. 이 시기에는 지식이 확장되면서 이미 알고 있는 것과 관련한 새로운 정보를 기억하는 능력도 향상된다. 전문성은 특정 분야에서 전문적 지식을 습득하는 것인데, 한 분야를 숙달하는 데 여러 해가 걸리므로 대학의 전공이나 직업을 선택하는 전문화 과정에서부터 시작해야 한다(Horn, & Masunaga, 2000). 전문성은 일단 획득되기만 하면 정보처리에 막강한 영향을 미치게 된다. 전문가는 초보자보다 빠르게 또 효율적으로 기억하고 추론한다. 이미 아는 것을 활용하여 자동으로 해결책에 도달할 수 있고, 문제가 어려울 경우에는 계획을 세우고, 문제의 요소들을 분석하고 범주화하여 여러 가능성 중 가장 좋은 것을 선택한다. 전문성은 문제해결뿐 아니라 창의성에도 필요한데, 성인기 창의적 성과는 독창적이라기보다 사회적 요구와 심미적 요구에 부응하는 것이라는 점에서 아동기의 것과 다르며 성숙한 창의성은 새로우면서도 문화적으로 의미 있는 것을 만들고, 전에는 제기되지 않았던 중요한 문제를 제기하는 능력을 필요로 한다.

③ 사회 정서

안정된 자아 정체성을 형성하고 부모로 부터 독립하게 되면서 젊은이들은 가깝고 애정이 깃든 유대관계를 찾게 된다. 성인 전기는 새로운 가정을 만들고 부모가 되는데 이는 다양한 삶의 맥락에서 이루어진다. 동시에 젊은 성인들은 자신의 선택한 직업 분야의 기술과 과제에 숙달해야 한다. 그러므로 정체성, 사랑, 그리고 일이 서로 엮어진다. 이 세 가지를 이루는 과정에서, 젊은 성인들은 다른 어떤 시기보다 계획하고 선택하고 바꾸는 일을 많이 하게 된다. 자신의 결정이 자신과 잘 맞고 또 사회적 · 문화적으로 잘 맞을 때 새로운 역량을 가지게 되며 인생을 충만하고 보람된 것으로 느끼게 된다.

2. 성인 중기 발달 과정

성인 중기는 연령이 정해져 있지는 않으나 대략 40~45세부터 시작하여 60대까지 이어지는 시기이다. 성인 중기 많은 사람들은 신체적 기능이 쇠퇴하고 책임은 더욱 많이 지어야 하는 시기라고 생각한다. 젊음과 나이 듦의 양면을 생각하며 이제 남은 시간이 얼마 남지 않았음을 경험하게 된다. 다음 세대를 위해 뭔가 의미 있는 것을 해야 한다고 지각하고 직업적인 만족감에 도달하고 이를 유지하려 한다. 그러나 이러한 특성들은 중년의 모든 사람들을 설명하진 못한다. 성인 중기엔 많은 변화와 뜻밖의 사건, 전환점들이 존재한다.

1 신체 및 운동

건강의 문제는 성인 중기에 가장 중요한 관심사가 된다. 성인 전기보다 건강에 대한 염려를 더욱 많이 하게 된다. 즉, 성인 중기는 신체적 쇠퇴와 건강 문제 등이 일어날 수 있기 때문이다. 예를 들어 심장 관련 질환이나 암, 체중 문제 등이 그것이다. 정서적인 안정성과 성격도 성인 중기 건강과 관련된다. 수정 능력이 감소한 것을 갱년기라고 부른다. 여성은 이때 생식 능력이 끝나는 데 반해, 남성은 수정 가능성이 줄어들기는 하지만 여전히 유지된다. 갱년기는 월경과 생식 능력이 끝나는 폐경을 포함한다. 폐경이 일어난 후, 에스트로겐은 더욱 감소하여 생식기관의 크기는 줄어들고, 생식기는 쉽게 흥분되지 않으며, 그 결과 성 기능에 대한 불만이 늘어난다. 또한 에스트로겐의 감소는 피부 탄력의 감소와 골밀도 감소의 원인이 된다. 폐경으로 이르는 시기 및 폐경 후에는 흔히 정서적·신체적 증상이 동반되는데, 기분의 동요와 자주 열이 나는 느낌, 땀을 흘리고 난 후 체온이 상승하는 것, 주기적으로 더운 느낌을 가지는 것, 얼굴, 목, 가슴이 붉어지는 것이다. 젊었을 때 우울증 병력이 있었거나, 신체적으로 비활동적이거나 혹은 경제적인 어려움을 가지고 있는 여성이 갱년기 동안 우울을 더 경험할 수도 있다. 이러한 관점에서 볼 때, 수면 곤란이나 우울증을 폐경의 일시적 부산물로서 대충 넘겨서는 안 되며 이러한 문제에 대해 진지한 평가와 치료를 받아야 한다. 남성들 또한 갱년기를 경험하지만 폐경과 같은 경험은 없다. 40세 이후, 비록 정액과 정자의 양은 감소하지만 정자 생산은 평생 동안 계속되므로 90대의 남성도 아이를 가질 수 있다. 테스토스테론 생산은 나이와 함께 점차적으로 감소하지만, 성생활을 계속하는 건강한 남성에게서는 그 변화가 미미한데, 성생활이 테스토스테론 분비 세포들을 자극하기 때문이다(Berk, 2007; 2009).

❷ 건강과 체력

젊은 사람들은 대개 병을 일시적 것으로 생각하나, 중년의 성인들은 만성적 질병으로 간주하고 병원을 찾는 횟수도 늘어난다. 또한 자신의 건강이 좋지 않은 것으로 평정하는 중년 성인들 중, 남성들은 치명적 질병을 더 많이 겪고, 여성들은 치명적이지는 않지만 건강을 제한하는 질병으로 더 많이 고생한다. 갱년기의 신체적 변화 때문에 성인 중기에는 성적 반응의 강도가 감소한다. 암과 심혈관계 질환은 중년 사망의 주요 원인이다. 나이와 관련된 뼈의 손실이 심각한 경우에 골다공증이 생겨 골절의 위험을 크게 증대시킨다. 또한 적개심과 분노에 쉽게 휩싸일 수 있는데, 특히 지나친 경쟁심, 야망, 성급함, 적개심, 분노 폭발, 시간 압박감을 자주 경험하게 되는 성격일 경우 심혈관계의 높은 각성, 건강에 대한 불평, 그리고 스트레스 호르몬이 상승되어 극단적인 신체 반응을 경험하게 된다. 성인 중기는 인생 전체에서 가장 큰 성취를 이루고 만족을 얻는 생산적인 시기이다. 그럼에도 불구하고 이 시기에는 생기는 수 많은 변화들에 대처하기 위해서는 상당한 체력이 소모된다. 성인들이 가정과 직장에서 문제에 부딪히면, 이것은 일상의 사소하고 성가신 일들과 합쳐져서 심각한 스트레스를 줄 수 있다. 스트레스를 잘 관리하는 것은 어느 연령에서나 중요하지만, 특히 성인 중기에는 나이와 관련된 질병의 위험을 줄여 줄 수 있고, 만일 질병이 발생하였다 하더라도 심각성을 감소시켜준다. 운동은 신체적인, 심리적인 이득을 가져다준다. 또한 운동에는 스트레스를 보다 효과적으로 처리할 수 있는 능력도 포함되어 있다.

❸ 인지

성인 중기는 직업, 지역사회, 그리고 가정에서 책임이 확장되는 시기이다. 다양한 역할을 효과적으로 처리하기 위해 쌓아온 지식, 언어 유창성, 기억, 빠른 정보 분석, 추론, 문제해결, 그리고 자신의 전문 분야에서의 전문적 지식을 포함한 다양한 변화 양상을 보인다. 비록 어떤 영역에서는 쇠퇴가 일어나지만, 대부분의 사람들은 인지적 능력을 보여주고, 심지어 어떤 사람은 뛰어난 성취를 이룬다. 결정성 지능(Crystallized Intelligence: 축적된 지식과 경험, 뛰어난 판단, 그리고 사회적 관습의 숙달에 의존하는 기술)은 그 개인의 문화에서 가치가 있기에 획득된 것들인데, 이러한 지능은 성인 중기를 거쳐 꾸준히 상승한다. 반면 유동성 지능(Fluid Intelligence; 기본적인 정보처리 기술들로, 시각 자극들 사이의 관계를 알아차리는 능력, 정보를 분석하는 속도와 작업 기억 역량)은 20대에 감소하기 시작한다는 결과를 보인다. 결정 지능이 성인 중기에 상승한다는 것은 직장, 가정, 그리고 여가 활동에서 사람들의 지식과 기술이 끊임없이 증가하고, 매일 연습하기 때문이다. 성인 중기에는 처리 속도가 느려지면서 주의와 기억 능력의 일부는 감퇴한다. 그러나 매일 부딪치는 세상에서의 문제를 해결하기 위해 거대한 지식과 삶의 경험을 적용하기 때문에 성인 중기는 동시에 인지적 역량이 가장 확장되는 시기이다. 물론 나이에 따라 인지적 처리가 느려지는 것은 뉴런이 사멸할 때 신경망의 변화가 발생하기 때문이다. 그러나 뇌는 그에 대한 우회로(새로운 시냅스)를 형성함으로 적응하나 효율성이 이전보다는 떨어진다(Cerella, 1990). 나이가 들면 정보가 인지 체계를 통과할 때 상실되어 정보를 점검하고 해석하는 전체 체계가 느려진다고 한다. 그러나 행동적 보상(미리 문제를 보고 준비한다든가 하는)이나 그 영역의 지식과 경험은 처리 속도의 감퇴를 극복할 수 있다. 나이가 들면서 두 가지 정보에 동시에 주의를 기울이는 것과 억제(관련 없는 정보의 방해에 저항하는 것) 또한 어려워진다(Hasher, Zacks & May, 1999). 그러나 연습을 통해 이러한 능력은 또한 향상이 가능하다. 20대에서 60대까지 작업 기억에 보유할 수 있는 정보의 양은 감소한다. 이것은 노년기 성인들이 기억 전략을 덜 사용하기 때문이다. 시연, 조직화, 정교화 전략 등을 덜 사용하고 효과적이지 않게 사용한다. 그러나 일반적인 사실적 지식(역사적 사건과 같은), 절차적 지식(어떻게 운전하는지 혹은 어떻게 수학 문제를 푸는지와 같은), 그리고 자신의 직업에 관한 지식은 성인 중기에도 변하지 않고 그대로 유지되거나 혹은 증가한다(Baltes, Dittmann-Kohli, & Dixon, 1984). 또한 어떻게 하면 수행을 최대화할 수 있는지에 관해 수십 년 동안 축적해놓은 상위 인지적 지식을 사용한다. 예를 들어, 중요한 발표 전에 핵심 부분을 다시 검토하고, 문서나 서류를 체계적으로 조직화하여 정보를 빨리 찾을 수 있게 하고, 그리고 매일 주차장의 일정 구역에 주차를 하는 것 등이다. 이렇듯 노화는 상위인지에는 거의 영향을 미치지 않는다고 한다. 문제해결을 위해 현실세계를 판단하고 분석하는 능력은 성인 전기에 발달하여 성인 중기 최고에 이른다. 전문적 지식은 추상적 원리와 귀납적 판단을 요구하는 문제를 해결하기 위해 매우 효율적이고 효과적인 접근을 하도록 도와주며 이러한 암묵적인 지식의 적용은 오랜 시간의 학습과 경험의 결과이다(Ackerman, 2000). 창조적 성취는 30대 후반과 40대 초반에 절정을 이루고 그 후로 감소하나, 개인과 훈련에 따라 상당한 차이가 있다. 어떤 사람은 후반 몇십 년 동안 가장 큰 창조성을 보인다. 창조성의 질은 나이가 들어감에 따라 비범한 작품으로 만드는 것에서부터 다양한 지식과 경험을 독특한 방식으로 결합시키는 쪽으로(Sasser-Coen, 1993), 자기표현에 대해 자아중심적인 관심에서 보다 이타적인 목표로 전환하도록 한다(Tahir & Gruber, 2003).

4 사회정서

성인 중기에 도달하면 인생의 반 혹은 그 이상이 끝났고 앞으로의 시간이 제한되어 있다는 인식이 증가하게 된다. 성인들은 자기 인생의 의미를 다시 생각하고 자신의 정체성을 재정립하며 강화시키고, 또한 미래 세대와 접촉하려고 한다. 대부분의 성인 중기의 성인들은 자신의 관점, 목표, 그리고 일상생활을 조정하려 한다. 하지만 어떤 사람들은 깊은 내적 동요를 경험하게 된다. 나이를 먹는 것, 가족과 직업의 변화가 정서 발달과 사회성 발달에 크게 영향을 준다. 성인 중기 말에는 지나간 안타까운 것들에 대해 어떻게 해석하느냐가 안녕감에 중요한 역할을 한다. 자신의 실망을 해소하지 못했지만 그것을 수용하였거나 주로 좋은 면을 보려고 노력했던 사람들은 더 나은 신체적 건강과 더 높은 인생 만족을 보였다(Torges, Stewart, & Minter-Rubino, 2005). 성인 자녀가 독립하면서 중년의 성인들에게는 부모 역할과 함께 조부모 역할과 노부모 돌보기 역할이 첨가되면서 시부모 역할이나 장인장모 역할도 새로운 역할로 등장하게 된다. 그러나 역할 변화를 경험하는 시기는 가족생활주기의 시작 시점에 따라 큰 차이를 낼 수 있다(장휘숙, 2006).

대학생을 위한 동물교감치유

 그림 9-1 **대학생과 반려견**

대학에 가는 것은 전 세계의 많은 학생들에게 새로운 경험이다. 대학에 입학하면 많은 것이 변할 뿐만 아니라 새로운 어려움도 계속해서 나타난다. 이에 따라 고등 교육을 받는 학생들의 정신 건강 문제 발생이 증가하고 있다(Hunt, & Eisenberg, 2010; Muckle, & Lasikiewicz, 2017). 지난 몇 년 동안 대학생들은 학업 압박, 외부 및 내부 기대, 시간 및 재정 관리, 지리적 요인, 새로운 사회적 환경 및 가족 환경으로 인해 학업 스트레스, 우울 증상, 불안 및 자살 생각(Bayram, & Bilgel, 2008; Keyes, et al., 2012)의 높은 수준을 경험했다고 보고했다(Brougham, et al., 2009; Furr, et al., 2001; Miczo, Miczo, & Johnson, 2006; Misra, & McKean, 2000). 학생들의 스트레스 수준은 대학에 입학할 때 증가하고 대학에 다니는 동안에는 별도의 감소를 보이지 않는다(Bewick, et al., 2010). 스트레스 수준이 높으면 학생들의 학습 능력, 학업 성취도, 교육 및 취업 달성, 수면의 질과 양, 물질 사용, 심리적 및 신체적 안녕에 부정적인 영향을 미친다(Pascoe, Hetrick, & Parker, 2020). 정신 건강 문제로 고통받는 학생들의 수가 증가함에 따라 상담 서비스에 대한 수요도 증가한다(Watkins, Hunt, & Eisenberg, 2011). 정신 건강 문제로 고생하는 대다수의 학생들은 치료를 받지 못하고(Crossman, Kazdin, & Knudson, 2015), 시간 부족, 기밀성 부족, 정신 건강 서비스 이용과 관련된 낙인, 재정 자원 부족, 학업 기록 문서화에 대한 두려움, 원치 않는 개입에 대한 두려움과 같은 장벽으로 인해 여전히 전통적인 대학 상담 서비스에서 정신적 도움을 구하는 것을 자제하고 있다(Eisenberg, et al., 2009; Givens, & Tjia, 2002). 따라서 학생들의 우려 사항을 해결하고 이러한 스트레스가 많은 생활 상황을 보다 효과적으로 관리할 수 있도록 대안적 개입 및 예방 프로그램을 구현해야 한다.

시행이 급증하고 있는 고등 교육에서 학생의 안녕을 개선하기 위한 한 가지 접근 방식은 동물교감치유를 사용하는 것이다. 대학생이 개와 함께 상호 작용을 하면 심리적 안녕을 향상시킨다(Rothkipf, & Schworm, 2021). 대학에서의 사용은 2005년부터 인기를 얻었다(Adams, et al., 2017). 대부분은 자원봉사자이기 때문에 대학 프로그램(주로 개를 지원)은 학생과 대학에 무료로 제공된다. 고등 교육에서 널리 사용되는 동물교감치유 형식은 약 4~5명의 학생 집단이 약 10~20분 동안 한 동물(가장 일반적으로 개)과 학생들과 교류할 수 있는 특정 시간과 장소(종종 상담 센터, 도서관, 반려동물 친화적인 기숙사 또는 야외)에서 집단으로 상호 작용하는 것이다.

또한, 동물교감치유 팀이 지정된 특정 집단의 학생과 동물교감치유사 간의 의사소통을 포함하여 몇 주 동안 지속되는 종단 프로그램도 가능하다. 이러한 동물교감치유 형식은 학생들의 정신 건강과 안녕에 긍정적인 영향을 미치는 것으로 나타난 다른 형식보다 훨씬 많은 수의 학생들이 짧은 기간 동안 참여할 수 있게 해주지만, 더 오랜 시간이 필요하고 자원 집약적인 형식이다. 대학생들에게 이러한 종류의 개입을 제공하는 것은 상당히 새로운 과제이지만(Haggerty, & Mueller, 2017), 동물교감치유가 무엇보다도 순간적인 긍정적 감정에 대한 더 높은 평가, 스트레스 관련 부정적인 감정의 감소(Pendry, et al., 2018; Robino, et al., 2021), 스트레스의 심리적, 신체적 지표(Machova, et al., 2020;

Pendry, Kuzara, & Gee, 2019; Ward-Griffin, et al., 2018; Wood, et al., 2018), 불안(Grajfoner, et al., 2017; Jarolmen, & Patel, 2018; Thelwell, 2019; Williams, et al., 2018), 삶에 대한 만족도 증가와 함께 향수병, 캠퍼스와 연결성(Binfet, 2017; Binfet, & Passmore, 2016), 학업 성공의 행동적 측면(Pendry, et al., 2020), 기분과 함께 사회적 기술의 향상과 안녕(Machova, et al., 2020; Grajfoner, et al., 2017; Gil, Garcia, & Trujillo, 2019)을 가져올 수 있다. 또한 많은 학생들이 동물교감치유를 시행하기 전에 동물에 대해 알지 못했기 때문에 캠퍼스에 동물을 두는 것이 캠퍼스의 학생 상담 센터에서 제공하는 서비스를 홍보할 수 있음을 발견했다(Daltry, & Mehr, 2015). 그러므로, 동물교감치유를 제공하는 것은 우선 고등 교육을 받는 학생들이 치료를 찾도록 하는 효과적인 방법일 수 있다. 그럼에도 불구하고 연구 결과는 모호하고 완전히 일관성이 없다. 예를 들어 일부 연구에서는 생리적 스트레스가 감소했다고 보고했지만(Jarolmen, & Patel, 2018; Delgado, Toukonen., & Wheeler, 2018; McDonald, McDonald, & Roberts, 2017), 다른 연구에서는 이 효과를 확인하지 못했다(Barker, et al., 2016; Crump, & Derting, 2015). 하지만 고등 교육에서 동물교감치유의 긍정적인 효과를 확인하는 분명한 경향이 있기 때문에, 하버드 의과대학이나 예일 로스쿨과 같은 유명한 대학들 조차도 동물교감치유의 혜택을 받기 위해 캠퍼스에서 동물교감치유를 시행했다. 무엇보다도 스트레스, 불안 및 향수병의 증상을 줄임으로써 이러한 개입은 학생들의 기분, 안녕 및 학업 성공을 향상시킬 수 있다.

 # 1. 우울감 감소 및 자존감 향상

동물교감치유와 결합된 통합 놀이 치료는 단일 개입 프로그램과 놀이 치료 개념의 조합이다. 학생들은 놀이를 통해 자신과의 대화를 하는 매우 개인적인 경험이며, 치료 현장에서 놀이 활동에 집중하기 때문에 단순한 언어화로는 불가능한 다양한 지각을 얻는 효과가 있다(Kil, 2017). 이 놀이 치료는 정서적 문제에 짧고 효과적으로 개입하여 임상 현장의 새로운 변화를 이끌어 낼 수 있는 직접적인 치료 방법이다(Solomon, 1938). 비약물 치유의 접근 방식에서, 신체 활동, 인지 재활, 놀이 및 목적 활동, 회상 치유, 레크리에이션, 음악 및 예술 활동, 그리고 사회적 상호 작용과 함께 다중 개입은 단일 개입 방법보다 더 큰 치유 효과를 갖는다(Kil, Kim, & Kim, 2019). 교육환경에서는 동물교감치유, 동물교감활동, 동물교감교육, 다양한 놀이를 활용한 찾아가는 프로그램과 같은 다중 개입이 대학생들에게 인기를 끌고 있다. 특히 대학생을 대상으로 하는 동물지원을 포함한 다중 개입은 프로그램에 참여한 학생들에게 동물, 동물교감치유사, 놀이치료사 등과 상호 작용하여 긍정적인 감정을 유도함으로써 치료 경험과 효과를 극대화할 수 있다는 장점이 있다(Daltry, & Mehr, 2015). 정신 건강, 회복탄력성, 자존감, 복지는 대학의 주요 관심사이며, 이는 대학생의 성과뿐만 아니라 새로운 환경에도 영향을 미친다. 그들은 학생들이 적응하고 통합하고 다양한 변화에 대처하고 시험이나 과제를 수행하도록 돕는다. 수행 능력과 같은 새로운 학문적 요구와 관련된 상황은 상당한 스트레스를 유발하고 대학생의 정신 건강을 해친다. 대학생의 자존감은 자신에 대한 호의적 또는 비호의적 태도를 나타낸다. 우울은 학기 중 15주 동안 경험한 스트레스의 부정적인 결과를 동반하며, 개인이 경험하는 우울의 연속성과 확장은 낮은 자존감 수준과 관련이 있다(Besser, & Zeigler-Hill, 2014). 따라서 우울증과 자존감이 낮은 학생들을 위한 대학 교육 개입 전략이 매우 중요해지고 있다. 다중 개입에서 대표적인 비약물 치유 방법으로는 신체 활동, 인지 훈련, 사회적 상호 작용이 있으며(Shin, et al., 2013), 이 세 가지 활동에 대한 선행 연구들이 수행된 바 있다. 동물교감치유와 통합적 놀이 치료에서 다중 개입으로 적용된 신체 활동은 신체 건강 증진을 위한 계획적이고 목적이 있는 활동으로 우울증 및 자존감과 관련된 전반적인 기능 향상과 관련이 있다(Bherer, Erickson, & Liu-Ambrose, 2013). 인지 훈련에는 특정 인지 기능을 반영하도록 설계된 표준화된 활동에서 치유사와 함께 훈련하는 것을 포함한다. 인지 훈련은 분자 수준, 시냅스 수준, 신경 연결 수준에서 뇌의 기능을 변화시킬 수 있으며, 삶의 변화된 기능은 자존감에 긍정적인 영향을 미친다(Woods, et al., 2012). 사회적 상호 작용 활동은 스트레스를 완화하고 우울증을 예방함으로써 복합 개입 프로그램 참가자에게 효과적인 것으로 보고되었다(Pitkala, et al., 2011). 표 9-1은 대학생 대상 다중모드 개입 프로그램의 내용이다.

표 9-1 다중모드 개입 프로그램 내용

단계	목표	회기	활동
초기 (1~2)	• 라포 형성 • 그룹 구성원, 놀이 치료사 및 치유 보조견 사이의 친밀감과 신뢰 형성을 위한 아이스 브레이킹	1	• 이름표 만들기 / 나를 소개하고 친구 이름 알기(IPT-사회적 교류 활동) • 치유 보조견 소개 / 개 노래(AAT-정서 활동)
		2	• 치유 보조견 영상 시청(AAT-인지활동) • 인쇄된 강아지 그림 색칠하기(IPT-감정활동) • 치유 보조견에 대한 설명 및 느낌 공유(AAT-인지 활동)
중기 (3~6)	다중 모드 개입의 접근 활동 • 인지 활동 • 신체 활동 • 감정 활동 • 사회적 교류 활동	3	• 치유 보조견 환영과 스킨쉽(AAT-감정활동) • 마라카스 만들기와 놀기 / 내 강아지(IPT-신체활동) • 치유 보조견을 만지고 노는 방법 소개(AAT-사회적 상호 작용 활동)
		4	• 다리 빼기 게임 및 의자 체조(IPT-신체 활동) • 치유 보조견 기억하기(AAT-인지활동) • 치유 보조견 빗질 및 마사지 방법 배우기(AAT-사회적 상호 작용 활동)
		5	• 체험 놀이(IPT-신체 활동) • 칭찬과 선행 나눔(IPT-사회교류활동) • 치유 보조견과 함께하는 음악감상 / 꽃왈츠(AAT-사회교류활동)
		6	• 나의 자랑스러운 손 (IPT-신체활동) • 치유 보조견 간식 만들기(AAT-정서활동) • 치유 보조견과 함께 걷기(AAT-사회적 상호 작용 활동)
말기 (7~8)	• 프로그램 종료를 위한 활동 및 준비 • 프로그램에 대한 토론 및 의견 교환, 즐거운 경험과 소중한 추억 공유, 피드백 및 리뷰	7	• 시 감상 및 재구성(IPT-인지 활동) • 치유 보조견과의 정서적 협력(AAT-사회적 상호 작용 활동) • 추억의 앨범 만들기 (IPT-감성활동)
		8	• 치유 보조견에게 고마움을 전함 / 작별 인사 및 간식 먹이기 (IPT-감정 활동) • 프로그램 참여 및 종료에 대한 대화

출처 : Kil, 2021

연구 결과 4주 동안, 주 2회 670분 동안 대학생에게 정기적인 다중모드 개입 프로그램을 적용한 결과 우울증이 감소되고, 자존감이 향상되었다.

2. 스트레스 예방

대학생들의 스트레스 유병률 증가는 그들의 정신 건강과 학업 성공을 위협하고 있다. 시행이 급증한 스트레스 예방에 대한 한 가지 접근 방식은 대학 기반의 동물 방문 프로그램(AVP, University-based Animal Visitation Programs)을 사용하는 것이다. 세 가지 조건의 대학 기반 스트레스 예방 프로그램을 4주 동안 통합하는 효능을 조사하는 무작위 대조 시험을 실시하였다(Pendry, Kuzara, & Gee, 2019): (1) 증거 기반 학업 스트레스 관리 콘텐츠만(0% HAI), (2) 치유 보조견과 함께 인간과 동물의 상호 작용(100% HAI), (3) 학업 스트레스 관리 및 인간과 동물의 조합(50% HAI). 반응성(예: 즐거움, 유용성, 추천 및 행동 변화)은 프로그램 직후와 6주 후에 다시 수집된 자가 보고 설문 조사 자료를 사용하여 양적 및 질적으로 평가되었다. 실험 결과는 조건에 따른 인지된 행동 변화의 차이를 초래하지는 않았지만 증거 기반 콘텐츠 프레젠테이션을 인간 동물 상호 작용과 결합하는 것이 콘텐츠 프레젠테이션 또는 인간 동물 상호 작용만 제시하는 것보다 더 높은 수준의 즐거움, 지각된 유용성 및 추천 가능성과 관련이 있음을 시사한다. 프로그램의 즐거움, 유용성, 추천 및 행동 변화를 형성하는 인간 동물 상호 작용의 역할에 대한 학생들의 인식 주제들이 설명되었다.

대학생들이 느끼는 스트레스 수준이 크게 증가했다(Hunt, & Eisenberg, 2010; Kessler, 2012). 미국 대학 건강 협회(American College Health Association)에 따르면, 학생의 28%는 스트레스가 시험, 과정 또는 프로젝트에서 낮은 점수를 받는 것, 미이수를 받는 것, 과정을 중단하는 것, 일상적인 학업 활동에 심각한 지장을 받는 것을 포함하여 개별 학업 성취도에 부정적인 영향을 미치는 가장 중요한 요인이라고 보고했다(American College Health Association, 2018, p.5). 또한 대학생의 스트레스는 다양한 원인이 있지만 학업 스트레스는 44%의 학생들이 '가장 트라우마가 되거나 다루기 힘든 것'이라고 하였다(American College Health Association, 2018, p.15). 실제로, 대다수의 학생(84.4%)이 지난 12개월 동안 어느 시점에서 '해야 할 모든 일에 압도'를 느꼈다고 보고했으며, 80%는 '신체 활동이 아니라 피곤함'을 느꼈다고 보고했다(American College Health Association, 2018, p.13). 위의 조사는 일부 대학생이 우울 증상을 경험할 수 있음을 시사한다. 실제로 최근 메타 분석에 따르면 의대생의 28%와 간호대학생의 34%가 우울증을 경험한 것으로 나타났다(Tung, et al., 2018). 우울증이 있는 젊은 사람들은 자살을 시도할 수 있으며 도움을 구하려는 의지가 자살 위험을 줄일 수 있는 중요한 보호 요소이다(Choo, et al., 2017; Downs, & Eisenberg, 2012). 당연히 대학에 기반을 둔 정신 건강 센터는 서비스에 대한 수요가 높다고 보고한다. 93개 이상의 기관에서 수집한 데이터에 따르면 2008~2015년까지 대학 내 상담 센터 예약 증가(38.4%)는 해당 기간 동안 기관 등록 증가(5.6%)의 7배 이상이었다(Eisenberg, Golberstein, & Hunt, 2009). 그러나 대학정신건강센터와 대학생 정신 건강 연구에 따르면, 재학생의 22.3%만이 재학 중인 대학의 상담이나 보건 서비스를 통해 심리 또는 정신 건강 서비스를 받은 적이 있다고 보고했다(Eisenberg, Golberstein, & Hunt, 2009; Center for Collegiate Mental Health, 2015). 대학 환경에서 학업 스트레스가 만연하고, 고위험 학생들이 치료를 받기를 꺼리고, 대학 기반 정신 건강 센터의 부담이 크다는 점을 감안할 때, 학생들을 돕기 위한 증거 기반 스트레스 예방 프로그램을 발굴하고 확장하는 것이 중요하다.

대학 관리자와 학생들이 열광적으로 받아들이고 있는 스트레스 예방에 대한 한 가지 접근 방식은 동물 방문 프로그램(AVP, Animal Visitation Programs)이다. 미국에서만 천 개에 가까운 대학이 캠퍼스 내 동물 방문 프로그램을 제공한다(Crossman, & Kazdin, 2015). 프로그램 기간 및 상호 작용 유형과 같은 측면과 관련하여 경험적으로 연구된 프로그램 간에 상당한 차이가 있다(Vandagriff, 2017). 대학 기반 동물교감활동에 대한 연구 중 학생들이 동물과 상호 작용할 수 있는 시간은 7~20분 사이였다. 또한 학생들이 집단으로 동물과 상호 작용하는지 여부, 집단당 학생 수 또는 상호 작용이 일대일로 발생했는지 여부를 포함하여 상호 작용 유형에 차이가 있었다. 대부분의 프로그램에서 치유 보조 동물이 개이지만 고양이를 포함한 보호소 동물도 대학 기반 동물교감활동에 참여하는 것으로 알려져 있다. 무작위 대조 시험(RCT)은 제한적이지만, 대학 기반 동물 방문 프로그램이 학생들의 인지된 스트레스를 줄이는 데 효과적일 수 있음을 시사하는 유망한 인과적 증거가 있다. 예를 들어, 학생들이 보호소 고양이 및 개와 상호 작용하는 10분 길이의 집단 기반 동물 방문 프로그램의 인과 관계를 조사한 효능성 시험(N = 233)은 긍정적인 감정의 상당한 증가와 부정적인 감정의 감소를 발견했다(Pendry, et al., 2018). 다른 여러 인과 연구에서는 인지된 스트레스(Barker, et al., 2016; Binfet, 2017; Binfet, & Passmore, 2016)와 기분의 개선에 유익한 효과가 있다고 언급했다. 기분에 미치는 영향이 단순히 인식되는 것이 아니라는 것을 시사했다. 연구 결과에 따르면 보호소 개와 고양이를 10

분 동안 직접 쓰다듬는 것이 스트레스 관련 장애의 발병과 관련된 신체의 스트레스 민감 시스템 중 하나인 시상하부 뇌하수체 부신(HPA, Hypothalamic Pituitary Adrenal) 축의 지표인 코티솔 수치가 감소했다(Pendry, & Vandagriff, 2019). 참가자는 증거 기반 스트레스 관리 콘텐츠에 대한 다양한 노출 수준 및 인간 동물 상호 작용(HAI)에 대한 노출을 특징으로 하는 모집 당시 세 가지 조건 중 하나에 무작위로 할당되었다. 학업 스트레스 관리(ASM, the Academic Stress Management Condition) 집단에 무작위로 배정된 학생은 콘텐츠 프레젠테이션(예: 보건 교육자의 입증 기반 정보가 포함된 슬라이드 프레젠테이션)을 사용하는 기존의 증거 기반 프로그램과 자기 조절력 강화에 중점을 둔 활동(예: 점진적 근육 이완, 심호흡, 명상, 부정적인 혼잣말을 긍정적인 혼잣말로 바꾸기) 및 초인지 기술 훈련(예: 시간 관리, 시험 응시 기술, 학습 계획, 우선순위 지정 연습)이 포함되었다. 특정 콘텐츠는 대학에서 워크샵 시리즈의 일부로 정기적으로 제공되었기 때문에 이 비교 집단은 동물교감활동에 대한 노출을 특징으로 하지 않는 일반적인 집단과 같은 치료로 개념화되었다. 인간 동물 상호 작용(Human Animal Interaction Condition) 집단은 반구조화된 인간동물 상호 작용 회기를 특징으로 하며, 증거 기반 스트레스 관리 콘텐츠에 노출되지 않고 전체 프로그램 기간 동안 치유 보조견 및 동물교감치유사와 함께 동물 활동(예: 쓰다듬기, 휴식 활동)에 참여했다. 강화된 인간 동물 상호 작용(Enhanced Human Animal Interaction Condition) 집단에 배정된 학생들은 학업 스트레스 관리 집단에서 설명된 것과 동일한 증거 기반 콘텐츠 및 활동을 사용하여 수정된 스트레스 관리 커리큘럼에 참여하는 것과 학생들이 치유 보조견 및 그들의 동물교감치유사와 상호 작용하는 인간 동물 상호 작용 집단에서 사용하는 동일한 동물교감 활동에 노출되는 시간을 균등하게 나누었다. 인간 동물 상호 작용이 포함되지 않은 회기를 포함하여 모든 프로그램 회기는 대학 중앙에 위치한 건물의 동일한 카펫이 깔린 회의실에서 진행되었다. 각 주간 회기는 학업 스트레스 관리, 동기 부여 및 목표 설정, 수면의 이점, 시험 불안 등 학업 성공 촉진과 관련된 중심 주제를 다루었다. 학생들은 프로그램 회기가 시작되기 5~30분 전에 도착했고 안내데스크에서 등록했다. 그런 다음 학생들은 동물이 보이지 않는 곳에서 방으로 들어갈 수 있도록 허가를 기다렸다. 인간 동물 상호 작용 회기 동안 각 동물교감치유팀은 7개의 분할된 좌석 공간 중 하나에 할당되었다. 입장 시, 4~5명의 학생들로 구성된 집단은 자신이 선택한 동물교감치유팀에 치유 보조 동물의 혼란을 최소화하면서 접근하였다. 그 주의 주제에 관계없이 프로그램 활동은 다음과 같은 순서로 진행되었다. 학생들은 석사 수준의 정신 건강 및 증진 전문가의 슬라이드 프레젠테이션, 학업 스트레스 관리 집단 또는 인간 동물 상호 작용 집단, 강화된 인간 동물 상호 작용 집단과의 만남 또는 인사를 통해 입증된 기반 콘텐츠를 다양한 조합으로 프로그램의 처음 20분을 보냈다. 학업 스트레스 관리 집단에 배정된 학생들은 20분의 내용 발표만을 받았고, 강화된 인간 동물 상호 작용 조건 그룹 학생들은 10분간의 인간 동물 상호 작용에 초점을 맞춘 인사와 만남에 10분 그리고 내용 프리젠테이션 10분의 조합을 받았다. 인간 동물 상호 작용 집단 집단의 참가자는 증거 기반 콘텐츠 프레젠테이션을 받지 않았지만 20분 동안 인간 동물 상호 작용에 초점을 맞춘 만남의 시간을 가졌다. 나머지 회기 동안 참가자들은 10분 길이의 활동 두 가지에 참여했다. 하나는 마음 챙김, 명상, 이완 또는 시각화에 초점을 맞추고 다른 하나는 소집단, 반구조화된 토론 및 성찰에 중점을 두었다. 활동 순서는 매주 번갈아 가며 학생들에게 할당된 치료 집단에 따라 촉진 대본을 약간 수정했다. 콘텐츠를 받는 집단(학업 스트레스 관리 조건 및 강화된 인간 동물 상호 작용 조건)의 참가자의 경우 대본은 콘텐츠 프리젠테이션 중에 공유된 정보를 반영하는 용어(즉, 과정 지향적 목표에 대해 생각)를 언급하는 반면 인간 동물 상호 작용 집단에 대한 용어는 보다 일반적인 발언(즉, 합리적인 목표에 대해 생각)을 반영하도록 수정되었다. 또한 인간 동물 상호 작용 집단에 배정된 학생들을 위해 활동에는 활동 전반에 걸쳐 개를 만지고 쓰다듬는 명시적인 지침이 포함되었다. 각 회기가 끝나면 각 집단의 학생들은 동료들과 토론에 참여했다. 인간 동물 상호 작용 집단 및 강화된 인간 동물 상호 작용 집단 집단은 개 앞에서 수행했다.

1회기 : 학업 스트레스 관리

학업 스트레스 관리 집단 및 강화된 인간 동물 상호 작용 집단의 학생들을 위한 콘텐츠 프레젠테이션은 스트레스 표현과 스트레스 관리를 위한 효과적인 자기 관리 방법에 중점을 두었다. 다음으로, 각 집단의 참가자들에게 호흡 및 신체 탐색 운동을 소개했다. 인간 동물 상호 작용 집단의 경우, 이 운동은 개를 껴안고 쓰다듬고 만지고 함께 있는 개 '체험'에 대한 지시를 받으면서 수행되었다. 마지막으로 각 집단은 참가자가 분할된 좌석 공간에서 동료 또는 동물교감치유팀과 함께 소집단으로 앉는 토론 활동에 참여했다. 학업 스트레스 관리 집단 및 강화된 인간 동물 상호 작용 집단의 토론 활동은 내용 프레젠테이션 중에 소개된 용어를 사용하는 프롬프트에 따라 반구조화되었으며 현재 스트레스 요인을 식별하고 재구성하고 학생들의 대처 전략 사용에 대해 토론하는 데 중점을 두었다. 강화된 인간 동물 상호 작용 집단은 동물이 스트레스 관리에 어떻게 도움이 되는지에 초점을 맞춘 일반적인 프롬프트를 사용하여 비슷하지만 덜 구조화된 토론에 참여했다. 토론 활동 전반에 걸쳐 인간 동물 상호 작용 집단의 참가자는 원하는 대로 동물교감치유팀과 함께 치유 보조견을 쓰다듬고 상호 작용하도록 권장되었다.

2회기 : 동기 부여 및 목표 설정

학업 스트레스 관리 집단 및 강화된 인간 동물 상호 작용 집단의 학생들을 위한 콘텐츠 프레젠테이션은 고정된 마음가짐보다는 성장을 강화하고 목표 완료를 향한 자기 대화에 참여하는 것을 포함하여 달성 가능한 목표를 식별 및 설정하고 목표 달성을 지원하는 행동 습관을 확립하는 데 중점을 두었다. 다음으로, 각 집단의 참가자는 분할된 좌석 공간에서 동료 또는 동물교감치유팀과 함께 소집단으로 앉는 토론 활동을 했다. 학업 스트레스 관리 집단 및 강화된 인간 동물 상호 작용 집단의 토론 활동은 내용 프레젠테이션 중에 도입된 용어를 사용하는 프롬프트에 따라 반구조화되었으며 달성 가능한 학업 목표 설정, 필요한 예상 단계 해결 및 목표 완료를 위한 행동 수정 식별에 중점을 두었다. 인간 동물 상호 작용 집단은 학기의 합리적인 학업 목표, 그 목표가 의미 있는 이유, 성공적인 완료를 위해 직면할 수 있는 장벽을 식별하는 데 중점을 둔 일반적인 프롬프트를 사용하여 비슷하지만 덜 구조화된 토론에 참여했다. 토론 활동 전반에 걸쳐 인간 동물 상호 작용 집단의 참가자는 원하는 대로 동물교감치유팀과 함께 치유 보조견을 쓰다듬고 상호 작용하도록 권장되었다. 마지막으로, 각 집단의 참가자는 시각화 연습을 완료했으며, 그 동안 토론 중에 탐색한 단계를 거쳐 성공적인 완료로 마무리되는 자신을 목격하도록 권장되었다. 인간 동물 상호 작용 집단의 경우, 이 활동은 앉아서 개를 쓰다듬으면서 수행되었다.

3회기 : 수면의 이점

학업 스트레스 관리 집단 및 강화된 인간 동물 상호 작용 집단의 학생들은 최적의 수면 환경, 일과 및 행동을 만드는 데 중점을 둔 행동 수정을 식별하는 지침을 통해 필요한 건강한 수면의 양, 수면 부족의 영향, 일반적인 장벽을 극복하는 방법에 대한 정보를 받았다. 다음으로, 모든 참가자는 점진적 근육 이완 명상을 통해 취침 시간 루틴의 일부로 사용할 의도적인 이완 연습을 하였다. 인간 동물 상호 작용 집단의 경우, 이 활동은 개와 함께 앉아서 만지면서 수행되었다. 다음으로, 각 집단의 참가자는 분할된 좌석 공간에서 동료 또는 동물교감치유팀과 함께 소집단으로 앉는 토론 활동을 통해 안내되었다. 학생들의 현재 수면 환경의 질과 수면 환경을 개선하기 위해 취하려는 행동의 질을 탐구하는 데 중점을 둔 각 집단에 대해 유사한 프롬프트를 사용하는 유사한 반구조화된 토론 형식이 사용되었다. 인간 동물 상호 작용 집단의 경우, 이 활동은 앉아서 개를 쓰다듬으면서 수행되었다.

4회기 : 불안 검사

학업 스트레스 관리 집단 및 강화된 인간 동물 상호 작용 집단의 학생들은 시험 불안이 무엇인지, 그것이 신체적으로 정신적으로 어떻게 나타날 수 있는지, 불안을 극복하기 위한 접근 방식에 대한 정보를 받았다. 다음으로 각 집단에 대해 동일한 프롬프트를 사용하여 모든 참가자가 시각화 활동에 참여했다. 학업 스트레스 관리 집단 및 강화된 인간 동물 상호 작용 집단의 학생들은 중앙 테이블을 중심으로 이 시각화를 수행한 반면 인간 동물 상호 작용 집단의 학생들은 개와 함께 분할된 영역에 앉았다. 활동의 처음 5분은 가상이지만 다가오는 시험에 대한 스트레스와 불안을 불러일으키기 위한 것이었다. 다음 10분은 방해가 되는 생각과 감정을 중단하고 차분한 상태를 장려하며 가상 시험을 성공적으로 완료하는 것을 시각화하는 기술이 포함된 스트레스 해소 명상으로 구성되었다. 인간 동물 상호 작용 집단에 대해 스트레스 해소 활동은 동물이 있는 상태에서 수행되었으며 학생들은 개의 차분한 존재에 대해 생각하게 했다. 마지막으로, 모든 학생들은 이전 활동에 대한 경험과 스트레스와 불안의 경험을 관리 또는 중단하기 위해 4주 동안 다양한 마음 챙김 활동에서 연습한 기술을 어떻게 활용할 수 있는지에 초점을 맞춘 토론 활동에 참여했다.

우울증과 동물교감치유

 그림 9-2 우울

    우울증은 신체적 증상, 기분 불안정 및 인지 장애로 정의되는 정신 장애이다. 이는 전 세계적으로 2억 6,400만 명이 넘는 사람들에게 영향을 미친 흔한 질병이다(Global Burden of Disease-Disease and.Injury Incidence and Prevalence Collaborators, 2018). 우울증은 일상생활의 어려움에 대한 일반적인 단기 감정 반응 및 기분 변동보다 더 강렬하고 만성적이며 심각한 건강 문제가 될 수 있다. 이 장애로 인해 피해를 입은 사람은 많은 고통을 겪고 가정, 직장 및 학교에서 기능을 수행하는 데 어려움을 겪을 수 있다(World Health

Organization, 2020). 신체 증상이 우울증에서도 흔하며 의학적 치료를 복잡하게 만들 수 있다(Trivedi, 2004). 우울증과 관련된 증상으로는 사지 및 관절 통증, 허리 통증, 식욕 변화, 위장 문제, 피로, 정신운동 활동 변화 등이 있다. 세계보건기구(2020)에 따르면 매년 700,000명 이상의 모든 연령대의 사람들이 자살로 사망한다. 건강 측정 및 평가 연구소(Institute of Health Metrics and Evaluation)는 우울증이 18~59세 성인의 5%와 60세 이상 성인의 5.7%를 포함하여 일반 인구의 약 3.8%에 영향을 미친다는 사실을 발견했다. 일반 인구 중 성인 여성은 10.4%로 우울증에 걸릴 확률이 5.5%인 남성보다 약 2배 더 높았다(Brody, Pratt & Hughes, 2018).

우울증은 2010년 2억 9,800만 건의 주요 우울 장애가 발생할 정도로 공중 보건의 주요 문제이다(Ferrari 2013). 전 세계적으로 우울증 유병률은 2005년과 2010년 모두 4.4%였다(Ferrari 2013). 우울 장애의 증상에는 부적절함 및 절망감, 수면 장애, 체중 변화, 피로, 집중력 장애, 동요 또는 운동과 생각의 속도 저하, 자살 충동과 같은 다른 증상과 함께 우울한 기분과 흥미 상실의 1개 또는 2개의 핵심 증상의 존재가 포함된다(APA, 2013). 우울증 장애는 증상 정도, 정신적 또는 신체적 증상의 수, 지속 기간에 따라 분류할 수 있다. 해당 진단 범주는 지속적인 우울증(기분 저하) 및 무증상 상태(경미한 우울 장애)에서 주요 우울 장애까지 다양하다(APA, 1994; APA, 2013). 개인의 고통 측면에서 심각한 결과 외에도 우울증은 사회적 기능과 환자의 근로 능력에 큰 영향을 미친다(Evans-Lacko, & Knapp, 2016; Hirschfeld, et al., 2000; Lerner, & Henke, 2008). 우울 장애의 높은 유병률은 업무 장애에 대한 영향과 함께 광범위한 사회적 결과를 초래한다. 1990년 주요 우울 장애는 조기 사망으로 인해 손실된 생산적 수명과 장애로 인해 손실된 생산적 수명의 합인 장애조정수명(DALYs, Disability Adjusted Life Years) 측면에서 전 세계 질병 부담의 15번째 주요 기여자였다. 글로벌 질병 부담 연구의 자료에 따르면 우울 장애가 11번째 주요 기여자로 선정되었다(Murray, et al., 2012). 사회적 관점에서 일도 중요하지만, 일도 개인의 삶의 질에 있어 중요한 측면이다(Bowling, 1995). 일은 소득, 구조, 그리고 사회적 상호 작용을 제공한다. 우울증의 두드러진 결과 중 하나는 결근이지만, 우울증은 근로자의 작업 생산성에도 영향을 미칠 수 있다(Lerner, & Henke, 2008). 우울증에 걸린 근로자들은 직장에서 기능하는 능력에 특정한 한계를 경험한다. 이러한 제한은 정신 및 대인관계 업무를 수행하는 것을 포함한다(Adler, et al., 2006; Burton, et al., 2004). 오류와 안전 문제에 초점을 맞춘 연구에서 나타난 것처럼 작업 성과도 영향을 받을 수 있다(Haslam, et al., 2005; Suzuki, et al., 2004). 우울증에 걸린 근로자들은 일하는 동안 생산성을 높이기 위해 추가적인 노력을 해야 할 수도 있다(Dewa, & Lin, 2000). 이는 작업 후 피로의 파급 효과로 이어질 수 있다.

 # 1. 마음 챙김 훈련

자연과 동물교감 마음 챙김 훈련(NAMT, Animal-Assisted Mindfulness Training)은 마음 챙김 기술과 우울 증상 및 재발에 관한 집단 연습 경험 및 심리 교육의 지원-명상 교환을 발전시키는데 초점을 맞춘다(Schramm, et al., 2015), 자원과 동물교감 마음 챙김 훈련은 마음 챙김 걷기 및 호흡 운동과 같은 비공식 운동도 통합한다.

 표 9-2 **자연과 동물교감 마음 챙김 훈련(NAMT)**

회기	주제	내용
1	마음 챙김으로 자연을 관찰하고 묘사하기	– 프로그램 개요, 심리 교육(우울 삽화의 재발 방지, 마음 챙김의 역할, NAMT의 이론) – 주의 깊게 관찰하기 위한 연습 소개(수정된 건포도 운동) – 양을 주의 깊게 관찰하고, 설명하고 참여하기(침묵 속에서: 양을 서로 설명하고 구별하는 방법을 배우고, 양에게 주의 깊게 접근하고 모방하고, 자신과 동물에 대해 각각 절반의 주의를 기울여 솔질을 하거나 어루만지기) – 사색/교류, 3분 명상, 숙제
2	자연 속에서의 마음 챙김 일상 생활, 현재에 있기	– 3분 명상(자신의 문제 다루기) – 숙제 복습 – 자연 속에서 마음 챙김 일상생활 (침묵 속에서: 펜 청소, 존재하기, 흐름 경험, 존재 vs. 행동 마음 챙김) – 주의 깊게 양을 인도(침묵 속에서: 동물을 선택하고, 접근하고, 목줄을 걸고, 호흡을 사용하여 자신과 동물이 조화를 이루며 동기화되어 울타리 밖으로 동물을 인도하며, 현재에 집중하기) –사색/교환, 몸 탐색, 숙제

3	주의 깊게 자연에 참여하기	– 신체 스캔 – 숙제 검토 – 주의 깊게 양을 인도한다(침묵 속에서: 양을 우리 밖으로 내보내고, 그들이 먹고 있는 것을 관찰하고 설명하고, 다른 곳에서 양과 함께 조심스럽게 걷고, 무리에서 자신의 위치를 찾기, 무리의 일부가 되기) – 자연 속에서 눈 스캔 – 사색/교환, 3분간의 명상, 숙제
4	동정심	– 메타에 대한 소개 – 연습을 통한 명상(동정) – 숙제 검토 – 동물에 대한 동정심(침묵 속에서: 당신을 가장 덜 끌리는 양 고르기, 양과 함께하는 자애(Loving-kindness) 운동) – 사색/교환, 3분간의 명상, 숙제
5	자기 연민	– 자기 연민 연습 – 숙제 검토 – 자연 속의 자기 연민(침묵 속에서: 당신에게 긍정적인 영향을 미치는 자연 속의 명상 장소를 선택하기) – 두 명씩 짝을 지어: 일상생활에 통합될 수 있는 자연 속 에너지 소모자를 수집한다. – 사색/교환, 신체 스캔, 숙제
6	판단없는 수용	– 산악 명상 – 숙제 검토 – 마음 챙김에 대한 수용적 태도 소개, 자연과 양으로 부터 – 자연/자연에서 온 사람들 – 균형과 수용을 찾는 연습, 새로운 시작을 위해 놓아 주기(침묵 속에서: 마음을 다잡고 호흡을 하면서 돌탑을 쌓기) – 주의 깊게 양들을 인도하는 것과 양들에게 인도되는 것(침묵 속에서: 동물과 동기화하고 주도하고 인도 역할을 전환하고 자신의 의제를 놓아버리기) – 사색/교환, 3분 명상, 숙제
7	자연에 참여하고 부정적인 감정, 생각을 다루기	– 수용 명상 연습(부정적인 감정과 생각 다루기) – 숙제 복습 – 주의 깊게 자연 소재 가공에 참여(예: 양털 깎기, 양털 세탁 및 빗질, 펠팅 또는 양모 짜기 등, 흐름에 들어가기, 완전함을 느끼기, 자연의 규칙 수용) – 자연에서 듣는 명상(부정적인 감정과 생각 다루기) –사색/교류, 3분 명상, 숙제
8	통합	– 앉아 명상하기 – 숙제 검토 – 자연 통합, 자아 및 마음 챙김(존재) – 감사함 연습 – 사색/교환, 3분 명상

2. 우울 증상 감소

우울 증상을 포함한 심리적 및 생리적 변수가 있는 정신과 병원 참가자 218명을 대상으로 준실험 연구를 수행했다(Neppset, al., 2014). 연구에 따르면, 실험 집단은 퇴원할 때까지 일주일에 한 시간씩 개와 상호 작용을 시작하고 병원과 의료 서비스 제공자가 승인한 동물교감치유팀으로부터 동물교감치유를 제공받았다. 통제 집단은 평소와 같은 치료와 스트레스 관리를 제공받았다. 연구 결과 우울증이 상당히 감소한 것으로 나타났다. 노르웨이의 소 농장에서 14명을 대상으로 준실험 연구를 수행했다(Pederson et al., 2011). 임상 우울증이 있는 참가자는 광고, 노르웨이 노동 복지 서비스, 의료 담당자와의 접촉을 통해 모집되었다. 동물교감치유는 젖소 작업을 통해 일주일에 두 번 1.5~3시간씩 12주 동안 진행되었다. 동물들은 기질이나 행동에 대해 특별히 훈련을 받거나 인증을 받지 않았다. 농부가 참석했고 회기는 비디오로 녹화되었다. 통제 집단은 없었다. 비활동, 손질, 신체 및 시각적 동물 접촉, 오물(동물 영역에서 거름 제거)의 행동에 대해 우울증과의 관계는 서로 상반되었다. 결과는 우울 증상의 변화와 높은 수준의 이러한 행동 사이의 부정적인 연관성을 나타낸다. 우울증과 동물 접촉 사이에는 거의 유의미한 연관성이 있었다.

 ## 3. 사회적 위축 개선

사회적 위축은 우울증이 있는 성인에게서 주로 나타난다. 그러나 비약물적 치료, 특히 사회 참여 촉진에 미치는 영향을 탐구하는 검토가 부족하다. 따라서 우울증을 앓고 있는 성인의 사회적 참여를 지원하기 위해 어떤 개입 프로그램이 수행되고 그 효과를 검토할 필요가 있다(Phadsri, et al., 2021). 우울증은 전 세계적인 관심사이며 2030년까지 선도적이고, 심각하며 만성적인 비전염성 질환이 될 것으로 예측된다(Wan, 2012). 우울증은 개인의 열악한 사회적 경험과 손상된 사회적 기능에 의해 자주 드러난다(Burcusa, & Iacono, 2007). 또한 우울증은 사회적 회피를 증가시켜 장기적인 행동 변화를 일으킬 수 있으며(Friedman, 2014; Gibson, Cartwright, & Read, 2014), 이는 직업, 특히 사회적 참여에 영향을 미친다(American Occupational Therapy Association, 2020). 우울증을 앓는 사람은 부정적인 생각에 압도되고 사회활동 참여 의욕이 떨어지므로 증상이 재발할 위험이 높아 자기애, 삶의 만족도, 삶의 질(QoL)이 저하된다(Tsu, & Spangler, 2019). 사회 참여는 우울증 회복에 필수적인 역할을 하므로 치료 종사자는 "사회 참여에 매우 중요한 동료, 친구, 파트너 및 애완동물과의 관계 및 동반자 관계의 발전을 지원"하는 작업 중심 개입을 제공해야 한다(Lloyd, & Deane, 2019). 문헌 검토에 의하면 비약물적 치료가 우울증 환자 대다수가 선호하는 치료 옵션이라고 밝혔다. 이 집단에서 약물 치료(Gibson, Cartwright, & Read, 2014)에 대한 부정적 인식은 주로 졸음, 체중 증가, 피로, 변비, 성 기능 장애(Anderson, & Arnone, 2014; Ho, & Jacob, 2017)와 같은 불쾌한 부작용으로 인해 발생하며, 이는 종종 업무 능력의 부족과 사회적 기능 상실로 이어진다(Tsu, & Spangler, 2019). 또한 약리학적 치료를 받는 경우 다른 사람의 특별한 감독이 필요할 수 있으며 이는 가족과 지역사회에 부담이 될 수 있다(Koujalgi, & Patil, 2013). 따라서 그들이 기능적 능력을 유지하기 위해 항우울제를 사용하기로 동의했더라도(Evans, Spiby, & Morrell, 2020; Apostolo, et al., 2016), 우울증 증상을 줄이고 사회적 상호 작용, 사회적 정체성, 참여 및 소속감을 강화하기 위해 비약물적 치료를 통한 사회 참여를 촉진해야 한다. 이러한 혜택은 결국 삶의 만족도와 삶의 질을 개선할 수 있는 기회를 제공한다(Tsu, & Spangler, 2019; Lloyd, & Deane, 2019). 우울증을 관리하고 정신건강과 사회건강을 증진시키기 위해서는 우울증을 앓고 있는 개인이 스스로 노력하고 지역사회와 사회의 다른 사람들과 협력할 필요가 있다. 따라서 우울증을 앓고 있는 성인의 지지적 사회 참여와 재활 과정은 일반적으로 개인적 및 사회적 안녕의 관점에서 질병의 회복과 적극적인 관리에 의해 동기가 부여된다(Lloyd, & Deane, 2019). 사회 참여에 대한 여러 문헌이 출판되었지만, 이러한 문헌은 노인을 대상으로 여가의 하위 구성요소로서 사회 참여에 초점을 맞추거나(Smallfield, & Molitor, 2018; Nastasi, 2020), 낮은 수준의 증거로 불충분한 연구로 간주되었다(Webber, & Fendt-Newlin, 2017). 우울증 환자를 위한 치료를 제공하는 데 있어 사회적 참여의 중요성을 깨닫기 위해서는 작업 치료사를 포함한 의료 전문가가 최신 연구 증거에 대한 지식을 수집하고 우울증이 있는 성인의 사회적 참여를 촉진하기 위한 중재 프로그램을 개선하기 위한 효과적인 실제 지침을 수정해야 한다.

우울증 환자에 대한 사회 참여에서 긍정적인 행동 변화를 보였다. 동물과 함께 일하고 물리적으로 만지는 동안 기능, 상호 작용 및 만족도 증가에 대한 주관적인 경험을 잘 반영했다(Berget, et al., 2011). 조현병, 정서 장애, 불안 및 성격 장애를 가진 90명의 환자를 대상으로 농장 동물을 사용한 12주 동물교감치유를 진행했다. 주요 생산품은 젖소, 소, 양 또는 말이며, 모든 농부들은 농장 환경의 일부로 토끼, 가금류, 돼지, 고양이 또는 개와 같은 작은 동물을 키웠다. 환자들은 일주일에 3시간씩 두 번 농장에서 활동했으며, 주요 활동은 쓰다듬기, 솔질하기, 씻기, 안장 깔기, 말타기, 외양간 및 다른 목초지 사이의 다른 장소에서 동물 이동시키기 등이었다. 통제 집단은 통상적인 치료를 받았다. 우울증은 치료 집단과 통제 집단 모두에서 기준선과 6개월 추적 기간 사이에 유의하게 감소했지만 어느 시점에서든 치료 집단과 통제 집단 사이의 우울증 점수에는 유의한 차이가 관찰되지 않았다. 동물과의 신체적 접촉을 선호하는 것은 기분 개선과 강한 상관관계가 있다. 대인 의사소통은 외향성과 수다스러운 표현이 증가한 것으로 나타났으며, 이는 자존감 및 대처와 관련이 있다. 또한, 참가자의 자기 보고는 새로운 상황이나 다른 사람과의 상호 작용에 대한 두려움을 줄이고 치료 환경으로 동물과 결합된 사회적 참여 분위기를 촉진하는 대인 의사소통에서 즐겁고 고양된 경험을 하였다고 하였다.

직장인과 동물교감치유

 그림 9-3 **직장과 반려견**

　반려견, 치유 보조견, 보조견은 직장에서 점점 더 자주 볼 수 있다. 비록 개들이 직원들과 고용주들에게 많은 혜택을 줄 수 있지만, 그들의 존재는 작업 환경에 추가적인 위험과 우려를 초래할 수 있다(Foreman, et al., 2017). 그러므로 직장에서 개를 받아들이는 결정은 직원들의 건강, 안전, 그리고 복지를 포함한 많은 고려사항을 포함할 수 있다. 개들은 더 이상 가정환경에 국한되지 않는다. 또한 장애, 정서적 지원, 또는 심지어 교제를 돕기 위해 직장에서 점점 더 많이 나타나고 있다(Wells, & Perrine, 2001a). 예를 들어, 구글과 아마존과 같은 유명 기업들은 직원들이 반려견을 데리고 출근할 수 있도록 허용하고 있으며(Morris, 2014), 매년 아버지의 날 다음 주 금요일을 1999년부터 개와 함께 출근하는 날(Take Your Dog To Work)로 지정하고 있다(PSI, n.d.). 2015년 인적자원관리 협회(Society for Human Resource Management)의 직원 복리후생 조사에 따르면 응답자 중 8%가 직장에서 반려동물을 허용한다고 보고했으며, 이는 2013년 5%보다 증가한 수치이다(Daniels, 2015).

반려견 외에도 장애인 보조견이 작업 환경에 있을 수 있다. 직장에서 개의 증가 추세에도 불구하고 개가 성과, 직원 관계, 직장 문화, 근로자 건강 및 안전에 미치는 영향에 관한 과학적 증거는 부족하다. 직장에서 개를 수용할 때의 잠재적인 이점, 우려 및 문제를 다루고 직장에서 개를 수용하기로 결정할 때 고용주, 직원 및 인사 담당자가 고려할 수 있는 몇 가지 요소와 필수 조건이 있다(Foreman, et al., 2017).

개는 여러 가지 이유로 현대 작업 환경에 존재할 수 있지만 아마도 장애인 직원과 동행하는 보조견을 보는 것이 가장 일반적일 것이다. 미국장애인법에 따르면 보조견은 장애가 있는 개인을 돕기 위해 작업이나 업무를 수행하도록 개별적으로 훈련된다(101st United States Congress, 1990). 장애의 특성은 이동성, 시각 또는 청각 장애와 같이 신체적이거나 외상 후 스트레스 장애(PTSD) 또는 공황 장애와 같이 심리적 장애일 수 있다. 신체 장애가 있는 경우 보조견은 휠체어 사용, 물품 회수, 문 열기, 복도 및 거리 탐색, 경보 등을 돕도록 훈련될 수 있다. 공황 장애와 같은 심리적 장애를 가진 보조견은 공황 발작 동안 개인의 무릎에 누워 공격과 관련된 불안 증상을 줄이는 것과 같은 치료적 이점이 있는 작업을 수행하도록 훈련받을 수 있다. 특별히 훈련되지는 않았지만 장애가 있는 개인에게 정서적 지원을 제공하는 반려동물인 정서적 지원 동물도 직장에서 합당한 편의를 제공할 수 있다.

방문 치유 보조견은 업무 환경에서 자주 볼 수 있는 또 다른 유형의 개다. 방문 치유 동물은 일반적으로 환자 또는 학생과 교제하기 위해 의료 및 교육환경을 방문할 때 보호자를 동반하는 동물을 말한다(Parenti, et al., 2013). 방문 동물은 보통 개이지만 고양이(Brickel, 1979), 새(Holcomb, et al., 1997), 말(Bachi, 2012) 등 다른 동물도 될 수 있다. 소아과 병원, 정신 병원, 완화 치료 센터, 요양원과 같은 의료 환경에서 방문 치유 동물을 흔히 볼 수 있다. 교육환경에서 방문 치유동물은 종종 초등학교, 대학 및 도서관에 있다. 대부분의 경우 방문 치유 동물은 하루 몇 시간 또는 일주일에 몇 시간 동안 환경에 있지만 지속적으로 존재할 수도 있다. 상주하는 개는 시설에 거주하거나 매일 직원과 함께 출근할 수 있다(McCabe, et al., 2002; Winkler, et al., 1989). 상주견은 요양원, 아동 보호 센터 및 법정에서 흔히 볼 수 있다.

🐾 그림 9-4 아마존 시애틀 반려견 공원

치유 보조견은 환자 또는 내담자의 치료 또는 재활에서 전문 서비스 제공자(종종 의료 환경에서)를 돕는다(Parenti, et al., 2013). 이 개는 작업 치료사, 심리 치료사, 언어 병리학자, 물리 치료사 및 기타 직무를 수행하는 전문가와 함께 찾을 수 있다. 예를 들어, 작업 치료 환경에서 치유 보조견은 개를 손질하거나 공을 던지거나 개의 도움을 받아 걷는 것과 같은 운동을 장려하여 환자의 총운동 능력을 향상시키는 데 도움이 될 수 있다(Velde, Cipriani, & Fisher, 2005). 심리 치료 환경에서 개는 치료사가 내담자와의 관계를 발전시키도록 돕거나 아동 치료를 촉진할 수 있다(Parish-Plass, 2008). 고용주가 직원의 장애 여부와 상관없이 예의 바른 반려견을 허용하는 반려동물 친화적 사업장을 설립하는 사례도 있다. 예를 들어, 구글, 아마존은 직원이 개를 직장에 데려올 수 있도록 허용하는 정책을 가지고 있다. 경우에 따라 반려견 공원을 포함하여 개를 돌보고 복지를 위해 현장 숙박 시설이 제공된다(Bishop, 2012). 아마존의 시애틀 본사에는 일반 분수 옆에 강아지 크기의 분수가 있고 안내데스크에는 강아지 간식 용기가 있으며 건물 사이의 길을 따라 밖에는 배변 통부 판매기가 있다(Pregulman, 2015). 직장에서 개를 받아들이기로 한 고용주의 결정은 장애가 있는 고용인을 수용하는지 또는 반려동물 친화적인 작업 공간을 만들려는 고용주의 욕구를 충족시키는지에 관계없이, 동료의 건강, 안전, 복지에 미칠 수 있는 잠재적 영향을 고려해야 한다. 보조견이든 반려견이든 직원이 개를 직장에 데려오면 직장에 미치는 영향은 직원을 넘어 확장된다. 실제로 다른 동료, 관리자, 유지 관리 직원, 고객 또는 고객을 포함한 전체 사업 환경이 개의 존재로 인해 영향을 받을 수 있다. 일부 효과는 긍정적일 수 있다. 예를 들어, 경험적 증거는 개가 사회적 지원을 제공하고(Allen, Blascovich, & Mendes, 2002) 수행 능력을 향상시키며 사회적 상호 작용을 증가시킬 수 있다는 개념을 뒷받침한다. 그러나 건강, 안전, 대인 관계 및 문화적 문제와 관련하여 고려해야 할 다른 측면이 있을 수 있다.

 1. 사회적 지원 및 스트레스 감소

직장에서 개의 잠재적인 이점 중 하나는 직원에게 추가적인 사회적 지원을 제공한다는 것이다.

사회적 지원(Social Ssupport)이라는 용어는 다른 사람과의 관계가 스트레스로부터 개인을 완충하는 메커니즘을 설명하기 위해 종종 사용된다(Cohen, & McKay, 1984). 예를 들어, 240명의 병원 종사자를 대상으로 한 설문조사에서 사회적 지원이 증가하면 우울증 수준이 낮아지고 직무 성과가 향상되는 것과 관련이 있는 반면(Park, Wilson, & Lee, 2004), 직장에서 사회적 지원이 낮으면 우울증 및 불안 진단과 관련이 있는 것으로 나타났다(Sinokki, et al., 2009). 질적 연구에서 사회적 지원은 심각한 정신 질환을 앓고 있는 사람들이 직장으로 복귀할지 아니면 고용 상태를 유지하는지에 대한 핵심 요소로 확인되었다(Dunn, Wewiorski, & Rogers, 2010). 스트레스 완충에서 반려동물의 역할을 조사한 연구자들은 반려동물이 배우자나 가까운 친구보다 더 효과적으로 사회적 지원의 원천이 될 수 있다고 보고했다. 예를 들어, 스트레스가 많은 작업에 대한 개인의 심혈관 반응에 대한 배우자 또는 가족 반려동물의 존재 효과를 비교했다(Allen, Blascovich, & Mendes, 2002). 혈압과 심박수는 혼자(통제 조건), 배우자가 있는 경우 또는 반려동물이 동반하는 경우 이 세 가지 조건 중 하나에서 냉수 압박 작업(손을 얼음물에 담그기)과 암산 작업을 기록했다. 작업 전 기준 기간과 과제 동안, 배우자가 있을 때보다 반려동물이 있을 때 심장 박동수와 혈압이 유의하게 낮았다. 또한, 암산 과제 수행은 반려동물이 있는 상태에서 가장 적은 오류를 보였다. 유사한 연구에 따르면 개의 존재가 인간 친구의 피부 전도도 반응(Allen, et al., 1991)과 타액 코르티솔(Polheber, & Matchock, 2013)을 훨씬 더 크게 감소시키는 것으로 나타났다. 보조견이나 반려동물의 비판단적 역할은 치료 효과에 중요한 기여 요인이 될 수 있다. 개를 대상으로 직접 연구하지는 않았지만 친구의 가능한 평가 역할을 제한했을 때 유사한 생리학적 효과가 얻었다. 예를 들어, 심박수와 혈압을 기록하면서 39명의 여성에게 암산 과제와 개념 형성 과제를 시행했다(Kamarck, Manuck, & Jennings, 1990). 여성들은 이러한 작업을 혼자 또는 친구와 함께 수행했다. 친구는 친구의 실제 또는 인식된 평가 역할을 줄이기 위해 백색 소음을 내는 헤드폰을 착용하고 과제 진행 시 질문지를 작성했다. 친구 집단의 여성은 혼자 작업을 완료한 여성보다 두 작업 모두에서 심박수 증가가 유의하게 더 적었다. 예를 들어, 암산 작업 중에 심박수는 혼자 집단의 경우 분당 18회인 반면 친구 집단의 경우 분당 평균 8회 증가했다. 비록 이 실험이 친구의 비평가적 지지와 평가적 지지를 직접적으로 비교하지는 않았지만, 이 발견은 보조견이나 반려동물의 비평가적 역할이 치료 효과에 중요한 기여 요인일 수 있다는 개념을 뒷받침한다.

개의 유무만 비교한 다른 연구에서는 개가 없을 때보다 있을 때 스트레스 반응이 더 낮은 것으로 관찰되었다. 예를 들어, 고혈압이 있는 노인이 2분 동안 조용히 앉아서 실험자와 2분 동안 대화한 다음 다시 2분 동안 조용히 앉아 있는 QTQ(Quiet-Talk-Quiet) 프로토콜을 사용했다(Friedmann, et al., 2007). QTQ 프로토콜은 친숙하고 익숙하지 않은 개가 있을 때와 없을 때 수행되었다. 평균적으로 수축기 혈압과 이완기 혈압은 참가자들이 개가 없을 때보다 함께 있는 개가 있을 때 각각 7mmHg 및 2mmHg 낮았다. 두 가지 연구에서 직장에서 개가 스트레스와 안녕에 미치는 영향을 조사했다. 직장에서 개가 직원의 자기 보고 스트레스에 미치는 영향에 대한 한 연구에서 개를 직장에 데려온 직원과 데려오지 않은 직원이 근무일 내내 여러 번 인지된 스트레스 조사를 완료했다(Barker, et al., 2012). 개를 직장에 데려오지 않은 직원은 개를 데려온 직원보다 훨씬 더 높은 인지 스트레스를 받았다. 스트레스의 차이를 평가하기 위해 개를 직장에 데려온 직원에게 일주일의 연구기간 동안 이틀은 집에 두도록 지시했다. 반려견 집단의 직원들이 개를 직장에 데려오지 않는 날에는 하루종일 스트레스 수치가 높아져 반려견을 한 번도 데려온 적이 없는 직원의 패턴과 일치했다. 직장에 반려동물을 데려오거나 그렇지 않은 참가자들에게 직장에서 반려견의 심리적, 조직적 영향에 대해 물어본 또 다른 연구에서는 반려견을 데려온 사람들이 반려견을 데려오지 않은 사람들에 비해 직장에서 반려견의 인식된 이점이 더 컸다(Wells, & Perrine, 2001). 직장에서 개와 인간의 교제의 명백한 이점 외에도, 이러한 결과는 직장에서 개가 인식하는 이점이 직장에 존재하는 개와의 기존 관계에 따라 달라질 수 있음을 시사한다. 실제로 개-인간 관계 또는 유대에 대한 주제는 더 많은 연구 관심을 받고 있으며(Payne, Bennett, & McGreevy, 2015), 이 연구는 반려견이 직원의 스트레스와 안녕에 미치는 이점을 이해하는 데 중요한 의미를 가질 수 있다.

 ## 2. 업무 성과 향상

　　개의 존재에 대한 스트레스 감소의 증거 외에도, 일부 연구는 성과와 관련된 변화도 있다. 반려동물의 성과 향상 효과는 반려동물과 심혈관 반응성 연구에서 발견되었다. 48명의 고혈압 환자를 반려동물 집단 또는 비 반려동물 집단에 무작위로 할당했다 (Allen, Shykoff, & IzzoJr, 2001). 두 집단의 개인들은 고혈압약을 복용하기 시작했지만, 반려동물 집단에 배정된 사람들에게만 반려동물을 키우도록 지시하였다. 두 집단 모두 약물 치료를 시작하고 반려동물을 키우기 전과 6개월 후에 스트레스를 유발하는 작업(산술과 음성)을 수행했다. 반려동물 집단의 경우 반려동물이 있는 상태에서 업무를 처리했다. 반려동물을 키운 피실험자는 키우지 않은 피실험자에 비해 산술과 음성과제 수행 능력이 현저히 향상됐다. 또한 6개월 추적 연구에서 집단 간 생리적으로 유의미한 차이가 있었다. 반려동물을 동반한 집단은 통계적으로 유의하게 낮은 평균 심박수(산술과제-분당 79회 대 88회, 음성과제- 분당 79회 대 93회) 및 낮은 평균 수축기(산술과제- 130 대 139mmHg, 음성과제 - 126 대 139mmHg), 이완기 혈압(산술과제 - 90 대 95 mmHg, 음성과제 - 89 대 99 mmHg)을 보였다. 연구원들은 반려동물이 있는 곳에서 이러한 성과 향상과 스트레스 감소 반응을 사회적 지원의 한 형태로 간주한다.

749명의 직원을 대상으로 업무 관련(업무 몰입도, 이직 의도, 업무 기반 친밀도, 소셜 미디어 사용, 업무 관련 삶의 질)과 반려견 관련(반려견 애착 및 반려견 건강) 척도에 대한 응답을 분석했다 (Hall, Mills, 2019). 주로 여성 표본은 개를 직장에 데려온 243명의 직원으로 구성되었으며(167 = "자주" 개를 직장에 데려옴, 76 = "가끔" 개를 직장에 데려옴) 나머지 506명은 개를 직장에 데려오지 않았다. 개를 직장에 "자주" 데려간 직원은 모든 요소(활력, 헌신, 몰입, 총체)에서 평균보다 높은 업무 몰입도를 보고했으며, "때때로"(활력 및 총체) 및 "전혀"(활력, 헌신, 흡수, 총체)로 응답한 직원에 비해 상당한 차이가 보고되었다. 이직 의향은 또한 개를 직장에 데려가는 경우가 "전혀"보다 "자주"인 직원 집단에서 유의하게 낮았고 업무 기반 우정의 예민도는 더 높았다. 개를 직장에 데려올 때의 이점은 "절대"에 비해 "자주" 개를 직장에 데려가는 사람들에게서 업무 관련 삶의 질 측면에서도 관찰되었으며 일반적인 안녕, 재택근무 인터페이스, 직업 경력 만족도, 직장에서의 통제, 근무 조건, 전반적인 업무, 삶의 질에서 높은 점수를 받았다. 개를 직장에 데려간 적이 "절대" 없는 직원들은 휴식 시간에 소셜 미디어를 덜 사용한다고 보고했다. 반려견을 직장에 데려올 수 있다는 것은 잠재적으로 심리적 안녕을 지원하는 직관적으로 매력적인 완충 장치를 제공한다. 반려견의 존재는 가정환경에서 그리고 직장에서 경험할 수 있는 것과 같은 새로운 작업을 완료할 때 보호자의 스트레스를 줄이는 것으로 나타났다(Wright, et al., 2015; Allen, et al., 1991; Barker, et al., 2012; Walsh, et al., 2018). 이러한 이점은 반려동물의 존재와 증가된 사회적 지원의 느낌을 통해 제공되는 차분하고 비판단적인 불변성을 통해 실현된다(Mills, & Hall, 2014). 개는 직접적인 사회적 지원을 제공할 뿐만 아니라(Beetz, et al., 2011; Beetz, et al., 2012), 다른 사람들과의 의사소통과 우정을 증가시키는 사회적 촉매 역할을 한다 (Wood, 2015; McNicholas, & Collis, 2000). 고용주가 직장 내 개 정책을 개발할 때 고려해야 할 중요한 요소는 개의 크기일 수 있다. 자가 보고 결과에 따르면, 대형견은 소형견에 비해 전체 업무 몰입도와 구체적인 업무 몰입도를 감소시킬 수 있다(Hall, Mills, 2019). 마찬가지로 사무실에 소형견을 허용하면 업무 관련 삶의 질을 크게 향상 시킬 수 있다. 고용주는 사무실에 대형견을 두는 것의 잠재적인 부정적인 영향을 줄이기 위해 가능한 경우 사무실 배치를 수정하는 것을 고려할 수 있다.

3. 사회적 상호 작용

직장에서 개의 또 다른 잠재적 이점은 직원 간의 사회적 상호 작용에 긍정적인 영향을 미칠 수 있다는 것이다. 일화적인 보고에 따르면 반려동물은 직장에서 사회적 분위기를 향상시킨다(Tarkan, 2015), 직장 밖에서 수행된 연구에 따르면 개가 사람들 사이의 대화 빈도를 증가시킬 수 있다(Wells, 2004). 낯선 사람과 서로에게 친숙한 사람들 사이의 상호 작용을 변화시키는 반려견이 하는 역할을 평가하기 위한 연구가 수행되었다. 연구자들은 지인 및 낯선 사람들과의 사회적 상호 작용을 변화시키는 데 있어 반려견의 역할을 평가하는 데 실험적인 접근법을 취했다. 여러 연구에 따르면 개인이 반려견을 동반할 때 낯선 사람과의 사회적 만남의 빈도가 증가한다. 그러한 연구 중 하나는 여성 (실험에 참여하고 연구의 목적을 알고 있는 배우)이 혼자 있을 때와 다른 유형의 개(예: 성견 로트와일러, 성견 라브라도 리트리버, 어린 라브라도 리트리버), 인형, 화분과 함께 있을 때 낯선 사람의 접근 방식을 비교했다(Well, 2004). 성견 또는 어린 라브라도 리트리버와 함께 있을 때 30% 이상의 낯선 사람들이 여성과 대화를 나눈 반면, 그녀가 혼자 있거나 인형, 화분, 로트와일러와 함께 있을 때 5% 미만의 낯선 사람들이 여성과 대화를 나눴다. 또 다른 연구에서는 돈을 구걸하거나, 땅에 동전을 떨어뜨리거나, 젊은 여성들에게 전화번호를 묻는 등 보다 적극적인 역할을 하도록 했다(Guéguen, & Ciccotti, 2008). 세 가지 상황 모두에서 낯선 사람들은 개가 없을 때보다 개가 있을 때 더 잘 수용했다. 또한, 보조견의 혜택을 자주 받는 인구의 하위 집합인 휠체어를 사용하는 개인들을 대상으로 수행한 연구에 따르면, 낯선 사람들이 개와 함께 있을 때 그들과 대화에 참여할 가능성이 더 높다(Mader, Hart, & Bergin, 1989). 근로자는 낯선 사람보다 친숙한 동료 및 지인을 만날 가능성이 더 높기 때문에 낯선 사람 간의 사회적 상호 작용에 대한 연구가 관련성이 있는지 여부가 불분명하다. 현재까지 직장에서 개가 존재하고 직원 간의 사회적 상호 작용 빈도에 미치는 영향에 대한 연구는 수행되지 않았다. 그러나 동물 보조 활동 문헌의 결과는 이 미개척 연구 영역에 정보를 제공할 수 있다. 동물 보조 활동에서 방문 치유 보조견은 요양원, 병원, 학교 및 기타 환경으로 보내져 거주자, 환자 또는 학생을 방문한다(Fine, 2010). 직장 동료와 마찬가지로 요양원과 병원의 환자들은 매일 서로를 마주한다. 동물 방문 프로그램이 사회적 행동(즉, 대화 시작, 미소, 웃음 등)에 미치는 영향을 조사하는 일반적인 연구에서 동물 보조 활동 회기 중 상호 작용은 개가 없는 통제 회기와 비교했다. 한 요양원 연구에서 관찰자들은 30분 회기 동안 주의를 기울이지 않는 행동(예: 수면 또는 읽기), 주의를 기울이는 경청, 다른 거주자나 개에 대한 사회적 행동을 포함한 다양한 행동의 빈도를 기록했다(Fick, 1993). 다른 거주자에 대한 언어적 및 비언어적 상호 작용은 개가 없을 때보다 개가 있을 때 두 배 더 자주 발생했다. 유사한 연구에서도 동물 방문 프로그램의 시행과 함께 사회적 상호 작용이 증가하는 것으로 나타났다(Bernstein, Friedmann, & Malaspina, 2000; Hall, & Malpus, 2000; Kongable, Buckwalter, & Stolley, 1989).

직장에서 반려동물의 영향에 대한 인식을 조사한 몇 안 되는 연구 중 하나는 개가 사회적 상호 작용을 증가시키고 기분을 개선할 수 있다는 가설을 뒷받침한다. 대학생들에게 개, 고양이 또는 동물이 없는 사진을 제시했다. 그들은 이 사무실의 직원이라고 상상하고 직원 만족도와 기분에 대한 몇 가지 설문조사 질문에 답하도록 요청받았다. 개나 고양이가 포함된 이미지를 본 학생들은 동물 없이 사진을 본 학생들보다 기분이 더 좋고 사회적 상호 작용이 더 많을 것이라고 인식했다. 유사한 연구에서 대학생들은 개, 고양이 또는 동물이 없는 교수의 사무실 사진을 평가했다(Wells, & Perrine, 2001b). 사무실에 개가 있을 때 학생들은 고양이가 없거나 동물이 없을 때보다 교수가 더 친절하다고 인식했다. 직원 간의 사회적 상호 작용 증가의 잠재적인 단점 중 하나는 개인의 업무에서 주의가 산만해질 수 있다는 것이다. 위에서 설명한 연구 결과를 바탕으로 작업장에 있는 개가 다른 직원의 원치 않는 사회적 관심을 불러일으키고 이는 다시 업무에서 주의를 산만하게 할 수 있다는 결론을 내릴 수 있다. 또한 직장에 개가 있다는 처음의 참신함이 일시적인 생산성 저하로 이어질 수 있지만 직원이 개의 존재에 익숙해지면 주의 산만 수준이 낮아질 수 있다.

 ## 4. 건강, 안전 및 안녕 문제점

개가 직장에서 사람들에게 많은 이점을 제공할 수 있는 반면, 개 존재는 또한 여러 위험을 초래할 수 있다. 이러한 위험 중 일부는 알레르기 및 동물 매개 질병(예: 인수공통전염병)을 포함하여 인간이 아닌 동물이 어떤 환경에서든 동반할 수 있는 건강 문제와 관련이 있다. 다른 위험은 미끄러짐, 넘어짐, 낙상 위험 및 개 물림과 같은 안전 문제와 관련이 있다. 또 다른 문제는 직원의 심리 사회적 및 문화적 안녕과 관련이 있다.

1 알레르기

알레르기가 있는 사람의 약 15~30%가 개와 고양이에 알레르기 반응을 보인다 (Asthma and Allergy Foundation of America, 2015). 개가 없을 때도 개 알레르기 유발원이 공공장소에 널리 퍼져있다(Custovic, et al., 1996). 개에 대한 알레르기 반응의 강도는 다양하며 일반적인 증상으로는 눈과 코를 감싸는 막의 부종과 가려움증, 호흡 곤란, 얼굴, 목 또는 가슴에 발진이 있다(Asthma and Allergy Foundation of America, 2015). 따라서 직장에서 개의 존재에 대한 알레르기 반응의 위협은 고용주, 보건 및 안전 담당자, 인사 담당자가 직면한 실질적인 관심사이다. 개를 허용하는 업무 공간에서 알레르기 유발원을 효과적으로 줄이기 위한 다양한 방법이 존재한다. 이 방법은 인간-동물 접촉을 포함하는 모두 업무 공간에서 효과적으로 구현되고 사용되고 있다(National Research Council, 2011). 일반적인 방법에는 기존 알레르기를 평가하기 위해 직원을 조사하거나, 동물에 대한 노출을 제한하거나, 민감한 직원에게 개인 보호 장비를 제공하는 것이 포함된다. 주요 개 알레르기 요인원이 비듬에서 발견된다는 점을 감안할 때(Smith, & Coop, 2016), 일주일에 두 번 목욕을 하면 알레르기 요인원을 줄이는 것으로 나타났으므로 개 보호자에게 정기적으로 개를 목욕시키도록 하거나 반려견을 데려오기 전에 목욕을 시키면 알레르기 요인원에 대한 직장 노출을 줄일 수 있다(Avner, et al., 1997; Hodson, et al., 1999). 직장에 있는 개가 보조 동물인 경우 장애가 있는 보호자에게 과도한 부담을 줄 수 있어 무리한 요구일 수 있다. 고효율 미립자 공기(HEPA, High-efficiency Particulate Air) 필터가 있는 공기 청정기는 공기 중 개 비듬의 양을 줄이는 것으로 나타났다(Green, et al., 1999). 당연히 개가 업무 공간에 없을 때 공중에 떠 있는 개의 비듬 수준은 훨씬 낮으므로(Francis, et al., 2003), 개가 없는 구역을 지정하는 것은 업무 공간 환경에서 개의 비듬을 줄이는 데 사용할 수 있는 추가 방법이다.

2 인수공통전염병

인수공통전염병의 잠재적 전염은 직장에서의 또 다른 건강 문제이다. 인수공통전염병은 사람이 아닌 동물과 사람 사이에 전염될 수 있는 전염병이다. 개에게 흔한 인수공통전염병의 유형에는 내부 및 외부 기생충, 바이러스, 박테리아 및 곰팡이가 포함된다(Plaut, Zimmerman, & Goldstein, 1996). 인수공통전염병은 직접적인 접촉(예: 대변, 소변, 피부, 호흡기 분비물을 통해) 또는 간접적인 접촉(예: 동물에 의해 오염된 물 또는 음식을 통해)을 통해 전파될 수 있다(Plaut, Zimmerman, & Goldstein, 1996). 많은 전염병과 마찬가지로 어린이와 면역이 저하된 개인은 인수공통전염병에 걸릴 위험이 더 높다(Grant, & Olsen, 1999). 공공장소에서 개와 관련된 잠재적인 인수공통전염병을 통제하는 것은 지속적인 관심사이다. 반려동물은 수십 년 동안 동물교감치유 활동의 일환으로 요양원과 병원에 있었고 대부분의 기관은 이러한 환경에서 인수공통전염병의 위험을 줄이는 데 도움이 되는 정책을 개발하고 구현했다. 이러한 정책에는 일반적으로 빈번한 손 씻기, 동물의 정기적인 구충 및 예방 접종, 동물 배설물의 신속한 처리에 대한 지침이 포함된다(Robertson, et al., 2000). 예를 들어, 텍사스 의과대학은 방문 동물에게 붕대 유무, 위장 질환 징후 및 호흡기 질환 확인을 포함하는 특정 프로토콜을 포함하여 동물교감치유을 위한 방문에 대한 자세한 정책을 가지고 있다(UTMB, 2000).

3 미끄러짐, 넘어짐 및 추락 위험

직장에서 반려동물의 잠재적 위험에는 환경 안전 위험도 포함된다. 예를 들어, 개는 지면이 낮고 종종 목줄에 묶여 있기 때문에 개는 직간접적인 낙상 위험의 중요한 요인이 될 수 있다(Willmott, Greenheld, & Goddard, 2012). 개는 사람을 목줄로 당기거나 누군가가 바닥에 누워있는 개를 밟을 때 직접 넘어질 수 있다. 낙상의 간접적인 원인은 개의 씹는 장난감에 걸려 넘어지거나 개의 물그릇에서 엎질러진 물에 미끄러질 때 발생한다. 2006년에 개(업무 공간 노출에 국한되지 않음) 및 고양이와 관련된 낙상은 미국에서 약 86,000명의 부상을 초래했다(Stevens, Teh, & Haileyesus, 2010). 응급실 방문에 대한 자료를 수집한 연구에 따르면 75세 이상에서 부상률이 가장 높았고 가장 흔한 부상은 골절이었다(Willmott, Greenheld, & Goddard, 2012; Stevens, Teh, & Haileyesus, 2010).

간접 및 직접 낙상의 위험은 교육 및 실습을 통해 줄일 수 있다. 개와 관련된 낙상 위험은 직원이 잠재적 위험을 인식하도록 교육을 통해 모든 직원에게 전달할 수 있다 (Willmott, Greenheld, & Goddard, 2012), 목줄 길이는 복도나 사무실에 길게 늘어뜨릴 수 있는 끈으로 인한 넘어지는 것을 방지하기 위해 2미터로 제한하고 개 장난감과 그릇은 사람의 왕래가 빈번한 지역에서 떨어진 지정된 공간에 놓을 수 있다. 보조견 또는 반려견을 직장에 데려오는 개인은 낙상 위험을 줄이기 위한 이러한 프로토콜에 대해 통지를 받고 프로토콜 위반에 대해 처벌을 받을 수 있다. 안내견은 일반적으로 출입구와 복도에서 떨어진 책상과 탁자 아래에 눕도록 훈련되어 위험을 최소화한다.

④ 개 물림

직장에서 개를 허용하는 것의 가장 심각한 위험 중 하나이자 고용주에게 가장 심각한 우려 중 하나는 직원이나 고객이 물리는 것이다. 일부 추정에 따르면 동물이 사람에게 물린 원인은 개(포유류에게 물린 사람의 80~90%)가 가장 많고, 그 다음이 고양이(5~15%)이다(Garcia, 1997; Patronek, & Slavinski, 2009). 개에게 물린 상처는 가벼운 타박상부터 심각한 열상, 짓눌린 상처까지 다양하다. 대부분의 개 물림은 병원 방문이 필요할 정도로 심각하지 않다. 개 물림 중 약 17~18%만이 의료 치료를 받는다(Overall, & Love, 2001). 어떤 개든 물 수 있지만 직장에서 가장 자주 존재하는 개(예: 방문 치유견 또는 보조견)는 침착하고 공격적이지 않은 기질에 대해 광범위하게 평가되고 검증되어야 한다. 1996년, 인간 건강을 위해 인간과 동물의 상호 작용을 촉진하는 비영리 단체인 델타 소사이어티(현재의 펫 파트너스)는 방문 치유 동물의 선택을 위한 실천 표준을 개발했다(Fredrickson-MacNamara, & Butler, 2010). 테라피독스 인터내셔널(Therapy Dogs International)과 같은 방문 치유견을 평가하고 등록하는 기관도 잠재적 치유견을 평가하기 위한 엄격한 검증 절차를 가지고 있다. 이러한 검증 또는 표준은 미국캔넬클럽(AKC, American Kennel Club)에서 만든 모범 반려견 인증 평가(Canine Good Citizen Test)와 유사하다. 모범 반려견 인증 평가(Canine Good Citizen Test)에 통과하려면 목줄을 매고 조용히 걷기, 친근한 낯선 사람에게 인사하기, 호출 시 오는 것과 같은 기본적인 복종 작업을 수행할 수 있어야 한다(Volhard, & Volhard, 1997). 만약 개가 평가 중 공격성 징후(예: 으르렁거리기, 짖음)를 보이면 평가가 종료되고 개는 통과하지 못한다. 고용주에 대한 중요한 고려사항은 개가 직원을 다치게 할 경우 직장에서 개와 관련된 법적 책임이다. 고용주가 있는 지역의 관련 법률을 숙지하고 모든 당사자가 적절한 보험에 가입하도록 하는 것이 중요하다.

 그림 9-5 **모범 반려견 인증 평가(Canine Good Citizen Test)**

5 두려움과 공포증

일부 직원은 직장에서 개를 무서워하기 때문에 불편해할 수 있다. 2001년에 실시된 갤럽 조사에 따르면 조사 대상 미국인의 11%가 개를 두려워하는 것으로 나타났다(Brewer, 2001). 두려움 또는 불안 반응의 강도는 공포증에서와 같이 경미하거나 심할 수 있다. 개 공포증은 동물에 대한 공포증의 일종으로, 실제 위험, 적극적인 동물 기피, 사회적, 직업 또는 기타 기능 영역에서 임상적으로 유의미한 고통이나 장애에 비례하지 않는 수준에서 동물에 대한 현저한 두려움이나 불안으로 정의된다. 개 공포증이 있는 사람의 경우 개가 있는 것만으로도 두려움, 불안, 심지어 공황을 포함한 반응이 유발되거나 개에 대한 이미지나 생각이 촉발될 수 있다(American Psychiatric Association, 2013). 동물 특이 공포증(Animal-specific Phobias)은 일반 인구에서 3.3~7%의 유병률을 보이며 모든 연령대에서 비슷하다(McCabe, 2015).

6 문화적 민감성

개 두려움과 공포증 외에도 고용주는 직장에서 개에 대한 직원의 인식과 태도를 고려하는 것이 중요하다. 개에 대한 인식은 사회와 문화에 따라 상당히 다를 수 있다. 예를 들어, 개를 식품 공급원으로 사용하는 것은 일부 국가에서는 역사적, 문화적 관행이지만(Podberscek, 2009), 개를 반려용으로만 키우는 서구 문화에서는 여전히 금기 사항으로 남아 있다. 일부 문화권에서 개는 사냥이나 농장 동물 몰이와 같은 특정 작업에만 사용되는 "외부" 동물 또는 동반자로 간주 된다. 다른 문화권에서는 광견병과 같은 질병이 개에서 사람으로 전염되는 것이 중요한 문제이기 때문에 개를 반려동물로 키우지 않는다(Cleaveland, 1998). 일부 종교의 신자들은 전통적으로 동물을 집에서 기르는 반려동물로 보지 않는다. 예를 들어 이슬람교를 믿는 사람들은 종종 개에 대해 호의적인 태도를 갖지 않으며 개를 반려동물로 기르는 것은 세계의 많은 이슬람교 지역에서 극히 드문 일이다(Foltz, 2005). 무슬림 인구가 압도적으로 많은 쿠웨이트에서 반려동물에 대한 태도에 대한 연구에서 연구자들은 쿠웨이트 가족의 반려동물에 대한 "애착" 등급이 미국에서 수행된 비교 가능한 연구의 점수보다 약 1 표준편차 낮은 점수를 받았다는 것을 발견했다(Al-Fayez, et al., 2003). 이처럼 일부 종교 또는 문화를 가진 직원은 개와 작업 공간을 공유하는 것이 불쾌할 수 있다.

7 복지 문제

개는 직장에서 직원에게 다양한 혜택을 제공할 수 있지만 동물의 보살핌과 복지에 대한 관심은 중요한 고려 사항이다(Glenn, 2013). 동물 복지 문제는 농업 환경의 복지 문제를 다루는 위원회가 1965년 영국에서 작성한 다섯 가지 자유(Five Freedoms)를 사용하여 설명하는 경우가 많다(British Veterinary Association, 1992).

이 원칙들은 미국 동물 학대 방지 협회, 보호소 수의사 협회, 유럽 수의사 연맹을 비롯한 많은 동물 복지 단체의 철학에 통합되었다. 실험실 및 보호소 환경에서 개의 복지 문제도 공식적으로 다루어졌다. 개는 적어도 1,800년대 초반부터 심리학 및 생물 의학 연구의 주제로 사용되어 왔다(Feuerbacher, & Wynne, 2011). 오늘날 미국의 연구 환경에서 개를 사용하는 것은 일반적으로 국립 연구 위원회(National Research Council)의 실험 동물 연구소(Institute for Laboratory Animal Research)에서 개발한 실험 동물의 관리 및 사용에 관한 지침(Guide for the Care and Use of Laboratory Animals)(Garber, et al., 2010)과 같은 복지 지침을 따른다. 지침은 울타리의 크기, 온도 및 유형을 지정하고 적절한 유형의 환경 강화(예: 조작 가능한 장난감)를 설명하며 신체 활동 및 운동에 대한 권장 사항을 제공한다. 보호소 수의사 협회(ASV, Association of Shelter Veterinarians)는 케이지 크기, 사회화 및 청소에 대한 유사한 지침을 설명하는 동물 보호소에 대한 표준 관리 지침을 만들었다. 보호소 수의사 협회 지침은 또한 인간에 대한 인수공통전염병 및 동물 관련 부상을 줄이는 방법을 설명하고 있다. 보다 최근에는 치유 및 보조 동물의 복지를 보장하기 위한 지침이 제공되었다(Serpell, Coppinger, & Fine, 2010). 환경에 관계없이 책임감 있는 반려견 보호자, 보조견 훈련사 또는 치유 보조견 훈련사는 항상 반려견의 건강과 안녕에 민감해야 한다. 여기에는 스트레스가 많은 환경과 그것이 개에 미치는 영향을 인식하고, 개가 놀이 및 기타 종 특유의 행동에 참여할 수 있는 충분한 시간을 확보하고, 노령으로 인한 에너지 수준의 변화를 수용하는 것이 포함된다. 직장에서 개를 위한 숙소를 제공함으로써 고용주는 동물 복지 문제가 지속적으로 해결되도록 하는 데 약간의 책임을 질 수도 있다. 개와 직원 모두의 안전을 보장하기 위해 여러 마리의 개가 있는 근무 환경에서는 추가적인 복지 고려가 필요할 수 있다. 개들 간의 싸움은 개들을 분리시키려는 사람 모두에게 부상을 입힐 가능성이 있다. 개와 개 간의 상호 작용은 모범 반려견 인증평가(Canine Good Citizen Test)에서 평가되며, 이는 직장에서 허용된 개를 선별하는 데 사용하는 또 다른 이점이다. 직장에서는 반려견이 서로 가까이 있지 않도록 엄격한 근무지침을 시행하고 근무 환경을 계획해 갈등을 예방하고자 할 수 있다. 근무 환경에서 여러 마리의 개를 허용하기 전에 현장별 권장 사항에 대해 응용 동물 행동 전문가와 상담하는 것도 좋다. 개의 안녕에 대한 우려 외에도 보조견 팀의 안녕은 중요한 고려사항이다. 보조견이 근무 환경의 일부가 되면 사업주는 보조견 공공예절에 대한 교육 및 훈련을 제공하고 모든 직원에 대한 경계를 설정 및 존중하여 직장에서 직원을 준비시키기위해 공동 노력을 기울일 수 있다. 그러한 개입은 일반적으로 보조견 관리자와 함께 계획하여 그들의 사생활과 자율성을 존중해 주어야 한다(Glenn, 2013).

10장

노인과 동물교감치유

노년기 발달과정 (박희순, 강민희, 2021)

01

노년기는 65세 이후 연령기를 말한다. 평균수명이 증가했기 때문에 다시 이 시기를 젊은 노인(Young Old: 60~70대 초반), 늙은 노인(Old Old: 70~80대 초반), 아주 늙은 노인(Very Old: 80대 후반~)으로 구분할 수도 있다. 노년기를 연상할 때 전형적으로 매우 연약하고 매우 노쇠한 모습으로 생각하지만, 모든 사람들을 그렇게 설명할 수는 없다. 오늘날 사회가 변화함에 따라, 인종, 성별, 교육수준, 수입, 직업적 지위, 가족 형태와 건강상태 등에 따라 매우 다양한 노년층의 삶의 모습들을 볼 수 있다.

🐾 그림 10-1 **노인**

1. 신체 및 운동

중추신경계의 노화는 복잡한 사고와 활동에 광범위하게 영향을 준다. 성인기에 걸쳐 뇌의 무게가 계속 줄어들지만, 뇌 영상 연구와 사후 검사에 따르면 60대부터 그 손실이 커져서 80세가 되면 5~10%에 이른다. 그 원인은 뇌 속에서 뉴런(Neuron)이 죽고 뇌실(공간)이 커지기 때문이다(Vinters, 2001). 뉴런의 손실은 대뇌피질 전체에서 일어나는데, 그 영역에 따라서는 다른 속도로 진행되고 한 영역 내에서도 일관성이 없다. 그러나 뇌는 이러한 쇠퇴의 일부를 극복할 수 있는데, 노화하는 뉴런은 다른 뉴런들이 퇴화한 후 새로운 시냅스를 만들거나, 노화하는 뉴런도 어느 정도는 새로운 뉴런을 생성할 수 있으며 가끔은 젊은 성인들보다 더 넓은 범위의 대뇌피질 활동을 보여주기도 하는데, 이것은 노인이 뉴런의 손실을 보완하는 방법 중 하나로 인지적 처리를 위해 부가적인 뇌 영역이 활동하여 지원하는 것을 시사한다(Berk, 2005). 여러 가지 생명유지 기능에 관여하는 자율신경계 역시 나이가 들면 효율성이 떨어져 장기간의 더위 및 추위에 위험을 가질 수 있다. 또한 높은 스트레스 호르몬을 방출하여 노인의 면역체계를 약하게 하고 수면에 문제를 일으키게 된다. 감각기능의 변화 중 시력은 중년부터 노년까지 백내장(Cataract)이라 불리는 수정체의 탁한 부분이 증가하게 되는데 이 때문에 앞이 흐릿하게 보이고 수술을 받지 않으면 결국에는 시력을 잃게 된다. 또한 망막의 중심부인 황반에 있는 빛을 감지하는 세포가 파괴되면, 황반변성(黃斑變性, Macular Degeneration)이 생기기 쉽다. 이것은 중심 시력이 흐려지면서 점진적으로 시력을 잃는 증상이다. 내이(內耳)와 청각피질에 혈액 공급이 잘 안 되고 세포가 자연스럽게 죽는 현상은 고막이 딱딱하게 굳어지게 하여 청력을 감퇴시킨다. 작은 소리를 탐지하는 능력과 깜짝 놀라게 하는 큰 소리에 대한 반응성이 줄고 복잡한 음의 패턴을 식별하는 것이 더욱 어려워진다. 60세 이상이 되면 달고, 짜고, 시고, 쓴, 네 가지 기본 감각이 감퇴하고 미각만으로는 익숙한 음식을 알아내는 것이 매우 어렵다. 미각 예민성 감퇴는 노화와 별개로 흡연, 틀니, 약물치료, 환경 오염물질이 원인이 되어 맛의 지각에 영향을 줄 수도 있다. 노화함에 따라 손, 특히 손가락 끝의 촉각이 급격하게 쇠퇴하고 팔과 입술은 덜 쇠퇴한다. 촉각이 무뎌지는 것은 피부 특정 부위 촉각 수용기의 손실에 기인할 수도 있고 사지로 가는 혈액순환이 느려져서 그럴 수 있다. 70세가 지나면 거의 모든 노인들이 이러한 경험을 한다(Stevens, & Cruz, 1996). 심장혈관계와 호흡기계의 노화는 서서히 진행되며 보통 성인기 초기와 중기에는 인식되지 않다가 성인기 후기 변화의 신호가 분명해지면서 걱정을 일으킨다. 면역체계는 자동면역 반응(Autoimmune Response)으로 인해 정상적인 체세포를 공격함으로써 역기능을 하기 쉽다. 면역체계가 제대로 기능하지 못함에 따라 다양한 질병에 대한 위험률이 증가한다. 독감과 같은 전염병, 심장혈관 질환, 몇몇 종류의 암, 류머티스성 관절염과 당뇨병과 같은 다양한 자동면역질환이 포함된다. 노인도 거의 젊은이와 비슷한 약 7시간 정도의 전체 수면 시간이 필요한데, 수면의 질이 나빠져서 나이가 들면 잠이 드는 것, 깨지 않고 계속 자는 것, 그리고 깊이 자는 것이 모두 어려워진다. 또한 남자 노인은 전립선이 커져 밤에도 소변을 자주 봐야 하고 과체중에 술을 많이 마시는 사람은 수면 중 호흡정지의 위험이 있고 수면 중 다리 떨림의 증상이 함께 오기도 한다. 피부의 주름과 처짐, 거칠어짐, 반점, 얼굴의 변화, 머리카락의 변화 등의 신체 외관의 변화와 특히, 체격의 변화로 인한 근육강도, 골밀도, 관절과 힘줄과 인대의 강도와 유연성의 약화 등으로 기동성이 떨어지게 된다. 알츠하이머병은 대표적 노인성 치매로서 한때는 드문 질환이었으나 평균수명의 증가와 노인인구의 증가로 이제 비교적 흔한 노년기 문제이다. 특히 90% 정도가 65세 이후 발생하기에 노년기 질환으로 분류된다.

 ## 2. 인지

정신능력이 유동성 지능에 많이 의존할수록 쇠퇴하기 시작하나, 결정성 지능은 더 오래 유지된다. 그러나 이러한 지능을 유지하려면 인지 기술을 향상시키는 기회가 계속 마련되어야 한다. 노인들이 자신의 인지적 자원을 잘 활용하기 위해서 목표의 범위를 좁히고 그들의 감소하는 에너지를 잘 회복하기 위해 개인적으로 가치 있는 활동을 선택한다. 또한 상실을 보상하는 새로운 방법을 찾는다(Baltes, 1993). 노인들은 정보를 받아들이는 것이 느려지고, 책략을 적용하고 부적절한 정보를 억제하고 장기 기억으로부터 적절한 지식을 인출하기가 보다 어려워지면서 기억 실패 확률이 증가한다. 그러나 암묵적 기억(Implicit Memory) 혹은 의식적으로 인식하지 못하는 기억에서는 명시적 기억 혹은 의도적 기억과 비교해 볼 때 젊은이와 연령 차이가 훨씬 작게 나타난다. 구어나 삼문의 의미를 이해하는 언어이해의 측면은 암묵기억과 유사하게 노년기 거의 변화하지 않는다. 이와 대조적으로 언어 산출은 장기기억으로부터 특정 단어를 산출하는 것, 무엇을 말하고 어떻게 말 할 것인가 계획하는 것이 어려워진다. 풍부한 인생 경험이 노인의 이야기하기와 문제해결을 증진시킬 수 있다. 노년기에 최고조에 이르는 능력은 지혜(Wisdom)이다. 지혜는 넓고 깊은 실용적인 지식, 그러나 지식을 성찰해보고 적용하는 능력, 경청하고, 평가하고, 충고해 주는 능력을 포함하는 정서적 성숙이다. 또한 인간을 존중하고 타인의 삶을 풍요롭게 해주는 것과 관련된 것이다. 그러나 나이가 많다고 반드시 지혜를 가지게 되는 것은 아니고 인간문제를 다루는 훈련과 연습을 하고, 지도자의 위치에 있었던 사람, 역경에 직면하여 극복한 경험 등이 관련되었다. 동년배들과 비교하여, 지혜를 가진 노인들은 보다 좋은 교육을 받고, 신체적으로 보다 건강하고, 남들과 보다 긍정적인 관계를 형성하고, 경험에 대한 개방성 차원에서 높은 점수를 받았다(Kramer, 2003). 지혜는 또한 심리적 안녕과 관련이 있다(Peterson, & Seligman, 2004).

노인과 동물교감치유 활동 시 유의사항 (Tucker, 2005)

02

노화란 나이가 들어가면서 신체의 구조와 기능이 점진적으로 퇴화되는 것을 의미하는데, 이러한 노인의 노화과정은 시간이 지남에 따라 계속해서 진행된다. 그러나 노화가 진행된다고 해서 신체적으로 정신적으로 질병을 가지고 있는 것은 아니다. 시력 및 청력 상실, 힘 쇠퇴, 속도 쇠퇴, 기억력 감퇴 및 건망증 등은 누구나 겪는 노화와 관련된 자연스러운 현상이다.

일부 노인은 질문과 전혀 다른 대답을 할 수도 있다. 예를 들면, 동물교감치유사가 "할머니, 어제 산책하셨다고 들었습니다."라고 말했다고 한다면, 할머니가 "응, 난 언제나 거기서 살지!"라고 대답 할 수도 있다. 노인의 이러한 부적절한 대답에 대해서 절대 당황하거나, 웃지 않도록 한다. 그 치유 대상 노인은 동물교감치유사의 조롱과 비웃음을 알아차리게 되어 마음에 상처를 줄 수도 있기 때문에 이럴 때에는 간단하고, 정확하게 말하도록 한다. 치유 대상 노인이 입고 있는 옷 또는 머리 스타일에 대해 칭찬해 주고 싶다면, 말과 함께 몸동작을 보여주어 그 뜻을 더 잘 이해할 수 있도록 한다. 창문으로 보이는 경치, 방 안에 있는 물건, 식물 등에 관한 주제로 이야기를 유도하도록 한다. 이와 동시에 동물교감치유사는 그 대상을 향하여 손을 뻗어 가리키거나 또는 만져볼 수 있다.

모든 노인들이 건망증과 기억력이 상실된 것은 아니지만 기억력 상실과 건망증을 가지고 있는 노인이 많다. 만약 이러한 문제를 가지고 있다고 판단되면, 반복해서 묻는 질문에 대해 인내심을 가지고 대해야 한다. 노인 스스로 자신이 잊어버리는 것에 대해 화가 날 수도 있기만, 안심할 수 있도록 해주어야 한다. 동물교감치유사는 동물교감치유 대상 노인들의 반복적인 동일한 질문에 대해서 전혀 힘들거나 불편한 감정을 느끼지 않는다는 것을 설명해주도록 한다. 동물교감치유사도 무언가를 잊을 때가 있다고 말해

주거나, 동물교감치유사의 경험을 말해주는 것도 좋은 방법이다. 대답하기에 쉬운 질문을 함으로서 노인들을 도울 수 있다. 일부 노인은 자유롭게 대답할 수 있는 개방형 질문에 대해서 대답하는데 어려움을 가질 수 있다. 예를 들어, "어떤 색의 옷을 가장 좋아하시나요?"라는 질문이 "빨간 옷을 좋아하시나요?" 아니면, "파란 옷을 좋아하시나요?"라는 질문보다 훨씬 어렵다. 그러나 일부 노인들은 오래전에 일어났던 일에 대해 말하고 기억하는 것에 대해서 별로 어려움을 느끼지 있는 사람들도 있다.

 그림 10-2 휠체어를 탄 노인과의 동물교감치유

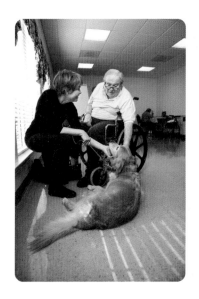

　　쇠약한 노인들은 특정 질병은 없지만, 노화로 인하여 몸이 점점 쇠퇴한 사람을 말한다. 그들은 쉽게 피부가 갈라질 수 있고, 걸음걸이가 이상하거나, 보행을 위해 보조 도구가 필요할 수 있다. 쇠약한 노인들 중 일부는 휠체어를 타고 있으며, 손을 사용하지만 힘이 없을 수 있다. 또한 일부 쇠약한 노인들은 노화와 관련된 다른 병적 증상, 예로 들면 호흡 문제, 청각, 시각 문제 등을 가지고 있을 수 있다. 만약 쇠약한 노인이 휠체어를 타고 있다면, 동물교감치유사는 의사소통을 위해 노인과 눈높이를 맞추도록 한다. 쇠약한 노인들과 동물교감치유 활동을 하는 치유 보조 동물들은 특히 통제가 잘 되어야 한다. 쇠약한 노인들은 쉽게 충격을 받을 수 있고, 놀랄 수 있기 때문에 치유 보조 동물들이 노인들에게 접근할 때는 천천히 접근할 수 있도록 한다. 치유 보조 동물에게 간식을 주고 싶어 하는지, 또는 치유 보조 동물이 반가움의 인사로 노인을 발로 건드리는 것은 아닌지 주의 깊게 살펴보도록 한다.

다양한 의료 요구가 있는 노인 환자는 의료 시설에서 전체 환자 인구의 많은 부분을 차지할 수 있다. 동물교감치유 프로그램이 이러한 시설에서 노인 환자에게 적절하게 서비스를 제공하도록 팀을 교육하는 것이 중요하다(Barker, Vokes, & Barker, 2019).

첫째, 노인 환자의 경우 감각 지각이 제한될 수 있으며 동물교감치유팀은 상호 작용하기 전에 환자가 방문에 동의했는지 확인해야 한다. 예를 들어, 노인 환자가 정신과 병동의 입원 환자인 경우 해당 병동의 지정된 직원이 동물교감치유팀의 연락 담당자 역할을 하고 환자의 방문에 대한 동의를 얻는 것이 중요하다. 노인 환자가 부분 청력 상실과 같은 감각 제한을 겪고 있는 경우에는 병동에 동물교감치유팀이 있음을 알리는 추가 주의를 기울이면 충분할 수 있다. 둘째, 노인 환자와 상호 작용할 때 균형, 운동능력, 지각의 변화로 인한 낙상사고나 부상을 방지하기 위해 각별한 주의가 필요하다. 치유 보조 동물과의 상호 작용은 주의 깊게 감독되어야 하며, 특히 주변 환경에서 치유보조동물의 위치, 하네스와 목줄의 위치, 기타 걸려 넘어질 위험에 주의를 기울여야 한다. 치유 보조 동물을 통제할 수 있는 충분한 공간과 치유대상 환자가 앉을 수 있는 공간과 같이 동물교감치유에 적합한 안전한 장소에서 치유대상 노인 환자와 상호 작용할 수 있도록 대상 기관의 직원과 협력할 수 있다. 노인 환자가 거동이 불편한 경우에는 환자의 병상으로 방문하는 것이 바람직할 수 있다. 이 경우 동물교감치유사는 치유대상 환자와 함께 침대에 눕도록 허용된 치유 보조 동물의 체중 또는 크기 제한에 대해 인지하고 있어야 한다. 보행 가능한 노인 환자와 상호 작용하는 동안 치유 보조 동물이 앉거나 눕도록 해주어야 한다. 개와 상호 작용하는 모든 사람과 마찬가지로 치유 보조 동물과의 접촉 전후에는 반드시 손 위생 절차를 따라야 한다. 셋째, 노인 환자는 손의 사용이 제한되어 동물을 쓰다듬는 것이 어렵거나 잠재적으로 덜 편안할 수 있다. 따라서 동물교감치유사는 치유 보조 동물에게 스트레스나 불편함의 징후가 있는지 주의 깊게 감독하고 이러한 징후가 나타나면 상호 작용에서 배제하도록 상기시키는 것이 중요하다.

휠체어 공공예절

휠체어란 그 사람의 신체 일부분과 같다. 따라서 현재 어디 있는지, 그리고 어떻게 주변을 돌아다닐 수 있는지 물어보고 휠체어를 옮겨야 한다.

- 휠체어에 타고 있는 사람을 폄하하는 말을 하지 않도록 한다.
- 휠체어 쪽으로 몸을 기울이지 않도록 한다.
- 안전상의 이유로, 휠체어가 잠겼는지를 확인하도록 한다.
- 휠체어를 사용하는 사람을 소개 받았을 땐, 손 악수를 하는 것이 좋다. 필요하다면 왼손으로 악수를 한다.
- 서있는 동안에는 대화는 줄일 수 있도록 노력하고, 대화를 하려면 앉거나 또는 쪼그려 앉도록 한다.

치매와 동물교감치유

 그림 10-3 **치매**

　　장수의 증가에 따른 결과 중 하나는 치매의 유병률이 증가하고 있다는 것이다. 치매는 노인의 주요 장애 원인 중 하나이며, 고령화에 따라 발병률이 증가하고 있다. 현재 추산에 따르면 전 세계적으로 4,680만 명이 치매로 살고 있으며, 20년마다 두 배로 증가하여 2050년까지 1억 3,150만 명이 될 것으로 예상된다(Prince, et al., 2015). 미국의 경우 2050년까지 1,380만 명이 알츠하이머 치매를 앓게 될 것으로 추정된다. 치매의 진행을 멈추거나 지연시키는 효과적인 약물치료 방법이 없기 때문에 치매 환자의 삶의 질을 향상시킬 수 있는 보완적인 방법으로 비약리적 치료법에 대한 관심이 증가하고 있다. 신체적 편안함, 정서적 행복, 대인관계는 의미 있는 활동에 참여하는 것과 함께 삶의 질의 핵심 요소로 여겨진다(Kuhn, et al., 2000; Nordgren, & Engstrom, 2014a). 치매는 독립성과 인간의 존엄성을 상실하는 수많은 신체적, 심리적 증상을 일으킨다(Jutkowitz, et al., 2016). 치매의 주요 증상은 우울증, 불안, 정신운동 동요, 공격성, 고함, 방황, 과잉행동, 무관심, 망상, 환각이다(Jutkowitz, et al., 2016). 이러한 행동 및 심리적 증상은 치매 환자와 그 가족의 삶의 질을 크게 떨어뜨리는 동시에 병원 입원과 가족의 관리 부담을 증가시킨다(Perales, et al., 2013; Papastavrou, et al., 2007). 치매에 사용되는 많은 약물은 문제 행동을 완화시키지만 근본적인 원인은 완화 시키지 못한다(Thompson Coon, et al., 2014). 이러한 약물을 장기간 사용하면 부작용이 발생하고 사망률이 증가한다(Tjia, et al., 2010; Cadwell, Dearmon, & VandeWaa, 2017). 따라서 부작용에 대한 면밀한 모니터링이 필요한 약리학적 개입에 앞서 인지기능, 행동증상, 심리적 증상 개선을 위한 비약리학적 개입을 고려해야 한다.

현재 치매의 행동 및 정신심리적 증상(Behavioral and Psychological Symptoms of Dementia : BPSD)을 치료하거나 완전히 제거할 수 있는 치료법은 없다. 여기에는 공격성, 초조, 우울증, 식욕 부진 및 신체 활동 감소가 포함된다(Cerejeira, Lagarto, & Mukaetova-Ladinska, 2012). 치매 환자의 최소 90%가 행동 및 정신심리적 증상을 보인다(Columbo, et al., 2006). 행동 및 정신심리적 증상의 부정적인 측면을 줄이기 위해 음악 요법, 운동 요법, 동물교감치유, 아로마 치유, 회상 요법과 같은 보완 요법이 사용되고 있다(Hulme, et al., 2010). 이러한 증상을 해결하기 위해 여러 가지 약이 권장되지만, 치유사의 개입의 성과와 관련하여 약물 치료만큼 강력할 수 있다고 제안되었다(Burns, & Iliffe, 2009).

알츠하이머병은 뇌 세포를 서서히 점진적으로 파괴하는 만성 퇴행성 질환이다(Santaniello, et al., 2020). 이 질병은 기억, 추론, 언어와 같은 고등 인지 기능의 비가역적 악화를 유발하며 여기에 행동 장애가 추가된다. 이 모든 것이 기능적 상태와 정상적·기본적인 일상 활동을 수행하는 능력의 완전한 손상으로 이어진다(Serrano-Pozo, 2011). 알츠하이머병의 원인이 되는 병인학적 기전은 불분명하지만 아마도 환경 및 유전적 요인에 의해 영향을 받을 수 있다(Day, et al., 2016). 알츠하이머병의 뇌 조직에서 관찰되는 주요 병리학적 변화는 세포 밖의 초로성 반점에 축적된 아밀로이드-β(Aβ) 펩타이드의 수치 증가, 타우 단백질(p-tau) 및 혈관벽의 Aβ 침적으로 인한 뇌 아밀로이드 혈관병증에 의해서 나타난다. 또한 이 조건에서 뉴런과 시냅스의 광범위한 손실이 있다(Reitz, Brayne, & Mayeux, 2011). 최근 수십 년 동안 병리 발생과 임상 실습에서 많은 진전이 이루어졌지만 알츠하이머병의 유발 요인, 발병 및 진행은 여전히 불분명하다(Sun, et al., 2018).

동물교감치유는 사회적 행동을 증가시키고, 초조를 포함한 행동 문제를 줄이고, 우울한 증상을 감소시키며, 일상생활 활동의 손상을 감소시키는 것으로 나타났다(Bono, et al., 2015; Churchill, et al., 1999; Dabelko-Schoeny, et al., 2014; Edwards, Beck & Lim, 2014; Friedmann, et al., 2015). 주요 논문들에 대한 메타 분석 연구 결과를 요약하면 다음과 같다(Yakimicki, et al., 2019).

치매의 초조에는 신체적 또는 언어적 흥분, 조급성, 강박적 행동(예 : 조직 분쇄 등), 불안 및 정서적 괴로움이 포함될 수 있다(Alzheimer's Association, 2017). 초조는 환자와 간병인 모두에게 고통을 줄 수 있다. 이 중 간병인에게 더 고통스러운 것은 공격적인 행동이다. 공격적인 행동은 다른 존재 또는 환경에 대한 위협적인 공격으로 치매 환자의 최대 50%에서 발생한다(Cipriani, et al., 2011). 15개 연구 중 9개 연구에서는 동물교감치유 프로그램의 시행으로 초조와 공격성이 통계적으로 유의미하게 감소하는 것으로 나타났다(Churchill, et al., 1999; Dabelko-Schoeny, et al., 2014; Edwards, Beck, & Lim 2014 ; Friedmann, et al. , 2015; Pope, et al., 2016; Richeson, 2003; Sellers, 2006). 한 연구는 특히 "일몰" 행동을 목표로 했고(Churchill, et al., 1999) 참여자들에 의해 나타난 저녁 시간의 초조 행동에서 통계적으로 유의미한 감소를 발견했다. 사회적 행동은 다른 사람이나 동물과의 관계를 보여주며 신체적 접촉, 눈 접촉 또는 사람이나 동물과의 대화를 포함한다(Kongable, et al., 1989).

국내에서도 인지 기능, 감정 상태, 문제적 행동 및 치매 노인의 일상생활에 대한 동물교감치유의 심리적, 행동적 효과를 조사하였다(Baek, Lee, & Sohng, 2020). 경기도 소재 병원 2곳에서 실험집단 14명, 통제 집단 14명 등 28명이 모집되었다. 실험집단은 8주 동안 매주 60분씩 동물교감치유를 두 번 받았고, 통제 집단은 전통적인 치료를 받았다. 두 집단의 인지 기능, 감정 상태(무드, 우울증), 일상생활 활동, 문제 행동 등을 세 가지 시점(연구 전, 4주, 8주)에서 비교한 결과 유의미한 차이를 확인하였다. 이 연구 결과는 치매 노인의 심리적, 행동적 문제를 개선하기 위해 동물 교감치유를 일상 치료의 선택사항으로 도입가능하다는 것을 시사한다.

1. 사회적 행동

치매 노인 환자의 사회적 행동에 대한 동물교감치유의 영향을 조사했다(Batson, et al., 1998; Churchill, et al., 1999; Greer, et al., 2002; Katsinas, 2001; Kawamura, et al., 2009; Kong-able, et al., 1989; Olsen, et al., 2016b; Pope, et al., 2016; Richeson, 2003; Swall, et al., 2015; Thod-berg, et al., 2016). 이 연구 중 하나에서(Pope, et al., 2016) 일화적인 관찰이 개가 참가자의 사회적 상호 작용에 긍정적인 영향을 미친 것으로 나타났지만 실험과 통제 집단 사이의 친사회적 행동에서 유의미한 변화를 발견하지 못하였다. 나머지 연구는 동물교감치유 실험 집단에서 사회적 행동이 크게 증가한 것으로 나타났다. 왓슨 연구진(Batson, et al., 1998)은 개가 있는 상태에서 측정된 모든 사회적 상호 작용 요소가 유의하게 증가한다는 것을 발견했다. 측정된 사회적 상호 작용에는 앞으로 기대는 기간, 웃는 빈도, 촉각 접촉 빈도, 보는 빈도 및 칭찬 빈도를 포함했다. 개를 가진 사람과 고양이 인형 또는 로봇 물개("PARO")을 가진 사람에게 노출되었을 때 인지 장애가 있는 요양원 환자의 친사회적 행동을 비교했다(Thodberg, et al., 2016). 처음에 개와 로봇이 서로 신체 접촉, 대화, 눈을 마주치는 것을 증가시켰지만, 오직 개 집단에서만이 시간이 지나면서 친사회적인 행동을 지속했다. 이것은 살아있는 개와 비교할 때 시간이 지남에 따라 신기함의 상실로 인해 로봇의 제한된 상호 작용적 특징과 관련이 있다는 것이 제기되었다. 사회 활동의 기본 지표 외에도, 몇몇 연구는 환자가 동물의 존재에 의해 지향이 바뀌었고(Katsinas, 2001), 자신을 더 잘 표현할 수 있었고(Greer, et al., 2002; Kawamura, et al., 2009; Swall, et al., 2015), 주변 환경에 대해 더 잘 알게 되었고(Marx, et al., 2010), 현재에 더 중점을 두었다(Katsinas, 2001; Swall, et al., 2015).

동물교감치유가 치매 환자에게 사회적 행동과 감정 표현에 도움이 되는지를 확인하기 위한 연구가 있다(Pérez-Sáez, Pérez-Redondo, & González-Ingelmo, 2020). 연구 결과 동물교감치유가 친사회적 행동(기울리기, 바라보기, 말하기)이 증가하였고, 강화된 즐거움을 가지고 정서적 표현에서 유의미한 영향을 주었다. 동물교감치유는 더 나은 경험으로 이어지면서, 참여도, 즐거움, 다른 사람들과의 관계를 향상시키면서 회기 이전보다 거부감과 불쾌감이 낮아졌다. 연구는 3명의 치매 노인을 대상으로 총 4단계 진행되었으며 각 단계는 5일 동안 진행되었으며, 단계와 단계 사이에는 2일간 휴지하여 28일 동안 총

20회기를 진행하였다. 전체 회기는 환영, 시간과 장소 지향, 중심 활동의 실현, 작별로 4단계로 구성되었다. 회기의 중심 활동은 1회기는 볼링 게임, 2회기는 골문에 공 던지기, 3회기는 디스크를 후프에 던지기, 4회기는 집게가 있는 줄에 걸려있는 양말 일치시키기, 5회기는 색구슬이 달린 목걸이 만들기였다. 모든 회기에는 항상 개와 함께 있었다. 동물은 3살의 암컷 라브라도 리트리버가 참여하였다. 동물교감치유는 사회화와 의사소통을 촉진하기 때문에 치매 노인의 삶의 질에 긍정적인 영향을 미칠 수 있는 잠재력이 큰 중재 방법으로, 일반적으로 높은 수준의 관여를 창출하는 의미 있는 활동에 참여함으로써 긍정적인 경험을 제공한다.

치매가 있는 노인들은 효과적인 의사소통을 확립하는 데 필요한 기술이 부족한 경우가 많기때문에 사회적 상호 작용이 제한된다. 일부 연구에서 치매에 걸린 요양원 거주자들이 깨어있는 시간의 22%를 혼자 보낼 수도 있다고 보고한다(Cohen-Mansfield, Marx, & Werner, 1992). 많은 경우 치매 노인이 경험하는 무력감과 주도성 결여는 요양원에서 제공되는 활동의 부족과 함께 대부분의 시간을 아무것도 하지 않고 보내고 있다(Chung, 2004; Cohen-Mansfield, Marx, & Werner, 1992; Kolanowski, et al., 2006). 반면 요양원에서 제공되는 활동이 있다고 하더라도 치매 노인의 기능적 수준이나 관심사에 맞지 않는다(Buettner, & Fitzsimmons, 2003).

치매 노인을 위한 동물교감치유는 행동과 심리적인 증상을 감소시키고, 사회적 상호 작용을 증가시키며, 감정 상태를 개선하고, 무관심을 줄이는 것뿐만 아니라, 긴장을 완화하고, 일반적으로 안녕과 삶의 질을 향상시키는데 유용할 수 있다(Peluso, et al., 2018). 동물교감치유는 신체 접촉을 통해 치매 노인에게 의미 있는 활동, 자극, 즐거운 사회적 상호 작용, 편안함을 제공한다(Travers, et al., 2013). 그리고 그 효능은 동물에 대한 긍정적인 감정적 반응의 결과로 이해된다(Nordgren, & Engstrom, 2012). 더욱이, 동물교감치유는 사용자의 인지 수준에 관계없이 사회적 상호 작용을 제공하기 때문에 치매 노인에 특히 적합한 것으로 보인다(Marx, et al., 2010). 동물교감치유는 치매 노인의 사회적 행동과 의사소통에 긍정적인 영향을 미친다. 치유 보조견이 정신병동에 방문한 결과 치유 보조견이 있을 때 환자 사이, 그리고 직원과 환자 사이의 사회적 상호 작용이 증가하였다(Walsh, et al., 1995). 다른 연구들은 반복적인 측정 설계를 적용하고 관찰적인 사회적 행동 기록 도구를 사용하여 치매 노인을 위한 특별 관리실에서 개의 존재가 미소, 웃음, 바라보기, 자극에 대한 기울림, 신체적 접촉, 언어화와 같은 사회적 행동의 빈도가 증가하였다(Kongable, Buckwalter, & Stolley, 1989). 유사한 기준에 근거한 후속 연구에서도 치유 보조견이 방문하는 동안 사회적 행동의 빈도와 지속시간이 모두 증가했다(Batson, et al., 1998; Churchill, et al., 1999). 사회적 행동 관찰 척도(SBOC: Social Behavior Observation Checklist)를 사용하여 개별 동물교감치유 회기 중 또는 일상생활 중에 장기요양시설에 상주하는 4명의 치매 노인의 사회적 행동을 비교한 연구에서 모든 참여자의 동물교감 치유 회기에서 유의미하게 개선되었다(Sellers, 2006). 3주간의 동물교감치유 이후 사회 적 행동이 유의미하게 향상되는 것을 확인하였다(Richeson, 2003). 또한, 참가자들이 치 유 보조견과 방문했을 때에 치유 보조견뿐만 아니라 자신의 이전 애완동물에 대해서 다른 상주자들과 대화를 나누면서 치유 보조견뿐만 아니라 치유사, 다른 상주자들, 시 설 직원들과도 상호 작용을 하는 것을 관찰했다. 이는 동물교감치유를 위해 방문한 치 유 보조견이 상주자들과 직원을 연결 시켜 주고 함께 이야기하고 기억할 수 있는 긍정 적인 것을 줄 수 있는 공통적인 주제를 제공한다는 것을 의미한다. 그 이외 다른 연구에 서도 치매 노인들 사이에 의미 있는 의사소통과 언어적 반응의 수가 증가되는 것을 확 인하였다(Curtright, & Turner, 2002). 치매 노인의 인지 및 의사소통 결핍에도 불구하고, 동 물교감치유에 참여하는 치매 노인은 종종 그들의 이전 애완동물에 대한 경험을 이야기 하고, 동물에 대해 물어 보고, 치유사와 다른 상주자들과 동물에 대해 이야기함으로써, 그들의 사회적 고립과 활동 부족을 줄이는 데 도움을 준다. 이러한 결과는 동물들이 사 람들 사이에서 사회적 조력자 역할을 할 수 있다는 것을 암시한다(Fick, 1993; Hart, 2000). 이러한 것은 치유를 위한 치유 보조 동물이 참가자를 끌어들이기 위한 큰 잠재력을 가 지고 있다는 것을 의미하기도 한다(Marx, et al., 2010).

 2. 우울증과 기분

우울증이나 기분은 9가지 연구에서 구체적으로 측정되었다(Bono, et al., 2015; Fried-mann, et al., 2015; Lutwack-Bloom, et al., 2005; Majić, et al., 2013; Menna, et al., 2016; Mossello, et al., 2011; Motomura, et al., 2004; Olsen, et al., 2016a; Travers, et al., 2013). 기분에 대한 성과 는 사회적 행동보다 연구 간에 더 이질적인 것으로 밝혀졌다. 동물교감치유 실험집단

에서 우울증 증상의 현저한 감소를 발견했다(Friedmann, et al., 2015). 러택-블룸 연구진은 실험집단에서 환자 기분의 프로파일(Profile of Mood State : POMS) 점수가 유의미하게 증가하였지만 실험집단의 노인우울척도(GDS) 점수는 유의미한 감소를 보이지 않았다(Lutwack-Bloom, et al., 2005). 또 다른 연구는 동물교감치유의 구현에서 기분의 큰 변화가 발견되지 않았다(Motomura, et al., 2004). 두 연구(Bono, et al., 2015; Majić, et al., 2013)는 동물교감치유 집단의 우울증 수준이 안정적으로 유지되는 동안 통제 집단에서 우울 증상이 꾸준히 증가하는 것을 발견하였다. 트레버스는 고도 치매 환자만 통계적으로 유의미하게 우울 증상이 감소된 것을 발견하였다(Travers, et al., 2013). 메나 연구진의 파일럿 연구에서 동물교감치유가 현실 지향 치료와 결합되었을 때 알츠하이머 환자의 노인우울척도점수가 향상되었다는 것을 보여주었다(Menna, et al., 2016). 한 연구에 따르면 심한 우울증을 앓고 있는 동물교감치유 참가자들 사이에서만 현저하게 우울증이 감소된 것으로 나타났다(Olsen, et al., 2016). 동물의 개입에 대한 삶의 질 지표에 미치는 영향은 네 가지 연구에 포함되었다(Nordgren, & Engström, 2014a; Olsen, et al., 2016a; Olsen, et al., 2016b; Travers, et al., 2013). 통제 집단과 비교했을 때 동물교감치유를 받은 치매 노인 환자의 삶의 질이 통계적으로 유의미하게 증가했음을 발견했다(Nordgren, & Engström, 2014a). 또 다른 연구에서, 호주 요양원 세 곳 중 두 곳의 치매 환자들은 통제 집단과 비교하여 동물교감치유에 참여한 후 통계적으로 유의한 삶의 질 향상을 경험했다(Travers, et al., 2013). 한 연구는 동물교감치유에 참여한 중증 치매 환자(Olsen, et al., 2016)에 대해서만 삶의 질 점수가 증가한 것으로 나타났으며, 다른 연구에서는 동물교감치유로 삶의 질에 통계적 변화가 없는 것으로 나타났다(Olsen, et al., 2016a).

동물교감치유는 우울증과 불안감 감소에 효과적이다(Colombo, et al., 2006). 애완동물 치료 프로그램이 인지적으로 손상되지 않은 노인들에게 정신이상학적 상태와 삶의 질에 대한 인식에 긍정적인 영향을 미치는지 평가하기 위한 연구가 실시되었다. 이탈리아 북부 베네토 지역의 노인 쉼터 7곳이 참여해 인지적으로 온전한 노인 주민 144명(여성 97명, 남성 47명)을 대상으로 진행됐다. 참가자는 무작위로 3개 집단으로 나뉘었는데, 48명는 카나리아를, 43명은 식물을, 53명은 아무것도 주어지지 않았다. 카나리아를 받은 노인들은 카나리아를 돌보고, 먹이를 주고, 깨끗하게 유지하는 방법을 알려주었고, 식물을 받은 사람들에게 식물을 돌보는 법을 알려주었다. 관찰기간은 3개월 동안 지속되었다. 실험 결과 동물의 존재는 기분의 개선을 가져온 것으로 보이며, 특히 우울하고 강박적인 증상으로부터 피실험자를 보호하고, 어느 정도 불안과 편집증적 관념으로부터 보호했다. 이 실험 연구는 동물교감치유가 상주시설 노인들의 심리적 행복과 특히 우울증 증상과 삶의 질에 대한 인식에 도움이 될 수 있다는 것을 의미한다. 동물교감치유에 기초한 중재가 유사한 기간(주간보호시설의 일상 활동)과 통제 활동(개 인형)의 기초선에 비해 불안과 슬픔의 감소와 함께 즐거움과 일반적인 경계심과 같은 긍정적인 감정의 증가를 어떻게 유발했는지를 보여주었다(Mossello, et al., 2011). 게다가 3주간의 동물교감치유 이후에 비록 통계적으로 유의미하지는 않았지만 우울증 감소가 있었다. 동물교감치유가 감정적 기능을 향상시키고 정서적 능력을 감소시키는 데 도움을 줄 수 있으며(Kawamura, Niiyama, & Niiyama, 2007), 우울증을 완화시키고(Majic, et al., 2013; Moretti, et al., 2010), 무관심을 줄인다(Motomura, Yagi, & Ohyama, 2004).

치매에 대한 동물교감치유의 효과성에 대해서 발표된 연구들을 체계적으로 검토한 여러 연구가 있다. 한 체계적인 연구에서는 치매와 동물교감치유와 관련된 32개의 연구를 조사하였다. 27개의 연구에서 개를 사용하였으며 그 중 8개의 연구는 무작위 통제 실험(RCT: Randomized Controlled Trials)이었다. 연구 결과 동물교감치유가 치매의 행동 및 심리적인 증상을 줄이는데 효과적이라고 결론지었다(Yakimicki, et al., 2019). 인지 장애에 대한 동물교감치유의 효과를 평가한 또 다른 체계적 검토 연구에서 10개의 연구를 조사하였다. 조사된 연구에서는 개 또는 다른 동물들이 사용되었다. 연구 결과 동물교감치유가 우울증과 불안에서 통계적으로 유의미하다는 것을 확인하였다(Hu, et al., 2018).

또한 치매 노인에 대한 동물교감치유의 영향에 대해서 발표된 10개의 논문에 대한 체계적 검토 연구에서 비록 무관심을 평가하는 연구에서 명백한 유익성이 있음에도 불구하고 동물교감치유가 일상 활동, 우울증, 삶의 질, 불안, 인지 장애에 대해서 영향을 미치지 않는다는 것을 시사하는 근거가 매우 낮다는 것을 확인하였다(Zafra-Tanaka, et al., 2019). 따라서 효과성에 대한 결정을 내리기 위해서는 더 많은 구조화된 연구가 필요하다.

3. 물리적 활동 수준

물리적 활동 수준을 대상으로 한 두 가지 연구(Dabelko-Schoeny, et al., 2014; Fried-mann, et al., 2015)에서 둘 다 동물교감치유 동안 신체 활동이 증가함을 보였다. 성인 주간 보호시설의 치매 환자들이 주간에 농장에 있는 동안 말 끌기, 빗질, 그림 그리기와 같은 활동에 참여시켰다(Dabelko-Schoeny, et al., 2014). 개입 집단의 신체 활동 수준은 성인 주간보호시설에서 유사한 활동(즉, 노래, 공예 등)에 참여하는 동일한 집단과 비교되었다. 말교감치유 참여자들은 주간보호시설에서의 정상적인 활동보다 활동 중에 신체적으로 더 많이 관여하는 것으로 밝혀졌다. 개 관련 활동(손질하기, 개 보조 가동범위 운동, 놀이)에 참여한 보조 생활 시설의 치매 환자의 활동 수준을 회상 활동과 비교했다(Friedmann, et al., 2015). 활동 수준은 기초 대사율에 대한 칼로리 소비에 기초하여 측정되었는데, 실험 집단은 통제 집단에 비해 칼로리 소비가 늘렸다. 한 연구에서는 수족관이 없는 식당에 비해 수족관이 보이는 자리에 앉았을 때 식사 시간에 소비 양과 환자 몸무게가 크게 증가하는 것을 발견했다(Edwards, & Beck, 2002).

 ## 4. 심리적·행동적 효과

인지 기능, 감정 상태, 문제적 행동 및 치매 노인의 일상생활에 대한 동물교감치유의 심리적, 행동적 효과를 조사하였다. 65세 이상의 치매 진단을 받은 성인 28명(각 집단 14명)을 대상으로 동물교감치유를 실시하였다(Baek, Lee, & Sohng, 2020). 동물교감치유는 8주 동안 주 2회 60분씩 총 16회기를 진행하였다. 회기는 입문, 발달 및 최종 단계의 세 단계로 나누어 진행되었으며, 입문 단계에서는 개를 소개하고 참가자가 포옹하고 이름을 지정하도록 장려함으로써 치유 보조견과 연구 참가자 간의 관계를 구축하였고, 발달 단계에서는 상호 작용, 정서적 안정성, 일상생활 수행능력(ADL) 및 인지 기능을 향상시키고 참가자가 치유 보조견에 더 익숙해지고, 털을 다듬고, 훈련하고, 걸으며, 감정에 대해 이야기함에 따라 문제 행동을 줄이고자 하였다. 최종 단계에서는 동물교감치유를 마친 후 치유 보조견과 분리한 후 참가자들이 경험할 수 있는 심리적 문제를 최소화하기 위해 진행되었다. 동물교감치유 프로그램은 다음과 같다. 8주간의 동물교감치유 프로그램이 중증 치매 노인의 인지 기능, 감정 상태, 일상생활 수행능력(ADL) 및 문제 행동을 개선하는 데 효과적이라고 결론지었다.

 표 10-1 치매노인을 위한 동물교감치유 프로그램

단계	목적	목차	회기	지속시간 (분)
초기	감염 예방 및 친화성 형성	손씻기 인사	1~16	10
	치유 보조견과 관계 수립	치유 보조견 소개 치유 보조견에 대한 이름 표 만들기	1~2	
	상호 작용과 정서적 안정성 향상	치유 보조견의 이름 외우기		
	인지 기능 향상	치유 보조견 손질		
	행동 문제 및 우울감 감소	치유 보조견 훈련		
	신체 기능 향상	퀴즈에 응답(이전 회기 내용)	3~12	
중기		자신의 감정 공유		40
		치유 보조견과 함께 공 놀이		
	감성 향상	치유 보조견과 함께 속도 게임		
		치유 보조견을 위한 간식 만들기		
		치유 보조견과 함께 산책		
		치유 보조견과 함께 충분한 시간을 보내기		
	신뢰 형성 및 정서적 안정성 향상	치유 보조견과 함께 앨범 만들기	15~16	
		치유에 참여한 인증서 받기		
		작별 모임 즐기기		
	감염 예방	회기에 대한 생각 공유		
말기	회기 종료	다음 회기 설명	1~16	10
		손씻기		

출처 : Baek, Lee, & Sohng, 2020

5. 인지 기능

노인 인구에서 동물과의 상호 작용은 행동 장애(예: 동요, 공격성), 스트레스 및 기분 장애(예: 불안, 무관심, 우울증)를 감소시킬 뿐만 아니라 일부 인지 기능을 자극하는 것으로 보인다(Gan, et al., 2019). 이전의 연구는 장기 기억력, 언어 및 비언어적 의사소통, 감각 자극에 상당한 이점을 보여주었다. 또한 이러한 유형의 개입은 관심 및 애정 감정과 같은 인간의 기본적인 요구를 충족한다(Sollami, et al., 2017). 반복적인 언어, 시각 및 촉각 다중 자극을 통해 이러한 개입이 어떻게 적용 가능하고 환자의 인지 자극과 정서 개선에 효과적이며, 기분에 따라 작용하고, 개와의 "구조화된 놀이"를 통해 증상의 비의료화를 가능하게 하는지를 보여주었다(Menna, et al., 2016; Menna et al., 2019). 이 연구는 2012~2019년까지 7년에 걸쳐 알츠하이머병 환자 127명을 대상으로 실시하였다(Santaniello, et al., 2020). 모든 회기(모든 환자 집단에 대해)는 총 6개월 동안 매주 수행되었으며 회기당 총 지속시간은 45분이다. 특히 동물교감치유 회기는 총 45분 동안 진행되었으며, 이 중 약 20분의 활동이 공동 치유 보조견과 함께 진행되었다. 공식적인 현실감각치유(ROT, Reality Orientation Therapy) 회기에서와 같이, 동물교감치유 회기는 주의력, 언어 능력, 시공간 지향성과 같은 인지 기능을 자극하는 것을 목표로 했다. 개와의 활동은 표시된 활동 순서를 통해 현실감각치유(ROT) 개입 기법에 따라 수행되었다(표 10-2).

첫 번째 단계에서는 설정 구조화, 치유 보조 동물 및 치유사와 수의사 팀 소개, 개의 정보와 특성(예: 크기, 털 색, 털 유형, 눈 색, 귀 모양)을 통한 인지 기능의 자극이 이루어졌다. 두 번째 단계에서, 동물교감치유사는 개와 함께 구조화되고 의도된 놀이 활동(즉, 숨바꼭질과 공 찾기)을 통해 공간과 시간에서 환자의 방향성과 자신의 개 또는 다른 반려동물에 대한 이야기를 통해 기억 기능을 자극하는 활동을 하였다. 세 번째 단계에서, 동물교감치유사는 개와 구조화된 놀이를 통해 환자의 기억 자극(주의)을 계속하고 스토리텔링을 통한 언어 이해를 지속하였다. 네 번째 단계에서 회기가 종료되었다. 개와 함께 치유를 수행 한 환자의 인지 기능과 기분 모두에서 개선을 보여주었다.

표 10-2 동물교감치유의 활동 순서 및 지속시간

단계	공식적 현실감각치유	동물교감치유	지속시간 (분)
1	1. 장면구조화 2. 치유사/환자 소개 3. 인지 기능 자극	1. 장면 구조화 2. 동물교감치유사/치유 보조견/환자 소개 3. 치유 보조견에 대한 정보(예: 이름, 품종, 나이, 성별)에 대한 반복적인 요청을 통한 인지 기능 자극	10
2	1. 시간 지향성(일, 월, 년, 계절) 2. 공간 지향성(장소, 구조, 바닥, 방, 도시, 국가, 지역) 3. 기억력 자극	1. 시간 지향성(일, 월, 년, 계절) 2. 공간 지향성(장소, 구조, 바닥, 방, 도시, 국가, 지역); 치유 보조견과 함께하는 구조화된 놀이 활동 5분(예: 공 숨기기) 3. 자신의 반려동물에 대한 이야기를 들려줌으로써 기억력 자극	15
3	1. 기억력 자극(주의) 2. 언어의 이해(이야기)	1. 치유 보조견과 함께 구조화된 놀이활동과 상호 작용(주의: 공 가져오기, 공 숨기기, 개 돌보기) 2. 언어 이해(스토리: 치유 보조견에게 명령을 내리고 명령이 실행되기를 기다리기)	15
4	종결 이야기(의식화)	종결 이야기(의식화: 손씻기)	5

6. 사회적 상호 작용

　사회적 행동이 향상되었다는 유사 결과가 알츠하이머 환자를 대상으로 실시한 연구에서도 나타났다(Beyersdorfer, & Birkenhauer, 1990). 프로그램이 진행된 5주 동안, 환자와 환자 사이, 환자와 직원 사이, 그리고 환자와 회기 진행자 사이의 사회적 상호 작용이 증가했다. 환자들은 눈을 뜨고, 눈을 마주치고, 말을 하고, 개에게 몸을 기울이는 것과 같은 더 사회적인 행동을 보였다. 그 행동은 심지어 더 악화된 질병 상태를 가진 환자들에 의해서도 나타났다. 좀처럼 다른 사람과 상호 작용을 하지 않는 세 명의 환자도 개들과의 사회적 상호 작용이 증가되었다. 동물교감치유는 또한 신체 운동과 관련하여 추가적인 이점을 제공한다. 환자들은 개들을 복도 위아래로 걷게 하고, 의자에 의지하는 환자들도 개들을 빗질하거나 쓰다듬거나 먹이를 주기 위해 종종 몸을 앞으로 기울였다.

프랑스 요양원의 71~93세(평균 연령 = 82.91세)의 11명의 중증 알츠하이머 질환 또는 노인성 치매 거주자(여성 10명, 남성 1명)를 대상으로 7세의 라브라도 리트리버를 데리고 주 1회 약 1시간 총 5개월 동안 19회기 동물교감치유를 실시했다(Tournier, Vives, & Postal, 2017). 동물교감치유는 참여는 활동 일정에 따라 달랐는데, 회기 동안 참가자들은 개와 상호 작용하고 돌보는 일(예: 쓰다듬기, 빗질하기, 사료 주기, 대화하기 등)과 동물을 포함한 이전의 기억을 떠올리는 것을 하도록 권장하였다. 실험 결과 총 19회기 중 10회기까지 긍정적인 영향이 증가하였으며 그 후에도 안정적이었다. 그러나, 참여자들의 개와 상호 작용은 시간이 지날수록 감소하는 경향이 있었다. 이것은 이 연구에 사용된 동물에 대한 관심이 점차적으로 상실된 결과로 추측되며 다양성을 증가시키기 위해 다른 종류의 동물(예: 새, 토끼 등)을 도입함으로써 관심의 손실을 줄일 필요가 있다. 참가자들이 개와 상호 작용이 감소하는 것에 대한 또 다른 가능성은 참여자들이 회기에 참석한 다른 사람들(예: 치유사, 다른 참여자들, 가족들)과 점점 더 많은 상호 작용을 하고 그들에게 상황에 대해 더 많은 생각을 표현했기 때문으로 판단된다. 동물교감치유의 목표 중 하나는 집단 기반 동물교감치유를 하는 동안 환자와 치유사뿐 아니라 다른 참가자들 사이의 상호 작용을 용이하게 하는 것이라는 점을 감안할 때 매우 바람직한 결과라 하겠다.

동물들, 특히 개들은 수년 동안 치매 노인 환자들의 방문 프로그램에 참여하여 애정과 재미의 유대감을 형성할 기회를 제공해 왔다. 그러나, 이 질병에 대한 전문가들은 동물의 도움으로 표적 치료 개입을 실시함으로써 환자들에게 더 많은 혜택을 줄 수 있다고 주장한다. 치매에 걸린 사람들은 질병 진행 과정에서 다양한 증상과 행동을 경험할 수 있다. 병이 진행됨에 따라 환자는 보통 관계를 단절하고 환경과 사회 환경과의 접촉을 끊으며 격리되어 이동과 활동을 크게 제한한다. 치유 보조 동물의 존재는 주변의 현실에 대한 유일하게 남아 있는 기능적 환자 의사소통 연결고리라는 것이 관찰되어 왔다. 연구 결과에 따르면 동물교감치유는 치매 환자의 사회적, 의사소통 행동과 기술을 향상시킬 수 있다고 한다. 많은 경우 환자들은 그들 주변의 사람보다는 동물과 더 효과적으로 의사소통할 수 있다. 이러한 동물들과의 접촉은 질병에 의해서 유발된 한계와 외로움에서 벗어나는 계기와 동기를 제공한다(Baun, & Mccabe, 2003; Cevizci et al,. 2013).

동물교감치유는 특히 노인성 치매를 가진 노인에게 적합하다(Tournier, Vives, & Post-al, 2017). 일반적으로 알츠하이머병과 노인성 치매는 정신적 문제와 관계적 문제와 함께 신체적, 인지적 감소가 특징이다(Epple, 2002). 동물교감치유가 치매에 걸린 상주 노인들을 사회 활동에 참여시키는 것을 도울 수 있다(Marx, et al., 2010). 세 마리의 다른 크기의 개(즉, 작은 개, 중간 개, 큰 개)와의 방문, 강아지 영상 보기, 강아지 주제 색칠 활동 참여, 개 인형과 상호 작용, 로봇 개와 상호 작용을 포함한 다양한 개 관련 자극을 평가하였다. 비록 이러한 모든 활동이 어느 정도 상주 노인들을 참여시켰지만, 실제 개들과의 방문은 상주 노인들로부터 가장 많은 수의 구두 반응을 이끌어냈다. 비록 연구자들이 이 발견에 초점을 맞추지는 않았지만, 특히 치매가 진행됨에 따라 언어 능력이 감소하기 때문에 이것은 중요한 발견일 수 있다. 언어 능력에 대한 동물교감치유의 이점이 궁극적으로 무시할 수 있는 것으로 여겨지더라도, 언어 능력의 감소는 이러한 개인들이 그들이 필요로 하는 사회적 자극을 받는 것을 더 어렵게 만든다. 연구자들이 지적한 바와 같이, 개는 미묘한 신체 언어를 읽고 적절하게 반응하는 데 능숙하며, 상호 작용을 시작할 수 있고, 상호 작용 중에 진정한 애정과 기쁨을 보여주며, 이는 비록 그러한 상호 작용이 희박하거나 반복적이라 할지라도 개를 인지 장애가 있는 환자와의 상호 작용에 이상적으로 적합하게 만들 수 있다.

 ## 7. 동요 행동

동요는 치매와 관련된 폭넓은 행동의 특성들, 즉, 짜증, 불면, 언어 또는 물리적 공격성과 같은 것을 통틀어 일컫는 말이다. 이런 유형의 행동성 문제들은 치매 증세가 가벼운 상태에서 심각한 상태로 발전하는 것과 마찬가지로 함께 발전한다. 동요는 환경 요인을 비롯해 두려움과 탈진과 같은 여러 가지 요소에 의해 촉발될 수 있다. 동요는 문제의 당사자가 "주관능력"을 박탈당할 때 가장 흔히 촉발된다. 동물교감치유가 치매 노인들의 동요 행동과 사회적 상호 작용에 미치는 영향을 조사했다(Richeson, 2003). 요양원에 상주하는 15명의 참가자들을 대상으로 3주 동안 매일 동물교감치유를 진행하였다. 연구 결과 통계적으로 유의한 동요 행동의 감소와 사회적 상호 작용의 증가를 보여주었다. 그러나 동물교감치유가 종료된 후 동요 행동이 다시 크게 증가한 것으로 나타났다. 직원과 가족 방문객들은 예를 들어 일부 주민들이 개에 대해 끊임없이 이야기한다고 보고했다. 직원들도 상주자들에게 개에 대한 대화를 나누고 자신의 반려동물에 대한 이야기를 나누는 동기를 부여하는 것처럼 보였다. 이와 같이 동물교감치유는 상주 노인과 직원 모두에게 즐거운 경험을 용이하게 한다.

8. 탈사회화 완화

알츠하이머 질환을 가지고 있는 개인의 동요와 탈사회화를 완화하기 위해 동물교감치유의 효과를 연구했다(Churchill, et al., 1999). 참가자들은 알츠하이머 질환이나 관련 질환을 앓고 있는 사람들을 3개의 특별 치료 사이트를 통해서 28명의 상주 노인을 대상으로 진행하였다. 치료 보조 동물의 존재 유무로 나누고 30분간 진행되었다. 동요행동매핑척도(ABMI, Agitation Behaviation Mapping Instrument)는 동요 수준을 평가하기 위해 사용되었으며 사회화 행동은 두벤마이어의 데이터 부호화 프로토콜(Daubenmire's Data Coding Protocol)과 버크 치매 행동 등급 척도(BDBRS: Burke Dementia Behavioral Rating Scale)가 치매 심각도를 평가하여 문서화되었다. 모든 관찰에서 동요하는 행동의 전체적인 발생은 낮았지만, 개가 있을 때 동요하는 행동은 상당히 낮았다. 개 존재에 따른 통계적으로 유의한 차이는 사회화 행동의 지속시간 및 빈도(예: 기대기, 미소, 시선, 촉각 접촉, 언어화)에서 모두 발견되었다.

9. 기분

치매 환자의 기분에 미치는 영향을 조사했다. 요양원에 거주하는 치매 환자 8명을 대상으로 동물교감치유를 진행하였다(Motomura, Yagi, & Ohyama (2004). 개 2마리를 동반한 동물교감치유는 1시간씩 4일간 연속하여 진행되었다. 그 결과는 자극성 척도, 우울증 척도, 일상생활 활동 및 미니 정신 건강 검진에서 큰 차이가 없음을 나타냈다. 그러나 무감각도에는 상당한 차이가 있어 동물교감치유가 치매 환자의 정신 상태에 영향을 미치는 힘을 갖고 있음을 알 수 있다. 또한, 환자의 75%가 동물교감치유를 받는 것이 재미있다고 말했다. 참가자의 63%가 이 활동에 다시 참여하고 싶다고 말했다.

 ## 10. 행동 및 심리적 증상 완화

치매가 진행됨에 따라 많은 환자는 치매의 행동 및 심리적 증상(BPSD, Behavioral and Psychological Symptoms of Dementia)으로 통칭되는 동요(Agitation)와 공격성(Aggression)을 포함하여 다양한 행동 및 심리적 증상을 경험한다. 임상적으로 중요한 치매의 행동 및 심리적 증상은 지역 사회 거주자의 약 33%와 숙련된 간호 시설 거주자의 거의 80%에 영향을 미치는 것으로 보고되었다(Tampi, et al., 2011). 치매에 걸린 요양원 상주 노인의 동요, 공격성 및 우울증에 대한 동물교감치유는 신경정신학적 증상의 진행을 지연시킬 수 있다(Majić, et al., 2013). 10주간의 연구에는 치매에 걸린 요양원 상주 노인 65명이 포함되었으며 이들은 동물교감치유와 함께 평상시와 같은 치료에 무작위로 할당받았다. 통제 집단 상주 노인들은 10주 동안 동요, 공격성, 우울증의 증상이 현저하게 증가한 반면 개입 집단 상주 노인들에게서는 일정하게 유지되었다. 비록 개입 집단에서 증상의 개선은 관찰되지 않았지만, 연구자들은 증상의 진행이 되지 않은 것이 더 장기적인 평가를 보장하는 동물교감치유의 잠재적 이익을 나타낸다고 결론지었다.

 ## 11. 신경 정신적 증상 감소

동물교감치유는 치매의 영향과 환자의 정서 건강에 예방적이고 치료적으로 작용하여 공격성과 정신병적 행동, 혼란, 자극성, 우울성 경향과 같은 부정적인 증상을 현저하게 감소시킬 수 있다. 이것들은 치매 환자들 사이에서 흔히 볼 수 있는 기준들이다(Nordgren, & Engström, 2012; Bono, et al, 2015). 동물과의 접촉과 상호 작용은 또한 환자들이 초저녁 시간 동안 극심한 불안, 혼란, 공격성을 보이는 "웨스트 증후군(West

Syndrome)"으로 알려진 치매 환자의 또 다른 흔한 장애의 증상을 감소시킬 수 있다. 치유 보조 동물의 존재는 환자에게 안전과 우호를 제공하여 정신 상태에서 만족스러운 행동을 가지게 한다(Perkins, et al, 2009). 동물교감치유는 치매 환자들에게 망상, 우울증, 억제력 저하, 행복감, 그리고 비정상적인 운동 활동과 같은 몇 가지 신경정신적 증상에 긍정적인 영향을 미쳤다. 이 결과는 정기 및 장기 동물교감치유가 신경 정신적 증상 감소를 위한 약리학적 개입의 효과적인 대안이 될 수 있음을 시사한다.(Tournier, Vives, & Postal, 2017).

무관심, 우울증, 동요, 불안과 같은 신경정신적 증상의 유병률은 알츠하이머병과 관련된 치매를 가진 사람들 사이에서 높다. 치매에 걸린 요양원 환자의 약 75%~90%는 적어도 한 번의 행동 변화를 보여주며, 이러한 행동 변화는 치매의 심각성이 증가함에 따라 증가한다(Selback, Engedal & Bergh, 2013). 이러한 신경정신과적 증상이 환자와 간병인의 고통에 기여한다는 점을 감안할 때 매우 높은 유병률은 우려된다(Cummings & McPherson, 2001; Wood et al., 1999). 현재 행동 변화는 대개 효능이 불명확하고 부작용이 빈번한 향정신성의약품에 의해 치료되고 있으며(Ballard & Corbett, 2010), 갑작스런 사망이 중대한 문제로 대두되고 있다(Pollock & Mulsant, 2011). 따라서 신경정신과 증상의 비약리적 관리는 치료사는 물론 환자와 그 가족에게도 높은 우선순위다. 동물교감치유는 치매 노인들의 우울증, 동요, 공격성 치료에 긍정적인 영향을 미치는 것으로 밝혀졌다(Bernabei et al., 2013; Virués-Ortega, et al., 2012). 그러나, 관찰된 긍정 효과는 체계적이지 못하거나(Motomura, Yagi, & Ohyama, 2004), 단기간 동안만 지속된다(Richeson, 2003). 손질하기, 운동하기, 걷기, 놀이하기 등 치유 보조 동물과의 활동은 환자에게 움직이지 않으려는 정적을 벗어나 신체 상태와 기능을 향상시킬 수 있는 즐거운 동기를 부여한다. 이것은 근육통을 감소시키고 운동 기술과 근력을 증가시키며 영양과 자기 관리 능력을 향상시킨다(Richeson, 2003, Moretti, et al, 2011). 동물교감치유 집단에서 동요, 공격 및 우울증 증상의 빈도와 심각도가 일정한 반면, 동물교감치유를 받지 않은 집단은 증상이 유의하게 증가하였다(Majic, et a., 2013). 중증 치매를 가지고 있는 55명의 요양원에 입원한 환자를 대상으로 11주동안 개를 활동한 동물교감치유를 실시한 경과 일반 개입와 비교해서 우울이 감소하고 삶의 질이 향상되었다(Travers, et al., 2013).

12. 영양 섭취 향상

물고기 수족관의 존재가 알츠하이머병(AD) 환자의 영양 섭취에 영향을 미치는지 여부를 연구했다(Edwards, & Beck, 2002). 그들은 특수 병동에 거주하는 알츠하이머병 환자 62명을 연구했다. 기본 영양 자료를 얻은 후 수족관이 도입된 2주간의 치료가 이어졌다. 치료 자료는 2주 동안 매일 수집하고, 다음 6주 동안은 매주 수집했다. 그 결과 알츠하이머병 환자의 영양 섭취량은 수족관을 도입했을 때 유의미하게 증가했으며 6주 추적 관찰 동안에도 계속 증가했다. 체중도 연구 과정에서 크게 증가했다. 연구자들은 물고기 수족관의 존재가 시설의 환경을 개선하여 상주 노인들의 기분을 개선하고 먹고 싶은 욕구를 높인다는 결론을 내렸다. 또한 참가자들이 물고기 수족관을 도입한 후 영양 보충이 덜 필요하여 의료 비용이 절감되었다고 보고했다.

13. 이동성 향상(Rodrigo-Claverol, et al., 2020)

노화는 생물학적, 심리적, 사회적 요인을 포함하는 복잡하고 점진적이며 돌이킬 수 없는 생리적 과정으로 인지 장애를 포함하여 노화와 관련된 여러 병리가 있으며 경증에서 매우 중증까지 다양하다. 기능적 상실을 수반하는 인지 저하의 진행 단계(중등도, 중증, 매우 중증)는 인지기능, 행동 장애, 기분 및 수면의 전반적인 저하를 수반하는 치매로 알려져 있다. 치매를 앓고있는 사람들은 또한 그들의 사회적 활동과 도구적 활동을 방해하는 이동성의 변화를 나타내며 궁극적으로 일상생활의 기본적인 업무를 방해한다. 노인의 60~65%가 안정과 보행에 어려움을 겪고 있는 것으로 추정되고 있다. 이 집단의 낙상 유병률은 50%로 낙상은 노인 환자의 부상, 장애, 심지어 사망의 주요 원인 중 하나로 간주되며 주요 공중 보건 문제중 하나이다. 낙상을 예방하는 가장 유용한 방법 중 하나는 올바른 이동성에 필수적인 균형을 개선하는 것이다.

이동성과 관련하여 동물교감치유가 뇌졸중, 실어증, 외상성 뇌손상으로 인한 편마비 환자에게 도움이 될 수 있다는 연구 결과가 있다. 개와 함께 걷는 것은 올바른 자세를 자극하고, 운동량을 회복하며(Rondeau, et al., 2010), 적절한 움직임을 촉진할 뿐만 아니라 균형과 보행 기능을 향상시킬 수 있다(Sunwoo, et al., 2012). 환자, 치유 보조 동물 및 치유사 간의 상호 작용이 의사소통과 자신감을 향상시키는 맥락을 만든다(Fine, 2015). 12주 동안 주당 60분 회기를 진행하였다. 회기는 6명의 환자로 구성된 소집단(실험집단에서 4개 집단, 통제집단에서 4개 집단)으로 수행되었으며, 보행과 균형을 개선하기 위해 다양한 물리 치료 운동이 수행되었다. 실험은 3개월의 두 기간에 걸쳐 수행되었으며, 이 두 기간 동안 8개 집단을 균등하게 분배하였다. 모든 회기에는 특정 목표가 포함되어 있으며 이전에 요양원의 물리 치료사, 심리학자 및 작업 치료사의 지도에 따라 서로 다른 전문가 간에 설계 및 합의되었다. 균형 향상에 초점을 맞춘 6회 회기와 보행에 관한 6회 회기로 나누어 구성하였으며, 모든 회기에서 집단구성원 간의 의사소통을 향상시키기 위해 연습이 수행되었다. 각 회기에서 환자들에게 다양한 주제(예 : 애완동물, 전통 축제, 음식, 취미, 뉴스, 올해의 계절 등)에 대해 이야기하도록 장려하였다. 표 10-3은 균형 향상을 위한 동물교감치유의 일반적인 절차에 대해서 간단히 요약 정리한 것이다.

 표 10-3 균형 향상을 위한 동물교감치유

회기	목적	활동	치유 보조견 참여
1	짧은 거리와 방향 전환으로 보행하기	1. 원뿔까지 걸어갔다가 다시 돌아오기 2. 8자 형태로 원뿔 주위를 걷기 3. 의사소통: 애완동물	1~2. 치유 보조견은 운동하는 동안 참가자와 함께 걷는다. 3. 치유 보조견은 참가자들 앞에 앉아 그들이 말하는 동안 침착함을 유지한다. 참가자들은 개를 쓰다듬고, 빗질하고, 간식을 준다.
2	• 정적 균형을 자극하기 위해 던지기 운동을 수행하기 • 치유 보조견과 유대감 형성	1. 선 자세에서 물건(공, 밧줄, 장난감) 던지기 – 후프를 가까이/멀리/치기 – 오른손과 왼손으로 – 두 손 활동 2. 의사소통: 날씨	1. 모든 경우에 치유 보조견은 참가자에게 물건을 돌려준다. 2. 참가자들은 치유 보조견을 쓰다듬고, 빗질하고, 간식을 준다.

3	발을 지면에서 들어 올리는· 행동을 장려하기 위해 장애물로부터 자신을 특별교육하기	1. 실내의 다양한 경로
		   – 평평한 평행 작은 고리
		   – 평평한 지그재그 큰 고리
		   – 쐐기 위에 올려진 큰 고리
		2. 의사 소통: 다양한 행동의 이름을 명명하고 그것들을 낮이나 밤과 관련시키기
			1~3. 치유 보조견은 경로를 도는 동안 참가자들과 동행한다. 경로의 끝에는 참가자들이 치유 보조견을 앉혀야 하는 커다란 링이 있다.
			4. 참가자들은 치유 보조견을 쓰다듬고, 빗질하고, 간식을 준다.

4	• 정적 균형을 자극하기 위한 활동 높이 변화하기 • 발을 끌지 말고 돌아다니기	1. 링이 있는 경로: 각각의 큰 고리로 가서 개에 있는 작은 고리를 잡기 위해 몸을 숙이고, 돌아오는 길에, 각각의 큰 고리로 가서, 개에게서 작은 고리를 제거하고 지면에 놓아두기 2. 의사소통: 요일과 일상적인 활동을 연관시키기	1. 치유 보조견은 활동을 하는 동안 참가자들과 함께 기다린다. 2. 참가자들은 치유 보조견을 쓰다듬고, 빗질하고, 간식을 준다.

5	속도와 높이의 변화에 따른 자세와 움직임의 변화를 암시하는 일상의 행동을 모방하기	1. 모방 연습
		   – 앉기 / 일어나기
		   – 스스로 돌리기
		   – 앉거나 서있는 자세에서 고깔이 있는 방향으로 걸어가기
		2. 의사소통: 일 년 중 각 계절에 무슨 일이 일어나는지 기억하도록 노력하기
			1. 참가자들은 치유 보조견과 함께 활동을 하고, 치유 보조견이 똑같이 활동하게 해야 한다 (앉기, 돌리기 등).
			2. 치유 보조견이 앞에 누워 있고 참가자는 개를 쓰다듬는다.

6	높이 변화와 회전을 수반하는 일상생활의 작업 동작	1. 다양한 동작을 수행하기 위한 연습: 허들을 넘고, 몸을 굽히고, 스트레칭 등 2. 의사소통: 전통 축제에 대해 이야기 나누기. 해당 연도의 계절에 개최되는 축제를 연결하기	1. 개와 함께 활동하기 치유 보조견은 방 한가운데 위치하고 참가자는 치유 보조견의 양쪽으로 나뉘어 치유 보조견 위로 서로 공을 던진다. 2. 참가자들은 치유 보조견을 쓰다듬고, 빗질하고, 간식을 준다.
7	균형 재조정을 강화하기 위해 방향을 지속적으로 변경하는 작업 경로	1. 고깔이 있는 경로: 지그재그로 갔다가 일직선으로 돌아오기  지그재그로 가다가 허들을 통과하고 직선으로 돌아오기  2. 의사소통: 신체 부위들	1. 치유 보조견은 활동하는 동안 참가자와 함께 걷는다. 2. 치유 보조견은 참가자들 앞에 앉아 대화하는 동안 침착함을 유지한다. 참가자들은 치유 보조견을 쓰다듬고, 빗질하고, 간식을 준다.

8	방 안을 돌아다니며 행진	1. 다른 높이의 방 주위에 강아지 장난감이 숨겨져 있다. 참가자들은 장난감을 찾고 수집해야 한다. 2. 의사소통: 장난감에 대해 이야기, 그것들이 무엇인지, 그것들이 어떤 재료로 만들어졌는지, 색깔 등에 대해 이야기하기	1. 치유 보조견은 활동하는 동안 참가자들과 함께 걷는다. 2. 강아지 장난감을 가지고 치유 보조견과 함께 놀기 위해 사용한다.
9-11	발을 들어 올리는 것을 포함하는 경로에서 발을 끄는 것과 같이 가장 자주 영향을 받는 보행의 측면을 촉진	1. 다음과 같은 다양한 경로가 만들어진다.  2. 의사소통: 음식, 취미, 뉴스에 대해 이야기하기	1. 치유 보조견은 활동하는 동안 참가자와 함께 걷는다. 2. 치유 보조견은 참가자들 앞에 앉아 그들이 말하는 동안 침착함을 유지한다. 참가자들은 치유 보조견을 쓰다듬고, 빗질하고, 간식을 준다.
12	걷기와 관련된 근육 활동을 과장하여 짧은 여행을 하고 더 큰 안정성을 제공하기 위해 지지 기반을 늘리기	1. 방 끝까지 옆으로 걸어가기 방 끝까지 등을 대고 걸어가기 2. 다리를 벌리고 서 있는 자세를 유지하기 3. 의사소통: 작별인사	1. 참가자는 치유 보조견을 찾기 위해 걸어가서 목줄을 착용시킨다. 2. 활동을 하는 동안 치유 보조견은 참가자의 다리를 터널처럼 통과한다. 3. 참가자들은 치유 보조견을 쓰다듬고, 빗질하고, 간식을 준다.

노인자살 예방을 위한 동물교감치유

04

　자살은 모든 국가, 연령 및 성별에 영향을 미치는 공중 보건 문제이다. 역학 자료에 따르면 전 세계 연령 표준 자살률은 인구 10만 명당 9명이지만, 그 비율은 10만 명당 2명에서 80명 이상까지 국가마다 크게 다르다(World Health Organization, 2021). 지리적 분포 측면에서 자살 사망자는 아프리카(10만 명당 11.2명), 유럽(10만 명당 10.5명) 및 동남아시아(10만 명당 10.2명)에서 전 세계 평균을 웃돌고 있다. 가장 낮은 비율은 동부 지중해 지역에서 발견되며 인구 10만 명당 6.4명이다. 남성의 자살률은 10만 명당 12.6명인 반면 여성의 자살률은 5.4명이다. 따라서 그 비율은 남성이 여성보다 2.3배 더 높으며, 그 비율은 고소득 국가에서 더 높다(World Health Organization, 2021). 노인의 경우 빈곤, 질병, 역할상실, 가족상실 등에 대한 적응력이 다른 연령층에 비해 현저히 저하되고, 최근 자살 사망률이 급증하고 있다(박희순, 강민희, 2021). 노인자살의 심각성은 전체의 인구 중에서 노인이 차지하는 인구의 변화가 급격히 이루어지고 독거노인의 비중이 더 커지는 데 있다. 즉, 사회적인 고립이 자살로 인한 사망과 매우 밀접한 관계를 가지고 있다. 특히 65세 이상은 많은 연령층 중에서 가장 자살의 위험성이 높은 집단이다. 그중에서도 남성의 경우가 나이가 많으면 많을수록 자살로 사망할 가능성이 더 높다. 노인의 자살은 여러 가지 상실 요인이 복합적으로 작용하여 발생한다. 은퇴와 노화로 인한 건강 악화, 그리고 신체적 능력의 장애, 고립, 배우자의 상실 등과 홀로된 독거노인이 자살의 위험에 처할 가능성이 높다. 노후의 경제적인 불안정과 가족과의 관계를 포함한 사회적인 활동 관계의 축소가 노인의 삶의 질에 부정적인 영향을 끼치므로 우울증의 증상을 보이게 되고, 무력감과 절망감이 해결되지 않으면 노인자살이라는 극단적인 행동에 이른다(장휘숙, 2006).

　정신건강 문제와 자살은 일반 인구보다 자폐증 성인에서 더 자주 발생한다. 개를 소유하는 것은 인간의 안녕을 증진시킬 수 있다. 자폐 성인의 개 관련 활동에 대한 구조와 일반 성인 집단 구조와 비교하기 위하여 36명의 자폐증 개 소유자(18~74세, 남성 18명)를 인터뷰하고 주제별로 분석하였다(Barcelos, et al., 2021). 16.7%는 개가 자살을 막았는데, 이는 주로 개의 애정과 동물을 돌보아야 할 필요성 때문이었다. 개 보호자와의 긴밀한 상호 작용(예: 껴안기, 산책, 개의 존재)이 감정과 기분 및 생활 기능을 개선하는 가장 빈번한 활동인 반면 일상적인 활동(예: 동물에게 먹이 주기)은 특히 생활 기능을 향상시켰다. 안녕 악화는 주로 개의 행동 문제, 개의 건강 악화 및 사망 및 개에 대한 의무와 관련이 있다. 소유와 관련된 몇 가지 부정적인 점에도 불구하고 개를 키우는 것은 많은 자폐증 성인의 안녕을 개선하고 이 고위험군에서 자살 예방 전략을 도울 수 있다. 소유권이 안녕에 미치는 영향을 고려할 때 "소유권"이라는 모호한 개념보다 개 관련 활동에 집중할 수 있는 견고함과 잠재적 기회를 나타낸다. 성인기의 자폐증은 정신건강 문제를 동반하며 사례의 비율이 높다(Joshi, et al., 2013). 우울증과 불안은 이러한 개인이 경험하는 주요 정신건강 문제이다(Eaves, & Ho, 2008). 또한, 자폐스펙트럼장애의 성인은 일반 성인 집단보다 자살 시도 및 자살 생각을 할 위험이 훨씬 더 높다(Cassidy, et al., 2014; Cassidy, & Rodgers, 2017). 자살은 자폐인의 조기 사망의 주요 원인이다(Hirvikoski, et al., 2016). 따라서 자폐 성인의 안녕을 개선하거나 악화시키는 요인을 더 잘 이해하고 이 인구 집단에서 자살 예방 전략을 개발하는 것이 중요하다(Cassidy, et al., 2014; Segers, & Rawana, 2014). 자폐 성인의 자살에 대한 세 가지 중요한 위험 요소를 확인했다(Pelton, et al., 2020). 이는 좌절된 소속감(다른 사람들과의 상호 관계 부족), 다른 사람들에게 부담을 느낀다는 강한 부담감(다른 사람들은 그들이 없는 것이 더 나을 것), 평생의 트라우마, 앞의 두 가지는 널리 인용되는 대인 관계 자살 이론의 일부이다(Joiner, 2007). 좌절된 소속감과 부담감의 잠재적 감소는 두 가지 요소에서 밝혀졌다. 보호자가 필요하다고 느끼게 하는 개를 돌보는 것(개가 필요함)과 그 감정에 보답하여 그들이 자살할 경우 동물이 직면하게 될 고통에 대해 생각하게 했다. 개가 보호자에 대한 애정 표현은 보호자에게 자신이 개에게 짐이 아니라 중요하고 개 없이는 더 나빠질 것이라고 느끼게 만든다. 이 두 가지 요소는 또한 개와 함께 사는 사람들의 자살에 대한 강력한 보호 요소로 보이는 "책임" 변수를 강조한다. 즉, 보호자는 개의 주요 책임자이다. 따라서, 특히 혼자 살 때 개를 남겨두고 갈 수 없다(You, et al., 2011; Sohn, 2012).

그림 10-4 노인과 개

47명의 자살 사망을 포함하는 전향적 조사에서 반려동물 소유(또는 개 소유)와 자살 사이에 어떤 관계도 발견되지 않았다(Buller, & Ballantyne, 2020). 그러나 보호자가 반려동물을 돌보는 데 어느 정도 관여했는지는 저자가 인정한 한계이며 반려동물이 자살을 예방하는 개의 가치에 잠재적으로 근본적인 요소인 반려동물에게 애정을 표시했는지 여부는 알려지지 않았다. 실제로 자살 생각이나 행동을 한 적이 있는 성인 반려동물 보호자 71명을 대상으로 정성적 연구를 수행했으며 자살에 대한 세 가지 반려동물 관련 보호 요인을 확인했다(Love, 2021). 반려동물이 제공하는 안락함(예: 정서적 지원), 자살 충동으로부터의 주의 산만(예: 반려동물이 주의를 끌고 보호자의 주의를 산만하게 함) 및 살아야 하는 이유(예: 반려동물을 돌보아야 할 의무)가 그것이다. 이러한 요소는 자폐증 개 보호자의 자살 예방의 두 가지 주요 요소(개가 나타내는 애정 및 동물 보살핌)와 매우 잘 일치한다. 그럼에도 불구하고 자살의 두 가지 위험 요소, 즉 반려동물의 행동 문제와 반려동물의 건강 문제를 지적했다(Love, 2021).

반려동물과 강한 유대감을 가진 사람들은 그들의 삶에서 다른 개인들보다 도움을 받기 위해 반려동물에 의지할 가능성이 더 높다(Kurdek, 2009). 반려동물의 사회적 지원 제공은 다른 사람에게 부담이 될까 봐 지속적으로 인간 지원에 손을 뻗는 것을 자제하는 자살하려는 사람에게 특히 중요할 수 있다(Joiner, 2007). 자살 가능성을 조사하는 연구에서 반려동물의 역할이 광범위하게 탐구되지는 않았지만 우울증 증상을 줄이거나 정신건강을 개선하기 위한 연구에는 반려동물이 포함되었다. 예를 들어, 약물 치료에 참여하는 것 외에 동물을 입양한 환자가 약물 치료만 받은 환자에 비해 우울 및 불안 증상이 감소한다는 것을 발견했다(Pereira, & Fonte, 2018). 동물의 치료적 이점은 정서적 지원 동물과 동물교감치유의 사용 증가를 통해 보여지고 있다. 특히 동물교감치유는 정서적 안녕 개선(Nimer, & Lundahl, 2007) 및 우울 증상 감소(Souter, & Miller, 2007)와 관련이 있어 동물의 영향을 강조하고 자살을 감소시키는 유망한 선택사항이다. 비임상 집단에서 반려동물도 중요한 역할을 한다. 몇몇 연구에 따르면 암울한 상황에 처한 개인, 특히 고립된 사람들의 삶에서 반려동물의 중요한 정서적 역할이 설명되어 있다. 한 연구에서 학대적인 관계에 있는 여성은 반려동물을 생명줄이자 유일한 지원 수단으로 설명했다(Fitzgerald, 2007). 이 여성들에게 반려동물은 너무나 중요해서 표본의 거의 절반이 학대적인 관계를 떠나는 것을 지연시켰다. 일반적으로 파트너가 반려동물을 통제하거나 보호소로 가는 여성과 동행할 수 없었기 때문이다. 연구에 참여한 여성 중 일부는 반려동물이 아니었다면 관계를 피하기 위해 자살을 시도했을 것이라고 밝혔다. 한 참가자는 새끼 고양이가 죽은 후 자살을 시도했다(Fitzgerald, 2007). 노숙자를 대상으로 한 연구에서도 유사한 결과가 확인되었다. 나이와 성별에 관계없이 많은 사람들이 노숙자가 반려동물과 함께 지내는 경우 노숙자 생활을 선호한다(Lem, et al., 2013; Singer, et al., 1995). 자살에 대한 반려동물의 역할을 구체적으로 평가하지는 않았지만, 이러한 연구는 어려움을 겪고 고립된 사람들의 삶에서 반려동물의 중요성을 조명한다. 반려동물이 보호자에게 제공하는 일관성과 신뢰성에 대한 가정은 일반적으로 자살에 대한 보호 요인으로 간주된다. 사람들이 반려동물에 대한 책임을 포함하여 삶의 목적이나 이유가 있는 경우 자살로 사망할 가능성이 적다는 것을 가정한다. 결과적으로 반려동물 소유는 이제 선별된 자살 평가(예: 자살 평가 5단계 평가 및 분류, SAFE-T(the Suicide Assessment Five-Step Evaluation and Triage)에서 선별 질문으로 포함되었다. 그러나 반려동물은 또한 자살의 위험 요소가 될 수 있다. 일부 개인의 관계는 매우 중요하여 동물이 죽을 때 가족을 잃은 것과 같은 절망을 경험할 수 있다(Carmack, 1985). 이러한 절망은 개인 및 가족 기능의 실질적인 붕괴와 관련이 있으며(Carmack, 1985) 심지어 자살 시도의 촉매제가 될 수도 있다(Fitzgerald, 2007). 또한 개인이 자살을 준비하거나 자살하는 동안 반려동물을 죽인 경우가 있으며 이는 살인-자살 또는 비속살인-자살과 유사하지 않다(Cooke, 2013). 따라서 반려동물의 존재만으로는 자살과 반려동물의 관련성에 대한 충분한 정보를 제공하지 않으며 추가 조사가 필요하다.

자살 충동을 느낀 성인의 삶에서 반려동물의 역할을 탐색하여 그 시기에 반려동물을 어떻게 인식했는지 알아보기 위하여 71명을 대상으로 연구를 실시하였다(Love, 2021). 이 연구에서 반려동물은 자살 생각이나 행동을 경험한 시기에 참가자의 삶에 긍정적인 존재였다는 것이 압도적으로 보고되었다. 반려동물이 자살하려는 사람들에게 안락함, 삶의 이유 제공 또는 주의를 산만하게 만듦을 통해 자살하는 사람들에게 보호를 제공할 수 있는 구체적인 수단을 제공한다. 그러나 반려동물이 항상 보호 기능이 있는 것은 아니라는 점에 유의하는 것이 중요하다. 이 표본의 일부는 반려동물의 역할에 동의하지 않았으며 일부는 반려동물이 자살할 때 스트레스를 증가시키는 것으로 설명했다. 따라서 모든 반려동물 소유자가 위기에 처했을 때 반려동물을 보호 효과로 인식하는 것은 아니므로 연구와 개입은 그러한 접근에 주의해야 한다. 애착 틀에서 반려동물은 안전한 피난처 또는 안전 기지로 경험될 수 있다. 자신의 반려동물에 대해 긍정적인 감정을 가진 사람은 반려동물이 무조건적인 사랑과 지지를 제공한다고 느낄 가능성이 높다(Levinson, 1969). 이것은 낙인이 찍히거나 판단을 받는다고 느끼는 자살 생각이나 행동을 가진 사람에게 특히 중요하다. 많은 참가자들이 반려동물을 유일한 친구 또는 가장 친한 친구로 언급했다는 점에서 알 수 있다. 이러한 반응은 외부의 사회적 지지가 낮을 때 반려동물과의 관계가 매우 중요하다는 것을 나타낸다. 그러나 반려동물과 강한 유대감을 형성할 수 있는 사람은 다른 관계에서 보다 안전한 유대를 형성할 가능성이 있다(Zilcha-Mano, et al., 2011). 반려동물과 함께 발달하는 애착유형은 다른 사람과 발달하는 애착유형과 유사하기 때문에 이러한 사람에게서 긍정적인 관계 형성의 기반이 나타난다. 이로인해 반려동물과 강한 유대감을 가진 사람은 기회가 제공되면 향후 관계에서 추가 사회적 지원을 얻을 수 있는 잠재력을 가질 수 있다. 이것은 치료 환경에서 또는 친구나 가족 구성원과 같이 덜 형식적인 지지 관계에서 발생된다.

정신건강 치료 또는 연구에서 자살 생각이나 행동을 보이는 사람의 경우, 반려동물의 존재가 개인을 보호한다는 결론을 내리기 전에 개인이 반려동물의 역할을 어떻게 인식하는지 식별하기 위한 평가를 권장한다. 반려동물은 개인에게 스트레스 요인이나 부담으로 인식되면 자살 위험을 높일 수 있다. 반려동물을 이런 식으로 인식하는 사람은 반려동물이 더 이상 집에 없으면 안도감을 느낄 수 있다. 다른 한편으로, 개인은 반려동물이 더 이상 존재하지 않으면 자살 위험이 증가할 수 있다. 반려동물이 스트레스 요인이 되었을지라도 개인에게 구조와 책임을 제공했을 수도 있다. 또한 반려동물이 보호 영향을 미치는 개인은 반려동물이 죽거나 예기치 않게 존재하지 않게되는 경우 자살 가능성이 높아질 위험이 높아질 수 있다.

반려동물은 많은 성인의 삶에 편안함과 구조를 제공했다(Young, et al., 2020). 참여자들은 반려동물과 의사소통을 하거나 정서적 지원을 위해 의지할 정도로 반려동물의 친구로 여긴다. 참가자들은 일반적으로 반려동물에 대한 사랑과 헌신을 표현했으며, 이는 자살 당시 개인의 삶에 상당한 보호 영향을 미쳤다. 참가자들은 종종 반려동물이 고통을 겪고 있을 때 이를 인식하고 그에 따라 위안을 줄 것이라고 말했다. 연구에 참여한 여러 개인에게 이것은 동물의 진정 효과를 통해 또는 동물이 자살 생각이나 행동을 (직간접적으로) 간섭했기 때문에 자살을 억제하는 요인이 되었다. 다른 우울 증상을 경험한 참가자는 반려동물을 키우는 것이 어떻게 침대에서 일어나거나, 동물과 자신을 돌보거나, 밖에 나가는 것과 같이 적절하게 기능해야 하는 이유나 필요성을 설명했다. 따라서 자살 충동이 절박하지 않을 때에도 반려동물의 존재는 개인의 우울 증상을 감소시키는 데 도움이 될 수 있다.

독거노인과 동물교감치유

 그림 10-5 **독거노인**

급속한 고령화, 사회, 경제, 문화적 변화와 함께 혼자 사는 노인 인구도 지속적으로 증가하는 추세를 보여주고 있다. 65세 이상 1인 가구는 2045년 371만 9000가구로 늘어날 전망이다(Statistics Korea, 2019). 독거노인들의 수가 증가함에 따라 다양한 개별적 취약성과 사회적 문제가 만연하고 있다. 건강관리 관점에서, 단식률 문제, 복잡한 만성 질환 증가, 기능의 한계, 간병인의 이용 불가능 등의 문제가 있을 수 있다. 경제적인 관점에서 보면, 수입이 줄어들어 경제적 불안이 증가하고 사회적으로 볼 때, 의존적인 가족에 대한 지원, 심리적 불안과 외로움은 물론 일상생활의 어려움 해결에도 문제가 있을 수 있다. 특히 우울증 증세 등 심리적 어려움을 겪고 있는 독거노인의 자살 생각이나 시도 등 자살 관련 위험이 크게 증가하고 있다(Noh, & Ko, 2013). 혼자 사는 노인들의 가장 흔한 정신적 문제인 우울증은 지속적으로 증가하는 추세다. 많은 연구에서 우울증이 높은 노인들의 인지 기능이 약 20% 더 빨리 퇴화한다고 보고했다(정범진, 최유진, 2019; Kok, & Reynolds, 2017; Lee, Kahng, & Lee, 2008). 고독과 소외의 문제는 현대사회의 특징으로 인한 필연적인 결과이며, 노소를 막론하고 누구나 경험할 수 있는 문제이지만, 노인의 경우 그 심각성이 더 하다는데 문제가 있다. 왜냐하면 노인들이 갖게 되는 외로움, 고독감은 노인의 자살률 증가로까지 연결될 수 있기 때문이다(문영희, 김효정, 2011). 노인은 급속히 변하는 사회에서 제대로 적응하는 데에 많은 어려움이 있으며 이로인해 사회적 불리함이나 소외감 그리고 우울감 등을 느낄 가능성이 다른 세대에 비해 높다. 이러한 외로움은 한 개인의 삶의 만족도에 부정적인 영향을 끼쳐서 외로움의 정도가 높을수록 삶의 만족도가 떨어지기 마련이다(Bowling, & Browne, 1991). 노인들이 연로해짐에 따라 정적활동이 주를 이룰 수밖에 없는 상황에서 외로움과 고독감을 해소하고 삶의 질을 향상시킬 수 있는 방안 가운데 하나로서, 동물교감치유의 필요성과 가능성을 확인하였다(문영희, 김효정, 2011).

여성노인을 대상으로 실시한 연구결과를 바탕으로 반려동물을 단순히 소유하고 있는 여성노인보다는 반려동물에게 애착을 가지고 있는 여성노인의 경우에 반려동물 기르기를 통해 그들의 삶 속에서 보다 큰 행복을 느낀다(Siegel, 1993). 그리고 이처럼 반려동물과 인간의 유대가 사람들에게 긍정적인 영향을 미칠 수 있는 것은 반려동물이 사람과는 달리 무비판적이고 절대적인 사랑을 제공하기 때문이다. 노인과 독신 여성을 대상으로 한 연구에서 반려동물을 기르는 노인이나 독신 여성이 반려동물을 기르지 않는 경우보다 외로움을 적게 느낀다. 이들 연구는 반려동물 기르기가 현대사회에서 증가하고 있는 외로움과 소외를 극복하기 위한 하나의 전략이 될 수 있음을 상기시켜주었다는 점에서 의의가 크다(Zaslo, & Kid, 1994)

독거노인들의 인지 기능의 감소는 우울증 증상을 악화시키는 요인으로 보고되었으며, 우울증은 인지 장애와 깊고 상호 작용적인 관계를 가지고 있다. 두 영역의 중재는 많은 공통점을 공유하므로, 비약물적 중재는 두 가지 측면에서 공통적인 중재 효과를 가져올 수 있다(Lee, et al., 2014; Shin, et al., 2013).

재활이 필요한 노인들의 잔존 기능을 강화하기 위해서는 단일 개입 방식보다 통합적 개입이 효과적이며, 질병 초기에 예방적 특성을 가진 통합적 개입은 긍정적인 생활 경험을 제공하고 풍부한 활동을 유지할 수 있는 최적의 프로그램으로 부각되고 있다(Lenehan, et al., 2016). 많은 연구에서 비약물 치료 방법에서 단일 개입들을 결합하는 통합적 개입이 대상자에게 더 큰 개선을 가져온다는 것을 확인했다(Burgener, et al., 2008; Lenehan, et al., 2016; Scarmeas, et al., 2006). 통합적 노인 놀이치료(IEPT : Integrated Elderly Play Therapy)는 쉽게 접근할 수 있으며, 친숙한 장난감의 치유 능력을 결합하여 우울증과 같은 부정적인 행동을 통제하고 인지 기능을 증가시키는 데 도움을 준다. 놀이의 통합적 접근방식은 독거노인을 위한 삶의 변화 과정 내에서 인지적, 심리적, 사회적 측면에서 긍정적인 기능을 촉진하는 생명 중심의 치료 프로그램이다. 따라서 동물교감치유와 통합적 노인 놀이치료를 단일 집단 통합 개입 프로그램으로 결합하면 그 효과는 더욱 긍정적일 것으로 예상된다(Kil, et al., 2019). 통합적 개입 방법은 비약물 단일 개입 방법의 종합적인 구성 또는 조합으로 인지 활동, 신체 활동, 감정 활동 및 사회적 상호 작용 활동으로 분류된다(함민주, 김수경, 유두한, 이재신, 2018). 신체적 활동은 인지 기능의 전반적인 증가뿐만 아니라 긍정적인 정서적 경험(Acree, et al., 2006)에도 효과적이며, 인지 훈련은 우울증을 예방하고 기억력을 향상시켜 인지적 기능을 유지하는 데 효과적이다(de Kloet, Joels, & Holsboer, 2005). 감정 활동은 극도로 안정된 자극일 뿐만 아니라 반복적인 생명 중심 교육과 기억 요법을 통해 인지 기능을 개선한다(길태영, 2017). 또한 사회적 상호 작용 활동은 잔류 기능을 유지하기 위한 인지 기능의 손상에 관련된 우울증 증상을 방지한다(Pitkala, et al., 2011) 독거노인에 대한 동물교감치유와 통합적 노인 놀이치료를 결합한 집단 통합 개입 프로그램의 효과성을 확인하기 위한 연구가 수행되었다(Kil, et al., 2019). 65세이상의 독거노인 20명을 대상으로 주 1회 90분씩 8주간 진행하였다. 연구 결과 인지기능이 증가하고 우울 수준은 낮아졌다.

표 10-4 집단 통합 개입 프로그램

단계	목표	회기	활동
초기 1~2	• 라포형성 • 집단 구성원, 치유 보조견 및 치료사 간에 친숙함과 신뢰감 형성	1	• 이름표 만들기/소개하기 및 친구 이름 배우기(통합-사회적 상호 작용 활동) • 누구세요?/표현 능력, 노래(통합-정서 활동)
		2	• 상호 인사/원을 돌면서 노래(통합-사회적 상호 작용) • 유인물에 강아지 사진 색칠하기(통합-정서 활동) • 치유 보조견에 대한 설명 및 느낌 공유(동물교감치유-인지 활동)
중간 3~6	통합 중재의 접근 활동 - 인지 활동 - 신체 활동 - 정서 활동 - 사회적 상호 작용 활동	3	• 마라카스(악기) 합주/"우리 강아지는 복슬강아지"(통합-신체 활동) • 치유 보조견과 인사, 개와의 신체 접촉(동물교감치유-정서 활동)
		4	• 한삼 놀이 및 의자 운동(통합-신체 활동) * 한삼 : 예복을 갖출 때 손을 가리기 위해 두루마기나 여자의 저고리 소매 끝에 덧대는 소매 • 치유 보조견에 대한 기억(동물교감치유- 인지 활동) • 치유 보조견에 대한 빗질 및 마사지 방법 학습하기(동물교감치유-사회적 상호 작용 활동)
		5	• 치매 예방을 위한 수작업 놀이/손가락 요가 운동(통합-신체 활동) • 칭찬과 축복의 말 하기(통합-사회적 상호 작용 활동) • 치료 보조견과 음악 감상/"꽃 왈츠(Flower Waltz)"(동물교감치유-사회적 상호 작용 활동)
		6	• 전통 동화 "개와 고양이"(통합-인지 활동) • 치유 보조견을 위한 간식 만들기(동물교감치유-정서 활동) • 치유 보조견과의 관계 활동(동물교감치유-사회적 상호 작용 활동)
말기 7~8	• 프로그램 마무리 활동 및 준비 • 즐거운 경험을 지속적으로 연결하는 종료 • 피드백 및 평가 검토	7	• 치유 보조견 장식하기/"콜라주"(통합-인지 활동) • 치유 보조견과 정서 교감(동물교감치유-사회적 상호 작용 활동) • 추억 앨범 만들기(통합-정서 활동)
		8	• 너는 꽃, 나는 꽃(통합-정서 활동) • 통합 중재 참여에 대한 의견 공유, 마무리

출처: 통합적 노인 놀이치료(IEPT, integrated elderly play therapy); 동물교감치유(AAT, animal-assisted therapy)

동물교감치유는 치유 보조견과의 물리적 상호 작용이다. 이것은 노인들의 신체, 정서, 사회적 재활 효과를 평가하기 위한 환경에 대한 중재이며, 전문적인 치료 효과를 평가하는 예방접근 프로그램이다. 동물교감치유를 통한 인지 활동은 기능성 움직임을 유도하는 데 효과적인 정해진 규정이나 방법에 의해 재미나 즐거움을 추구하는 과정이다. 신체적 활동은 노인들이 심리적인 안정과 적절한 상황 반응 방법을 결정하기 위해 치유 보조견과 다양한 신체 접촉을 경험할 수 있도록 해준다. 정서 활동은 이러한 중재의 역동적인 측면으로, 노인들의 행동과 정서적 측면을 긍정적으로 개선하기 위해 치유 보조견과 함께 놀거나 운동을 하는 것을 포함한다. 그러한 사회적 상호 작용 활동은 동물교감치유사와 함께 치유 보조견의 애정 관계, 보살핌 과정 및 훈련 과정을 설명하고 보여주면서 독거노인들의 치료와 상호 작용을 발전시키는 중요한 교육 도구가 된다(Fine, 2010).

외로움은 타인과 사회적 단절감을 느끼는 주관적 경험(Hawkley, & Caciopo, 2010)으로 관상동맥 심장병(Thurston, & Kubzansky, 2009), 알츠하이머병(Wilson, et al., 2007), 우울증(Cacioppo, et al., 2006)을 포함한 다양한 부정적인 건강 결과와 관련이 있다. 외로움은 자살에 의한 죽음과도 관련이 있으며(Van Orden, & Conwell, 2011), 다른 원인에 의한 사망을 가속화한다(Penninx, et al., 1997; Olsen, et al., 1991). 홀트-룬스타드 연구진은 사회적 관계와 사망 위험을 조사하는 현존하는 문헌에 대한 체계적인 검토를 수행했으며, 외로움이 하나의 징후인 사회적 관계의 열악한 질이 다른 잘 확립된 사망 위험 요소 즉, 흡연, 비만, 신체적 활동 부족들과 비슷한 비율로 조기 사망과 관련이 있다고 보고했다(Holt-Lunstad, Smith, & Layton, 2010). 이 검토에는 전체 연령대를 조사한 연구가 포함되었지만, 외로움의 생리적 후유증은 젊은 성인보다 노인에게 더 해로운 것으로 보인다(Hawkley, & Cacioppo, 2007). 성인 외로움의 유병률은 성인기에 걸쳐 감소하지만 나이가 들면 즉, 80세 이상이 되면 다시 증가한다(Pinquart, & Sörensen, 2001). 참고로, 65세 이상 성인의 약 40%는 적어도 일부 시간 동안 외롭다고 보고하고(Hawkley, & Cacioppo, 2010), 5~15%는 빈번한 외로움을 보고하고 있다(Pinquart, & Sörensen, 2001). 외로움은 주관적인 감정이다. 실제로 연구에 따르면 사회적 관계의 수는 나이가 들수록 감소하지만 기존 관계의 질은 대부분의 노인에게 크게 증가한다(Charles, & Carstensen, 2009). 그러나 다른 사람들에게는 사회적 관계에 대한 객관적인 감소가 주관적인 외로움과 그에 따른 건강을 악화시킬 수 있다. 사회적 연결의 잠재적인 출처를 확인하면 노인 외로움의 감소를 목표로 개입을 할 수 있다. 노인에 대한 여러 연구에서 반려동물이 외로움의 감정을 완충하는 사회적 연결의 원천이 될 수 있다고 가정했다(Barker, & Wolen, 2008). 특히, 장기 요양 시설에 거주하는 노인을 대상으로 한 연구에서는 인간 접촉의 증가와 무관하게 동물교감치유를 통한 애완동물과의 상호 작용이 외로움을 줄이고(Banks & Banks, 2002), 대화의 시작과 같은 사회적 행동(Bernstein, Friedmann, & Malaspina, 2000)을 촉진하는 것으로 나타났다(Banks, & Banks, 2005). 반려동물이 외로움 감소 수준과 관련이 있다는 가설을 뒷받침하기 위해 지역 사회에 거주하는 나이든 여성(Krause-Parello, 2012)과 혼자 사는 젊은 여성(Zasloff & Kidd, 1994)의 표본을 대상으로 한 관찰 연구가 있다. 한 연구에 따르면 사별하고 가족, 친구 등이 거의 없다고 보고한 노인은 더 강한 사회적 지지망을 가지고 있는 가족보다 우울증 증상이 심하다는 점에서 반려동물 소유의 혜택을 받을 가능성이 더 높을 수 있다(Garrity, et al., 1989). 따라서 반려동물 소유는 부분적으로 낮은 인간 사회적 연결을 보상할 수 있다. 반려동물 소유와 외로움 사이의 관계를 확인하기 위하여 60세 이상의 1차 진료 환자 830명을 대상으로 설문을 실시하였다(Stanley, et al., 2013). 반려동물을 소유하고 있다고 보고한 노인은 반려동물 소유를 보고하지 않은 노인보다 외로움을 보고할 가능성이 36% 낮았다. 또한, 상호 작용 효과도 발견되었는데, 혼자 살고 반려동물을 키우지 않는 노인들은 외로움을 보고할 확률이 증가했다. 연구 표본에서 성별이 조절자로 밝혀지지 않았다는 점은 주목할 가치가 있다. 따라서 반려동물을 키우는 것은 남성과 여성 모두, 특히 혼자 사는 노인들의 외로움을 약화시킬 수 있다. 이것은 반려동물이 사회적 연결의 의미 있는 원천으로 기능할 수 있음을 나타낸다.

참고문헌

QR CODE

저자소개

김원 Ph. D.

숭실대학교 컴퓨터시스템전공 석사, 박사
원광대학교 동물매개치료전공 석사
동물매개치료전문가
EBS 동물일기 등 자문
현) 대한동물매개협회 회장
현) 전주기전대학 반려동물과 교수

주요 저서:
  반려견 이해
  반려견 용어의 이해
  반려견 미용의 이해(기초)
  동물교감치유의 이해 등

동물교감치유의 실제와 적용

초판발행	2023년 8월 31일
지은이	김원
펴낸이	안종만·안상준
편 집	조영은
기획/마케팅	허승훈
디자인	BEN STORY
제 작	고철민·조영환
펴낸곳	㈜ **박영사**
	서울특별시 금천구 가산디지털2로 53, 210호(가산동, 한라시그마밸리)
	등록 1959.3.11. 제300-1959-1호(倫)
전 화	02)733-6771
f a x	02)736-4818
e-mail	pys@pybook.co.kr
homepage	www.pybook.co.kr
ISBN	979-11-303-1805-9 93490

copyright©김원, 2023, Printed in Korea

정 가	36,000원